普通高等学校网络工程专业规划教材

路由协议与交换技术

（第2版）

斯桃枝 主编
顾钧 姚驰甫 刘琰 编著

清华大学出版社
北京

内 容 简 介

本书介绍了主要的路由协议和交换技术，包括 RIP、OSPF、EIGRP、BGP、PPP、PPPoE，帧中继、MPLS、NAT、ACL、STP、PVST、MSTP、HSRP、VRRP、IPSec、VPDN、GRE、DMVPN、EZVPN、SSL VPN 等，阐述了交换机的工作原理、多层交换技术（链路聚合、生成树协议、冗余网关协议）、IP 路由原理、路由器的工作原理、各种路由协议及重分布、广域网协议、VPN 协议等。全书按照园区网多层交换技术、网络互联中的路由技术、远程访问 Internet 技术等 3 个层次组织各种应用案例，以园区网作为应用重点，提供大量能在思科模拟器 Cisco Packet Tracer 6.2 以上实现的网络配置案例，给出了网络拓扑结构、实验目的和要求、主要配置步骤、知识点验证说明和网络功能效果检测等。通过这些案例，帮助学生更好地理解和应用路由协议和交换技术，使他们能够学以致用、学有所用。

本书参考了大量 CCNA、CCNP 中有关路由协议和交换技术的知识点和配置案例，集理论知识与实践于一体，可作为计算机网络工程专业应用型本科的教材，也可作为网络专业从业人员的自学指导书。

图书在版编目(CIP)数据

路由协议与交换技术/斯桃枝主编. —2 版. —北京：清华大学出版社，2018（2021.8 重印）
（普通高等学校网络工程专业规划教材）
ISBN 978-7-302-50772-7

Ⅰ. ①路… Ⅱ. ①斯… Ⅲ. ①路由协议—高等学校—教材 ②计算机网络—信息交换机—高等学校—教材 Ⅳ. ①TN915

中国版本图书馆 CIP 数据核字(2018)第 176550 号

责任编辑：龙启铭　战晓雷
封面设计：常雪影
责任校对：焦丽丽
责任印制：沈　露

出版发行：清华大学出版社
　　网　　址：http://www.tup.com.cn，http://www.wqbook.com
　　地　　址：北京清华大学学研大厦 A 座　　**邮　　编**：100084
　　社 总 机：010-62770175　　**邮　　购**：010-83470235
　　投稿与读者服务：010-62776969，c-service@tup.tsinghua.edu.cn
　　质量反馈：010-62772015，zhiliang@tup.tsinghua.edu.cn
　　课件下载：http://www.tup.com.cn，010-83470236
印 装 者：北京国马印刷厂
经　　销：全国新华书店
开　　本：185mm×260mm　　**印　　张**：21　　**字　　数**：513 千字
版　　次：2012 年 11 月第 1 版　2018 年 12 月第 2 版　　**印　　次**：2021 年 8 月第 5 次印刷
定　　价：49.00 元

产品编号：064168-01

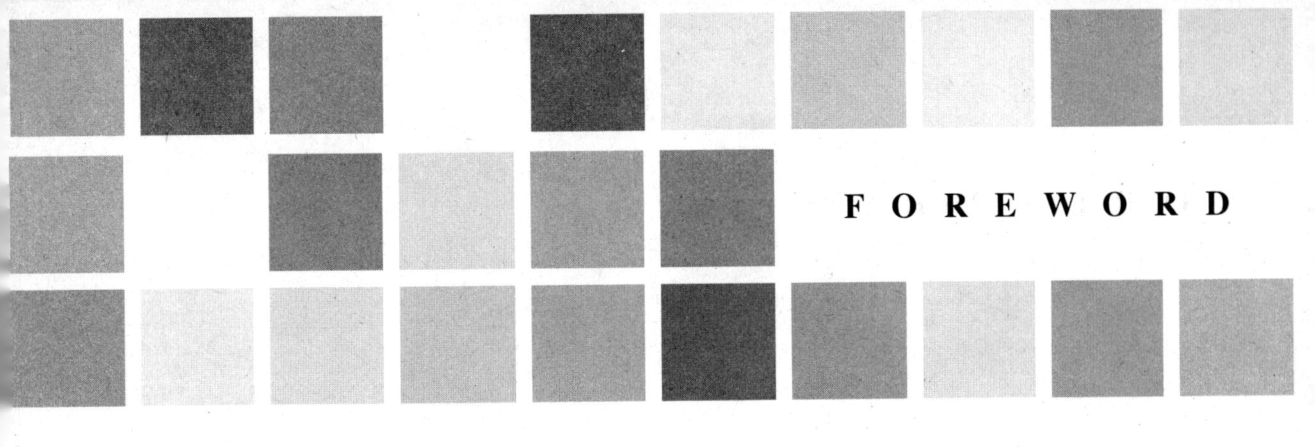

前　言

网络专业应用型本科学生不仅要系统学习计算机网络方面的理论知识，更要熟练掌握网络方面的实用技术，具备检错和排错的能力。

本书详细介绍了交换机的工作原理、三层交换技术、IP路由原理、路由器的工作原理、路由重分布等内容。以园区网交换技术、网络互联中的路由技术、远程访问Internet技术等作为网络最主要的支撑技术，为"建好网、管好网、用好网"打下重要基础。

本书在第1版已有协议的基础上，增加了当前流行且应用广泛的一些协议和关键技术。第1版介绍了以下内容：

- 路由协议：增强型内部网关路由协议(EIGRP)、距离矢量路由协议、内部网关协议(RIP)、外部网关协议(BGP)、链路状态路由协议(OSPF)、多种路由协议重分布等。
- 广域网协议：PPP、帧中继、BGP。
- 园区网相关协议和技术：静态路由、多层交换技术、聚合链路、网络地址转换(NAT)、访问控制列表(ACL)、生成树协议(STP、MSTP)、网关冗余技术(HSRP、VRRP)等。

第2版增加了以下内容：

- 网络安全协议：VPN，包括IPSec、VPDN、GRE、DMVPN、EZVPN、SSL VPN、BGP/ MPLS/VPN。
- 广域网协议：PPPoE，MPLS。
- 生成树协议：PVST。
- 网关冗余技术：HSRP。

本书以园区网作为应用重点，提供了大量的、能在思科模拟器Cisco Packet Tracer 6.2以上实现的网络配置案例，给出了网络拓扑结构、实验目的和要求、主要配置步骤、知识点验证说明和网络功能效果检测等。

第2版整合了第1版的案例，使后面章节的案例综合使用前面章节的协议和技术，并增加了大量检测和排错的过程。第2版内容更丰富，难度和深度均有所增强，与第1版相比，修改幅度超过30%。

限于篇幅，第2版删除了第1版第13章“综合案例”，把所有综合性设计及案例分析汇集在一起，形成另一本书《路由与交换技术实验及案例教程》。

本书参考了大量CCNA、CCNP中有关路由协议和交换技术的知识点和配置案例，集理论知识与实践于一体，可作为计算机网络工程专业应用型本科的教材，也可作为网络专业从业人员的自学指导书。

本书由上海第二工业大学计算机与信息学院斯桃枝主编和统稿，上海第二工业大学计算机与信息学院顾钧、姚驰甫、刘琰编著，其中第1、2、3、9、10、12章由斯桃枝编写，第8、11、13章由上海第二工业大学网络运营中心主任顾钧编写，第4、5章由姚驰甫编写，第6、7章由刘琰编写。书中的部分案例和课后练习与思考题由上海第二工业大学学生蒋文译、华叔峰、叶明焱、唐宇峰、夏吉祥、杨鑫磊、贾子森、郝琳琳、李攀、陈春南等验证完成，在此向他们表示感谢！

由于编者水平有限，书中的不妥和疏漏在所难免，诚请各位专家、读者批评指正。

编　者

2018年7月

目　录

CONTENTS

CONTENTS

C O N T E N T S

CONTENTS

CONTENTS

CONTENTS

CONTENTS

第1章　交换机与路由器基础

本章介绍二层交换机、虚拟局域网、三层交换机的基础知识及工作过程，交换机、路由器的基本配置，交换机端口类型，路由器的工作原理，路由决策原则等。

1.1　交换机和路由器概述

本节主要介绍交换机与路由器配置的基础知识，以便快速开始配置练习。交换机与路由器的原理知识在后面的章节中介绍。

1.1.1　交换机和路由器的组成

交换机和路由器相当于一台没有显示器和键盘的计算机主机，由硬件和软件组成。交换机外观如图1-1所示，路由器的外观如图1-2所示。

图1-1　交换机

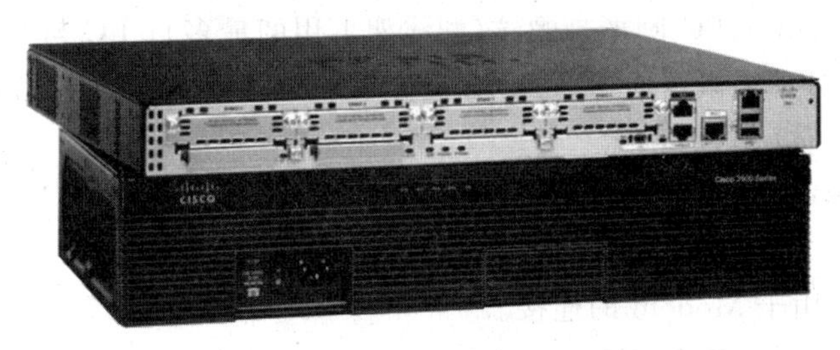

图1-2　路由器

硬件由中央处理单元(Central Processing Unit，CPU)、只读存储器(Read Only Memory，ROM)、内存(Random Access Memory，RAM)、闪存(Flash Memory)、非易失性内存(Nonvolatile RAM，NVRAM)、端口、控制台端口(Console Port)、辅助端口(Auxiliary Port)、线缆(Cable)等物理硬件和电路组成，软件由交换机和路由器的IOS(Internetwork Operating System)操作系统和运行配置文件组成。

交换机的CPU负责建立和维护MAC地址表和VLAN表，进行端口之间的数据转发等。

路由器的CPU负责配置管理、建立和维护路由表，选择最佳路由，转发数据包等。

ROM保存着加电自测试诊断所需的指令、自举程序、交换机和路由器IOS的引导部分,负责交换机和路由器的引导和诊断(系统初始化功能)。

闪存是可读可写的存储器,保存着IOS文件,相当于硬盘。

NVRAM是可读可写的存储器,保存着IOS在交换机和路由器启动时读入的启动配置文件(Startup-Config)。当交换机和路由器启动时,首先寻找并执行该配置。启动后,该配置就变成了运行配置文件(Running-Config)。只有当修改了运行配置并保存后,Running-Config才写入到Startup-Config。

RAM是可读可写的存储器,与计算机中的RAM一样,其主要作用是在交换机和路由器运行期间存放临时数据,如Running-Config、MAC地址表、路由表、ARP表、命令(程序代码)等。

交换机的端口是交换机最重要的组成部分。高档交换机通常是模块化交换机,它由多个模块化插槽组成。中档交换机有少量的模块化插槽和固定端口,低档交换机仅有固定端口。

交换机的以太网端口数量较多,通常有8口、24口、48口等,编号规则为"插槽号/端口在插槽上的编号"。若为百兆口,则命名为fastethernet0/1、fastethernet0/2等,可简写为f0/1、f0/2等;若为千兆口,则命名为gigabitethernet0/1、gigabitethernet0/2等,可简写为g0/1、g0/2等。这些通常在交换机的端口上均有标注。

路由器连接不同的网络,进行网络互连是通过接口完成的。

路由器的接口有以下几种:

(1) 配置接口,有两个,分别是Console和AUX。

(2) 同轴电缆接口,有两种,分别是AUI(粗同轴电缆口)和BNC(细同轴电缆口)。

(3) 双绞线铜线电口,主要是RJ-45口,有10Mb/s、100Mb/s、1000Mb/s带宽。

(4) 光纤口(ST、SC、FC、LC、PC):ST为卡接式圆形;SC为卡接式方型(路由器交换机上用得最多,用于GBIC);FC圆形带螺纹(配线架上用的最多);LC与SC形状相似,比SC小一些(用于SFP);PC为微球面研磨抛光;APC呈8°角并做微球面研磨抛光;MT-RJ为方形,一头双纤收发一体(华为8850)。

(5) 高速同步串口(如V35接口、E1接口等),用于DDN、帧中继(Frame Relay)、X. 25、PSTN的连接。

(6) 异步串口,用于Modem的连接。

(7) ISDN BRI口,用于ISDN。

路由器的基本配置中通常有两个快速以太网口和两个串行接口,快速以太网口表示为f1/0及f1/1,串行接口表示为s1/1、s1/2,前面的数字1表示模块,后面的数字是编号。不同档次的路由器可加配的模块数(插槽个数)不同,接口类型也不同。目前加配的模块以GBIC(SC口)和SFP(LC口)及双绞线RJ-45口为主。

交换机和路由器通过Console口进行配置,以改变配置文件。

1.1.2 交换机和路由器的启动过程

交换机和路由器的启动过程如下:

(1) 打开交换机或路由器电源后,系统硬件执行加电自检(POST)。运行ROM中的硬件检测程序,检测各组件能否正常工作。完成硬件检测后,开始软件初始化工作。

(2) 软件初始化过程。加载并运行 ROM 中的 BootStrap 启动程序，进行初步引导工作。

(3) 定位并加载 IOS 系统文件(通常在闪存中，如果没有，就必须定位 TFTP 服务器，在 TFTP 服务器中加载 IOS 系统文件)。IOS 系统文件可以存放在闪存或 TFTP 服务器的多个位置，交换机或路由器寻找 IOS 映像的顺序取决于配置寄存器的启动域及其他设置，配置寄存器不同的值代表在不同的位置查找 IOS。

(4) IOS 装载完毕，系统就在 NVRAM 中搜索保存的 Startup-Config 文件，若存在，则将该文件调入 RAM 中并逐条执行。否则，若在 NVRAM 中找不到 Startup-Config 文件时，系统要求采用对话方式对路由器进行初始配置。交换机或路由器的初始配置包括以下内容：

- 设置交换机或路由器名。
- 设置进入特权模式的密码。
- 设置虚拟终端访问的密码。
- 询问是否要设置交换机或路由器支持的各种网络协议。
- 配置 FastEthernet 0/0 接口。
- 配置 Serial 0 接口。

配置过程结束时，系统会询问是否使用这些配置。

通常启动时不进行这些配置，可主动放弃对话方式，在"Continue with configuration dialog? [yes/no]："下回复 no，进入 Setup 模式，以后再使用命令行对交换机或路由器进行配置。

(5) 运行经过配置的 IOS 软件。

交换机或路由器查找 IOS 的详细流程如图 1-3 所示。

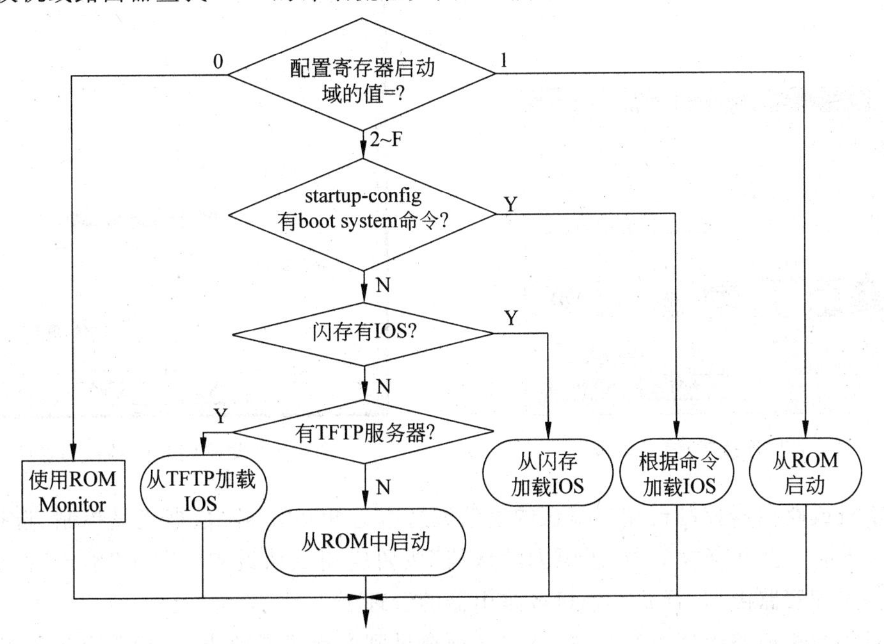

图 1-3　交换机或路由器查找 IOS 的详细流程

配置寄存器启动域的值(十六进制)如下：0为使用ROM模式，1为自动从ROM中启动，2～F为从闪存或TFTP服务器启动。

1.1.3 交换机或路由器的配置方法

通常，首次配置交换机或路由器时(建议在启动过程中不要配置)，必须通过Console口连接到交换机或路由器(有专用的Console线)。即使以后想通过Telnet进行远程配置，也必须先通过Console方式(本地方式)配置好交换机或路由器的管理IP地址及Telnet密码，才能进行远程配置。

交换机或路由器一般都随机配送了一根控制线(Console线)，它的一端是RJ-45水晶头，用于连接交换机或路由器的Console控制台接口，另一端提供了DB-9(针)或DB-25(针)串行接口插头，用于连接PC的COM1或COM2串行接口。通过该控制线把交换机或路由器与PC相连，并在PC上运行超级终端仿真程序，即可将PC仿真成交换机或路由器的一个终端(交换机或路由器是一台主机，PC作为其显示终端)，从而实现对交换机或路由器的访问和配置。

所有Windows系统都默认安装了超级终端程序，该程序位于"开始"/"程序"/"附件"/"通信"下，选择"超级终端"命令，即可启动超级终端。

首次启动超级终端时，要求输入所在地区的电话区号，输入后出现如图1-4所示的"连接描述"对话框，在"名称"输入框中输入该连接的名称(如router或switch)，并选择所使用的图标，然后单击"确定"按钮，将弹出如图1-5所示的对话框，设置连接使用的COM端口，根据实际连接使用的端口(图中为COM1)进行设置，然后单击"确定"按钮。

图1-4 "连接描述"对话框

图1-5 设置COM1端口的属性

交换机或路由器控制台端口默认的通信波特率为9600b/s，"数据流量控制"选择"无"，如图1-5所示。也可直接单击"还原为默认值"按钮应用默认设置。单击"确定"按钮，就可通过命令来配置路由器，开始交换机或路由器的管理了。

要对交换机或路由器进行配置，首先必须登录到交换机或路由器，通常有远程终端配置(Modem方式，现已淘汰)、Console本地配置(见上面的介绍)、Telnet登录配置(见后面的配置举例)等方式,或利用 TFTP 服务器将配置文件复制过来,也可以通过网管机进行配置。图 1-6 列举了几种配置交换机的方法(路由器的配置方法与之类似)。实际工作中用得最多的还是 Console 本地配置方式。

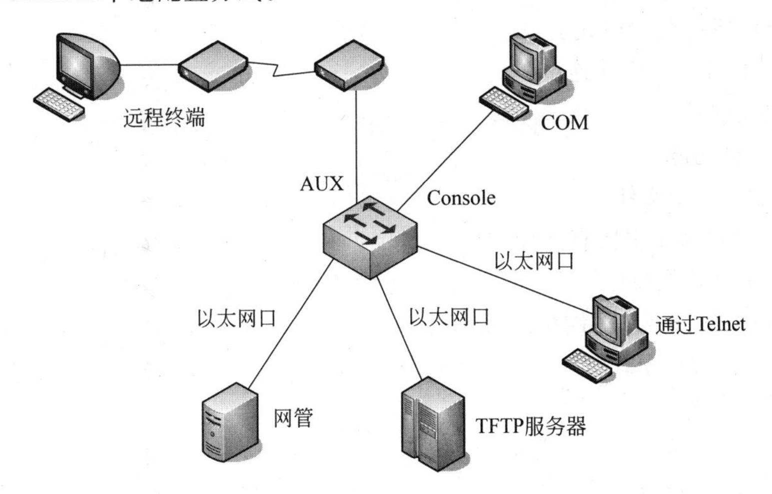

图 1-6　交换机配置方式

1.1.4　交换机或路由器的配置模式

交换机或路由器的配置模式有以下 4 种。

1. 用户模式

用户模式(user mode)的提示符为“>”。进入用户模式表明系统已正常启动,允许执行一些非破坏性的操作,不能对交换机或路由器配置做任何改动。常用命令如下。

connect:打开一个终端连接。

disable:退出特权命令。

disconnect:断开现有的网络连接。

enable:进入特权模式。

exit:退出用户模式。

logout:从特权模式退出。

ping:发送 ping 包。

resume:恢复一个网络连接。

show:显示系统运行信息。

ssh:打开一个 SSH 连接。

telnet:打开一个远程连接。

terminal:设置终端行参数。

traceroute:跟踪到目标的路由。

2. 特权模式

特权模式(privileged mode)的提示符为“#”。该模式主要对交换机或路由器进行各种高级检测,如使用 debug、show 命令,对 IOS 文件及配置文件进行相关操作。常用命令如下。

auto：Exec 自动化。

clear：复位功能。

clock：管理系统时钟。

configure：进入配置模式。

connect：打开一个终端连接。

copy：复制文件。

debug：调试功能。

delete：删除一个文件。

dir：显示文件系统中所有文件。

disable：关闭特权命令。

disconnect：断开现有的网络连接。

enable：进入特权模式。

erase：删除文件。

exit：退出用户模式。

logout：退出用户模式。

mkdir：建立新目录。

more：显示文件内容。

no：禁用调试信息。

ping：发送 ping 包。

reload：停止系统运行并执行冷启动。

resume：恢复一个活动的网络连接。

rmdir：删除现有目录。

send：发送信息到其他的 TTY 连线。

setup：运行设置命令工具。

show：显示系统运行信息。

ssh：打开一个 SSH 连接。

telnet：打开一个远程连接。

terminal：设置终端行参数。

traceroute：跟踪到目标的路由。

undebug：禁用调试功能。

vlan：配置 VLAN 参数。

write：把运行配置存盘或者写入网络或终端。

3. 全局模式

全局模式(global config mode)的提示符为 router(config)# 或 switch (config)#。该模式可以配置路由器上与软硬件相关的参数,配置各接口、各种交换与路由协议,设置用户和访问密码等。常用命令如下。

aaa：认证、授权和记账。

access-list：访问控制列表。

banner：定义一个登录信息。

boot：修改系统引导参数。

cdp：全局 CDP 配置子命令。

class-map：配置类映射。

clock：配置时钟。

config-registe：配置寄存器。

crypto：启动加密模块。

do：在配置模式下执行一个命令。

dot11：IEEE 802.1 配置命令。

enable：修改 enable 的口令。

end：从配置模式退出。

exit：从配置模式退出。

flow：全局流配置子模式。

hostname：设置主机名。

interface：进入一个接口配置。

ip：全局 IP 地址配置子命令。

ipv6：全局 IPv6 地址配置子命令。

key：密钥管理。

line：配置一个终端线路。

logging：修改 logging 文件。

login：确保安全登录检查。

mac-address-table：配置 MAC 地址表。

no：恢复一个命令使之回到默认值。

ntp：配置 NTP。

parameter-map：参数映射。

parser：配置解析器。

policy-map：配置 QoS 映射。

port-channel：以太通道配置。

priority-list：建立一个特权列表。

privilege：命令特权参数。

queue-list：建立一个用户队列表。

radius-server：修改 Radius 队列参数。

router：执行一个路由选择协议。

secure：安全的图像和配置档案命令。

security：安全的 CLI 界面。

service：修改网络基础服务。

snmp-server：修改 SNMP 参数。

spanning-tree：启动生成树协议。

tacacs-serve：修改 TACACS 查询参数。

username：建立用户名认证。

vpdn：虚拟拨号网络。

vpdn-group：配置虚拟拨号组。

zone：配置时区。

zone-pair：时区配对。

4. 子模式

子模式(sub-mode)有多种，常用的有以下3种：

(1) 接口模式(interface mode)，提示符为 router(config-if)#或 switch (config-if)#。

(2) 路由器模式(router mode)，提示符为 router(config-router)#。

(3) 线路模式(line mode)，提示符为 router(config-line)#。

路由器配置模式之间的转换如图1-7所示，线上标注的是在提示符下输入的命令。交换机配置模式转换与路由器配置模式转换完全相同，只要把图1-7中的 router 改为 switch 即可。

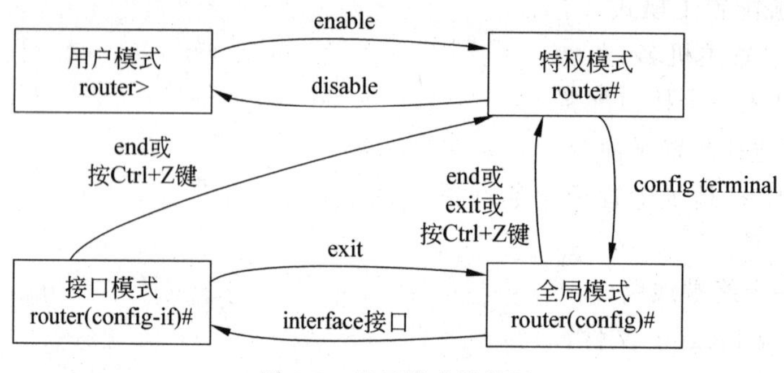

图1-7　配置模式转换图

1.2　二层交换机与虚拟局域网

二层交换机工作于数据链路层，连接各接口有一个交换矩阵(交换芯片)，以实现数据的快速转发。交换机内部有一个 MAC 地址表，记录了所连接的端口与终端 PC 网卡的 MAC 地址之间的对应关系。在交换机构成的网络中，所有设备都会转发广播帧，因此任何一个广播帧或多播帧都将被广播到整个局域网中的每一台主机上。

在网络通信中，广播信息是普遍存在的，这些广播帧将占用大量的网络带宽，导致网络速度和通信效率的下降，并额外增加了网络主机为处理广播信息所产生的负荷。

为在交换机中隔离广播，产生了虚拟局域网(VLAN)。在同一交换机上划分多个 VLAN，每个 VLAN 是一个广播域，不同的 VLAN 之间相互隔离；在不同的交换机上也可属于同一个 VLAN，在同一个广播域内。即一个 VLAN 就是一个广播域，VLAN 间不能直接通信，这样就实现了对广播域的分割和隔离。

1.2.1　交换机的工作机制

交换机在数据通信中完成如下两个基本的操作：

(1) 构造和维护 MAC 地址表。

(2) 交换数据帧。打开源端口与目标端口之间的数据通道，把数据帧转发到目标端口上。

在交换机中，有一个交换地址表(思科交换机中称为 CAM 表)，记录主机 MAC 地址和该主机所连接的交换机端口号之间的对应关系。由交换机采用动态自学习源 MAC 地址的方法来构造和维护此表。

(1) 交换机在重新启动或手工清除 MAC 地址表后，MAC 地址表中没有任何 MAC 地址的记录，如图 1-8 所示。

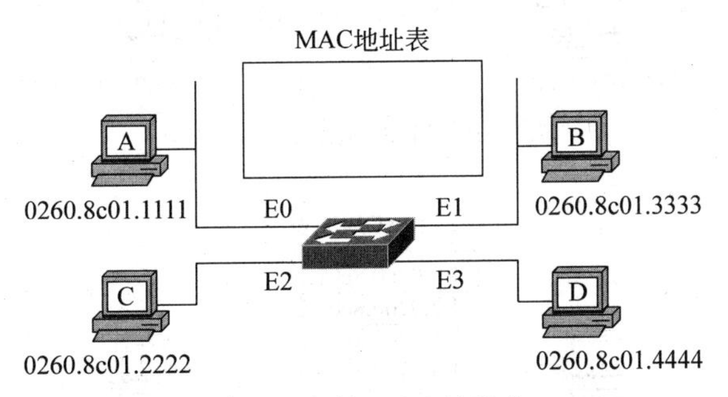

图 1-8　空的 MAC 地址表

(2) 假设主机 A 向主机 C 发送数据帧，因为交换机中 MAC 地址表为空，交换机把此源 MAC 地址 0260. 8c01. 1111 和源端口 E0 记录到 MAC 地址表中，同时向其他所有的端口发送此数据帧(称为泛洪)。各主机在接收到此数据帧后，从中提取目标 MAC 地址，并与自己网卡的 MAC 地址进行比较，如果相同，则接收此数据帧，否则丢弃此数据帧，如图 1-9 所示。

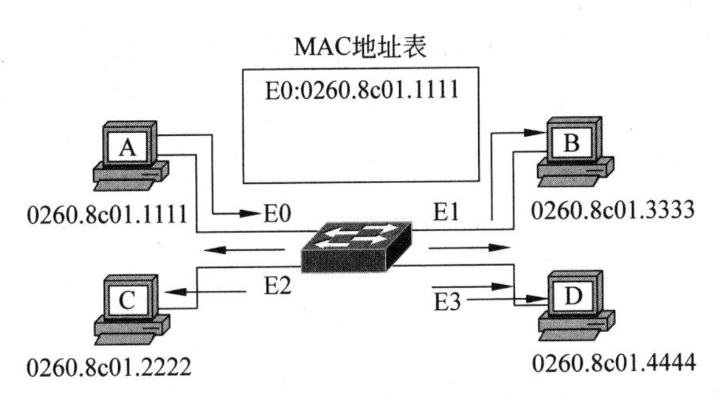

图 1-9　向接收到的数据帧自学习源 MAC 地址

(3) 如果主机 C 向主机 A 发送一个回帧(如使用 ping 命令时)，则作为源把 C 的端口 E2 和 MAC 地址 0260. 8c01. 2222 又放在 MAC 地址表中。当主机 A、B、C、D 都已经向其他主机发送过数据帧后，MAC 地址表将会有 4 条记录，如图 1-10 所示。

(4) 当主机 A 再向主机 C 发送数据帧时，交换机会提取数据帧的目的 MAC 地址，通过查找 MAC 地址表，发现有一条记录的 MAC 地址与目的 MAC 地址相同，其目的 MAC 地址所对应的端口为 E2，交换机就打开 E0 与 E2 端口之间的交换通道，将数据帧从 E0 直接转发到 E2 端口，如图 1-11 所示。

在 MAC 地址表项中有一个时间标记，用以指示该表项存储的时间。当地址表项被使用或被查找时，表项的时间标记就会被更新；如果在一定的时间范围内地址表项仍然没有被更新，此地址表项就会被移走。因此，MAC 地址表维护的是最有效和最精确的 MAC 地址

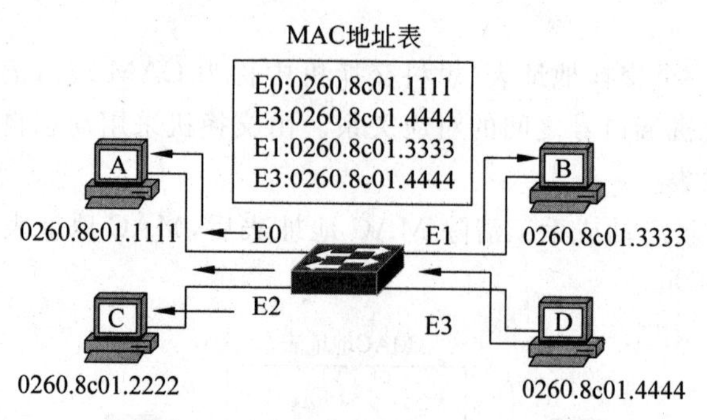

图 1-10　MAC 地址表学习完毕

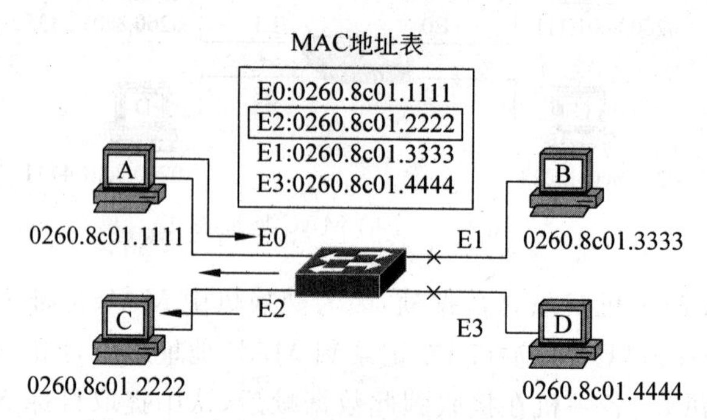

图 1-11　在 MAC 地址表中找到对应的表项

与端口之间的对应关系。

在主机 A 上分别发 ping 命令到 C、B、D，再在交换机上用 show mac-address-table 命令查看 MAC 地址表：

```
S# show mac-address-table
          Mac Address Table
---     -----------     -------    ----------------
Vlan     Mac Address     Type         Ports
---     -----------    --------     ----------------
  1    0260.8c01.1111   DYNAMIC       E0
  1    0260.8c01.2222   DYNAMIC       E2
  1    0260.8c01.3333   DYNAMIC       E1
  1    0260.8c01.4444   DYNAMIC       E3
```

1.2.2　交换机的交换方式

交换机在传送源和目的端口的数据帧时有 3 种交换方式，即直通式、存储转发式和碎片隔离式(思科交换机专用)。目前交换机最主流的交换方式是存储转发式(默认配置)。

1. 直通式

采用直通式(cut-through)的以太网交换机可以视为在各端口间采用纵横交叉的线路矩阵的交换机。它在输入端口检测到一个数据帧时，检查该帧的帧头，获取帧的目的地址，启动内部的动态查找表转换成相应的输出端口，在输入与输出交叉处接通，把数据帧直接送

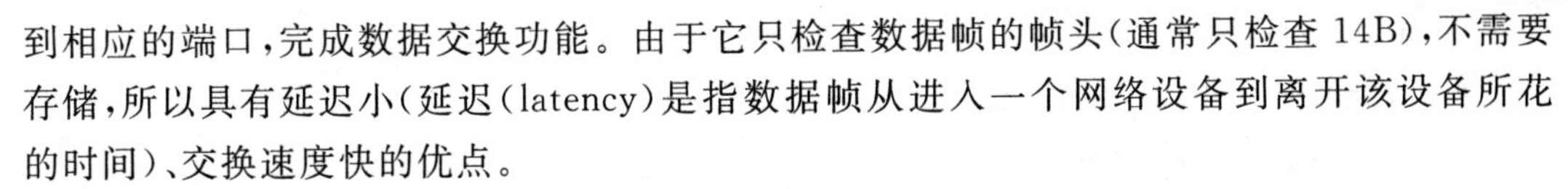

到相应的端口,完成数据交换功能。由于它只检查数据帧的帧头(通常只检查14B),不需要存储,所以具有延迟小(延迟(latency)是指数据帧从进入一个网络设备到离开该设备所花的时间)、交换速度快的优点。

但它的缺点也很明显:

(1) 因为数据帧没有被以太网交换机保存下来,所以无法检查所传送的数据帧是否有误,不能提供错误检测能力。

(2) 因为输入端口和输出端口间有速度上的差异,如果连接到高速网络(千兆网络)上,没有经过缓存而直接将输入端口和输出端口“接通”,容易丢帧。

(3) 当以太网交换机的端口增加时,交换矩阵变得越来越复杂,其硬件实现就更加困难了。

2. 存储转发式

存储转发式(store-and-forward)是计算机网络领域应用最为广泛的方式。它把输入端口的数据帧先缓存起来,然后进行循环冗余码校验(CRC),在对错误帧进行处理后才取出数据帧的目的MAC地址,通过查找表得到输出端口后送出该帧。其优点是:①对进入交换机的数据帧进行错误检测,提高了传输的可靠性;②支持不同速度的端口间的转换,保持高速端口与低速端口间的协同工作。其缺点是数据缓存和校验使得延时增加,影响交换机交换数据的速度。尽管如此,当网络环境不太稳定时,这种交换方式仍然能提高网络的性能。

3. 碎片隔离式

碎片隔离式(fragment free)是介于直通式和存储转发式之间的一种解决方案。它在转发前先检查数据帧的长度。如果小于64B(512b),说明是假帧(或称残帧),则丢弃该帧;如果大于或等于64B,则发送该帧。这种方式也不提供数据校验,其数据处理速度比存储转发式快,但比直通式慢。由于这种方式能够避免残帧的转发,所以被广泛应用于低档交换机中。

使用这类交换技术的交换机一般使用一种特殊的缓存。这种缓存是先进先出的(First In First Out,FIFO),比特从一端进入,再以同样的顺序从另一端出来。当帧被接收时,它被保存在缓存中。如果帧以小于512b的长度结束,那么缓存中的内容(残帧)就会被丢弃。因此,它没有普通直通转发交换机存在的残帧转发问题,是一个非常好的解决方案。数据帧在转发之前将被缓存保存下来,从而确保碰撞碎片不通过网络传播,能够在很大程度上提高网络传输效率。

1.2.3 VLAN的工作机制

在引入VLAN后,二层交换机的端口按用途分为两类:Access端口和Trunk端口两种。

Access端口通常用于连接客户的PC,以提供网络接入服务。该端口只属于某一个VLAN,并且仅向该VLAN发送数据帧或从该VLAN接收数据帧。如果没有改变配置,交换机的所有端口都属于VLAN 1,VLAN1总是存在的。

Access端口的工作机制是:通过查找MAC地址表,交换机只对所属VLAN中的数据进行转发,对发往其他VLAN的数据不转发,因为广播只在同一VLAN中进行,其他VLAN不能收到不同VLAN的目标MAC地址的广播信息。

Trunk端口属于所有VLAN共有,承载所有VLAN在交换机间的通信流量。

Trunk 端口有以下特点：

(1) 传输多个 VLAN 的信息。

(2) 实现同一 VLAN 跨越不同的交换机。

(3) 要求 Trunk 端口至少为 100Mb/s 以上。

Trunk 链路承载了所有 VLAN 的通信流量，为了标识各数据帧属于哪一个 VLAN，需要对流经 Trunk 链路的数据帧进行打标(tag)封装，以附加 VLAN 标识，使交换机通过 VLAN 标识将数据帧转发到对应的 VLAN 中。

目前交换机支持的打标封装协议有 IEEE 802.1q 和 ISL。其中 IEEE 802.1q 是经过 IEEE 认证的对数据帧附加 VLAN 标识的协议，属于国际标准协议，适用于各个厂商生产的交换机，该协议简称为 dot1q。而 ISL 协议仅适用于思科交换机。在思科交换机中，对 Trunk 链路必须指定打标封装协议(两者取一)。

VLAN 的工作特点如下：

(1) 数据帧传输对于用户是完全透明的。

(2) Trunk 链路在默认时，会转发交换机上存在的所有 VLAN 的数据(除非用命令排除某些 VLAN)。

VLAN 的工作过程如图 1-12 所示。当主机 B 发送数据到主机 Y 时，在进入交换机端口前，数据帧的头部并没有被加上 VLAN 标识，当数据进入交换机 A 端口后，根据端口所属的 VLAN 2，在数据帧的头部加上 VLAN 2 的标识，在交换机中查找 VLAN 2 的 MAC 地址表，若没有找到对应的端口，在 VLAN 2 中广播，当数据通过交换机 A 的级联端口 24

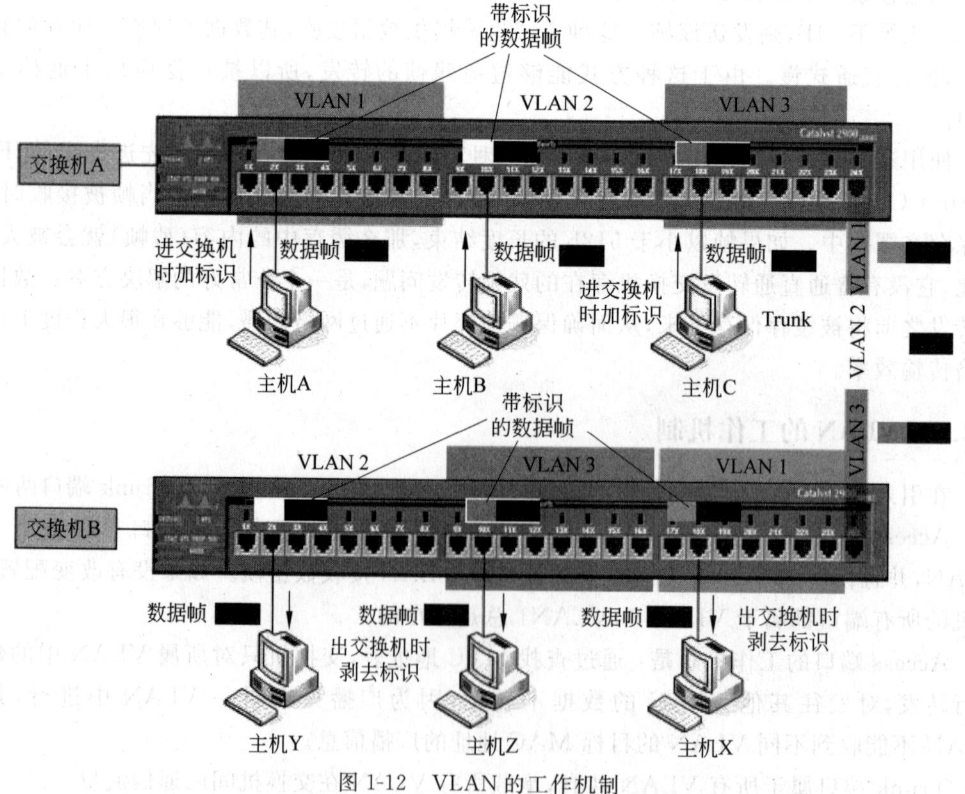

图 1-12　VLAN 的工作机制

时，由于该端口为Trunk端口，数据从此端口转出时仍带有VLAN 2的标识，到达交换机B的级联端口24时，根据VLAN 2的标识，在交换机B的VLAN 2中广播，主机Y响应，得到对应的目标端口2，交换机B剥去VLAN 2的标识后，将数据帧从端口2转发给主机Y。

在交换机中创建VLAN和端口定义的命令如下：

```
S1(config)#vlan 2                                /*创建 VLAN 2*/
S1(config)#int f0/1
S1(config-if)#switchport mode Access             /*将端口 f0/1 定义为 Access 端口*/
S1(config-if)#switch access vlan 2               /*将端口 f0/1 分配给 VLAN 2*/
S1(config)#int f0/24
S1(config-if)#switchport mode trunk              /*将端口 24 定义为 Trunk 端口*/
S1(config-if)#switchport trunk encapsulation dot1q
                                          /*定义 Trunk 端口的打标封装协议为 IEEE 802.1q*/
                                          /*在 Packet Tracer 中,二层交换机可省略该行*/
```

1.2.4　VLAN的划分方法

虚拟局域网的实现方式有两种：静态和动态。

（1）采用静态实现方式时，网络管理员将交换机端口分配给某一个VLAN。这是最常用的配置方法，其配置简单、安全，易于实现和监视。

（2）采用动态实现方式时，管理员必须先建立一个较复杂的数据库，例如输入要连接的网络设备的MAC地址及相应的VLAN号，这样，当网络设备接到交换机端口时，交换机自动把这个网络设备所连接的端口分配给相应的VLAN。动态VLAN的配置可以基于网络设备的MAC地址、IP地址、应用或者所使用的协议。实现动态VLAN时必须利用管理软件来管理。在Cisco交换机上可以使用VLAN管理策略服务器(VMPS)实现基于MAC地址的动态VLAN配置，建立MAC地址与VLAN的映射表。在基于IP地址的动态配置中，交换机通过查阅网络层的地址自动将用户分配给不同的虚拟局域网。

按照定义VLAN成员关系的不同，划分虚拟局域网有以下几种：

- 基于端口的VLAN。
- 基于协议的VLAN。
- 基于MAC地址的VLAN。
- 基于IP子网的VLAN。
- 基于IP多播的VLAN。
- 基于策略的VLAN。

其中只有第一种属于静态方式，其余的都属于动态方式。

1. 基于端口的VLAN

这种方法针对交换机的端口进行VLAN的划分，它不受连接在交换机端口上的主机的变化的影响，是目前最常用的一种VLAN划分方法。

实际上它是一些交换端口的集合，管理员只需管理和配置这些交换端口，而不管交换端口连接的是什么设备(PC、交换机、路由器等)，例如将S的3～8端口划分给VLAN 10，而将1、2、9～12端口划分给VLAN 20。

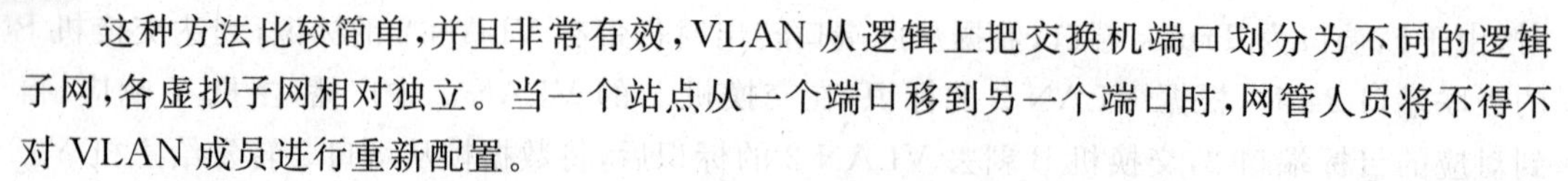

这种方法比较简单，并且非常有效，VLAN从逻辑上把交换机端口划分为不同的逻辑子网，各虚拟子网相对独立。当一个站点从一个端口移到另一个端口时，网管人员将不得不对VLAN成员进行重新配置。

2. 基于协议的VLAN

在一个多类型的协议环境中，通过区分传输数据所用的三层协议来划分VLAN的成员。但在一个主要以IP协议为主的网络环境中，这种方法不太实用。

3. 基于MAC地址的VLAN

基于主机的MAC地址进行VLAN划分，由管理人员指定属于同一个VLAN中的各服务器和客户机的MAC地址，该VLAN是一些MAC地址的集合。

新站点入网时，根据需要将其划归至某一个VLAN。

优点：无论该站点在网络中怎样移动，由于其MAC地址保持不变，因此用户不需要进行网络地址的重新配置，不需要重新划分VLAN。因此，用MAC地址定义的VLAN可以看成是基于用户的VLAN。

缺点：在站点入网时，所有的用户都必须被配置(手工方式)到至少一个VLAN中，然后方可实现对VLAN成员的自动跟踪。因此，如果在大型网络中采用此方法，初始配置工作会很大。

此方法通常仅用于将服务器的MAC地址、端口、VLAN一起绑定，以提高安全性。

4. 基于IP子网的VLAN

IP子网指OSI模型的网络层，是第三层协议。基于第三层协议的VLAN实现，在决定VLAN成员身份时主要考虑协议类型或网络层地址。根据每个主机的协议类型或网络层地址来划分VLAN，这种方法需要将子网地址映射到VLAN，交换设备则根据子网地址将各机器的MAC地址同一个VLAN联系起来。

优点：新站点在入网时无须进行太多配置，交换机则根据各站点的网络地址自动将其划分成不同的VLAN，并且在第三层上定义的VLAN将不再需要报文标识，从而可以节省在交换设备之间传递VLAN成员信息而花费的开销。

在基于端口、基于协议、基于MAC地址这3种VLAN实现技术中，基于MAC地址的VLAN智能化程度最高，实现起来也最复杂。一个用户可以属于多个VLAN。目前基于端口号划分虚拟局域网应用较广泛。

5. 基于IP多播的VLAN

基于多播应用进行用户的划分，即将同一个多播组划分在同一VLAN中。这种划分方法可以将VLAN扩大到广域网，灵活性更高，能通过路由器进行扩展。但这种方法不太适合局域网，其效率不高。

6. 基于策略的VLAN

基于策略的VLAN是一种比较灵活有效的VLAN划分方法。该方法的核心是采用某一策略来进行VLAN的划分。目前，常用的策略如下：

- 按MAC地址划分。
- 按IP地址划分。
- 按以太网协议类型划分。
- 按网络应用划分。

1.2.5　同一 VLAN 不同交换机之间的数据转发

如图 1-13 所示，两台二层交换机之间通过 f0/1 端口进行 Trunk 链路连接。PC1 与 PC3 属于 VLAN 2，PC2 与 PC4 属于 VLAN 3，结果如下：

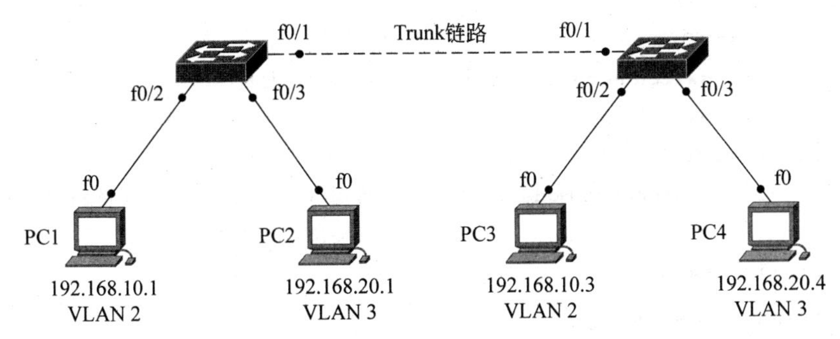

图 1-13　同一 VLAN 不同交换机之间的数据转发

- 在同一台交换机上可以创建不同的 VLAN(2 和 3)，每个 VLAN 是一个广播域，因而属于这两个不同 VLAN 的主机 PC1 与 PC2 相互不能通信。
- 在不同的交换机上可以创建相同的 VLAN。要想使同一 VLAN 内的两台主机(PC1 和 PC3，PC2 和 PC4) 能够相互通信，要么所有交换机属于同一个 VLAN 1，要么两台交换机上的同一 VLAN 之间能够通信，但中间的链路是 Trunk。
- Trunk 链路连接的两台交换机，只能在相同的 VLAN 内部通信，不同的 VLAN 之间不能通信。

1. 实验目的

(1) 在同一台交换机上创建不同的 VLAN，验证相互不能 ping 通。

(2) 在不同的交换机上创建相同的 VLAN。

(3) 配置 Trunk 链路，验证不同的交换机上相同的 VLAN 能 ping 通。

(4) 配置 Trunk 链路，验证不同的交换机上不同的 VLAN 不能 ping 通。

2. 实验拓扑

实验拓扑如图 1-13 所示。

3. 实验配置步骤

(1) 配置 4 台主机的 IP 地址如下：

- PC1 为 192.168.10.1。
- PC2 为 192.168.20.1。
- PC3 为 192.168.10.3。
- PC4 为 192.168.20.4。

(2) 配置交换机 1 如下：

```
Switch#host S1
S1#conf t
S1(config)#vlan 2                    /*创建 VLAN 2*/
S1(config-vlan)#exit
```

```
S1(config)#vlan 3                     /*创建VLAN 3*/
S1(config-vlan)#exit
S1(config)#int f0/2
S1(config-if)#switch access vlan 2    /*将端口1分配给VLAN 2*/
S1(config-if)#exit
S1(config)#int f0/3
S1(config-if)#switch access vlan 3    /*将端口2分配给VLAN 3*/
S1(config-if)#exit
S1(config)#int f0/1
S1(config-if)#switchport mode trunk   /*将端口24定义为Trunk链路端口,默认的打标
                                        封装协议为IEEE 802.1q*/
S1(config-if)#exit
```

(3) 用同样的方法配置交换机2。

4. 检测结果及说明

验证VLAN 2中的PC1、PC3能ping通,PC2、PC4能ping通,但VLAN 2中的PC1和PC3不能ping通VLAN 3中的PC2和PC4,从而验证了同一交换机中不同的VLAN相互不能ping通,不同交换机上的同一VLAN通过Trunk链路相互能ping通,但不同VLAN仍然不能ping通。

运行以下命令,理解相关结果:

```
S1#show vlan
S1#show interfaces f0/24
S1#show interface vlan
S1#show interface switchport
S1#show interface trunk
S1#show ip int brief
```

1.2.6 用单臂路由实现不同VLAN之间的数据转发

要实现VLAN间的通信,就必须为VLAN设置路由,可使用路由器或三层交换机来实现。以下介绍使用单臂路由实现不同VLAN之间的数据转发的方法。

1. 实验目的

(1) 掌握单臂路由的配置方法。

(2) 理解单臂路由的应用。

2. 实验拓扑

一台二层交换机划分了3个不同的虚拟网络:VLAN 1(总是存在)、创建的VLAN 2和VLAN 3,此二层交换机通过f0/6端口连接在一台路由器上,如图1-14所示,路由器负责两个不同VLAN之间的通信。

3. 实验配置步骤

(1) 二层交换机的配置如下:

```
S(config)#vlan 2
```

```
S(config-vlan)#exit
S(config)#vlan 3
S(config-vlan)#exit
S(config)#int f0/1
S(config-if)#swi acc vlan 2
S(config-if)#exit
S(config)#int f0/2
S(config-if)#swi acc vlan 2
S(config-if)#exit
S(config)#int f0/3
S(config-if)#swi acc vlan 3
S(config-if)#exit
S(config)#int f0/4
S(config-if)#swi acc vlan 3
S(config-if)#exit
S(config)#int f0/5
S(config-if)#swi acc vlan 3
S(config-if)#exit
S(config)#int f0/6
S(config-if)#switchp mode trunk
/*注意：思科模拟器 Packet Tracer 中二层交换机 Trunk 链路端口不需要定义打标封装协议，即
  此 Trunk 链路的打标封装协议命令 switchport trunk encapsulation dot1q 不起作用，默
  认封装协议为 IEEE 802.1q 封装 */
S(config-if)#exit
```

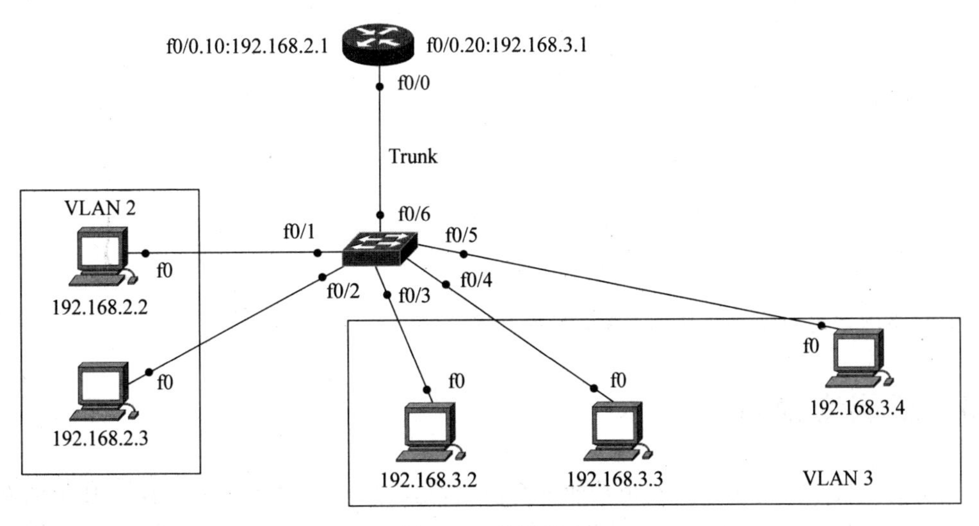

图 1-14　单臂路由

（2）路由器的配置如下：

```
R(config)#int f0/0
R(config-if)#no shut                    /*启动路由器的端口*/
```

```
R(config-if)#no ip add                      /*并清除IP地址*/
R(config-if)#exit
R(config)#int f0/0.10                       /*配置子端口,子端口号10可自定*/
R(config-subif)#enc dot1q 2                 /*封装,dot后是数字1,2为VLAN号*/
R(config-subif)#ip add 192.168.2.1 255.255.255.0        /*设置子端口的IP地址*/
R(config-subif)#no shut                     /*启动子端口*/
R(config-subif)#exit
R(config)#int f0/0.20                       /*配置子端口,子端口号20可自定*/
R(config-subif)#enc dot1q 3
R(config-subif)#ip add 192.168.3.1 255.255.255.0
R(config-subif)#no shut
R(config-subif)#exit
```

4. 检测结果及说明

(1) 在二层交换机上,显示Trunk信息,表明是IEEE 802.1q封装,Native vlan为VLAN 1,允许全部VLAN的数据通过。

```
Switch#show int trunk
Port     Mode     Encapsulation     Status          Native vlan
f0/6     on       802.1q            trunking        1
Port Vlans allowed on trunk
f0/6 1-1005
Port Vlans allowed and active in management domain
f0/6 1,2,3
Port Vlans in spanning tree forwarding state and not pruned
f0/6 1,2,3
```

(2) 在PC 1上:

```
ping 192.168.2.1            /*通*/
ping 192.168.2.3            /*通*/
ping 192.168.3.1            /*通*/
ping 192.168.3.2            /*通*/
```

说明路由器可以实现不同VLAN互连互通。

1.3 三层交换机

三层交换机是具有第三层路由功能的交换机,是二层交换技术和三层路由技术的有机结合,既有二层交换矩阵及二层MAC地址表,又有三层路由模块,包括的路由表、路由协议等,能够实现一次路由(一次查找或建立路由表),多次转发。在硬件上,有三层端口,与二层端口一样,是通过高速背板/总线(速率在几十吉位每秒以上)交换数据,从而突破了传统路由器端口速率的限制,实现高速三层转发。在软件上,路由信息的更新、路由表的维护、路由的计算、路由的确定等都由三层软件完成。

1.3.1　三层交换机的工作机制

如图 1-15 所示，有 4 台主机与三层交换机互连。主机 A 和主机 B 都在 VLAN 10 内，主机 A 与主机 C 在不同的 VLAN 内。

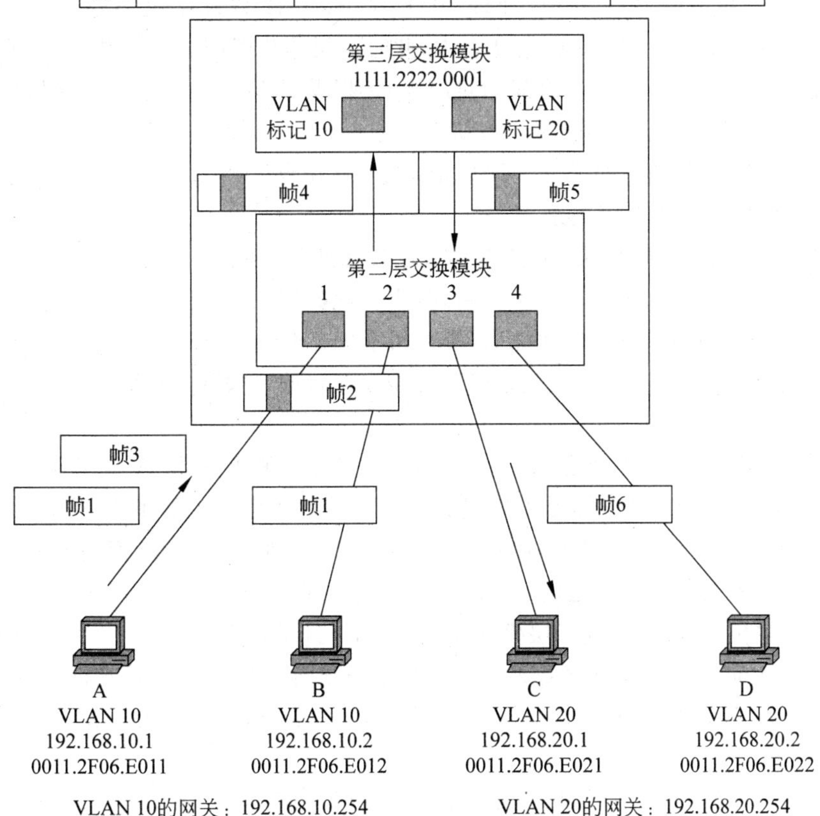

图 1-15　三层交换机通信过程

源为 A，目标为 B，A、B 主机 IP 和子网掩码进行“与”运算的结果表明在同一网段内，要进行二层转发。A 到 B 的二层转发过程如下：

(1) 主机 A 在转发数据前，必须得到主机 B 的 MAC 地址。

① 在主机 A 上从应用层到传输层再到网络层，封装成了 IP 数据包，其目标 IP 地址(为主机 B 的 IP 地址，即 192.168.10.2)和源 IP 地址(为主机 A 的 IP 地址，即 192.168.10.1)均放在包头内。从网络层到数据链路层时，必须知道目标主机的 MAC 地址，才能封装为数据帧，以便由物理层完成一个个比特的转发。

② 主机 A 首先查看自己的 ARP 表(在 Windows 中用 arp - r 命令查看 ARP 表，将显示 IP 地址与 MAC 地址的对应关系)。如果在 ARP 表中找不到目标 IP 地址所对应的 MAC 地址，主机 A 必须发送一个 ARP 广播报文，请求主机 B 的 MAC 地址。

③ 该ARP请求报文进入交换机后,交换机首先进行源MAC地址学习,二层芯片自动把主机A的MAC地址0011.2F06.E011以及进入交换机的端口号1等信息填入二层芯片的MAC地址表中(MAC地址表是MAC地址与端口之间的对应关系)。由于此时是一个ARP广播报文,交换机把这个广播报文在进入交换机的端口所属的VLAN 10中进行广播。主机B收到这个ARP请求报文之后,会立刻发送一个ARP回复报文,这个报文是一个单播报文,源MAC地址为主机B的MAC地址0011.2F06.E012,目的MAC地址为主机A的MAC地址0011.2F06.E011。该报文进入交换机后,交换机同样进行源MAC地址学习,二层芯片同样把主机B的MAC地址0011.2F06.E012以及主机B进入交换机的端口号2等信息填入二层芯片的MAC地址表中,此时二层芯片就完成了主机A和B与端口之间的对应关系(MAC地址与端口之间的对应表)。根据此MAC地址表,交换机就能把此单播报文从主机A对应的端口中转发给主机B。

(2) 一旦主机A知道主机B的MAC地址后,就在自己的ARP表中记录主机B的IP地址与MAC地址之间的对应关系。

(3) 主机A生成数据帧(帧1),并在物理层发送此数据帧。

(4) 交换机收到主机A发来的帧1后,首先在此数据帧上加上VLAN 10的标记,变成帧2,然后交换机通过查找MAC地址表(交换机上的命令为show mac-address-table),发现主机B连在交换机的端口2上,因此第二层交换模块将帧2去除VLAN 10标记,又变成了帧1,从端口2发送给主机B。

(5) 以后,A、B之间进行通信或者同一网段的其他主机想要与A或B通信,交换机只要通过查找MAC地址表就能知道该把报文从哪个端口送出了。如果在MAC地址表中找不到匹配表项,交换机就会在进入端口所属的VLAN中进行广播,从而得到目标MAC地址与端口的对应关系。这些都是由二层交换模块完成的。

下面介绍主机A和C通过三层模块实现跨VLAN的通信过程。

(1) 主机A向主机C发送数据时,主机A检查出自己与主机C不在同一子网内(分属VLAN 10与VLAN 20),因此主机A将把数据发送给自己的默认网关(默认网关通过TCP/IP协议指定)。

① 主机A同样把数据从应用层到传输层再到网络层,封装成IP数据包,其目标IP地址(为主机C的IP地址,即192.168.20.1)和源IP地址(为主机A的IP地址,即192.168.10.1)均放在包头内。从网络层到数据链路层时,必须得到默认网关的MAC地址。

② 主机A先查自己的ARP表,找到默认网关的IP地址与MAC地址的对应关系。如果ARP表中没有这一项,同样要向此默认网关发出ARP请求报文,而默认网关的IP地址其实就是三层交换机上主机A所属VLAN的IP地址(交换机虚拟端口SVI地址)。当主机A对默认网关的IP地址广播一个ARP请求时,交换机就向主机A回送一个ARP回复报文,将交换机上VLAN 10的MAC地址告诉主机A,同时通过软件把主机A的IP地址、MAC地址、与交换机直接相连的端口号等信息记录到三层模块的相关表项中。

③ 主机A收到这个ARP回复报文之后,生成数据帧(帧3),并向交换机的第三层模块发送帧3。

(2) 交换机收到帧3后,加上VLAN 10的标记,生成帧4,交给交换机的第三层模块,第三层模块像路由器一样处理数据包。

① 第三层模块打开帧 4，取出其中的 IP 包，根据目标 IP 地址 192.168.20.1，查找路由表，在三层交换机上执行 show ip route 命令，结果如下：

```
C     192.168.10.0/24 is directly connected, Vlan10
C     192.168.20.0/24 is directly connected, Vlan20
```

从而找到了目标路由为直连网段之一(VLAN 20)。

② 如果路由表中没有找到匹配的表项，则报错。

③ 交换机第三层模块再将此 IP 包从 VLAN 10 转到 VLAN 20 的 SVI 端口上，准备重新封装成新的数据帧，由三层模块转发给主机 C。

④ 在三层交换机中查找 ARP 表(show arp)，如果没有找到主机 C 的 IP 地址所对应的 MAC 地址，则在 VLAN 20 内进行 ARP 广播。从下面列表中可知，三层交换机中所有 VLAN 的 SVI MAC 地址都是相同的，是其三层模块的 MAC 地址(Hardware Addr 为 00E0.F90E.ACE0)。

```
Protocol Address            Age (min)  Hardware Addr    Type    Interface
Internet 192.168.10.1         1        0011.2F06.E011   ARPA    Vlan10
Internet 192.168.10.254       -        00E0.F90E.ACE0   ARPA    Vlan10
Internet 192.168.20.1         1        0011.2F06.E021   ARPA    Vlan20
Internet 192.168.20.254       -        00E0.F90E.ACE0   ARPA    Vlan20
```

⑤ 将源 MAC 地址设为 VLAN 20 的硬件地址 00E0.F90E.ACE0，将目标 MAC 地址设为主机 C 的 MAC 地址 0011.2F06.E021，形成新的数据帧——帧 5(含有 VLAN 20 的标记)。

⑥ 交换机把帧 5 从主机 C 所在的端口 f0/3 转发出去。出交换机时，去除 VLAN 20 的标记，形成帧 6，发给主机 C。

⑦ 经过一次路由后，交换机已经保留了不同 VLAN 中各端口的 MAC 地址与端口之间的关系，如下所示：

```
Vlan    Mac Address       Type        Ports
  10    00d0.97d1.3e61    DYNAMIC     F0/1
  20    000d.bde9.227e    DYNAMIC     F0/2
```

⑧ 因此，下一次进行主机 A 与主机 C 之间的通信时，交换机直接把数据帧从指定的端口转发出去，不必再将数据交给三层模块进行拆帧、查路由表、封帧等过程。这就是所谓的“一次路由，多次交换”的工作模式，大大提高了转发速度。

1.3.2 用三层交换机实现不同 VLAN 之间的数据转发

1. 实验目的

(1) 在一台三层交换机上创建不同的 VLAN 和 SVI(Switch Virtual Interface，交换机虚拟端口)。

(2) 验证不同的 VLAN 能相互 ping 通。

2. 实验拓扑

实验拓扑如图 1-16 所示。

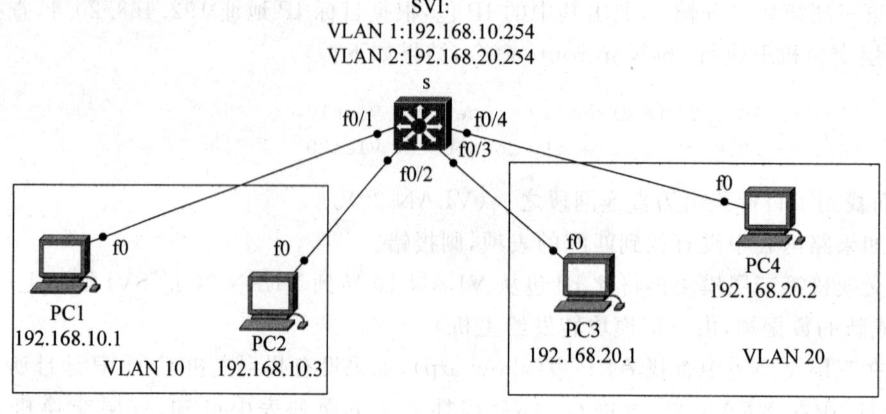

图 1-16　实验拓扑

3. 实验配置步骤

```
S(config)#vlan 10
S(config)#vlan 20            /*创建 VLAN 10,VLAN 20。VLAN 1 总是存在,不用创建*/
S(config)#int f0/1
S(config-if)#switch access vlan 10
S(config)#int f0/2
S(config-if)#switch access vlan 10          /*将端口 f0/1 和 f0/2 分配给 VLAN 10*/
S(config)#int vlan 10                       /*创建 VLAN 10 的虚拟端口*/
S(config-if)#ip address 192.168.10.254 255.255.255.0
/*配置虚拟端口 VLAN 10 的地址为 192.168.10.254*/
S(config-if)#no shutdown                    /*手工打开虚拟端口 VLAN 10*/
S(config-if)#exit
S(config)#int f0/3
S(config-if)#switch access vlan 20
S(config)#int f0/4
S(config-if)#switch access vlan 20          /*将端口 f0/3 和 f0/4 分配给 VLAN 20*/
S(config)#int vlan 20                       /*创建 VLAN 20 的虚拟端口*/
S(config-if)#ip address 192.168.20.254 255.255.255.0
/*配置虚拟端口 VLAN 20 的地址为 192.168.20.254*/
S(config-if)#no shutdown                    /*手工打开 VLAN 20 的虚拟端口*/
S(config-if)#exit
```

4. 检测结果及说明

(1) 在主机 A 上 ping 192.168.10.2、192.168.20.1、192.168.20.2,都能 ping 通,说明三层交换机上不同 VLAN 之间互通。

(2) 在交换机上执行以下命令:

```
S#show ip route /*查看三层交换机的路由表*/
S#show vlan       /*显示交换机上所有 VLAN 的信息*/
S#show ip int brief /*显示交换机端口的主要信息*/
S#show arp
S#show int f0/4
```

1.4　交换机的端口类型

1.4.1　交换机端口分类

一个交换机(包括二层和三层交换机)的端口可分为两大类：

(1) 二层端口(L2 interface),如二层交换机(思科 2950) 的所有端口都是二层端口。

(2) 三层端口(L3 interface),如三层交换机(思科 3560) 的所有端口经设定可以成为三层端口,但没有设定时默认为二层端口。

二层交换机中只能有二层端口,而三层交换机中则既可以有二层端口,也可以有三层端口。

1.4.2　二层端口分类

二层端口分为 3 种类型：

(1) Access 端口(Access Port)：直接连接 PC 等,只能属于某一个 VLAN,默认属于 VLAN 1。

(2) Trunk 端口(Trunk Port)：把二层端口设定为 Trunk 端口,此端口只能连接二层或三层交换机或路由器,不能连接 PC。Trunk 端口允许所有 VLAN 通过。

(3) 二层聚合端口(L2 Aggregate Port)：把几个物理端口聚合在一起作为一个逻辑端口,目的是提高带宽、均衡负载、提供冗余备份等,即使其中一个物理端口有故障,也不影响该聚合端口的作用。建立二层聚合端口的目的是为了在两台交换机之间建立聚合链路,详见 3.2.2 节。

1.4.3　三层端口分类

三层端口分为 3 种类型：

(1) 交换机虚拟端口(Switch Virtual Interface,SVI)：是三层交换机中 VLAN 的 IP 地址,代表这个 VLAN 中所有 PC 的网关。

(2) 路由端口(routed port)：是三层交换机的路由端口,像路由器的端口一样,该端口可以连接一个网络,三层交换机的所有路由端口必须属于不同的网络。

(3) 三层聚合端口(L3 Aggregate Port)：把三层交换机的几个物理端口聚合在一起形成一个逻辑端口,该逻辑端口是三层路由端口,能直接分配一个 IP 地址。建立聚合端口是为了在两台三层交换机之间建立聚合链路,详见 3.2.2 节。

下面具体介绍各种类型端口的配置和作用。

1.4.4　Access 端口

Access 端口只有二层交换功能,用于管理物理端口和与之相关的第二层协议,并不处理路由和桥接,直接连接终端设备(如 PC)。用命令 switchport mode access 来定义此端口,默认时交换机的端口都是 Access 端口。每个交换机的 Access 端口只能属于一个 VLAN,只能传输属于这个 VLAN 的数据帧。Access 端口只接收以下 3 种帧：未标记帧、VLAN 号为0的标记帧、VLAN号为Access端口所属VLAN的帧。只发送未标记帧，属于此VLAN的帧自动去除VLAN号。无论是二层交换机还是三层交换机都可配置Access端口，即二层访问端口，配置步骤如下：

```
Switch(config)#interface fastethernet0/2
Switch(config-if)#switchport mode access          /*配置Access端口*/
Switch(config-if)#switchport access vlan 10       /*配置Access端口属于VLAN 10*/
```

1.4.5 Trunk端口

Access端口和Trunk端口都属于二层端口，Access端口只能连接PC等，而Trunk端口只能连接其他交换机或三层设备(如路由器、防火墙等)，其主要作用是使多个交换机之间可以进行多个VLAN通信。定义Trunk端口的命令如下：

```
Switch(config-if)#switchport mode Trunk
```

Trunk端口有两种封装协议，即IEEE 802.1q(dot1q)和ISL(思科私有)。两者不同的是：ISL是在原数据帧的基础上封装一个新的数据帧，重新加了一个帧头，并重新生成了帧校验序列(FCS)，对原始数据帧内部不做修改；而IEEE 802.1q是在原有帧的源MAC地址字段后插入标记字段TAG和优先级，同时用新的FCS字段替代了原有的FCS字段，即改变了原始数据帧。IEEE 802.1q是国际标准，得到所有厂家的支持。但包括思科交换机在内，默认情况都启动的是IEEE 802.1q协议。

用Switch(config-if)# switchport trunk enc {dot1q | isl} 来指定帧的封装。

三层交换机需要指定封装协议；二层交换机不需要指定，默认为IEEE 802.1q。

默认情况下Trunk端口将传输所有VLAN的帧，但可通过以下命令来指定、增加、移除、排除的VLAN：

```
Switch(config-if)#switchport trunk allowed vlan {add| remove |except} vlan-list
```

下面给出配置Trunk端口的许可VLAN列表的示例。

(1) 只允许VLAN 1，5，10，1002～1005这些VLAN通过，命令如下：

```
Switch(config-if)#switchport trunk allowed VLAN 1, 5, 1002-1005
```

(2) 移除某些VLAN(2和3)，阻止其在该Trunk端口上通过，命令如下：

```
Switch(config-if)#switchport trunk allowed vlan remove 2,3
```

(3) 如果移除错误，可以通过如下命令增加某个VLAN(2)：

```
Switch(config-if)#switchport trunk allowed vlan add 2
```

配置Trunk端口的步骤如下：

```
Switch(config)#interface fastethernet0/24        /*进入接口模式*/
Switch(config-if)#shut                            /*关闭接口*/
Switch(config-if)#switchport trunk enc dot1q
```

```
/*选择封装协议为 IEEE 802.1q,二层交换机不需要该命令
Switch(config-if)#switchport mode trunk          /*指定此端口为 Trunk 端口*/
Switch(config-if)#switchport trunk allowed vlan allowed vlan 1,5,1002-1005*/
/*指定允许通过的 VLAN 为 1,5,1002~1005*/
Switch(config-if)#no shut                        /*启动该端口*/
```

1.4.6 Trunk 端口与 Access 端口之间的转换

如果想把一个 Trunk 端口的所有 Trunk 相关属性都复位成默认值,使用以下命令:

```
Switch(config-if)#no switchport trunk
```

如果要将 Trunk 端口改为 Access 端口,使用以下命令:

```
Switch(config)#interface fastethernet0/10
Switch(config-if)#switchport
```

如果要将 Access 端口改为 Trunk 端口,使用以下命令:

```
Switch(config)#interface fastethernet0/10
Switch(config-if)#switchport mode trunk
```

1.4.7 交换机虚拟端口

交换机虚拟端口(Switch Virtual Interface,SVI)是和某个 VLAN 关联的 IP 端口。每个 SVI 只能与一个 VLAN 关联,可分为以下两种类型:

(1) SVI 可作为二层交换机的管理端口,要为该管理端口分配 IP 地址。管理员可通过此管理端口来管理和配置二层交换机。二层交换机中只能有一个 SVI 管理端口,可定义在 Native Vlan 1 上,也可定义在其他已划分的 VLAN 上。

(2) SVI 可作为三层交换机 VLAN 的网关端口,用于三层交换机中跨 VLAN 之间的路由。

可通过 interface vlan 配置命令创建 SVI,然后给 SVI 分配 IP 地址。

二层交换机虽然可以支持多个 SVI,但只允许一个 SVI 的 OpenStatus 处于 UP 状态。SVI 的 OpenStatus 状态可以通过 shutdown 与 no shutdown 命令进行切换。

对于三层交换机,每个 VLAN 都可定义多个 SVI,且都处于 UP 状态,作为三层交换机中不同 VLAN 的网关,使得不同的 VLAN 通过此网关进行 VLAN 之间的路由。

配置 SVI 的步骤如下:

```
Switch(config)#vlan 10
Switch(config)#int vlan 10              /*创建虚拟端口 VLAN 10*/
Switch(config-if)#ip address 192.168.10.254 255.255.255.0
/*配置虚拟端口 VLAN 10 的地址为 192.168.10.254*/
Switch(config-if)#no shut               /*但在思科交换机中要用 no shut 启用端口*/
```

1.4.8 路由端口

在三层交换机上,可以使用单个物理端口作为网关端口,这个端口称为路由端口(routed port)。路由端口不具备二层交换的功能。通过 no switchport 命令将一个三层交换机上的二层端口转变为路由端口,然后给路由端口分配 IP 地址来建立路由。

注意: 当一个端口是二层聚合端口的成员端口时,就不能用 switchport/no switchport 命令进行层次切换。

(1) 把 f0/24 配置为路由端口的步骤如下:

```
Switch(config)#interface fastethernet0/20
Switch(config-if)#no switchport              /*关闭二层端口,启动三层端口*/
Switch(config-if)#ip address 192.168.20.254 255.255.255.0
                                              /*定义三层端口 IP 地址*/
Switch(config-if)#no shut                    /*启用此路由端口*/
```

(2) 将 f0/24 再还原为二层 Access 端口:

```
Switch(config)#interface fastethernet0/24
Switch(config-if)#no ip address 192.168.20.254 255.255.255.0
Switch(config-if)#switchport
```

1.5 路由器基础知识

1.5.1 路由器的工作原理

IP 地址是与硬件地址无关的“逻辑”地址。IP 地址由两部分组成:网络号和主机号,并用子网掩码来划分 IP 地址中的网络号和主机号。子网掩码中数字 1 所对应的 IP 地址部分为网络号,0 所对应的是主机号。同一网络中的计算机,其 IP 地址所对应的网络号是相同的,这种网络称为 IP 子网。

路由器用于连接多个逻辑上分开的网络,路由器上有多个接口,用于连接多个不同的 IP 子网。每个接口对应一个 IP 地址,并与所连接的 IP 子网属同一个网络。

路由器的工作原理如下(以图 1-16 中主机 A 发送数据给主机 B 为例):

(1) 子网 1(192.168.1.0) 中的主机 A(192.168.1.1) 通过自己的网络把数据帧 1 发给网关(路由器 R)。

(2) 路由器 R 收到数据帧后,先打开此数据帧(拆帧),取出其中的 IP 包,找到 IP 包中的目标 IP 地址(192.168.2.2)。

(3) 路由器 R 根据此目标 IP 地址查找路由表(查表),找到目标子网 2(192.168.2.0) 所连接的路由器接口 f0/1。

(4) 路由器 R 产生新的数据帧 2(封帧),再将帧 2 从 f0/1 接口转发到所对应的子网 2 上。

下面根据图 1-17 详细说明主机 A 发送 ping 命令到主机 B 后不同子网之间的 IP 路由全过程(包括路由器的工作过程)。

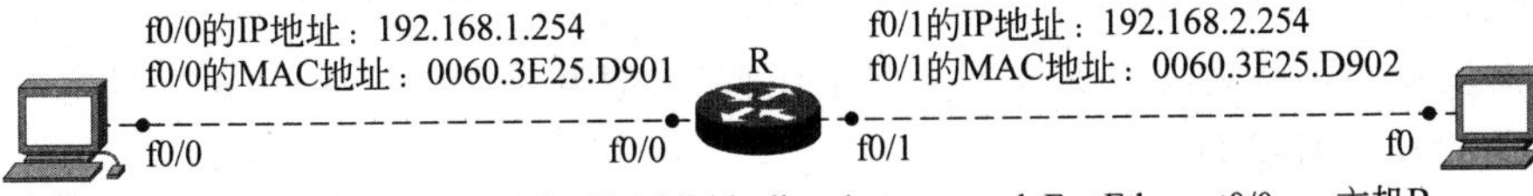

图 1-17　IP 路由过程

1. 主机 A 发送数据包

(1) 因特网控制报文协议(ICMP,由 ping 命令产生)创建一个回应请求数据包。

(2) ICMP 把这个有效负荷交给因特网协议(IP),IP 协议会创建一个 IP 数据包。此数据包头部将包含目的 IP 地址 192.168.2.2 和源 IP 地址 192.168.1.1。

(3) IP 数据包创建好后,IP 协议比较源和目的 IP 地址是否在同一网络中,不在同一网络中时,主机 A 将把此数据包发送给自己的默认网关 192.168.1.254(Windows TCP/IP 协议中设定的默认网关,用 ipconfig/all 显示其配置,还可用 netstat - r 显示 PC 的路由表)。

(4) 主机 A 要发送这个数据包到默认网关,必须将数据包下传到数据链路层,形成数据帧,一帧一帧地在主机 A 到路由器 f0/0 的物理链路上发送。所以要先知道路由器 f0/0(其 IP 地址为 192.168.1.254) 的 MAC 地址,以便在数据帧头中包含目标 MAC 地址和源 MAC 地址。

(5) 怎样根据路由器的 f0/0 的 IP 地址找到其对应的 MAC 地址呢? 主机 A 首先查找 ARP 缓存(Windows 中用 arp - a 命令查看 ARP 表,将显示 IP 地址与 MAC 地址的对应关系),如果表中有,则把 192.168.1.254 所对应的 MAC 地址取出作为目标 MAC 地址,形成数据帧 1。

(6) 如果主机 ARP 缓存中尚没有这个地址,主机 A 将在本地网络中发一个 ARP 广播以搜索 192.168.1.254 的 MAC 地址。路由器 f0/0 收到此广播,并响应这个请求,给出 f0/0 的 MAC 地址 0060.3E25.D901。此时,主机 A 把路由器 f0/0 的 IP 地址 192.168.1.254 和 MAC 地址 0060.3E25.D901 缓存到 ARP 表中,同时路由器也把主机 A 的 IP 地址 192.168.1.1 和 MAC 地址 0002.4A49.523A 缓存到自己的 ARP 表中。

(7) 主机 A 的数据链路层把 IP 数据包作为数据部分,将源和目标的 MAC 地址放入帧头,形成以太网数据帧 1。表 1-1 显示了帧 1 的主要结构。

表 1-1　数据帧 1 的主要结构

数据帧头			IP 包头		
目标 MAC 地址	源 MAC 地址	…	目标 IP 地址	源 IP 地址	…
0060.3E25.D901	0002.4A49.523A	…	192.168.2.2	192.168.1.1	…

(8) 主机 A 把此数据帧 1 交给物理层,按位从物理媒体双绞线上送到路由器。

2. 路由器的工作过程

(1) 路由器从物理媒体双绞线上收到一个个比特后,以数据帧的形式进行循环冗余校验,若不匹配,将丢弃此数据帧。

(2) 路由器从数据帧中抽出其中的IP数据包,传给IP层。

(3) IP层收到数据包后,取出其目标IP地址192.168.2.2,查找路由表(用R# show ip route显示路由表),找到其路由条目,属于目标网络192.168.2.0,通过f0/1接口发出。

(4) 路由器将此数据包发到f0/1的缓冲区内。

(5) 路由器需要了解目标192.168.2.2的MAC地址,才能封装成新的数据帧2,从f0/1接口发向目标。因此路由器首先检查自己的ARP缓存表(用R# show arp显示ARP表),如果主机B的MAC地址已在表中,路由器就将此数据包、源和目标的MAC地址传给数据链路层以便形成以太网数据帧2。

(6) 如果路由器的ARP缓存表中没有该地址,路由器将从f0/1向目标网络192.168.2.0广播一个ARP请求,主机B响应后,返回其MAC地址00E0.8FD6.CB9C,路由器将主机B的IP地址192.168.2.2、MAC地址00E0.8FD6.CB9C放到自己的ARP缓存中。同时主机B也将路由器的f0/1接口地址(网关192.168.2.254)与MAC地址0060.3E25.D902放入自己的ARP表中。

(7) 路由器的数据链路层把IP数据包作为数据部分,将源MAC地址0060.3E25.D902和目标MAC地址00E0.8FD6.CB9C放入帧头,形成新的以太网数据帧2。表1-2显示了数据帧2的主要结构。

表1-2 数据帧2的主要结构

数据帧头			IP包头		
目标MAC地址	源MAC地址	…	目标IP地址	源IP地址	…
00E0.8FD6.CB9C	0060.3E25.D902	…	192.168.2.2	192.168.1.1	…

(8) 路由器将此数据帧2从f0/1接口通过物理媒体双绞线一个比特一个比特地发送到主机B。

3. 主机B接收数据包并应答

(1) 主机B接收到此帧并进行CRC校验。若结果与FCS字段中的内容不匹配,将丢弃此帧;若匹配,再检查MAC地址,取出其IP包,交给网络层。

(2) 网络层根据数据包的协议字段将数据包交给ICMP。

(3) ICMP应答这个请求,丢弃收到的数据包,并随后产生一个新的应答报文。

(4) 在此应答报文中,新创建一个数据包,其中包括源方(主机B)和目的方(主机A)的IP地址、协议字段,同样按照前面的步骤进行反向发送(具体过程略)。

4. 主机A接收应答

主机A收到应答后,ICMP发送一个惊叹号(!)到显示器来表示它已经接收到一个回复,之后ICMP尝试继续发送4个应答请求到目的主机。

5. 验证结果

分别显示主机A、路由器R、主机B上的路由表和ARP表,结果如下。

在主机 A 上：

```
PC>Arp -a
Internet Address      Physical Address      Type
192.168.1.254         0060.3e25.d901        dynamic
PC>netstat - r
Network Destination        Netmask        Gateway          Interface      Metric
            0.0.0.0        0.0.0.0        192.168.1.254    192.168.1.1      1
Default Gateway:      192.168.1.254
```

在路由器 R 上：

```
R#show arp
Protocol Address            Age(min)  Hardware Addr    Type    Interface
Internet 192.168.1.1            47    0002.4A49.523A   ARPA    FastEthernet0/0
Internet 192.168.1.254          -     0060.3E25.D901   ARPA    FastEthernet0/0
Internet 192.168.2.2            47    00E0.8FD6.CB9C   ARPA    FastEthernet0/1
Internet 192.168.2.254          -     0060.3E25.D902   ARPA    FastEthernet0/1
R#show ip route
C    192.168.1.0/24 is directly connected, FastEthernet0/0
C    192.168.2.0/24 is directly connected, FastEthernet0/1
```

在主机 B 上：

```
PC>Arp -a
Internet Address      Physical Address      Type
192.168.2.254         0060.3e25.d902        dynamic
PC>netstat -r
Network Destination        Netmask           Gateway       Interface      Metric
            0.0.0.0        0.0.0.0      192.168.2.254      192.168.2.2      1
Default Gateway:      192.168.2.254
```

1.5.2　路由表

路由表是路由选择的重要依据，不同的路由协议，其路由表中的路由信息也不尽相同，但大都包括以下字段：

(1) 目标网络地址/掩码字段：指出目标主机所在的网络地址和子网掩码信息。

(2) 管理距离/度量值字段：指出该路由条目的可信程度及到达目标网络的代价。

(3) 下一跳地址字段：指出被路由的数据包将被送到的下一跳路由器的入口地址。

(4) 路由更新时间字段：指出自上一次收到此路由信息至今所经过的时间。

(5) 输出接口字段：指出到目标网络去的数据包从本路由器的哪个接口发出。

路由表的上半部分是路由来源代码符号说明(固定不变)，它给出路由表中每个条目的第一列字母所代表的路由信息来源。通常 C 代表直连路由(Connected Route)，S 代表静态路由(Static Route)，S * 代表默认路由，R 代表 RIP，O 代表 OSPF，等等。

路由表的下半部分是路由信息，列出本路由器中所有已配置的路由条目。图 1-18 显示了路由表的全部信息。

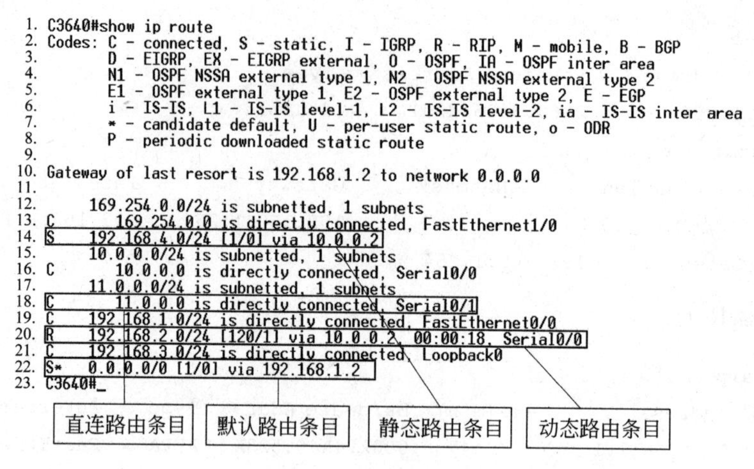

```
1. C3640#show ip route
2. Codes: C - connected, S - static, I - IGRP, R - RIP, M - mobile, B - BGP
3.        D - EIGRP, EX - EIGRP external, O - OSPF, IA - OSPF inter area
4.        N1 - OSPF NSSA external type 1, N2 - OSPF NSSA external type 2
5.        E1 - OSPF external type 1, E2 - OSPF external type 2, E - EGP
6.        i - IS-IS, L1 - IS-IS level-1, L2 - IS-IS level-2, ia - IS-IS inter area
7.        * - candidate default, U - per-user static route, o - ODR
8.        P - periodic downloaded static route
9.
10. Gateway of last resort is 192.168.1.2 to network 0.0.0.0
11.
12.      169.254.0.0/24 is subnetted, 1 subnets
13. C       169.254.0.0 is directly connected, FastEthernet1/0
14. S    192.168.4.0/24 [1/0] via 10.0.0.2
15.      10.0.0.0/24 is subnetted, 1 subnets
16. C       10.0.0.0 is directly connected, Serial0/0
17.      11.0.0.0/24 is subnetted, 1 subnets
18. C       11.0.0.0 is directly connected, Serial0/1
19. C    192.168.1.0/24 is directly connected, FastEthernet0/0
20. R    192.168.2.0/24 [120/1] via 10.0.0.2, 00:00:18, Serial0/0
21. C    192.168.3.0/24 is directly connected, Loopback0
22. S*   0.0.0.0/0 [1/0] via 192.168.1.2
23. C3640#_
```


图 1-18　路由表示例

以后用 show ip route 显示路由表时，仅给出路由表的下半部分，上半部分的内容省略。

1.5.3　路由决策原则

路由器根据路由表中的信息(同一目标子网可能与多个路由条目相匹配)，选择一条最佳的路径，将数据转发出去。

确定最佳路由是路由选择的关键。路由决策依次采用以下3个原则。

1. 最长匹配原则

当有多条路径到达目标时，以其IP地址或网络号匹配长度最大的作为最佳路由。例如，10.1.1.1/8，10.1.1.1/16，10.1.1.1/24，10.1.1.1/32，将选10.1.1.1/32(具体IP地址)，如图1-19所示。

```
R   10.1.1.1/32  [120/1] via 192.168.3.1, 00:00:16, Serial 1/1
R   10.1.1.0/24  [120/1] via 192.168.2.1, 00:00:21, Serial 1/0
R   10.1.0.0/16  [120/1] via 192.168.1.1, 00:00:13, Serial 0/1
R   10.0.0.0/8   [120/1] via 192.168.0.1, 00:00:03, Serial 0/0
S   0.0.0.0/0    [120/1] via 172.167.9.2, 00:00:03, Serial 2/0
```

图 1-19　最长匹配原则

2. 最小管理距离原则

在相同匹配长度的情况下，按照路由的管理距离选择最佳路由：管理距离越小，路由越优先。

管理距离(AD)用来表示路由的可信度，路由器可能从多种途径获得同一路由，例如，一个路由器要获得10.1.1.1/32网络的路由，该路由可以来自RIP，也可以是静态路由。不同途径获得的路由可能采取不同的路径到达目的网络，它们的可信度用管理距离来表示。在路由表中，管理距离值越小，说明路由的可信度越高，静态路由的管理距离值为0或1，说明手工配置的路由优先级高于动态路由。

例如，S 10.1.1.1/8 为静态路由，R 10.1.1.1/8 为RIP产生的动态路由，静态路由的默认管理距离值为 1，而 RIP 默认管理距离值为 120，因而选 S 10.1.1.1/8。

常用的路由信息源的默认管理距离值如表 1-3 所示。

表 1-3　默认管理距离值

路由信息源	默认管理距离值	路由信息源	默认管理距离值
直连路由	0	OSPF	110
静态路由(出口为本地接口)	0	IS-IS	115
静态路由(出口为下一跳)	1	RIP v1,v2	120
EIGRP 汇总路由	5	EIGRP (外部)	170
外部边界网关协议(e BGP)	20	内部边界网关协议(i BGP)	200
EIGRP(内部)	90	未知	255
IGRP	100		

3. 最小度量值原则

当匹配长度和管理距离都相同时，比较路由的度量值(metric)，度量值越小，路由越优先。

当一个路由器有多个路由到达某一目的网络时，路由协议必须判断其中的哪一条是最佳的并把它放到路由表中。路由协议会给每一条路由计算出一个数，这个数就是度量值，通常这个值是没有单位的。度量值越小，这个路由越佳。然而不同的路由协议定义度量值的方法是不一样的，选择出的最佳距离也不一样。有些路由选择协议只使用一个因子来计算度量值，如 RIP 使用跳数一个因子来决定路由的度量值，而另一些协议的度量值则基于跳数、带宽、延时、负载、可靠性、代价等，表 1-4 列出了路由度量值的说明。

表 1-4　路由度量值说明

度量值	说　　明
跳数	到达目标网络所经过的路由器个数，首选跳数值最小的路径
带宽	链路的速度。首选带宽值最大的路径
延时	分组在链路上传输的时间。首选延时值最小的路径
负载	链路的有效负载。取值范围 1～255，1 表示负载最小。首选负载最小的路径
可靠性	链路的差错率。取值范围 1～255，255 表示链路的可靠性最高。首选可靠性最高的路径
代价	管理配置时自定义的度量值。首选代价值最小的路径

例如，S 10.1.1.1/8 [1/20]，其度量值为 20；S 10.1.1.1/8 [1/40]，其度量值为 40。同是静态路由，选 S 10.1.1.1/8 [1/20]作为最佳路由。

1.6　本章命令汇总

表 1-5 列出了本章涉及的主要命令。

表 1-5　本章命令汇总

命　　令	作　　用
clock set	设置路由器的时间
show clock	显示路由器的时间
show history	显示历史命令
terminal no editing	关闭 CLI 的编辑功能
terminal editing	打开 CLI 的编辑功能
terminal history size 50	修改历史命令缓冲区的大小
copy running-config startup-config	把内存中的配置文件保存到 NVRAM 中
clock rate 128000	配置串口上的时钟(DCE 端)
show version	显示路由器的 IOS 版本等信息
show running-config	显示内存中的配置文件
show startup-config	显示 NVRAM 中的配置文件
show interface s0/0/0	显示接口的信息
show flash	显示 Flash 的有关信息
show controllers s0/0/0	显示 s0/0/0 的控制器信息
show ip arp	显示路由器中的 ARP 表
copy running-config tftp	把内存中的配置文件复制到 TFTP 服务器上
copy tftp running-config	把 TFTP 服务器上的配置文件复制到内存中
copy flash:c2800nm-adventerprisek9-mz. 124-1 1. T1. bin tftp	把 Flash 中的 IOS 复制到 TFTP 服务器上
copy startup-config running-config	把 NVRAM 中的配置文件复制到内存中
reload	重启路由器
delete flash:c2800nm-adventerprisek9-mz. 124-11. T1. bin	删除 Flash 中的 IOS
copy tftp flash	从 TFTP 服务器上复制 IOS 到 Flash 中
switchport mode {access|Trunk}	定义端口为 Access 或 Trunk
no switchport	二层口转换为物理口
switchport trunk enc {dot1q | isl }	指定 Trunk 链路的帧封装协议
switchport access	将交换机端口划分给某一 VLAN
switchport trunk	设置 Trunk 的属性
int vlan	定义 SVI 接口
switchport mode	设置交换机端口类型(Access 和 Trunk)
channel-group	定义聚合口
int port-channel 1	进入聚合口

习题与实验

1. 选择题

(1) 在交换机上执行配置命令 Switch(config)# ip default-gateway 192.168.2.1 的作用是(　　)。

A. 配置交换机的默认网关,以实现对交换机进行跨网段的管理

B. 配置交换机的默认网关,使连接在此交换机上的主机能够访问其他主机

C. 配置交换机的管理 IP 地址,以实现对交换机的远程管理

D. 配置交换机的管理 IP 地址,以实现连接在交换机上的主机之间的互相访问

(2) 在三层交换机上执行配置命令 Switch(config-if)# no switchport 的作用是(　　)。

A. 将该端口配置为 Trunk 端口

B. 将该端口配置为二层交换端口

C. 将该端口配置为三层路由端口

D. 将该端口关闭

(3) 交换机的配置模式包括(　　)。

A. Console 本地登录配置

B. Telnet 登录配置

C. 利用 TFTP 服务器进行配置和备份

D. 以上均是

(4) Ethernet 交换机利用(　　)进行数据交换。

A. 端口/MAC 地址映射表　　B. IP 路由表

C. 虚拟文件表　　D. 虚拟存储器

(5) (　　)不是使用 Telnet 配置路由器的必备条件。

A. 在网络上必须配备一台计算机作为 Telnet 服务器

B. 作为模拟终端的计算机与路由器都必须与网络连通,它们之间能相互通信

C. 计算机必须有访问路由器的权限

D. 路由器必须预先配置好远程登录的密码

(6) 设置处理违例的方式是(　　)。

A. `Switch(config-if)# switchport port-security violation{protect|restrict|shutdown}`

B. `Switch(config-if)# no switchport port-security mac-address mac-address`

C. `Switch(config-if)# no switchport port-security aging static`

D. `Switch(config-if)# no switchport port-security maximum`

(7) 交换机的一个端口上的最大安全地址个数为(　　)。

A. 127　　B. 128　　C. 129　　D. 130

(8) 如图 1-20 所示,对交换机 B 进行配置,使其能通过交换机 A 远程访问和管理,以下命令中(　　)可以完成这个任务。

A. `SwitchB(config)# interface FastEthernet 0/1`

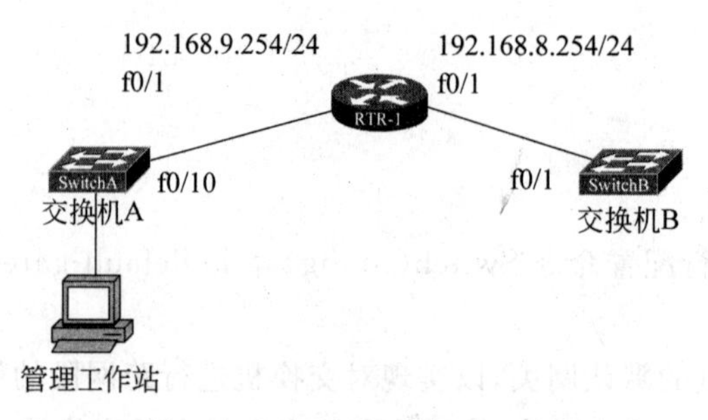

图 1-20　远程访问二层交换机

```
SwitchB(config-if)# ip address 192.168.8.252 255.255.255.0
SwitchB(config-if)# no shutdown
```

B.
```
SwitchB(config)# ip default-gateway 192.168.8.254
SwitchB(config)# interface vlan 1
SwitchB(config-if)# ip address 192.168.8.252 255.255.255.0
SwitchB(config-if)# no shutdown
```

C.
```
SwitchB(config)# interface vlan 1
SwitchB(config-if)# ip address 192.168.8.254 255.255.255.0
SwitchB(config-if)# ip default-gateway 192.168.8.254 255.255.255.0
SwitchB(config-if)# no shutdown
```

D.
```
SwitchB(config)# ip default-network 192.168.9.254
SwitchB(config)# interface vlan 1
SwitchB(config-if)# ip address 192.168.8.254 255.255.255.0
SwitchB(config-if)# no shutdown
```

(9) 以下命令中(　　)能阻止用户在接入层使用集线器。

A.
```
switch(config-if)# switchport mode trunk
switch(config-if)# switchport port-security maximum 1
```

B.
```
switch(config-if)# switchport mode trunk
switch(config-if)# switchport port-security mac-address 1
```

C.
```
switch(config-if)# switchport mode access
switch(config-if)# switchport port-security maximum 1
```

D.
```
switch(config-if)# switchport mode access
switch(config-if)# switchport port-security mac-address 1
```

(10) MAC 地址表是(　　)。

A. IP 地址和端口地址的映射　　B. MAC 地址和端口地址的映射
C. MAC 地址和 IP 地址的映射　　D. MAC 地址和网关的映射

(11) 路由器中的路由表(　　)。

A. 需要包含到达所有主机的完整路径信息
B. 需要包含到达所有主机的下一步路径信息
C. 需要包含到达目的网络的完整路径信息
D. 需要包含到达目的网络的下一步路径信息

(12) 可作为IOS系统镜像的来源地的是(　　)。

A. RAM　　B. NVRAM　　C. 闪存　　D. HTTP服务器

E. TFTP服务器　　F. Telnet服务器

(13) 接口状态是administratively down,line protocol down,其原因是(　　)。

A. 封装协议类型不匹配

B. 接口之间的连接线路类型不一样

C. 接口被配置成关闭状态

D. 接口没有保持激活

E. 接口必须作为DTC设备来配置

F. 没有配置封装协议

(14) 以下有关路由器的知识中不正确的是(　　)。

A. 路由器是隔离广播的

B. 路由器的所有接口不能在同一网络中

C. 路由器的接口可作为所连接的网络的网关

D. 路由器连接的不同链路上传递的是同一数据帧

2. 问答题

(1) 交换机在数据通信中是如何完成数据帧的交换的?

(2) 交换机的存储介质有哪几种?

(3) 详细分析并配置交换机各类型的端口。

(4) 简述交换机加电后的启动过程。

(5) 交换机的配置模式有几种?

(6) 路由器由哪些硬件和软件组成?

(7) 路由器的接口主要分哪几类?

(8) 简述路由器的工作过程。

(9) 什么是路由?

(10) 路由动作包括哪两项基本内容?各自的意义是什么?

(11) 典型的路由选择方式有哪两种?其含义是什么?

(12) 简述路由决策的规则及意义。

(13) 解释路由器表中各字段的含义。

3. 操作题

(1) 将锐捷S2126G交换机的Console端口与一台计算机的COM1端口用控制线连接,练习交换机的基本配置和端口配置,熟悉交换机的基本命令,并进行各项端口检测。

(2) 将路由器的Console端口与一台计算机的COM1端口用控制线连接,练习路由器的基本配置和端口配置,并检测端口信息和路由表。

第2章 静态路由

本章综述IP路由选择协议，对路由协议进行分类和简单介绍，重点介绍静态路由的作用和应用。

2.1 IP路由选择协议

路由选择协议分成两大类：静态路由选择协议与动态路由选择协议。静态路由选择协议是在管理配置路由器时设置的固定的路由表。静态路由包括直连路由、手工配置静态路由和默认路由。只要网络管理员不对它进行改变，静态路由就不会改变。由于静态路由不能对网络拓扑结构的改变动态地做出反应，一般用于网络规模不大、拓扑结构固定的网络中。静态路由的优点是简单、高效、可靠。在所有的路由中，静态路由优先级最高。当动态路由与静态路由发生冲突时，先取静态路由。

动态路由选择协议是通过运行路由选择协议，使网络中的路由器相互通信，传递路由信息，利用收到的路由信息动态更新路由表的过程。它能实时地适应网络拓扑结构的变化。如果路由更新信息表明发生了网络变化，路由选择算法就会重新计算路由，并发出新的路由更新信息。这些信息通过各个网络，引起各路由器重新启动其路由算法，并更新各自的路由表以动态地反映网络拓扑变化。动态路由适用于网络规模大、拓扑结构复杂的网络。当然，各种动态路由协议会不同程度地占用网络带宽和CPU资源。

静态路由选择协议和动态路由选择协议有各自的特点和适用范围，通常在网络中动态路由作为静态路由的补充。当一个分组在路由器中进行寻址时，路由器首先查找静态路由，如果查到，则根据相应的静态路由转发分组；否则再查找动态路由。

1. 内部网关协议和外部网关协议

根据是否在一个自治域内部使用，动态路由协议分为内部网关协议（IGP）和外部网关协议（EGP）。这里的自治域指一个具有统一管理机构、统一路由策略的网络，如cisco.com、microsoft.com等域。一个自治域系统由在外部世界看来享有一致路由选择的路由器组成。因特网地址授权委员会（IANA）将自治域系统编号分派给区域性的注册处：在美国、加勒比地区和非洲的是ARIN（hostmaster@arin.net），在欧洲是RIPE-NCC（ncc@ripe.net），在亚太地区是AP-NIC（admin@apnic.net）。自治域系统编号有16位，有些路由选择协议要求指明自治域系统编号。

自治域内部采用的路由选择协议称为内部网关协议，常用的有RIP、OSPF、IGRP、EIGRP、IS-IS。

外部网关协议主要用于多个自治域之间的路由选择，常用的是BGP和BGP-4。BGP是为TCP/IP互联网设计的外部网关协议，用于多个自治域之间。它既不是基于纯粹的链路状态算法，也不是基于纯粹的距离向量算法。它的主要功能是与其他自治域的BGP交换网络可达信息。各个自治域可以运行不同的内部网关协议。BGP更新信息包括网络号/自治域路径的成对信息。自治域路径包括到达某个特定网络须经过的自治域串，这些更新信息通过 TCP 传送出去，以保证传输的可靠性。

动态路由选择协议的分类如图 2-1 所示。

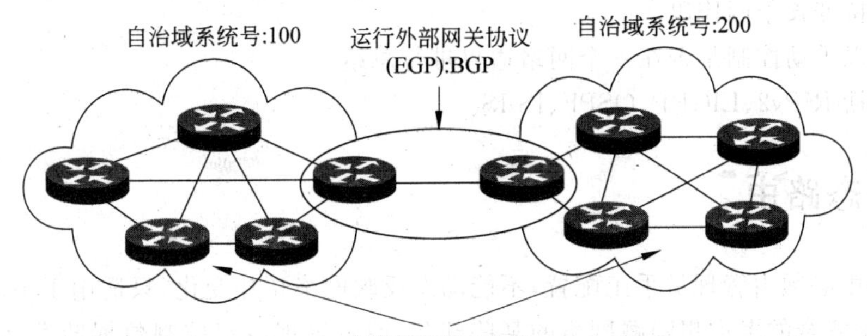

图 2-1 动态路由选择协议的分类

2. 距离矢量路由协议和链路状态路由协议

动态路由协议从算法的角度又分为距离矢量路由协议和链路状态路由协议。

距离矢量路由协议的主要特点如下：

(1) 路由器只向邻居发送路由信息报文。

(2) 路由器将更新后的完整路由信息报文发送给邻居。

(3) 路由器根据接收到的信息报文通过计算产生路由表。

(4) 包括 RIP、IGRP、BGP。

链路状态路由协议的主要特点如下：

(1) 对网络发生的变化能够快速响应，发送触发式更新(triggered update)。

(2) 当链路状态发生变化以后，检测到变化的设备创建 LSA(链路状态公告)，通过使用多播地址传送给所有的邻居，每个邻居复制一份 LSA，更新它自己的链路状态数据库(LSDB)，再转发 LSA 给其他的邻居。这种 LSA 的洪泛保证了所有的路由设备在更新自己的路由表之前更新自己的 LSDB。

(3) 发送周期性更新(链路状态刷新)，间隔时间为 30min。

(4) 包括 OSPF、IS-IS。

EIGRP 是距离矢量路由协议和链路状态路由协议的综合。

3. 有类路由协议和无类路由协议

有些路由协议不在路由更新消息中给出与网络相关的子网掩码信息，这说明它将严格按照网络的分类，只按标准的 A、B、C 类网络划分，这种路由协议称为有类路由协议。而另外一些路由协议支持在路由更新消息中附带子网掩码信息，这种路由协议称为无类路由协议。

有类路由协议的主要特点如下：

(1) 在路由更新广播中不携带相关网络的子网掩码信息。

(2) 在网络边界按标准的网络类别(A 类、B 类、C 类)自动总结。

(3) 自动假设网络中同一个标准网络的各子网总是连续的。

(4)包括 RIPv1、IGRP。

无类路由协议的主要特点如下:

(1)在路由更新广播中含有相关网络的子网掩码信息。

(2)支持变长子网掩码。

(3)可以手动控制是否在一个网络边界进行总结。

(4)包括 RIPv2、EIGRP、OSPF、IS-IS。

2.2 静态路由

静态路由必须由管理员手工配置,不能动态反映网络拓扑变化,只适用于小而简单的网络,或者出于安全的考虑想隐藏网络的某些部分,或者管理员想控制数据转发路径等情况,这是因为静态路由具有配置简单、路由器负载小(占用路由器较少的 CPU、RAM 资源和线路的带宽)、可控性强等特点。

2.2.1 直连路由

1. 直连路由的定义

一旦定义了路由器的接口 IP 地址,并启用了此接口,路由器就自动产生激活接口 IP 所在网段的直连路由信息,即直连路由。

路由器的每个接口都必须单独占用一个网段,几个接口不能同属一个网段,对有类别路由协议而言要特别注意这一点。例如对有类路由协议,不能将 3 个路由端口定义为 10.1.1.1、10.2.1.1、10.3.1.1(在同一网段内),不能将 3 个路由接口定义为 172.16.1.1、172.16.2.1、172.16.3.1(在同一网段内)。

2. 直连路由的配置

图 2-2 显示了路由器各接口的 IP 地址及连接。

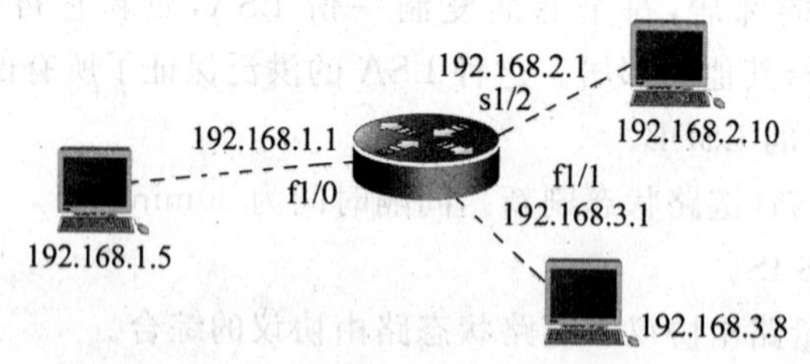

图 2-2 直连路由接口信息

配置命令如下:

```
Router>
Router>enable
Router#configure terminal
Router(config)#interface f1/0
Router(config-if)#ip address 192.168.1.1 255.255.255.0
Router(config-if)#no shut
Router(config-if)#exit
Router(config)#interface f1/1
```

```
Router(config-if)#ip address 192.168.3.1 255.255.255.0
Router(config-if)#no shut
Router(config-if)#exit
Router(config)#interface s1/2
Router(config-if)#ip address 192.168.2.1 255.255.255.0
Router(config-if)#no shut
Router(config-if)#exit
```

产生的路由信息如表 2-1 所示。

表 2-1　直连路由表

类型	目标网段	出口
C	192.168.1.0	f1/0
C	192.168.2.0	s1/2
C	192.168.3.0	f1/1

2.2.2　ip route 命令

网络管理员可以通过 ip route 命令手工配置路由信息，其特点如下：

(1) 不需要启动动态路由选择协议进程，减少了路由器的运行资源开销。

(2) 在小型网络上路由少，很容易配置。

(3) 在中、大型网络上可以通过此命令改变路由选择。

ip route 的配置步骤如下：

(1) 为路由器每个接口配置 IP 地址。

(2) 确定本路由器有哪些直连网段的路由信息。

(3) 确定整个网络中还有哪些属于本路由器的非直连网段。

(4) 添加所有本路由器要到达的非直连网段相关的路由信息。

ip route 描述转发路径的方式有两种：

(1) 指向本地接口(即从本地某接口发出，必须为点对点的串行接口)。

(2) 指向下一跳路由器直连接口的 IP 地址(即将数据包交给 X. X. X. X)。

如果链路是点到点的链路(例如 PPP 封装的链路)，采用网关地址(IP 地址)和接口号都是可以的；然而，如果链路是多路访问的链路(例如以太网)，则只能采用网关地址(IP 地址)，而不能采用接口号。

ip route 命令格式如下：

```
router(config)#ip route [网络编号] [子网掩码] [转发路由器的 IP 地址/本地接口]
```

例如：

```
router(config)#ip route 192.168.10.0 255.255.255.0 s1/2
router(config)#ip route 192.168.10.0 255.255.255.0 172.16.2.2
```

要删除静态路由，只需在命令前面加上 no，例如：

```
router(config)#no ip route 192.168.10.0 255.255.255.0 s1/2
router(config)#no ip route 192.168.10.0 255.255.255.0 172.16.2.2
```

2.2.3 默认路由

默认路由是指路由器在路由表中找不到到达目的网络的具体路由时所选择的路由。默认路由在存根网络(stub network,即只有一个出口的网络)中应用得最多。

默认路由的主要特点如下:

(1) 0.0.0.0/0 可以匹配所有的 IP 地址,属于最不精确的匹配,在路由决策中,最后才匹配该地址,它是在没有其他最佳路由时的最终选择。

(2) 默认路由可以看作是静态路由的一种特殊情况。

(3) 当所有已知路由信息都查不到数据包如何转发时,按默认路由信息进行转发。

(4) 一台路由器,只能指定一条默认路由。

配置默认路由的命令格式如下:

```
router(config)#ip route 0.0.0.0 0.0.0.0 [下一跳路由器的 IP 地址/本地接口]
```

例如:

```
router(config)#ip route 0.0.0.0 0.0.0.0 172.16.2.2        /*配置默认路由*/
router(config)#no ip route 0.0.0.0 0.0.0.0 172.16.2.2     /*删除默认路由*/
```

2.2.4 无类路由

无类路由(ip classless)在宣告网段时就携带了子网掩码,而有类路由严格按 A、B、C、D 大类来决定网络地址(子网掩码按大类分)。默认情况下,路由器总是无类路由。采用无类路由时,所有在路由表中查不到具体路由的数据包都将通过默认路由发送。如果执行了 no ip classless 命令,当路由器存在一个主类网络的某一子网路由时,路由器将认为自己已经知道该主类网络的全部子网的路由,这时即使存在默认路由,到达该主类的任一子网的数据包也不会通过默认路由发送,如图 2-3 所示。

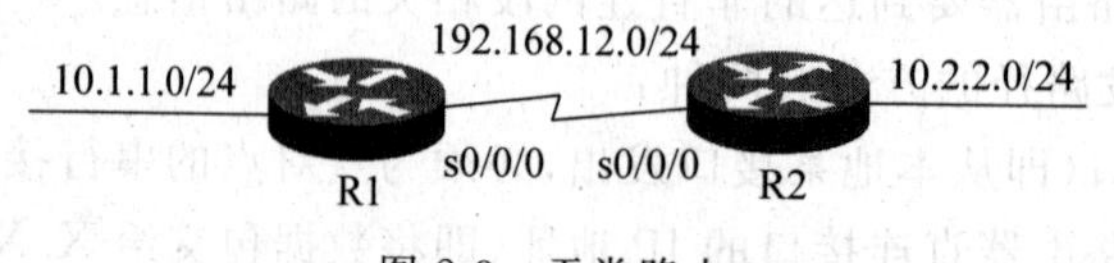

图 2-3 无类路由

在 R1 上定义默认路由的命令为:R1(config)#ip route 0.0.0.0 0.0.0.0 s0/0/0,由于 R1 上的 10.0.0.0 的子网 10.1.1.0/24 与 R2 上的 10.2.2.0/24 同属一个主类网络,因此在定义 R1(config)#no ip classless 后,R1 路由器收到到达子网 10.2.2.0/24 的数据包时不会通过默认路由发送,而是转给子网 10.1.1.0/24。

2.3 静态路由应用举例

2.3.1 ip route 配置举例

1. 实验目的

(1) 熟悉路由器各种接口的配置方法。

（2）熟悉路由器静态路由的配置方法。

2. 实验拓扑

实验路由配置如图2-4所示。

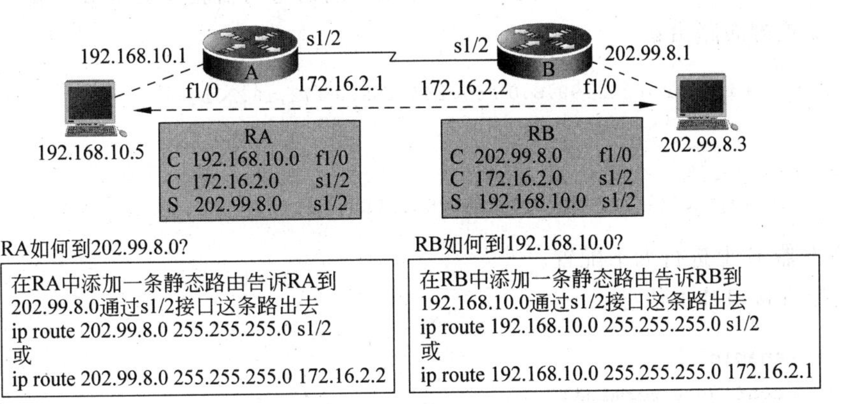

图2-4 实验路由配置

（1）路由器A的f1/0端口连接PC1,s1/2端口连接路由器B。

（2）路由器B的f1/0端口连接PC2,s1/2端口连接路由器A。

（3）配置PC1和PC2两台主机的IP地址：

PC1地址　　192.168.10.5
子网掩码　　255.255.255.0
网关　　192.168.10.1
PC2地址　　202.99.8.3
子网掩码　　255.255.255.0
网关　　202.99.8.1

3. 实验配置步骤

在路由器A上进行如下配置。

（1）配置接口基本信息：

```
Router>enable
Router#configure terminal
Router(config)#hostname A
A (config)#interface f1/0
A (config-if)#ip address 192.168.10.1 255.255.255.0
A (config-if)#no shutdown
A (config-if)#exit
A (config)#interface s1/2
A (config-if)#ip address 172.16.2.1 255.255.255.0
A (config-if)#no shutdown
A (config-if)#exit
```

（2）设置接口时钟频率(DCE)：

```
A (config)#interface s1/2
```

```
A (config-if) #clock rate 64000
```

注意：检查接口连线上的DCE标记，必须在串行线路上DCE标记一端的路由器接口上设置接口时钟频率为64Kb/s，而在DTE标记一端的路由器接口上不必设置。

（3）配置静态路由：

```
A (config)#ip route 202.99.8.0 255.255.255.0 172.16.2.2
```

或

```
A (config)#ip route 202.99.8.0 255.255.255.0 s1/2
```

在路由器B上进行如下配置。

（1）配置接口基本信息：

```
Router>enable
Router#configure terminal
Router(config)#hostname B
B (config)#interface f1/0
B (config-if)#ip address 202.99.8.1 255.255.255.0
B (config-if)#no shutdown
B (config-if)#exit
B (config)#interface s1/2
B (config-if)#ip address 172.16.2.2 255.255.255.0
B (config-if)#no shutdown
B (config-if)#exit
```

（2）配置静态路由：

```
B (config)#ip route 192.168.10.0 255.255.255.0 172.16.2.1
```

或

```
B (config)#ip route 192.168.10.0 255.255.255.0 s1/2
```

注意：仅当s1/2是一对一（点对点网络）时，才使用本地接口s1/2。

4. 检测结果及说明

分别在路由器A和B上查看路由表：

```
A (config)#show ip route
C     172.16.2.0/24 is directly connected, Serial1/2
C     192.168.10.0/24 is directly connected, FastEthernet1/0
      202.99.8.0/24 is subnetted, 1 subnets
S     202.99.8.0 is directly connected, Serial1/2
```

可以看出有两条直连路由172.16.2.0和192.168.10.0，一条静态路由202.99.8.0。分别在两台路由器上执行以下命令：

```
A #show ip int brief
```

```
B #show ip route
B #show ip int brief
```

在 PC1 上 ping 各目标，最终到达 PC2：

(1) 在 PC1 上 ping 192.168.10.1，能通。

(2) 在 PC1 上 ping 172.16.2.2，能通。

(3) 在 PC1 上 ping 202.99.8.1，能通。

(4) 在 PC1 上 ping 202.99.8.3，能通。

2.3.2 默认路由的配置举例

1. 实验目的

(1) 熟悉路由器各种接口的配置方法。

(2) 熟悉路由器静态路由和默认路由的配置。

2. 实验拓扑

默认路由配置如图 2-5 所示。

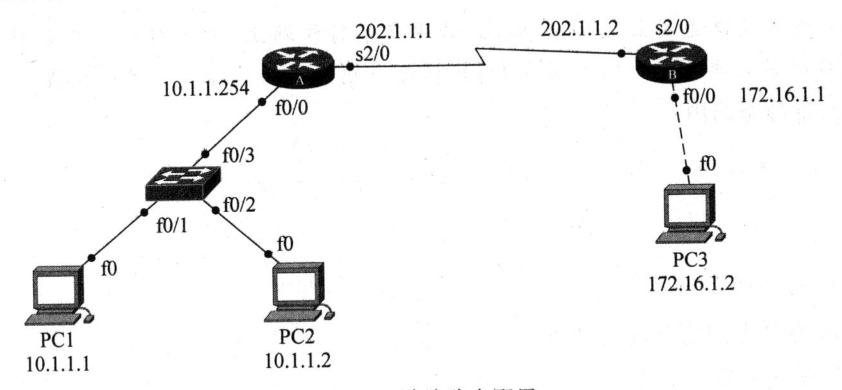

图 2-5 默认路由配置

(1) 在路由器 A 上连接一个子网(由一台二层交换机连接)，交换机连接了两台 PC，均属于 VLAN 1。

配置 PC1 和 PC2 的 IP 地址：

PC1 地址 10.1.1.1
子网掩码 255.255.255.0
网关 10.1.1.254
PC2 地址 10.1.1.2
子网掩码 255.255.255.0
网关 10.1.1.254

(2) 路由器 A 用串行线连接到路由器 B，路由器 B 连接 PC3，代表另一网络(或互联网上的一台主机)。

配置 PC3 的 IP 地址：

PC3 地址 172.16.1.2
子网掩码 255.255.255.0

网关　　　　172.16.1.1

3. 实验配置步骤

在路由器 A 上的主要配置如下。

(1) 设置接口,命令如下:

```
Router(config)#hostname A
A (config)#int s2/0
A (config-if)#ip address 202.1.1.1 255.255.255.0
A (config-if)#no shutdown
A (config)#int f0/0
A (config-if)#ip address 10.1.1.254 255.255.255.0
A (config-if)#no shutdown
```

(2) 设置接口时钟频率(DCE),命令如下:

```
A (config)#interface s1/2
A (config-if) #clock rate 64000
```

注意: 检查接口连线上的 DCE 标记,必须在串行线路上 DCE 标记一端的路由器接口上设置接口时钟频率为 64Kb/s,而在 DTE 标记一端的路由器接口上不必设置。

(3) 配置静态路由:

```
A (config)#ip route 172.16.1.0 255.255.255.0 202.1.1.2
```

或

```
A (config)#ip route 172.16.1.0 255.255.255.0 s2/0
```

在路由器 B 上的主要配置如下。

(1) 配置接口基本信息:

```
Router(config)#hostname B
B (config)#int s2/0
B (config-if)#ip address 202.1.1.2 255.255.255.0
B(config-if)#no shutdown
B (config-if)#exit
B (config)#int f0/0
B (config-if)#ip address 172.16.1.1 255.255.255.0
B (config-if)#no shutdown
B (config-if)#exit
```

(2) 配置默认路由:

```
B (config)#ip route 0.0.0.0 0.0.0.0 202.1.1.1
```

4. 检测结果及说明

(1) 分别在路由器 A 和 B 上查看路由表:

```
A #show ip route
A #show ip int brief
```

```
B #show ip route
C      172.16.1.0/24 is directly connected, FastEthernet1/0
C      172.16.2.0/24 is directly connected, Serial1/2
S      0.0.0.0 is directly connected, Serial1/2
```

从上可知，有一条默认路由。

```
B #show ip int brief
```

(2) 从 PC1 上 ping 网关，路由器 A 上的接口 10.1.1.254，能通；ping PC2 能通；ping PC3 能通。

(3) 在 PC1 上 tracert PC2 和 PC3，也可以在 PC3 上 tracert PC1 和 PC2。例如：

```
PC>tracert 172.16.1.2
Tracing route to 172.16.1.2 over a maximum of 30 hops:
1 1 ms 3 ms 0 ms 10.1.1.254
2 1 ms 3 ms 0 ms 202.1.1.2
3 * 0 ms 0 ms 172.16.1.2
Trace complete.
```

2.4　本章命令汇总

表 2-2 列出了本章涉及的主要命令。

表 2-2　本章命令汇总

命　　令	作　　用
ip route	配置静态路由
show ip route	查看路由表
ip classless/no ip classless	打开/关闭有类路由功能
ping 2.2.2.2 source loopback 0	指定源端口进行 ping 测试

习题与实验

1. 选择题

(1) 路由器中的路由表(　　)。

A. 需要包含到达所有主机的完整路径信息

B. 需要包含到达所有主机的下一步路径信息

C. 需要包含到达目的网络的完整路径信息

D. 需要包含到达目的网络的下一步路径信息

(2) 路由器的管理距离是(　　)。

A. 路由信息源的可信度的度量，与路由选择协议有关

B. 一个管理机构控制之下的路由器之间的距离

C. 经过路由器的跳数

D. 到达自治系统边界路由器(ASBR)的距离

(3) 在路由器上可以配置3种路由：静态路由、动态路由和默认路由。一般情况下，路由器查找路由的顺序为(　　)。

A. 静态路由、动态路由、默认路由

B. 动态路由、默认路由、静态路由

C. 静态路由、默认路由、动态路由

D. 默认路由、静态路由、动态路由

(4) 以下说法中错误的是(　　)。

A. 要将数据包送达目的主机，必须知道远端主机的IP地址

B. 要将数据包送达目的主机，必须知道远端主机的MAC地址

C. 在创建一个静态默认路由时，不能使用下一跳IP地址，但可以使用出发接口

D. 存根网络需要使用默认路由

(5) 在路由表中到达同一网络的路由有静态路由、RIP路由、IGRP路由和OSPF路由，则路由器会选用(　　)传输数据。

A. 静态路由　　B. RIP路由　　C. IGRP路由　　D. OSPF路由

(6) 默认路由的作用是(　　)。

A. 提供优于动态路由协议的路由

B. 给本地网络服务器提供路由

C. 从ISP提供路由到一个末节网络

D. 提供路由到一个目的地，这个目的地在本地网络之外并且在路由表中没有它的明细路由

(7) 下列选项中(　　)不属于路由选择协议的功能。

A. 获取网络拓扑结构的信息　　B. 选择到达每个目的网络的最优路由

C. 构建路由表　　D. 发现下一跳的物理地址

(8) 在通过路由器互连的多个局域网的结构中，要求每个局域网(　　)。

A. 物理层协议可以不同，而物理层以上的高层协议必须相同

B. 物理层、数据链路层协议可以不同，而数据链路层以上的高层协议必须相同

C. 物理层、数据链路层、网络层协议可以不同，而网络层以上的高层协议必须相同

D. 各层协议都可以不同

(9) 动态路由选择和静态路由选择的主要区别是(　　)。

A. 动态路由选择需要维护整个网络的拓扑结构信息，而静态路由选择只需要维护有限的拓扑结构信息

B. 动态路由选择需要使用路由选择协议手动配置路由信息，而静态路由选择只需要手动配置路由信息

C. 动态路由选择的可扩展性要大大优于静态路由选择，因为在网络拓扑发生变化时不需要通过手动配置去通知路由器

D. 动态路由选择使用路由表，而静态路由选择不使用路由表

（10）一个单位有多幢办公楼，每幢办公楼内部建立了局域网，这些局域网需要互连，构成支持整个单位管理信息系统的局域网环境。这种情况下采用的局域网互连设备一般应为（　　）。

A. 网关　　B. 集线器　　C. 网桥　　D. 路由器

2. 问答题

（1）简述静态路由的配置方法和过程。

（2）路由选择协议按算法分为哪两种？分别有哪些代表性协议？

3. 操作题

图 2-6 中有 6 台计算机，其中 PC2 和 PC22 属于 VLAN 2，PC3 和 PC33 属于 VLAN 3，PC4 属于 VLAN 4，PC5 属于 VLAN 5，使用 4 台二层交换机和 2 台三层交换机连接各区域，用一台路由器将不同区域计算机互连（采用静态路由和默认路由两种方式配置路由）。

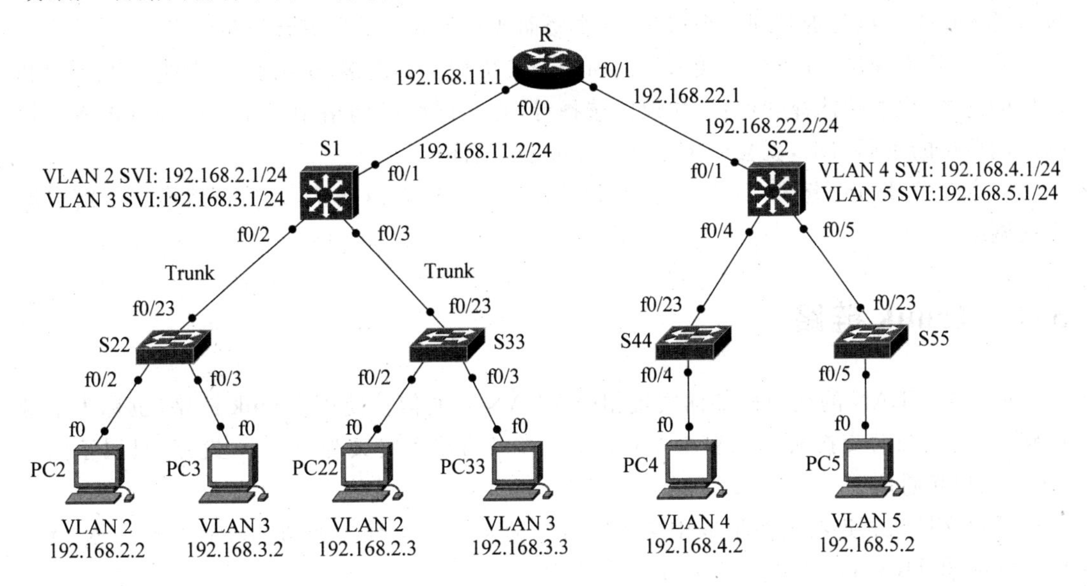

图 2-6　操作题图

第3章 多层交换网络

随着光纤技术的发展,校园网、社区网、园区网、企事业单位网等都属于局域网范畴,统称为园区网,主要由交换机互连而成。采用层次化设计方法,将一个复杂的网络分解为若干特定的层,从而简化网络设计的复杂度。园区网交换结构通常采用三层结构,包括核心层、汇聚层(分布层)、接入层。核心层由高端路由器或高端三层交换机组成,同时考虑多冗余和负载均衡,即由多台高端三层交换机组成。汇聚层将一幢、同类的几幢楼或几个逻辑单位所有信息点汇聚在一台或几台中高端三层交换机上,汇聚层上连核心层,下连一组接入层交换机。接入层交换机负责管理一个机房、一个楼面或一个部门的所有计算机。

核心层、汇聚层(分布层)、接入层的所有交换机相互的连接,包括交换机的选型、模块和接口的选择、线缆的选择和连接、协议的选择等,是多层交换网络中最主要的设计内容。根据不同单位的不同需求,就会产生丰富多样的网络结构。

本章介绍 Trunk 链路、聚合链路、VTP 协议、交换机端口安全,以使读者全面了解多层交换网络。

3.1 Trunk 链路

两台多 VLAN 的交换机如何实现相同 VLAN 间通信?使用 Trunk 链路(也称为中继链路)。注意两台交换机都只有一个 VLAN,可以两端都定义为 Access 链路,且属于同一 VLAN,相互通信。

两台交换机相连时能否形成中继链路可以动态协商。有两种动态协商方式: Dynamic Desirable 和 Dynamic Auto。端口定义形式为

```
Switch(config-if)#switchport mode dynamic desirable
```

或

```
Switch(config-if)#switchport mode dynamic auto
```

表 3-1 总结了两台交换机相连能否成功协商形成 Trunk 链路的情况。×表示链路不通,Access 表示只能左右是同一 VLAN 才能通信,Trunk 表示能形成 Trunk 链路。

表 3-1 Trunk 链路协商

交换机 1 的端口模式及链路形式	交换机 2 的端口模式及链路形式			
	Dynamic Auto	Dynamic Desirable	Trunk	Access
Dynamic Auto	Access	Trunk	Trunk	Access
Dynamic Desirable	Trunk	Trunk	Trunk	Access
Trunk	Trunk	Trunk	Trunk	×
Access	Access	Access	×	Access

从表 3-1 中可以看出：

(1) 有一端的端口设置为 Access，无论对端是什么，均不能形成 Trunk 链路。

(2) 两端都是 Dynamic Auto 时，不能形成 Trunk 链路。

(3) 如果一端为 Trunk，而另一端为 Access，该链路不通。

为简单起见，两台交换机要么端口同时设置为 Trunk，要么同时设置为 Access，如图 3-1 所示。

图 3-1　Trunk 链路

对 Trunk 链路，可以指定允许通过的 VLAN 列表，否则默认允许全部 VLAN 通过。但 Trunk 链路有一个 Native VLAN(本地 VLAN)，默认情况下 Native VLAN 是交换机中必有的 VLAN 1。但可以用命令来改变 Native VLAN，例如，下面命令为 Trunk 口指定的 Native VLAN 是 10：

```
Switch(config-if)#switchport trunk native vlan 10
```

定义 Native VLAN 并不影响 Trunk 链路允许所有 VLAN 通过，只是表示在 Trunk 链路上传输属于 Native VLAN 的数据帧时不添加标记。即当交换机在 Trunk 链路上收到未加标记的数据帧时，交换机认为该帧属于 Native VLAN 的帧。

Trunk 链路可以接收与 Native VLAN 不一致的带标记的帧，即允许所有带有标记的帧通过。Trunk 链路也可以接收没有标记的帧，它把此帧归属于 Native VLAN。

通常不需要修改 Native VLAN。用 Switch(config-if)# no switchport trunk native vlan 命令恢复 Native VLAN 为 VLAN 1。

3.2　以太网链路聚合

以太网链路聚合(etherchannel)通过将多条以太网物理链路捆绑在一起成为一条逻辑链路，从而实现增加链路带宽的目的。同时，这些捆绑在一起的链路相互提供动态冗余备份，其中任意一条链路断开，也不会影响其他链路的正常转发数据，从而可以有效地提高链路的可靠性。

端口链路聚合主要应用的场合如下：

- 交换机与交换机之间的连接：汇聚层交换机到核心层交换机或核心层交换机之间。
- 交换机与服务器之间的连接：集群服务器采用多网卡与交换机连接提供集中访问。
- 交换机与路由器之间的连接：交换机和路由器采用端口聚合解决广域网和局域网连接瓶颈问题。
- 服务器和路由器之间的连接：集群服务器采用多网卡与路由器连接提供集中访问。

端口链路聚合的两端要求如下：

- 端口均为全双工模式。
- 端口速率相同。

- 端口的类型必须一样,比如同为以太端口或同为光纤端口。
- 端口同为 Access 端口并且属于同一个 VLAN 或同为 Trunk 端口。
- 如果端口为 Trunk 端口,则其 Allowed VLAN 和 Native VLAN 属性也应该相同。

有两种链路聚合协议:一种是思科独有的协议 PAgP(Port Aggregation Protocol,端口聚合协议),另一种是基于 IEEE 802.3ad 的标准的链路聚合控制协议 LACP(Link Aggregate Control Protocol)。

3.2.1 PAgP

PAgP 是一个用于在检查 Channel 两端参数的一致性以及在出现增加链路或链路失效时重新适配的管理协议,具有如下限制条件:

(1) PAgP 需要所有 Channel 中的端口处于同一个 VLAN 或都配置成为 Trunk 链路端口(因为动态 VLAN 可能会强制地将端口放到不同的 VLAN 中,所以动态 VLAN 不能和以太网通道在一个端口上并行操作)。

(2) PAgP 不能在不同速度或不同双工模式的端口之间配合操作,当一个 Channel 中某个端口的速度或双工模式改变时,PAgP 将改变该 Channel 中所有端口的速度和双工模式。

(3) 当对已经存在于一个 Channel 中的某一个端口的配置进行修改时(如改变 VLAN 或 Trunk 模式),该 Channel 中的所有端口均将做相同的修改。

(4) 思科最多允许 EtherChannel 绑定 8 个端口。如果是快速以太网,总带宽可达 1600Mb/s;如果是 Gb 以太网,总带宽可达 16Gb/s。不支持 10Mb/s 端口绑定。

(5) 不仅支持二层 EtherChannel,还支持三层 EtherChannel。

EtherChannel 将物理接口组指定至某个 Channel 组,命令为

```
Switch(config-if-range)#channel-group [num] mode [on|off|auto| desirable]
```

其中,num 是 channel 组号,为 1~64。Channel 组号只在本地有效,链路两端的组号可以不一样。

on:PAgP 不进行操作,不管对方是怎样配置的,端口总处理 channeling 状态,如果对方的模式也为 on,正好形成一个 EtherChannel。建议不使用 on 模式。

off:防止端口形成 EtherChannel。

auto:默认模式,被动协商,将端口置于被动协商状态,在收到 PAgP 包之前不会有 PAgP 包发送。端口接收到 PAgP 包就形成 EtherChannel。

desirable:主动协商,将端口置于一个主动协商状态,主动发送 PAgP 包,推荐使用此模式。

non-silent(5000 的光 FE 和 GE 端口的默认状态):auto 或 desirable 模式的一个关键字。如果在端口上没有收到数据包,端口一直不会关联到 agport,不能传输数据。

silent(4000、6000 的端口和 5000 的铜端口的默认状态):auto 或 desirable 模式的一个关键字。如果在 15s 内没收到数据包,端口将关联到一个 agport 并进行数据传输。silent 模式允许和一个不发送 PAgP 包的服务器进行 Channel 操作。

建议在链路的两端均使用 desirable 模式,并保留 silent/non-silent 关键字的默认设置,

在 6000 和 4000 上使用 silent，在 5000 的光口上使用 non-silent。

PAgP 两端模式协商的情况如表 3-2 所示。

表 3-2 PAgP 两端模式协商

一端模式	另一端模式		
	on	desirable	auto
on	√	×	×
desirable	×	√	√
auto	×	√	×

3.2.2 LACP

LACP 是一种基于 IEEE 802.3ad 标准，能够实现链路动态聚合与解聚合的协议。LACP 通过 LACPDU(Link Aggregation Control Protocol Data Unit，链路聚合控制协议数据单元)与对端交互信息。

设置某端口的 LACP 协议后，该端口将通过发送 LACPDU 向对端通告自己的系统 LACP 协议优先级、系统 MAC、端口的 LACP 协议优先级、端口号和操作 Key。对端接收到 LACPDU 后，将其中的信息与其他端口所收到的信息进行比较，以选择能够聚合的端口，从而双方可以就端口加入或退出某个动态 LACP 聚合组达成一致。

操作 Key 是在链路聚合时根据端口的配置(即速率、双工模式、up/down 状态、基本配置等信息)自动生成的一个配置组合。对于动态 LACP 聚合组，同组成员有相同的操作 Key；对于手工聚合组和静态 LACP 聚合组，处于 Selected 状态的端口有相同的操作 Key。命令如下：

```
Switch(config-if-range)#channel-group 1 mode [on|off|active|passive]
```

on：强制端口不使用 LAGP 而形成 EtherChannel。

off：防止端口形成 EtherChannel。

passive：默认模式，被动协商，端口接收 LAGP，就形成 EtherChannel。相当于 PAgP 的 auto。

active：主动端口利用 LAGP 形成 EtherChannel，为推荐模式。相当于 PAgP 的 desirable，又发又收协商消息。

LACP 两端模式协商的情况如表 3-3 所示。

表 3-3 LACP 两端模式协商

一端模式	另一端模式		
	on	active	passive
on	√	×	×
active	×	√	√
passive	×	√	×

3.2.3 聚合链路的配置步骤

1. 创建 EtherChannel

(1) 规划并选择要配置为 EtherChannel 的物理接口组,命令如下:

```
Switch(config)#interface range f0/1-2
```

(2) 配置物理接口组内端口为同一 VLAN 的 Access、Trunk 或路由端口,命令如下:

```
Switch(config-if-range)#switchport mode access
Switch(config-if-range)#switchport access vlan 1
```

或

```
Switch(config-if-range)#switchport mode trunk
```

或

```
Switch(config-if-range)#no switchport
```

(3) 选择 EtherChannel 的协议类型: LACP 或 PAgP,在 PacketTracer 中默认的是 PAgP 协议,命令如下:

```
Switch(config-if-range)#channel-protocal [pagp| lacp]
```

(4) 将物理接口组指定至 EtherChannel 组,命令如下:

```
Switch(config-if-range)#channel-group {num} mode [on|off|auto| desirable]
```

(5) 进入聚合端口,命令如下:

```
Switch(config)#int port-channel {num}
```

(6) 配置聚合端口为 Access、Trunk 或路由口(及 IP 地址),命令如下:

```
Switch(config-if)#switchport mode trunk
```

或

```
Switch(config-if)#switchport mode access
```

或

```
Switch(config-if)#no switchport
```

2. 配置 EtherChannel 负载均衡

EtherChannel 具有负载均衡和线路备份的作用。

所谓负载均衡,就是指当交换机之间或交换机与服务器之间在进行通信时,EtherChannel 的所有链路将同时参与数据的传输,从而使所有的传输任务都能在极短的时间完成,线路占用的时间更短,网络传输的效率更高。

所谓线路备份,是指当部分 EtherChannel 链路出现故障时,并不会导致连接的中断,其他链路将能够不受影响地正常工作,从而增强了网络的稳定性和安全性。

配置 EtherChannel 负载均衡的命令如下：

```
port-channel load-balance [dst-ip|dst-mac|src-dst-ip|src-dst-mac|src-ip|src
-mac]
```

注意：在特权模式下配置负载均衡。默认情况下是 src-mac，是基于源 MAC 地址的负载均衡。常用 dst-ip，即基于目标 IP 地址的负载均衡。

3. 检验配置的命令

```
Switch#show etherchannel load-balance
Switch#show etherchannel summary
Switch#show etherchannel port-channel
Switch#show running-config
```

4. 从 EtherChannel 中移除端口

```
Switch(config)#interface interface-id            /*指定要配置的物理端口*/
Switch(config-if)#no channel-group               /*从 EtherChannel 中移除端口*/
    Switch#show running-config                   /*检验配置中是否移除了端口*/
```

5. 删除 EtherChannel 端口

```
Switch(config)#no int port-channel [num]
Switch#show etherchannel summary /*检验配置(或查看当前的 EtherChannel)*/
```

6. 将 EtherChannel 端口从 err-disable 状态恢复正常

EtherChannel 端口如果进入 err-disable 状态，有两种方法恢复正常：

(1) 手动恢复：先执行 shutdown，再执行 no shutdown。

(2) 自动恢复：此方法在 PacketTracer 中不能实现。

```
Switch(config)#int port-channel [num]
Switch(config-if)#errdisable recovery cause {all|arp-inspection|bpduguard|link
-flap}                                                   /*指定原因*/
Switch(config-if)#errdisable recovery interval 30        /*指定自动恢复时间间隔*/
```

3.2.4　聚合链路应用举例

1. 二层聚合链路的配置

把多个物理链接捆绑在一起形成一个简单的逻辑链接，这个逻辑链接称为一个聚合端口(aggregate port,AP)。它可以把多个端口的带宽叠加起来使用。

通过 AP 发送的帧将在 AP 的成员端口上进行流量均衡，当一个成员端口链路失效后，AP 会自动将这个成员端口上的流量转移到别的端口上。同样，一个 AP 可以为 Access 端口 或 Trunk 端口，但 AP 各成员端口必须属于同一类型。

二层 Access 端口聚合成一个逻辑端口，要求两台交换机的对应端口及成员端口都属于同一个 VLAN(子网)。这就是交换机的级联，其目的是增加端口的总数(扩容)，通过聚合增加带宽并提供冗余。

思科二层 Access 端口聚合的命令行配置如下：

(1) Access 端口聚合

```
Switch(config)#interface range f0/23 -24
Switch(config-if-range)#switchport mode access  /*23、24 号端口都为 Access 端口*/
Switch(config-if-range)#channel-protocal lacp  /*或 pagp*/
Switch(config-if-range)#channel-group 1 mode active
                    /*或 desirable, 将 23、24 号端口聚合一起为 1 号端口*/
Switch(config-if-range)#exit
Switch(config)#int port-channel 1
Switch(config-if)#switchport mode access
                    /*将聚合 1 号端口设置为 Access 端口,仅属于 VLAN 1*/
```

(2) Trunk 端口聚合

思科二层 Trunk 端口聚合的命令行配置如下：

```
Switch(config)#interface range f0/23-24
Switch(config-if--range)#switchport mode trunk  /*23、24 号端口都为 Trunk 端口*/
Switch(config-if-range)#channel-protocal pagp       /*或 lacp*/
Switch(config-if-range)#channel-group 2 mode desirable    /*或 active*/
Switch(config-if-range)#exit
Switch(config)#int port-channel 2
Switch(config-if)#switchport mode trunk
                    /*将聚合 2 号端口设置为 Trunk 端口,属于全体 VLAN*/
```

注意：如果是三层交换机做 TRUNK 端口聚合,必须增加一条封装协议：

```
switchport trunk encapsulation dot1q       /*Trunk 封装协议 IEEE 802.1q*/
```

(3) 将 23 号端口从 2 号聚合端口中拆除

```
Switch(config)#interface f0/23
Switch(config-if)#no channel-group 2 mode desirable /*将 f0/23 端口从聚合端口中拆除*/
```

(4) 删除一个聚合端口

```
Switch(config)#no int Port-channel 2        /*删除 2 号聚合端口*/
```

注意：删除聚合端口时,需先解除聚合。

2. 三层聚合链路的配置

左右两端的三层交换机多个端口用交叉线互连,将两端的端口设定为三层路由端口,每个端口不设置 IP 地址,将这些端口聚合成一个三层聚合端口(L3 aggregate port),为其分配 IP 地址以建立路由。

在左边的三层交换机上创建三层聚合端口的命令如下：

```
Switch(config)#interface range f0/1-2
Switch(config-if-range)#no switchport          /*将 1 和 2 两个端口变成路由端口*/
Switch(config-if-range)#channel-group 3 mode desirable
                    /*将 1 和 2 两个端口聚合成 3 号聚合端口*/
Switch(config-if-range)#no ip address        /*1 和 2 两个端口均无 IP 地址*/
```

```
Switch(config-if-range)#exit
Switch(config)#interface port-channel 3      /* 对聚合端口 3 */
Switch(config-if)#no switchport              /* 使聚合端口 3 成为路由端口 */
Switch(config-if)#ip address 192.168.1.253 255.255.255.0
                                             /* 设置聚合端口 3 的 IP 地址 */
Switch(config-if)#exit                       /* 返回特权模式 */
Switch(config)#port-channel load-balance dst-ip   /* 配置针对目标 IP 的负载均衡 */
```

同理,按上述步骤在右边的三层交换机上也创建三层聚合端口,但其聚合端口的 IP 地址为 192.168.1.254,如图 3-2 所示。

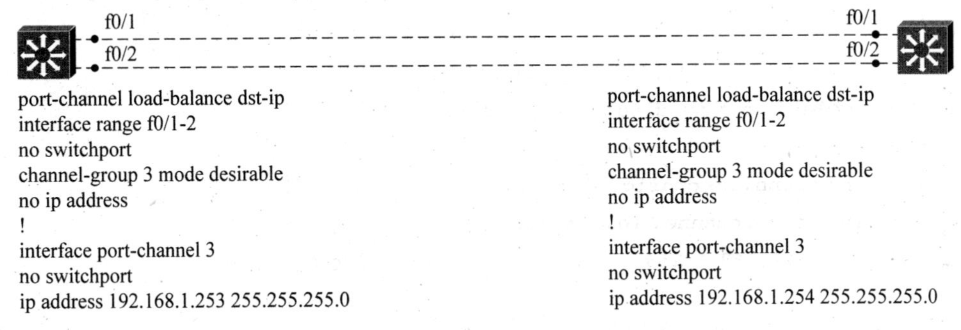

图 3-2　三层交换机的三层聚合链路

检查端口配置信息:

```
Switch#show etherchannel summary              /* 显示链路汇总信息 */
Flags: D - down P - in port-channel
       I - stand-alone s - suspended
       H - Hot-standby (LACP only)
       R - Layer3 S - Layer2
       U - in use f - failed to allocate aggregator
       u - unsuitable for bundling
       w - waiting to be aggregated
       d - default port
Number of channel-groups in use: 1
Number of aggregators: 1
Group     Port-channel     Protocol      Ports
------    +-----------     +----------   +-----------
3         Po3(RU)          PAgP          f0/1(P) f0/2(P)

Switch#show etherchannel port-channel         /* 显示详细链路信息 */
Channel-group listing:
-----------------------
Group: 3
----------
Port-channels in the group:
----------------------------
Port-channel: Po3
```

```
-------------
Age of the Port-channel=00d:00h:05m:14s
Logical slot/port =2/3    Number of ports=2
GC=0x00000000             HotStandBy port=null
Port state=Port-channel
Protocol=PAGP
Port Security=Disabled
Ports in the Port-channel:
Index    Load     Port      EC state            No of bits
------   +------  +------   +---------------    +-----------
0        00       f0/2      Desirable-Sl        0
0        00       f0/1      Desirable-Sl        0
Time since last port bundled: 00d:00h:05m:13s f0/1

Switch#show running-config                   /*显示信息略*/
Switch#show etherchannel load-balance        /*显示信息略*/
Switch#ping 192.168.1.254                    /*左端交换机 ping 右端,通*/
```

3.3 VTP

3.3.1 VTP 基础

VTP(VLAN Trunk Protocol)即 VLAN 中继协议,也称为虚拟局域网干道协议。它是思科私有协议,工作在数据链路层。

要管理 VLAN 的增加、删除以及更名来保持所有交换机中 VLAN 的一致性,可以使用 VTP 协议。

VTP 提供了一种在交换机上管理 VLAN 的方法,该协议使用户可以在一个或者几个中央点(服务器)上创建、修改、删除 VLAN,通过 Trunk 链路把 VLAN 信息自动扩散到其他交换机。把一台交换机配置成 VTP 服务器,其余交换机配置成 VTP 客户端,这样它们可以自动学习到服务器上的 VLAN 信息,使大规模的网络管理简单、自动化。

VTP 被组织成域(VTP domain),相同域中的交换机能共享 VLAN 信息。域的名字由服务器定义,其他交换机跟从,命令如下:

```
Switch(config)#vtp domain 域名
```

根据交换机在 VTP 域中的作用不同,VTP 可以分为 3 种模式,命令如下:

```
Switch(config)#vtp mode {Server| Client | Transparent}
```

其中,Server 为服务器模式,Client 为客户端模式,Transparent 为透明模式。新出厂的交换机默认配置是 VLAN 1,VTP 模式为 Server。

- VTP Server 维护该 VTP 域中所有 VLAN 信息列表,能在本地删除、创建、修改 VLAN 信息,可以产生、发送、接收、处理、转发 VTP 消息。

- VTP Client 虽然也维护所有 VLAN 信息列表，但其 VLAN 的配置信息是从 VTP Server 学到的。VTP Client 不能在本地删除、创建、修改 VLAN 信息，但可以产生、发送 VTP 消息。
- VTP Transparent 相当于一个独立的交换机，它不参与 VTP 工作，不从 VTP Server 学习 VLAN 的配置信息，只拥有本设备上自己维护的 VLAN 信息。VTP Transparent 能在本地删除、创建、修改 VLAN 信息；只能转发 VTP 消息，不能发送自身的 VLAN 消息，修订号始终为 0。

VTP 通告是在交换机之间用来传递 VLAN 信息的数据包，称为 VTP 数据包。VTP 通告信息以多播帧的方式在 Trunk 链路上传输，信息中包括配置修订号，代表配置的新旧，只要交换机收到更高的信息，就覆盖以前的信息，所以配置版本号在 VTP 更新中起着非常重要的作用，每当服务器修改后，配置修订号都会加 1。

VTP 通告类型有 3 种：汇总通告、通告请求、子网通告。

(1) VTP 汇总通告：交换机每 5min 发送一次汇总通告，通告邻居目前的 VTP 域名和配置修订号。

(2) VTP 通告请求：在交换机重启后或 VTP 参数改变的时候发送通告请求。

(3) VTP 子网通告：在 VTP 服务器上删除、创建或修改了 VLAN 就发送子网通告。

当某些子网不需要传递 VTP 通告时，采用 VTP 修剪(图 3-3)，命令如下：

```
Switch(config)#vtp pruning
```

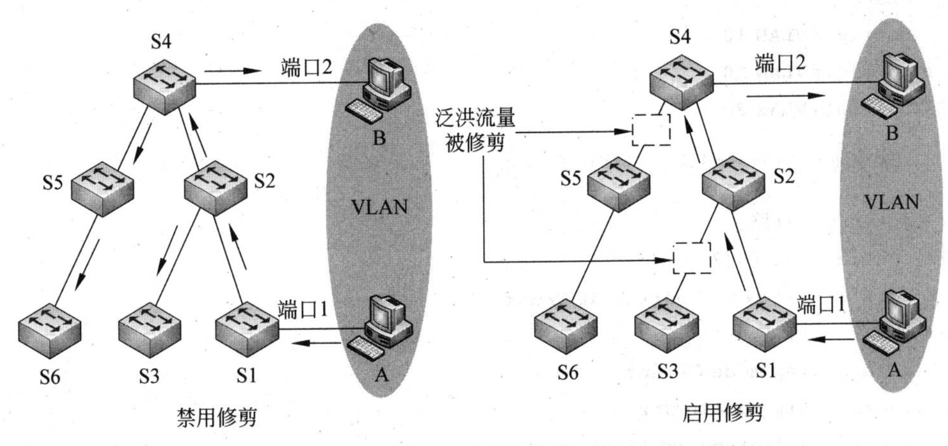

图 3-3　VTP 修剪

3.3.2　VTP 的配置

1. 实验目的

(1) 理解 VTP 协议(域、模式、工作过程等)。

(2) 掌握 VTP 的配置方法。

2. 实验拓扑

实验拓扑如图 3-4 所示，有三台二层交换机，用交叉线互连，并定义为 Trunk 链路。

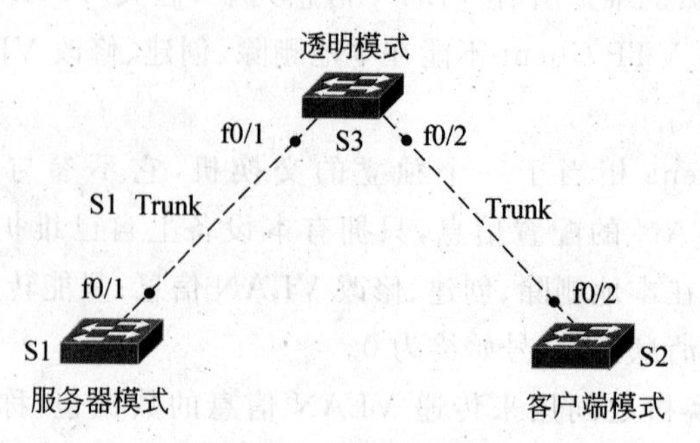

图 3-4 VTP 配置

3. 实验配置步骤

(1) 在交换机 S1 上配置 VTP 服务器,并创建 3 个 VLAN,即 10、20、30:

```
/* 定义 Trunk 链路,VTP 必须在 Trunk 链路上发送包 */
S1(config)#int f0/1
S1(config-if)#switchport mode Trunk
/* 配置为 VTP 服务器 */
S1(config)#vtp mode Server
S1(config)#vtp domain stz
S1(config)#vtp password 12345
/* 创建 3 个 VLAN */
S1(config)#VLAN 10
S1(config)#VLAN 20
S1(config)#VLAN 30
```

(2) 在交换机 S2 上配置为 VTP 客户端

```
/* 定义 Trunk 链路 */
S2(config)#int f0/2
S2(config-if)#switchport mode Trunk
/* 配置为 VTP 客户端 */
S2(config)#vtp mode Client
S2(config)#vtp domain stz
S2(config)#vtp password 12345
```

(3) 在交换机 S3 上配置为 VTP Transparent:

```
/* 定义两个 Trunk 链路 */
S3(config)#int f0/1-2
S3(config-if-range)#switchport mode Trunk
/* 配置为 VTP Transparent */
S3(config)#vtp mode Transparent
S3(config)#vtp domain stz
S3(config)#vtp password 12345
S3(config)#VLAN 100
```

4. 检测结果及说明

(1) 在 S1(即 VTP 服务器)上查看 VLAN 信息：

```
S1#show vlan

VLAN Name                             Status    Ports
---- -------------------------------- --------- -------------------------------
1    default                          active    Fa0/2, Fa0/3, Fa0/4, Fa0/5
                                                Fa0/6, Fa0/7, Fa0/8, Fa0/9
                                                Fa0/10, Fa0/11, Fa0/12, Fa0/13
                                                Fa0/14, Fa0/15, Fa0/16, Fa0/17
                                                Fa0/18, Fa0/19, Fa0/20, Fa0/21
                                                Fa0/22, Fa0/23, Fa0/24
10   VLAN0010                         active    
20   VLAN0020                         active
30   VLAN0030                         active
1002 fddi-default                     act/unsup
1003 token-ring-default               act/unsup
1004 fddinet-default                  act/unsup
1005 trnet-default                    act/unsup
```

(2) 在 S3(即 VTP Transparent 上)创建 VLAN 100,并查看 VLAN 信息：

```
S3#show vlan

VLAN Name                             Status    Ports
---- -------------------------------- --------- -------------------------------
1    default                          active    Fa0/3, Fa0/4, Fa0/5, Fa0/6
                                                Fa0/7, Fa0/8, Fa0/9, Fa0/10
                                                Fa0/11, Fa0/12, Fa0/13, Fa0/14
                                                Fa0/15, Fa0/16, Fa0/17, Fa0/18
                                                Fa0/19, Fa0/20, Fa0/21, Fa0/22
                                                Fa0/23, Fa0/24
100  VLAN0100                         active
1002 fddi-default                     act/unsup
1003 token-ring-default               act/unsup
1004 fddinet-default                  act/unsup
1005 trnet-default                    act/unsup
```

可以看到,VTP 服务器中的 VLAN 10、20、30 均不存在,但自己创建的 VLAN 100 存在。

(3) 在 S2(即 VTP 客户端)上查看 VLAN 信息：

```
S2#show vlan

VLAN Name                             Status    Ports
---- -------------------------------- --------- -------------------------------
1    default                          active    Fa0/1, Fa0/3, Fa0/4, Fa0/5
                                                Fa0/6, Fa0/7, Fa0/8, Fa0/9
                                                Fa0/10, Fa0/11, Fa0/12, Fa0/13
                                                Fa0/14, Fa0/15, Fa0/16, Fa0/17
                                                Fa0/18, Fa0/19, Fa0/20, Fa0/21
                                                Fa0/22, Fa0/23, Fa0/24
10   VLAN0010                         active
20   VLAN0020                         active
30   VLAN0030                         active
1002 fddi-default                     act/unsup
1003 token-ring-default               act/unsup
1004 fddinet-default                  act/unsup
1005 trnet-default                    act/unsup
```

可以看到,VTP 服务器中的 VLAN 10、20、30 都存在,但 S3(VTP Transparent)上创建的 VLAN 100 不存在。

在 S2 上试图创建 VLAN 200,被告知不允许：

```
S2(config)#vlan 200
VTP VLAN configuration not allowed when device is in CLIENT mode.
```

以上实验结果验证了VTP协议的工作过程。

3.4 交换机的端口安全性

交换机端口安全功能是指针对接入层交换机的端口进行安全属性的配置,从而控制用户的安全接入。

3.4.1 端口安全概述

交换机端口安全主要有两类:一是限制交换机端口的最大连接数,二是针对交换机端口进行MAC地址、IP地址的绑定。

限制交换机端口的最大连接数可以控制交换机端口下连的主机数,以防止用户进行恶意的ARP欺骗。

交换机端口可针对MAC地址、IP地址、IP+MAC地址进行灵活的绑定,从而实现对用户的严格控制,保证用户的安全接入,防止常见的内网的网络攻击,如ARP欺骗、IP地址和MAC地址欺骗、IP地址攻击等。

1. 常见的攻击

通常,在局域网内部,常常受到一些攻击,主要有以下几种形式:

(1) MAC攻击。每秒发送成千上万个随机源MAC的报文,在交换机的内部,大量广播包向所有端口转发,使MAC地址表空间很快就被不存在的源MAC地址占满,没有空间学习合法的MAC地址。

(2) ARP的攻击。攻击者不断向对方计算机发送有欺诈性质的ARP数据包,数据包内含有与当前设备重复的MAC地址,使对方在回应报文时,由于简单的地址重复错误而导致不能进行正常的网络通信。一般情况下,受到ARP攻击的计算机会出现两种现象:

① 不断弹出“本机的×××段硬件地址与网络中的×××段地址冲突”的对话框。

② 计算机不能正常上网,出现网络中断的现象。

由于这种攻击是利用ARP请求报文进行“欺骗”的,防火墙会误认为这是正常的请求数据包,不予拦截,所以普通的防火墙很难抵挡这种攻击。

(3) IP地址和MAC地址欺骗:攻击者用网络盗用别人的IP地址和MAC地址,进行网络攻击。

端口安全的目的就是防止局域网的内部攻击对用户、网络设备所造成的破坏。

2. 端口安全功能

所谓端口安全,是指通过限制允许访问交换机上某个端口的MAC地址以及IP地址(可选)来实现对该端口输入的严格控制。当为安全端口(打开了端口安全功能的端口)配置了安全地址后,除了源地址为这些安全地址的报文之外,该端口将不转发其他任何报文。同时,可以将MAC地址和IP地址绑定起来作为安全地址,也可以通过限制端口上能包含的最大安全地址个数(如最大个数为1),使连接这个端口的工作站(其地址为配置的安全地址)独享该端口的全部带宽。

交换机端口安全的基本功能如下:

(1) 限制交换机端口的最大连接数。

(2) 绑定端口的安全地址。例如,在端口上同时绑定 IP 和 MAC 地址,也可以防御 ARP 欺骗;在端口上绑定 MAC 地址,并限定安全地址数为 1,可以防恶意 DHCP 请求。

```
Switch(config)#int f0/1
Switch(config-if)#switchport port-security      /*打开该接口的端口安全功能*/
Switch(config-if)#switchport port-security maximum 1
/*设置接口上安全地址的最大个数为 1,范围是 1~128,默认值为 128*/
Switch(config-if)#no switchport port-security maximum
/*恢复接口安全地址的最大个数为默认值*/
Switch(config-if)#switchport port-security mac-address<mac-address>[ip-address<ip-address>]
/*手工配置接口上的安全地址(MAC 地址及 IP 地址)*/
Switch(config-if)#no switchport port-security mac-address<mac-address>
/*删除安全地址绑定*/
```

3. 安全违例的处理方式

在配置了端口安全功能后,在实际应用中,如果违反了端口安全,将产生一个安全违例。对安全违例有 3 种处理方式:

(1) protect:当安全地址个数满后,安全端口将丢弃未知地址(不是该端口的安全地址中的任何一个)的包,这也是默认配置。

(2) restrict:当违反端口安全时,将发送一个 Trap 通知。

(3) shutdown:当违反端口安全时,将关闭端口并发送一个 Trap 通知。

有关安全违例的设置命令如下:

```
Switch(config-if)#switchport port-security violation {protect | restrict | shutdown}      /*设置处理违例的方式*/
Switch(config-if)#no switchport port-security violation
/*将违例处理方式恢复为默认值*/
```

4. 配置端口的一些限制

配置端口安全时有如下一些限制:

(1) 一个安全端口不能是一个聚合端口,只能在一个 Access 链路端口上配置。

(2) 一个安全端口不能是 SPAN 的目的端口。

(3) 交换机最大连接数限制默认的处理方式是 protect。

(4) 端口安全和 IEEE 802.1x 认证端口是互不兼容的,不能同时启用。

(5) 安全地址有优先级,从低到高的顺序如下:

① 单 MAC 地址。

② 单 IP 地址/MAC 地址+IP 地址(后设置的地址生效)。

(6) 单个端口上的最大安全地址个数为 128 个。

(7) 在同一个端口上不能同时应用绑定 IP 的安全地址和安全 ACL,这两种功能是互斥的。

(8) 支持绑定 IP 地址的数量是有限制的。

5. 配置安全地址的老化时间

可以为一个接口上的所有安全地址配置老化时间。要设置系统 MAC 地址老化时间,需要设置安全地址的最大个数，以便让交换机自动增加和删除接口上的安全地址。命令格式如下：

```
Switch(config-if)#switchport port-security aging {static | time<time>}
```

选项 static 表明老化时间将同时应用于手工配置的安全地址和自动学习的安全地址；若无 static，则老化时间只用于自动学习的安全地址。time 后指定这个端口上安全地址的老化时间，范围为 0～1440，单位为分，默认时间为 0。如果时间为 0，表示关闭老化功能。老化时间是按绝对方式计时的，即当一个地址成为一个端口的安全地址后，经过指定的时间，这个地址将被自动删除。例如：

```
Switch(config)#interface f0/1
Switch(config-if)#switchport port-security aging static
Switch(config-if)#switchport port-security aging time 8
/*设置了 f0/1 接口安全地址的老化时间为 8min，且应用于手工配置的安全地址和自动学习的安
  全地址*/
Switch(config-if)#no switchport port-security aging time
/*关闭老化功能*/
Switch(config-if)#no switchport port-security aging static
/*老化时间仅用于自动学习的安全地址*/
```

6. 验证端口的安全性

(1) 显示接口的端口安全配置信息：

```
Switch#show port-security interface [interface-id]
```

(2) 显示安全地址信息：

```
Switch#show port-security address
```

(3) 显示某一接口的安全地址信息：

```
Switch#show port-security address [interface-id]
```

(4) 显示所有安全接口的统计信息：

```
Switch#show port-security
```

(5) 检查 MAC 地址表：

```
Switch#show mac-address-table
```

3.4.2 端口安全应用举例

1. 实验目的

(1) 理解交换机的端口安全性。

(2) 理解 MAC 地址表。

(3) 理解安全违例处理措施。

(4) 了解模拟非法接入及测试的方法。

2. 实验拓扑

实验拓扑如图 3-5 所示。

图 3-5　端口安全应用实验拓扑

3. 实验配置步骤

(1) 交换机的端口安全配置:

```
/* 先关闭交换机的此端口 */
S1(config)#int f0/1
S1(config-if)#shut
%LINK-5-CHANGED: Interface FastEthernet0/1, changed state to administratively down
/* f0/1 端口安全配置,0060.2FD3.7401 是所连路由器的端口 f0/0 的 MAC 地址 */
S1(config-if)#switchport mode access
S1(config-if)#switchport port-security
S1(config-if)#switchport port-security max 1
S1(config-if)#switchport port-security violation shutdown
S1(config-if)#switchport port-security mac-address 0060.2FD3.7401
                                        /* 实验中根据路由器的端口 MAC 地址而改变 */
/* 再开启此端口 */
S1(config-if)#no shut
%LINK-5-CHANGED: Interface FastEthernet0/1, changed state to down
/* 配置管理 VLAN */
S1(config)#int vlan 1
S1(config-if)#ip addr 192.168.1.11 255.255.255.0
S1(config-if)#no shut
```

(2) 路由器的配置:

```
R1(config)#int f0/0
R1(config-if)#ip addr 192.168.1.1 255.255.255.0
R1(config-if)#no shut
```

4. 检测结果及说明

(1) 在路由器上 ping 交换机:

```
R1# ping 192.168.1.11
Type escape sequence to abort.
Sending 5, 100-byte ICMP Echos to 192.168.1.11, timeout is 2 seconds:
!!!!!
Success rate is 100 percent (5/5), round-trip min/avg/max=31/31/32 ms
```

(2) 在交换机上显示 MAC 地址表：

```
S1# show mac-address-table
          Mac Address Table
-------------------------------------------

Vlan     Mac Address       Type        Ports
----     -----------       --------    -----
1        0060.2fd3.7401    STATIC      Fa0/1
```

(3) 在交换机上显示端口的安全配置：

```
S1# show port-security int f0/1
Port Security                  : Enabled
Port Status                    : Secure-up
Violation Mode                 : Shutdown
Aging Time                     : 0 mins
Aging Type                     : Absolute
SecureStatic Address Aging     : Disabled
Maximum MAC Addresses          : 1
Total MAC Addresses            : 1
Configured MAC Addresses       : 1
Sticky MAC Addresses           : 0
Last Source Address:Vlan       : 0060.2FD3.7401:1
Security Violation Count       : 0
/*前面的行显示配置的参数,最后一行表明目前没有安全违例*/
```

(4) 在路由器上模拟对交换机端口的非法接入。

在路由器上修改 f0/0 端口的 MAC 地址为另一个地址：18.18.18，模拟另一台设备接入到交换机的 f0/1 端口。

```
R1(config)#int f0/0
Rlouter(config-if)#mac-address 18.18.18
%LINEPROTO-5-UPDOWN: Line protocol on Interface FastEthernet0/0, changed state
to down
```

在交换机上出现以下结果：

```
%LINK-5-CHANGED: Interface FastEthernet0/1, changed state to administratively down
%LINEPROTO-5-UPDOWN: Line protocol on Interface FastEthernet0/1, changed state
to down
%LINEPROTO-5-UPDOWN: Line protocol on Interface Vlan1, changed state to down
```

表明其 f0/1 口端口已关闭。

(5) 在交换机上验证违例处理情况：

```
S1#show mac-address-table
          Mac Address Table
-------------------------------------------

Vlan     Mac Address       Type        Ports
```

```
----    -----------  --------  -----

S1#show port-security int f0/1
Port Security                  : Enabled
Port Status                    : Secure-shutdown
Violation Mode                 : Shutdown
Aging Time                     : 0 mins
Aging Type                     : Absolute
SecureStatic Address Aging     : Disabled
Maximum MAC Addresses          : 1
Total MAC Addresses            : 1
Configured MAC Addresses       : 1
Sticky MAC Addresses           : 0
Last Source Address:Vlan       : 0018.0018.0018:1
Security Violation Count       : 1
/* 最后一行表明已有一次安全违例 */
```

(6) 恢复交换机和路由器到正常情况：

```
S1(config)#int f0/1
S1(config-if)#shut
S1(config-if)#no shut
R1(config)#int f0/0
R1(config-if)#no mac-address
R1(config-if)#^Z
R1#ping 192.168.1.11
Type escape sequence to abort.
Sending 5, 100-byte ICMP Echos to 192.168.1.11, timeout is 2 seconds:
!!!!!
Success rate is 60 percent (3/5), round-trip min/avg/max=31/31/32 ms
```

如果没出现上面的信息，多次执行 ping 命令。

(7) 在交换机上验证效果（略）。

3.5　多层交换结构

多层交换网络都是通过交换机的端口相互连接，本节主要介绍交换机各种类型的端口和作用效果。

3.5.1　交换机、路由器之间的互连

二层交换机与三层交换机（或路由器）之间的连接方式主要采用 Access 端口（二层交换机属于同一 VLAN）、Trunk 端口（二层交换机属于多个 VLAN）和二层聚合端口（为增加带宽）。

三层交换机与三层交换机之间的连接方式主要采用 Access 端口（两台交换机属于同一

VLAN，相当于二层)、Trunk 端口(两台交换机属于不同的 VLAN，但要进行二层数据交换)、路由端口(两台三层交换机连接不同网络，相互隔离广播)、二层聚合端口和三层聚合端口(为增加带宽)。

三层交换机与路由器之间的连接方式主要采用 Access 端口、Trunk 端口和路由端口。

交换机、路由器之间的互连拓扑结构举例如图 3-6 至图 3-12 所示。

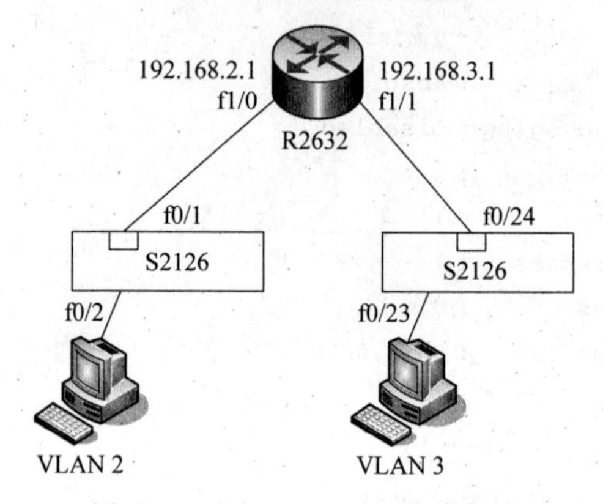

图 3-6　二层 Access 端口连接示例

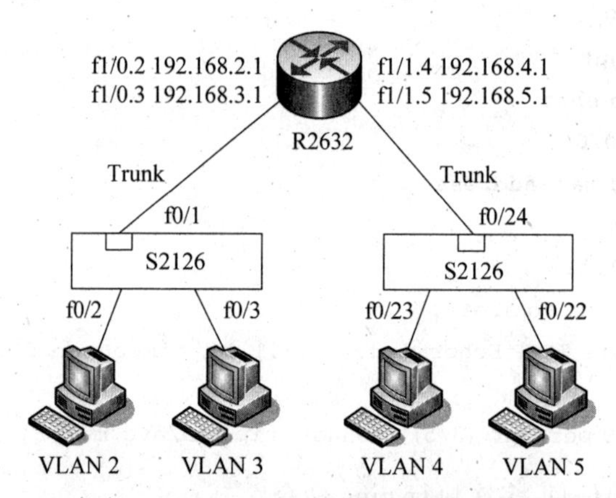

图 3-7　二层 Trunk 端口连接和单臂路由示例

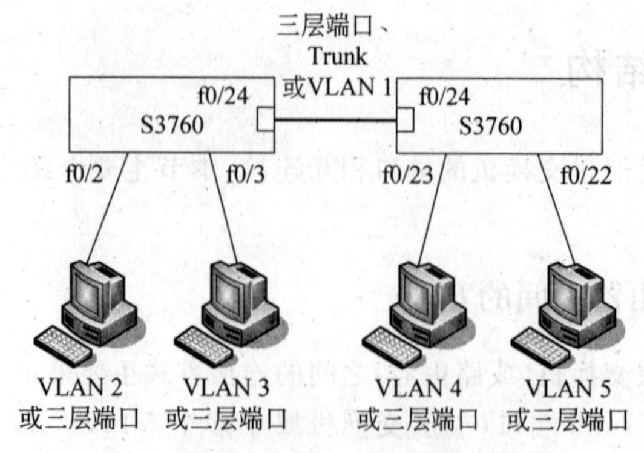

图 3-8　三层交换机之间的 3 种连接方式示例

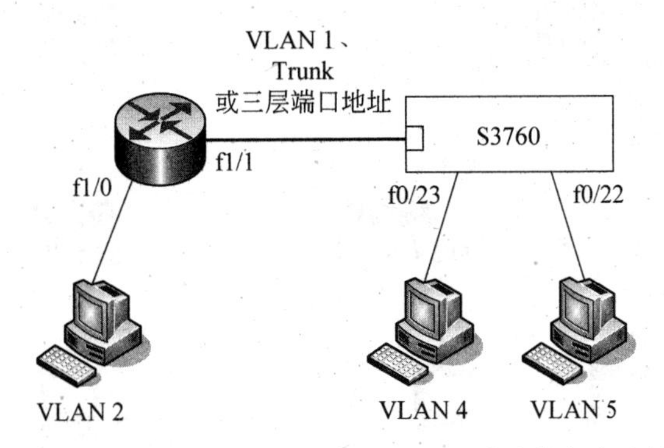

图 3-9　路由器与三层交换机之间的 3 种连接方式示例

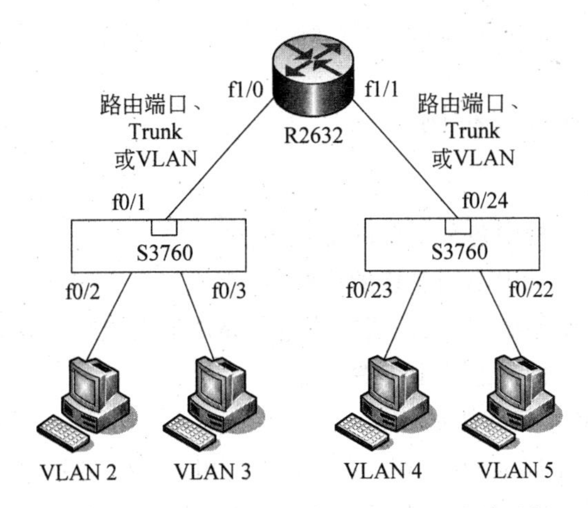

图 3-10　三层交换机与路由器之间的连接示例

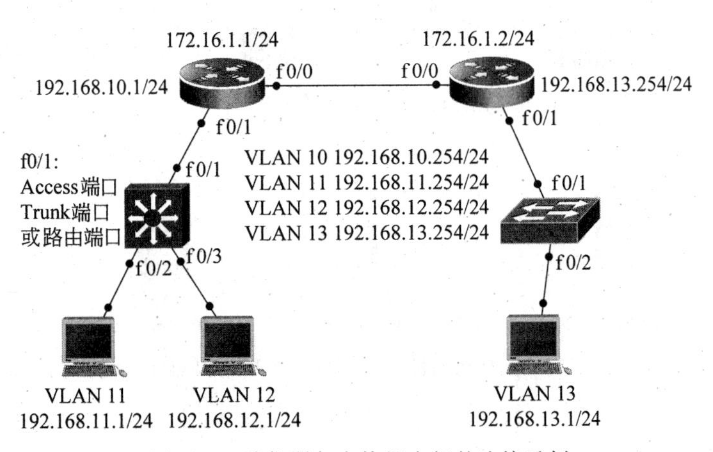

图 3-11　路由器与交换机之间的连接示例

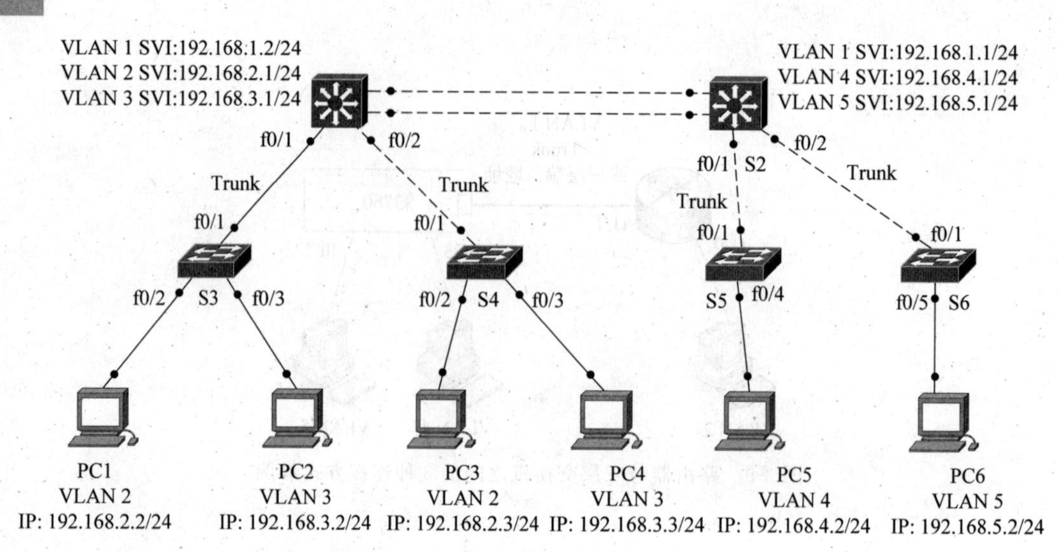

图 3-12　三层交换机聚合链路示例

3.5.2　多层交换结构配置举例

1. 实验目的

(1) 掌握多层交换结构中各种端口的配置方法。

(2) 掌握多层交换结构中不同连接的优缺点。

(3) 掌握多层交换结构中二层、三层交换机与路由器的组合配置方法。

(4) 掌握多层交换中的静态路由配置方法。

2. 路由器与三层交换机互连的结构

用一台路由器的一个以太网接口与三层交换机相连,在三层交换机上连接了不同的子网,使各个子网能够访问路由器所连接的外网,如图 3-13 所示。

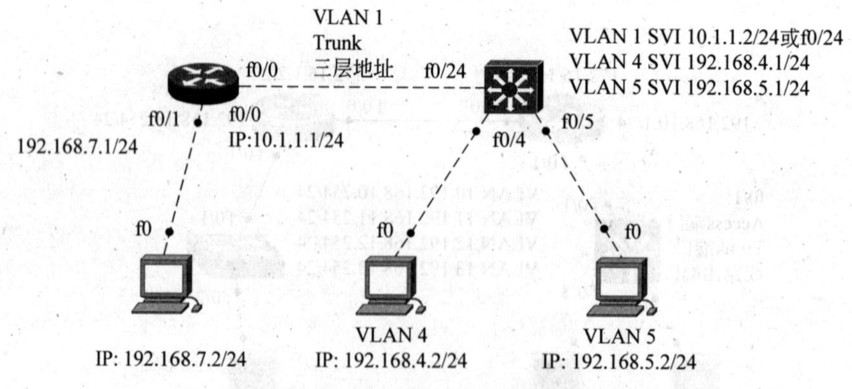

图 3-13　交换机与路由器互联的多层结构配置举例

1) 实验环境说明

(1) 在路由器端口 f0/0 上连接一台三层交换机。在三层交换机上划分两个不同的虚拟局域网 VLAN 4、5,代表不同的局域网内网的各个子网。VLAN4: 192.168.4.0/24 网段，网关为 192.168.4.1，其计算机的 IP 地址为 **192.168.4.2**。VLAN5：192.168.5.0/24 网段，网关为 192.168.5.1，其计算机的 IP 地址为 **192.168.5.2**。

(2) 在路由器另一端口 f0/1 上连接一台 PC，IP 地址为 192.168.7.1，代表外网。

(3) 对于三层交换机与路由器之间的连接，可以按以下 3 种方式定义三层交换机 f0/24 端口：

- 属于 VLAN 1 的 Access 端口，使路由器的 f0/0 与 VLAN 1 在同一网段，在三层交换机上设置默认路由到下一跳的地址（f0/0 端口地址），并定义每一个 VLAN 的 SVI，使各子网通过三层交换机互访。这种设置的优势是：三层交换机内网之间的访问全部限制在三层交换机内部，由于园区网中内网的带宽很高，大都在千兆，有的甚至在万兆以上，从而减少了访问外网的压力。
- Trunk 端口，在三层交换机上定义 f0/24 为 Trunk 端口，使每一个 VLAN 都能通过，不仅 VLAN1，VLAN 4 和 VLAN 5 也会将自己的数据包发给此 Trunk 端口，从而增加了路由器处理这些仅需内部交换的数据包的负担。但是如果内部子网之间很少相互访问，大都是访问外网，且即使内网相互访问也要受到限制时，就可以通过路由器（作为单臂路由）来转发各子网间的数据，此时是把三层交换机当作二层交换机使用。
- 三层端口，这种方式将三层交换机当作路由器使用，三层交换机与路由器之间通过三层路由协议互相学习路由，实现全网互通。三层交换机内的子网通过二层转发或 SVI 三层路由实现互通，而外网通过路由表进行转发。

2) 主要配置步骤

(1) 路由器的主要配置如下：

```
Router(config)#host R
R(config)#int f0/1
R(config-if)#ip add 192.168.7.1 255.255.255.0
R(config-if)#no shu
R(config)#int f0/0
R(config-if)#ip add 10.1.1.1 255.255.255.0
R(config-if)#no shu
R(config-if)#exit
/* 定义两条静态路由 */
R(config)#ip route 192.168.4.0 255.255.255.0 f0/0
R(config)#ip route 192.168.5.0 255.255.255.0 f0/0
```

(2) 三层交换机配置如下：

```
Switch(config)#host S
S(config)#ip routing                                  /* 开启三层交换路由 */
S(config)#vlan 4
S(config-vlan)#exit
S(config)#int vlan 4
S(config-if)#ip add 192.168.4.1 255.255.255.0         /* 设置 VLAN 4 的 SVI */
```

```
S(config-if)#exit
S(config)#int f0/4
S(config-if)#sw acc vlan 4                          /*4号端口连接到 VLAN 4*/
S(config)#vlan 5
S(config-vlan)#exit
S(config)#int vlan 5
S(config-if)#ip add 192.168.5.1 255.255.255.0
S(config-if)#no shu
S(config)#int f0/5
S(config-if)#sw acc vlan 5
S(config-if)#exit
/*配置静态路由*/
S(config-if)#ip route 192.168.7.0 255.255.255.0 10.1.1.1
```

(3) 下面分别以3种不同的配置方式配置此三层交换机的 f0/24 端口(任选其中一种),在同一文件中用3个拓扑完成3种配置。

第一种:VLAN 1。此方法当 f0/24 端口有故障时,换成交换机中其他属于 VLAN 1 的端口,无须改变任何配置。二层广播对于不同的 VLAN 相互隔离,只有通过三层才能转发到路由器。

```
S(config)#int f0/24
S(config-if)#sw acc vlan 1                         /*f0/24端口仅属于 VLAN 1*/
S(config)#int vlan 1
S(config-if)#ip add 10.1.1.2 255.255.255.0         /*设置 VLAN 1 的 SVI*/
S(config-if)#no shu
```

第二种:Trunk。此方法当 f0/24 端口有故障时,必须对交换机重新进行配置。二层所有 VLAN 广播全部发向路由器。

```
S#(config)#int f0/24
S#(config-if)#swi trunk enc dot1q
S#(config-if)#swi mode trunk
S#(config-if)#sw trunk native vlan 1
S#(config)#int vlan 1
S#(config-if)#ip add 10.1.1.2 255.255.255.0
S(config-if)#no shu
```

第三种:三层路由口。此方法当 f0/24 端口有故障时,必须对交换机重新进行配置。隔离二层所有 VLAN 广播。

```
S#conf t
S(config)#int f0/24
S(config-if)#no sw
S(config-if)#ip add 10.1.1.2 255.255.255.0
S(config-if)#no shu
```

3）验证

（1）分别在 3 台 PC 上互相 ping 通。

（2）在路由器上及三层交换机上分别 ping 3 台 PC。

（3）分别在路由器及三层交换机上显示路由表。

（4）在三层交换机上显示端口信息（命令为 **show interfaces f0/24**）。

3. 路由器与二层交换机互联的结构

用一台路由器，其两个以太网端口分别连接两台二层交换机，每个二层交换机划分了不同的 VLAN，如图 3-7 所示。对路由器和交换机进行配置，使全网互通。

1）实验环境说明

（1）路由器 f1/0 端口连接一台二层交换机，f1/1 端口连接另一台二层交换机。二层交换机与路由器之间建立 Trunk 链路，如图 3-7 所示。

（2）在两个二层交换机上分别划分两个不同的虚拟局域网。

（3）在路由器上的两个以太网端口上建立逻辑子端口 f1/0.2、f1/0.3、f1/1.4、f1/1.5。

（4）VLAN 2～VLAN 5 设置如下。

VLAN 2：192.168.2.0/24 网段，网关为 192.168.2.1。

VLAN 3：192.168.3.0/24 网段，网关为 192.168.3.1。

VLAN 4：192.168.4.0/24 网段，网关为 192.168.4.1。

VLAN 5：192.168.5.0/24 网段，网关为 192.168.5.1。

2）主要配置步骤

（1）路由器的配置如下：

```
/*配置路由器的端口无 IP 地址*/
R2632(config)#int f1/0
R2632(config-if)#no ip add
R2632(config-if)#exit
R2632(config)#int f1/1
R2632(config-if)#no ip add
R2632(config-if)#exit
/*配置路由器的子端口*/
R2632(config)#int f1/1.4
R2632(config-subif)#enc dot1q 4
R2632(config-subif)#ip address 192.168.4.1 255.255.255.0
R2632(config-subif)#no shut
R2632(config-subif)#exit
R2632(config)#int f1/1.5
R2632(config-subif)#enc dot1q 5
R2632(config-subif)#ip address 192.168.5.1 255.255.255.0
R2632(config-subif)#no shut
R2632(config-subif)#exit
R2632(config)#int f1/0.2
R2632(config-subif)#enc dot1q 2
```

```
R2632(config-subif)#ip address 192.168.2.1 255.255.255.0
R2632(config-subif)#no shut
R2632(config-subif)#exit
R2632(config)#int f1/0.3
R2632(config-subif)#enc dot1q 3
R2632(config-subif)#ip address 192.168.3.1 255.255.255.0
```

(2) 配置左边二层交换机 S2126-1：

```
S2126-1(config)#interface f0/1
S2126-1(config-if)#switchport mode trunk
S2126-1(config-if)#ex
S2126-1(config)#interface f0/2
S2126-1(config-if)#switchport access vlan 2
S2126-1(config-if)#ex
S2126-1(config)#interface f0/3
S2126-1(config-if)#switchport access vlan 3
```

(3) 配置右边二层交换机 S2126-2：

```
S2126-2(config)#interface f0/22
S2126-2(config-if)#switchport access vlan 5
S2126-2(config-if)#ex
S2126-2(config)#interface f0/23
S2126-2(config-if)#switchport access vlan 4
S2126-2(config-if)#ex
S2126-2(config)#interface f0/24
S2126-2(config-if)#switchport mode trunk
```

3) 验证

(1) 在各计算机上使不同 VLAN 中的计算机都能 ping 通。

(2) 在路由器上能 ping 通各计算机。

4. 二层与三层交换机互连的结构

用三层交换机(汇聚层或核心层)分别连接多个二层交换机(接入层),形成多层交换的结构,如图 3-12 所示。

1) 主要配置步骤

(1) 左侧三层交换机配置如下：

```
Switch(config)#host Left-S
Left-S(config)#int range f0/1-2          /*配置连接两个二层交换机的 Trunk 链路*/
Left-S(config-if-range)#sw trunk enc dot1q
Left-S(config-if-range)#sw mode trunk
Left-S(config-if-range)#no shu
Left-S(config-if-range)#exit
Left-S(config)#int vlan 1
Left-S(config-if)#ip add 192.168.1.1 255.255.255.0      /*配置 VLAN 1 SVI*/
```

```
Left-S(config-if)#no shu
Left-S(config)#int vlan 2
Left-S(config-if)#ip add 192.168.2.1 255.255.255.0        /*配置 VLAN 2 SVI*/
Left-S(config-if)#no shu
Left-S(config)#int vlan 3
Left-S(config-if)#ip add 192.168.3.1 255.255.255.0        /*配置 VLAN 3 SVI*/
Left-S(config-if)#no shu
Left-S(config)#int range g0/1-2          /*配置两个吉比特端口,形成聚合链路*/
Left-S(config-if-range)#channel-group 1 mode desirable
Left-S(config-if-range)#sw mode trunk
Left-S(config-if-range)#no shu
Left-S(config-if-range)#exit
Left-S(config)#port-channel load-balance dst-ip          /*聚合链路负载均衡*/
Left-S(config)#int port-channel 1
Left-S(config-if)#switchport mode trunk                  /*聚合端口为 Trunk 端口*/
Left-S(config)#ip route 192.168.2.0 255.255.255.0 vlan 2     /*定义静态路由*/
Left-S(config)#ip route 192.168.3.0 255.255.255.0 vlan 3     /*定义静态路由*/
Left-S(config)#ip route 192.168.4.0 255.255.255.0 vlan 1     /*定义静态路由*/
Left-S(config)#ip route 192.168.5.0 255.255.255.0 vlan 1     /*定义静态路由*/
```

(2) 右侧三层交换机配置如下:

```
Right-S(config)#int range f0/1-2
Right-S(config-if-range)#sw trunk en do
Right-S(config-if-range)#sw mode trunk
Right-S(config-if-range)#no shu
Right-S(config)#int vlan 1
Right-S(config-if)#ip add 192.168.1.2 255.255.255.0
Right-S(config-if)#no shu
Right-S(config-if)#int vlan 4
Right-S(config-if)#ip add 192.168.4.1 255.255.255.0
Right-S(config-if)#no shu
Right-S(config)#int vlan 5
Right-S(config-if)#ip add 192.168.3.1 255.255.255.0
Right-S(config-if)#no shu
Right-S(config)#int range g0/1-2
Right-S(config-if-range)#channel-group 2 mode desirable
Right-S(config-if-range)#sw mode trunk
Right-S(config-if-range)#no shu
Right-S(config-if-range)#exit
Right-S(config)#port-channel load-balance dst-ip             /*聚合链路负载均衡*/
Right-S(config)#int port-channel 2
Right-S(config-if)#switchport mode trunk                    /*聚合端口为 Trunk 端口*/
Right-S(config)#ip route 192.168.2.0 255.255.255.0 vlan 1     /*定义静态路由*/
Right-S(config)#ip route 192.168.3.0 255.255.255.0 vlan 1     /*定义静态路由*/
```

```
Right-S(config)#ip route 192.168.4.0 255.255.255.0 vlan 4    /*定义静态路由*/
Right-S(config)#ip route 192.168.5.0 255.255.255.0 vlan 5    /*定义静态路由*/
```

(3) 左侧二层交换机配置如下：

二层交换机有两个VLAN——VLAN 2和VLAN 3，把对应的端口加入到相应的VLAN即可。

```
S1(config)#vlan 2
S1(config)#vlan 3
S1(config)#int f0/2
S1(config-if)#switchport access vlan 2
S1(config-if)#exit
S1(config)#int f0/3
S1(config-if)#switchport access vlan 3
S1(config-if)#exit
S1(config)#int f0/1
S1(config-if)#switchport mode trunk
```

用同样的方法配置另外几台二层交换机。

2) 检测结果及说明

在PC1上进行以下检测：

```
PC1>ping 192.168.2.1             /*ping网关,通*/
PC1>ping 192.168.3.1             /*ping另一个VLAN的网关,通*/
PC1>ping 192.168.3.2             /*ping PC2,通*/
PC1>ping 192.168.3.3             /*ping PC4,通*/
PC1>ping 192.168.4.2             /*ping PC5,通*/
PC1>ping 192.168.5.2             /*ping PC6,通*/
```

在PC1上如何能ping通二层交换机呢？首先必须定义二层交换机的管理IP地址，其次要定义二层交换机的默认网关。命令如下：

```
S2(config)#int vlan 2
S2(config-if)#ip addr 192.168.2.254 255.255.255.0
/*此管理IP地址不能与上连的三层交换机VLAN 2的SVI地址(192.168.2.1)相同,也不能与下
  连的PC地址(192.168.2.2)相同,这是因为在同一网络内IP地址必须唯一。*/
S2(config-if)#no shut
S2(config)#ip default-gateway 192.168.2.1
/*为二层交换机配置网关,为上连的三层交换机VLAN 2的SVI地址*/
PC1>ping 192.168.2.254           /*ping二层交换机的管理IP地址,通*/
```

3.6 本章命令汇总

表3-4列出了本章涉及的主要命令。

表 3-4 本章命令汇总

命令	作用
switchport mode	设置交换机端口类型(Access 和 Trunk)
switchport access	将交换机端口划分给某一 VLAN
switchport trunk	设置 Trunk 的属性
int vlan	定义 SVI 端口
channel-group	定义聚合端口
int port-channel 1	进入聚合端口
switchport port-security	设置端口安全性
channel-group [num] mode [on | off | auto | desirable]	在 PAgP 中,将物理接口组指定至某个 EtherChannel 组
channel-group [num] mode [on | off | active | passvie]	在 LACP 中,将物理接口组指定至某个 EtherChannel 组
port-channel load-balance [dst-ip | dst-mac | src-dst-ip | src-dst-mac | src-ip | src-mac]	配置负载均衡
show etherchannel load-balance | summary | port-channel	显示聚合链路信息
vtp domain name	建立 VTP 域
vtp mode client | server | transparent	指定交换机 VTP 的模式
vtp password ×××××	配置 VTP 的密码
vtp pruning	配置 VTP 修剪
show vtp status	查看 VTP 运行状态

习题与实验

1. 选择题

(1) 下列封装类型中(　　)可以配置在一个思科交换机的 Trunk 端口上(选择两个)。

A. VTP　　B. ISL　　C. CDP　　D. IEEE 802.1q

E. IEEE 802.1p　　F. LLC　　G. IETF

(2) 如图 3-14 所示,网络管理员在交换机上创建 VLAN 3 并将主机 C 和主机 D 通过 f0/13、f0/14 加入到 VLAN 3 中。配置完成以后,主机 A 可以和主机 B 通信,但是主机 A 不能和主机 C 及主机 D 通信。以下 4 组命令中(　　)可以用来解决这个问题。

A.
```
Router(config)# interface f0/1.3
Router(config-sub if)# encapsulation dot1q 3
Router(config-sub if)# ip address 192.168.3.1 255.255.255.0
```

B.
```
Router(config)# router rip
Router(config-router)# network 192.168.1.0
```

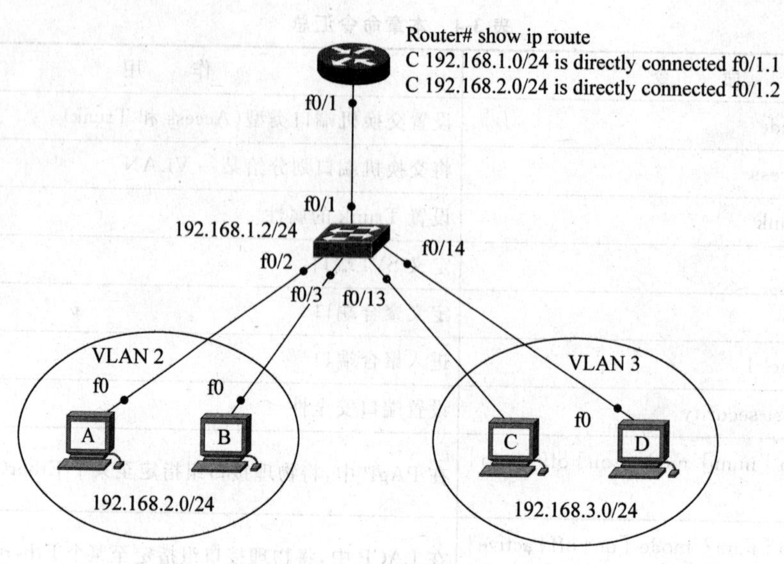

图 3-14　排错检错

```
Router(config-router)# network 192.168.2.0
Router(config-router)# network 192.168.3.0
```

C.
```
Switch1# vlan database
Switch1(vlan)# vtp v2-mode
Switch1(vlan)# vtp domain cisco
Switch1(vlan)# vtp server
```

D.
```
Switch1(config)# interface f0/1
Switch1(config-if)# switchport mode trunk
Switch1(config-if)# switchport trunk encapsulation isl
```

(3) 一个网络管理员在 SW1 和 SW2 之间配置链路聚合，SW1 的配置如图 3-15 所示。以下关于 SW2 的配置中(　　)正确。

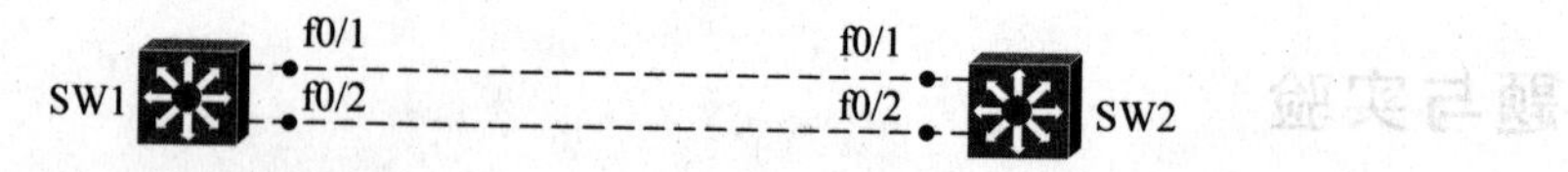

在S1上的配置
interface range f0/1-2
channel-group 1 mode auto
switchport trunk encapsulation dotlq
switchport mode trunk

图 3-15　链路聚合

A.
```
interface f0/1
channel-group 1 mode active
switchport trunk encapsulation dot1q
switchport mode trunk
interface f0/2
channel-group 1 mode active
switchport trunk encapsulation dot1q
switchport mode trunk
```

B.
```
interface f0/1
channel-group 1 mode passive
switchport trunk encapsulation dot1q
switchport mode trunk
interface f0/2
channel-group 1 mode passive
switchport trunk encapsulation dot1q
switchport mode trunk
```
C.
```
interface f0/1-2
channel-group 1 mode desirable
switchport trunk encapsulation dot1q
switchport mode trunk
```
D.
```
interface f0/1
channel-group 1 mode auto
switchport trunk encapsulation dot1q
switchport mode trunk
interface f0/2
channel-group 1 mode auto
switchport trunk encapsulation dot1q
switchport mode trunk
```

(4) 在交换机上执行 S# show vtp，显示如下：

```
VTP Version:                        2
Configuration Revision:             0
Maximum VLANs supported locally:    64
Number of existing VLANs:           5
VTP Operating Mode:                 Client
VTP Domain Name:                    London
VTP Pruning Mode:                   Disabled
VTP V2 Mode:                        Disabled
VTP Traps Generation:               Disabled
```

根据上面的信息，这个交换机的 VTP 功能是(　　)。

A. 学习 VTP 配置信息并保存在 running-config 中

B. 创建和改变一个 VLAN

C. 转发 VTP 的配置信息

D. VTP 在这台设备上失效了

E. VTP 不能被保存到 NVRAM

(5) VLAN 主干协议 VTP 的默认工作模式是(　　)。

A. 服务器模式　　　　B. 客户端模式

C. 透明模式　　　　D. 以上三者都不是

(6) 以下命令中(　　)可以验证在一台交换机上的 f0/12 端口正确配置了端口安全。

A. `SW1# show swithport port-security  interface f0/12`

B. `SW1# show swithport port-secure interface f0/12`

C. SW1# show port-secure interface f0/12

D. SW1# show port-security interface f0/12

(7) Refer to the exhibit (图 3-16). A junior network administrator was given the task of configuring port security on SwitchA to allow only PC_A to access the switched network through port f0/1. If any other device is detected, the port is to drop frames from this device. The administrator configured the interface and tested it with successful pings from PC_A to RouterA, and then observes the output from these two show commands. (　　) of these changes are necessary for SwitchA to meet the requirements (Choose two).

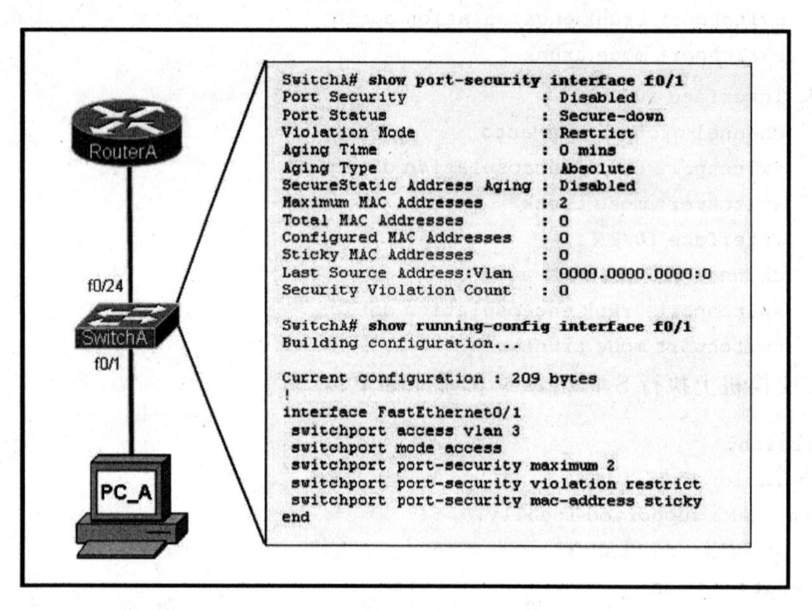

图 3-16　端口安全

A. Port security needs to be globally enabled

B. Port security needs to be enabled on the interface

C. Port security needs to be configured to shut down the interface in the event of a violation

D. Port security needs to be configured to allow only one learned MAC address

E. Port security interface counters need to be cleared before using the show command

F. The port security configuration needs to be saved to NVRAM before it can become active

(8) A network administrator needs to configure port security on a switch. (　　) of these statements are true(choose two).

A. The network administrator can apply port security to dynamic access ports

B. The network administrator can configure static secure or sticky secure mac addresses in the voice vlan

C. The sticky learning feature allows the addition of dynamically learned addresses to the running configuration

D. The network administrator can apply port security to EtherChannels

E. When dynamic mac address learning is enabled on an interface, the switch can learn new addresses, up to the maximum defined

(9) 下列选项中(　　)准确地描述了二层以太网交换机(选择两项)。

A. 网络分段减少了网络中冲突的数量

B. 如果交换机接收到一个目的地址未知的帧,则使用 ARP 来决定这个地址

C. 创建 VLAN 能够增大广播域数量

D. 交换机的 VLAN 策略配置是基于二层和三层地址

(10) 交换机需要发送数据给一个 MAC 地址为 00B0. D056. EFA4 的主机(MAC 地址表中没有它),交换机处理这个数据的方法是(　　)。

A. 终止这个数据,因为它不在此 MAC 地址表中

B. 发送这个数据给所有端口(除了数据来源端口)

C. 转发这个数据给默认网关

D. 发送一个 ARP 请求给所有端口(除了数据来源端口)

2. 问答题

(1) 什么是 Native VLAN? 它有什么特点?

(2) 基于端口的 VLAN 分哪两类? 简述 Port VLAN(Access 端口)和 Tag VLAN(Trunk 端口)的特点及应用环境。

3. 操作题

如图 3-17 所示,一个园区网络通过两台三层交换机连接园区内的局域网,为防止拥塞,在两台三层交换机之间增加一条聚合链路,在这里由 f0/23 和 f0/24 两条链路聚合而成。要求如下:

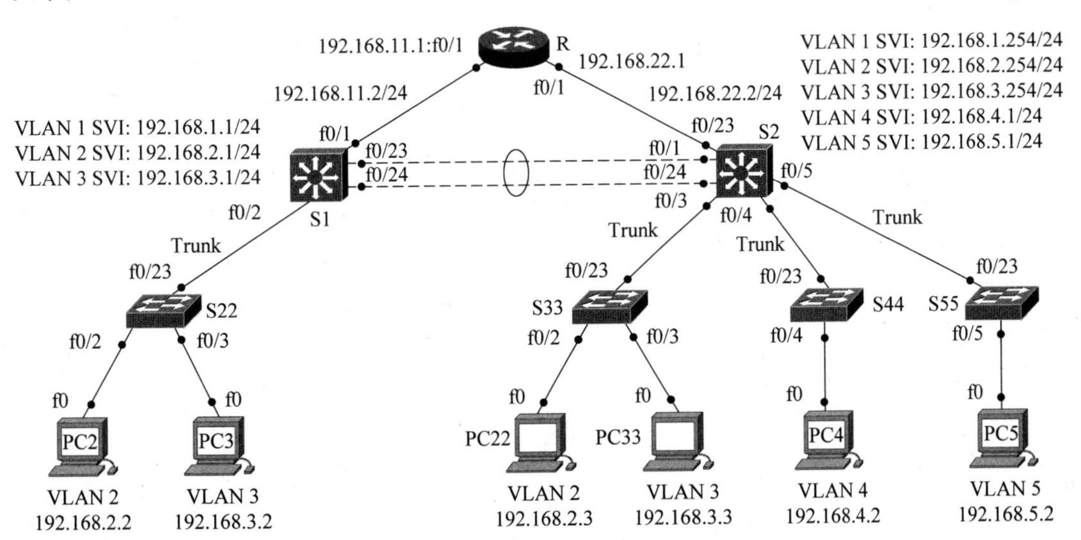

图 3-17　链路聚合和静态路由

(1) 聚合链路采用 Trunk 连接端。

(2) 配置 S1 交换机为 VTP 的服务器,其余交换机为 VTP 的客户端。

(3) 在 S22 上配置端口安全性,最大安全地址数量为 1,违例处理方式为 protect。

(4) 在路由器 R 上增加一个环回口,代表外网。

(5) 为了更好地理解静态路由及 VLAN 的工作原理,要求 VLAN 2 和 VLAN 3 用二层交换数据。

(6) 从 S1 交换机所有子网到达 VLAN 4 必须经过 Trunk 聚合链路。

(7) 从 S1 交换机所有子网到达 VLAN 5 必须经过路由器 R。

(8) 用 tracert 跟踪路径,并说明之。

(9) 如果在 S1 和 S2 之间使用三层聚合链路或 Access 聚合链路,其他配置不变,VLAN 2 和 VLAN 3 之间还互通吗?其他网络还互通吗?如果在 S1 和 S2 之间使用三层聚合链路或 Access 聚合链路,适合什么样的拓扑结构?

第4章　RIP路由协议

本章重点介绍RIP的工作原理、RIP两个版本的特点、RIP的基本配置和调试检测、浮动静态路由的作用、被动接口与单播更新的应用、RIP的认证与触发更新等。

4.1　RIP理论基础

4.1.1　RIP综述

RIP是使用最广泛的距离矢量路由选择协议，是Internet中常用的路由协议。RIP采用距离矢量算法，其度量是基于跳数(用距离表示)的，每经过一台路由器，路径的跳数加1。这样，跳数越多，距离越长，RIP算法总是优先选择跳数最少的路径。它允许的最大跳数为15，任何超过15的跳数(如16)均被标记为不可达。另外，RIP每隔30s(按时间驱动路由更新，同时无论何时检测到网络拓扑结构发生改变都会触发更新)向UDP端口520发送一次路由信息广播，广播自己的全部路由表，每一个RIP数据包包含一个指令、一个版本号和一个路由域以及最多25条路由信息，容易造成网络广播风暴，影响收敛速度，所以RIP只适用于小型的同构网络。

RIP有两个版本：RIPv1和RIPv2。这两个版本有以下共同特性：

(1) 以到达目的网络的最小跳数作为路由选择度量标准，而不是以链路带宽和延迟为度量标准进行选择。

(2) 最大跳数为15，这限制了网络的规模。

(3) 默认路由更新周期为30s，同时支持触发更新，并使用UDP协议的520端口。

(4) 管理距离为120。

(5) 支持等价路径(在等价路径上负载均衡)，默认为4条，最大为6条。

RIPv1和RIPv2的不同特性如表4-1所示。

表4-1　RIPv1和RIPv2的不同特性

RIPv1	RIPv2
是一个有类别路由协议，不支持不连续子网设计(在同一路由器中其子网掩码相同)，不支持全0全1子网	是一个无类别路由协议，支持不连续子网设计(在同一路由器中其子网掩码可以不同)，支持全0全1子网
不支持VLSM和CIDR	支持VLSM和CIDR
每30s采用广播地址255.255.255.255发送路由更新信息	每30s采用多播地址224.0.0.9发送路由更新信息
不提供认证	提供明文和MD5认证

续表

RIPv1	RIPv2
通常在路由选择更新包中最多可以携带25条路由信息,不包含子网掩码信息。但在同属一个主类网络(如172.16.0.0/16)且子网掩码长度都为24时(如172.16.1.0/24、172.16.1.0/24属不同子网),RIPv1仍能识别;其接收子网路由的原则是以接收接口的掩码长度作为子网路由信息的掩码长度	在有认证的情况下,在路由选择更新包中最多只能携带24条路由信息,包含子网掩码信息、下一跳路由器的IP地址
默认自动汇总,且不能关闭自动汇总	默认自动汇总,但能用命令no auto-summary关闭自动汇总
路由表查询方式是先大类后小类(即先查询主类网络,把属同一主类的全找出来,再在其中查询子网号)	路由表中每条路由信息都携带自己的子网掩码和下一跳地址,查询机制是先小类后大类(按位查询,最长匹配,精确匹配,先检查32位掩码)

RIP有以下缺点:

(1) 以跳数作为度量值,会选出非最优路由。

(2) 度量值最大为16,限制了网络的规模。

(3) 可靠性差,它接收来自任何设备的更新。

(4) 收敛速度慢,通常要5min左右,容易造成路由环路。RIP采用定义最大跳数、水平分割、路由中毒、毒化逆转、抑制计时、触发更新6个机制来避免路由环路。

(5) 因发送全部路由表中的信息,RIP占用的带宽较大。

4.1.2 RIP的工作过程

RIP的工作过程如下:

(1) RIP启动时,初始RIP数据库仅包含本路由器声明的直连路由。

(2) RIP启动后向各个接口广播或多播一个RIP请求(Request)报文。

(3) 邻居路由器的RIP从某接口收到此请求报文,根据自己的RIP数据库,形成RIP更新(Update)报文向该接口对应的网络广播。

(4) RIP接收到邻居路由器回复的包含邻居路由器RIP数据库的更新报文后,重新生成自己的RIP数据库。

(5) RIP的度量(Metric)以跳数(Hop)为计算标准,最大有效跳数为15跳,16跳被视为无穷大,代表无效路由。

(6) RIP依赖3种定时器维护其RIP数据库的路由信息的更新:更新定时器设定为30s,路由失效定时器设定为180s,清除路由条目时间设置为240s。

下面以图4-1至图4-3为例来说明距离矢量算法的工作过程。

RIP刚运行时,路由器之间还没有开始互发路由更新包。每个路由器的路由表里只有自己直接连接的网络(直连路由),其距离为0,是绝对的最佳路由,如图4-1所示。

路由器知道了自己直连的子网后,每30s就会向相邻的路由器发送路由更新包。相邻路由器收到对方的路由信息后,先将其距离加1,并改变接口为自己收到路由更新包的接口,与自己的路由表中同一子网的距离比较大小,把每个子网最小距离的路由信息保存在自

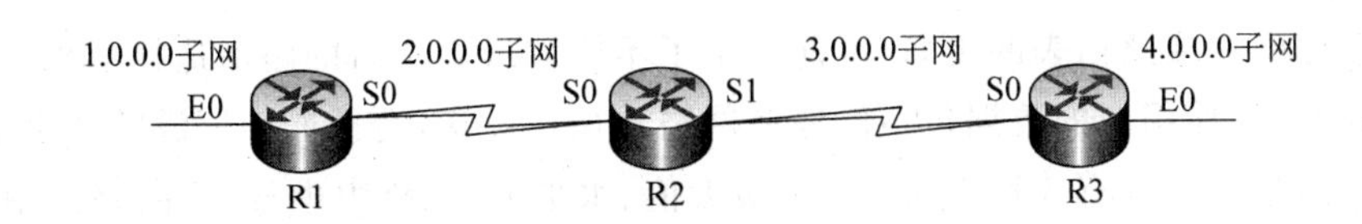

R1路由表

子网	接口	距离
1.0.0.0	E0	0
2.0.0.0	S0	0

R2路由表

子网	接口	距离
2.0.0.0	S0	0
3.0.0.0	S1	0

R3路由表

子网	接口	距离
3.0.0.0	S0	0
4.0.0.0	E0	0

图 4-1　路由表的初始状态

己的路由表中。如图 4-2 所示，路由器 R1 从路由器 R2 处学习到 R2 的路由“4.0.0.0 S0 1”和“2.0.0.0 S0 1”，而自己的路由表中的“2.0.0.0 S0 0”为直连路由，距离更小，所以不变。

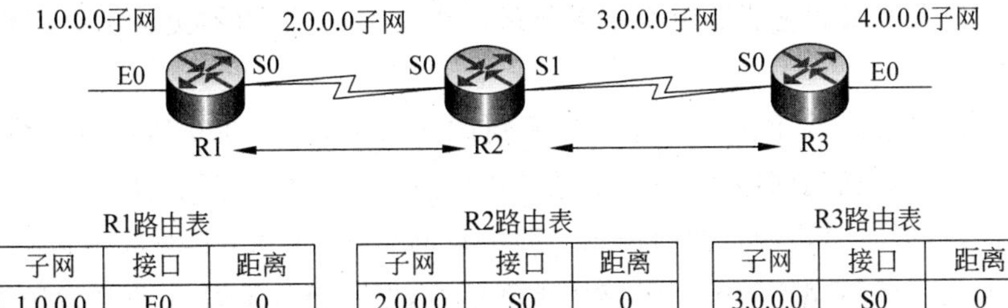

R1路由表

子网	接口	距离
1.0.0.0	E0	0
2.0.0.0	S0	0
3.0.0.0	S0	1

R2路由表

子网	接口	距离
2.0.0.0	S0	0
3.0.0.0	S1	0
1.0.0.0	S0	1
4.0.0.0	S1	1

R3路由表

子网	接口	距离
3.0.0.0	S0	0
4.0.0.0	E0	0
2.0.0.0	S0	1

图 4-2　路由器向邻居发送路由更新包，通告自己直连的子网

路由器再把路由表放进路由更新包，向邻居发送. 如此进行下去，路由器就可以学习到远程子网的路由了。如图 4-3 所示，路由器 R1 再次从路由器 R2 处学习到路由器 R3 直连的子网路由“4.0.0.0 S0 2”，路由器 R3 也能从路由器 R2 处学到路由器 R1 直连的子网路由“1.0.0.0 S0 2”，距离值在原基础上增 1 后变为 2。

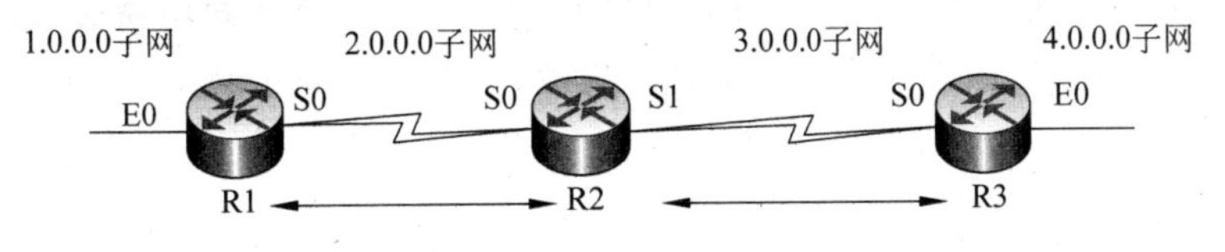

R1路由表

子网	接口	距离
1.0.0.0	E0	0
2.0.0.0	S0	0
3.0.0.0	S0	1
4.0.0.0	S0	2

R2路由表

子网	接口	距离
2.0.0.0	S0	0
3.0.0.0	S1	0
1.0.0.0	S0	1
4.0.0.0	S1	1

R3路由表

子网	接口	距离
3.0.0.0	S0	0
4.0.0.0	E0	0
2.0.0.0	S0	1
1.0.0.0	S0	2

图 4-3　路由器把从邻居那里学到的路由放进路由更新包，通告给其他邻居

待全网拓扑结构稳定，路由表中所反映的拓扑保持一致时，网络收敛。

4.1.3　路由环路

距离矢量路由协议通过定期广播路由表来跟踪互联网的变化，收敛慢，每台路由器不能同时或接近同时完成路由表的更新,因而产生了不协调或者矛盾的路由选择信息,就会发生路由环路问题,致使用户的数据包不停地在网络上循环发送,造成网络资源的严重浪费。

解决路由环路问题有6种方法:定义最大值、水平分割、路由中毒、反向路由中毒、控制更新时间和触发更新。

1. 定义最大跳数

距离矢量路由算法可以通过IP头部中的生存时间(TTL)来纠错。RIP定义了一个最大的跳数16,路由更新信息向网络中的路由器最多发送15次,而16次就视为网络不可到达。

2. 水平分割

水平分割(split horizon)的规则和原理是:路由器从某个接口接收到的更新信息不允许再从这个接口发回去。它能够阻止路由环路的产生,减少路由器更新信息占用的链路带宽资源。

例如有3台路由器A、B、C。B向C学习到访问网络10.4.0.0的路由以后,不再向C声明自己可以通过C访问网络10.4.0.0的路由信息;A向B学习到访问网络10.4.0.0的路由信息后,也不再向B声明该路由信息。而一旦网络10.4.0.0因发生故障而无法访问,C会向A和B发送该网络不可到达的路由更新信息,但不会再学习A和B发送的能够到达10.4.0.0的错误信息。

3. 路由中毒

将不可达网络度量值置为无穷大(如在RIP中置跳数为16),而不是从路由表中删除这条路由表项,并向所有的邻居路由器发送此路由不可达的信息。这种为了删除路由信息而洪泛的行为称为路由中毒(router poisoning)。假设有3台路由器A、B、C。当网络10.4.0.0出现故障无法访问的时候,路由器C便向邻居路由发送相关路由更新信息,并将其度量值置为无穷大,告诉它们网络10.4.0.0不可到达。路由器B收到该消息(称为毒化消息)后将该链路路由表项置为无穷大,表示该路由已经失效,并向邻居A路由器通告,依次毒化各个路由器,告诉邻居10.4.0.0这个网络已经失效,不要再接收更新信息,从而避免了路由环路。

4. 毒化逆转

当路由器B看到到达网络10.4.0.0的度量值为无穷大的时候,就发送一个称为毒化逆转的更新信息给路由器C,说明10.4.0.0这个网络不可到达。这是超越水平分割的一个特例,能够保证所有的路由器都接收到毒化的路由信息。

5. 抑制计时

当路由器收到一个网络不可达信息后,标记此路由不可访问,并启动一个抑制计时器。如果再次收到从邻居发送来的此路由可达的更新信息,就标记为可以访问,并取消抑制计时器;反之,在抑制计时期间没有收到任何更好的路由更新,就向其他路由器传播此路由不可访问的信息。

6. 触发更新

正常情况下,路由器每30s将路由表发送给邻居路由器。触发更新指当检测到网络故

障时，路由器会立即发送一个更新信息给邻居路由器，并依次传播到整个网络。

以上 6 种解决方案可以同时工作，以防止在更复杂的网络设计中出现路由环路问题。

4.1.4　RIP 中的计时器

RIP 中一共使用了 5 个计时器：更新计时器、无效计时器、废除计时器、抑制计时器和触发更新计时器。

1. 更新计时器

更新计时器(update timer)用于设置定期路由更新的时间间隔，一般为 30s，即运行 RIP 的路由器向所有接口广播自己的全部路由表的时间间隔。

2. 无效计时器

无效计时器(timeout timer)用于设置路由器在认定一个路由成为无效路由之前所需要等待的时间，无效计时器默认是 180s。如果在无效计时器所规定的时间内，路由器还没有收到此路由信息的更新，则路由器标记此路由失效(不可达)，并向所有接口广播不可达更新报文；如果在无效计时器所规定的时间内，路由器收到此路由信息的更新，就将该计数器复位(置 0)。

3. 抑制计时器

抑制计时器(holddown timer)用于设置路由信息更新被抑制的时间。当收到指示某个路由为不可达的更新数据包时(此路由标记为无效路由)，路由器将会进入保持失效状态，在这个状态下路由器保持其路由状态不变，不会理会所有关于此路由更差度量的路由信息，一直保持到一个带有更好度量的更新数据包到达或抑制计时器的时间到期。只有某一路由标记为不可达时，才在此路由上启动抑制计时器，默认为 180s。

4. 废除计时器

废除计时器(garbage timer)用于设置某个路由成为无效路由并将它从路由表中废除(删除)的时间间隔，默认为 240s。在将它从表中废除前，路由器会通告它的邻居这个路由即将消亡。如果在废除时间内没有收到更新报文，那么该路由条目将直接删除；如果在废除时间内收到更新报文，那么该路由条目的废除计时器将复位(置 0)。

5. 触发更新计时器

触发更新计时器(sleep Timer)是在触发更新中使用的计时器，触发更新计时器使用 1～5s 的随机值来避免触发更新风暴。

改变计时器的命令示例如下：

```
Router(config-router)#timers basic update timeout holddown garbage
Router(config-router)#timers basic 30 90 100 300
```

上面的命令定义路由更新、无效、抑制、废除计时器的时间分别为 30、90、100、300。

注意： 连接在同一网络中各路由器的 RIP 计时器应该保持一致，可用以下命令恢复默认值：

```
Router(config-router)#no timers basic
```

4.2 RIP的配置

4.2.1 RIP的配置步骤和常用命令

1. RIP的配置步骤

(1) Router(config)# router rip /* 启动路由协议为RIP */

(2) Router(config-router)# version {1|2} /* 定义版本号为1或2,通常默认为1 */

(3) Router(config-router)# network network-number

其中,network-number必须是路由器直连网络的网络号;如果是RIPv1,这里必须是有类别的网络号,严格按A、B、C分类。

```
Router(config-router)#network 172.16.1.0
Router(config-router)#network 172.16.2.0
```

对RIPv1,172.16.1.1与172.16.2.1的网络属同一大类网络——B类172.16.0.0(即使用两条network命令,用show run命令显示时也会汇总为一条)。此时可按下面两种方式之一判定地址的网络前缀:

(1) 如果收到的网络信息与接收接口属于同一网络,选用配置在接收接口上的子网掩码;

(2) 如果收到的网络信息与接收接口不属于同一网络,选用大类别子网掩码:A类为255.0.0.0,B类为255.255.0.0,C类为255.255.255.0。

对RIPv2,172.16.1.1与172.16.2.1的网络在路由表中属于不同子网(通过使用子网掩码255.255.255.0),可以有两条不同的路由条目,但用show run命令显示时仍汇总为一条。

2. 其他配置命令

```
Router(config-router)#timers basic update timeout holddown garbage
/* 定义路由更新、无效、抑制、废除时间 */
Router(config-router)#no timers basic          /* 恢复各定时器到默认值 */
Router(config-if)#no ip split-horizon          /* 抑制水平分割 */
Router(config-router) #passive-interface serial 1/2
/* 定义路由器的s1/2口为被动接口。被动接口将抑制动态更新,禁止路由器的路由选择更新信息
   通过s1/2发送到另一个路由器 */
Router(config-router) #neighbor network-number
/* 配置向邻居路由器用单播发送路由更新信息,即此路由为单播路由。注意:单播路由不受被动接
   口的影响,也不受水平分割的影响 */
Router(config-router)#no auto-summary
/* 关闭自动汇总,RIP默认时打开自动汇总。在RIPv1中无法关闭自动汇总 */
```

3. 相关调试命令

(1) 显示与RIP路由协议相关的信息。

下面逐行解释相关内容:

```
RouterA#show ip protocols            /* 查看当前路由器使用的路由协议 */
Routing Protocol is "rip"            /* 此路由器上运行的路由协议为 RIP */
Sending updates every 30 seconds, next due in 1 seconds
/* 该路由协议每 30s 发送一个数据更新(更新计时器),下次更新是在 1s 之后 */
Invalid after 180 seconds, hold down 180, flushed after 240
/* 180s 内没有收到过路由更新,则标记该路由失效(失效计时器);在失效后 180s 内仍保持失效状
   态(抑制计时器);如果在 240s 内一直没有收到该路由更新,则从路由表中删除此路由条目(废除
   计时器) */
Outgoing update filter list for all interfaces is not set
                                     /* 在出口方向没有设置过滤列表 */
Incoming update filter list for all interfaces is not set
                                     /* 在入口方向没有设置过滤列表 */
Redistributing: rip        /* 只运行了 RIP 协议,没有其他协议重分布进来 */
Default version control: send version 2, receive 2
                                     /* 默认版本控制:接收和发送的版本为 2 */
Interface              Send    Recv     Triggered RIP    Key-chain
Serial0/0                1       2
/* 在接口 Serial0/0 上运行了 RIP 协议,此接口发送的版本为 1,接收的版本为 2,此接口没有启
   动触发更新,没有启动认证 */
Automatic network summarization is in effect
/* 说明 RIP 协议默认开启自动汇总功能。自动汇总是距离矢量路由协议的特性。必须用 no auto-
   summary 关闭自动汇总,否则容易造成不连续的子网。 */
Maximum path: 4
/* RIP 支持 4 条等价路径,即负载均衡链路数量最大为 4,可以用 maximum-paths 6 命令改为
   6 */
Routing for Networks:
10.0.0.0
192.168.1.0
/* 以上 3 行表明 RIP 宣告的网络有两个:10.0.0.0、192.168.1.0 */
Passive Interface(s):
FastEthernet0/0
/* 以上两行表明有一个被动接口 FastEthernet0/0,它只接收 RIP 更新包,但不发送 RIP 更
   新包 */
Routing Information Sources:
Gateway            Distance      Last Update
10.0.0.2               120       00:00:12
/* 以上 3 行表明路由信息源,其中 Gateway 为学习路由信息的路由器的接口地址(即下一跳的地
   址),Distance 为管理距离,Last Update 为上次更新的时间 */
Distance: (default is 120)
/* 管理距离为 120 */
```

(2) 显示路由表:

```
Router#show ip route
```

(3) 验证路由器接口的配置：

```
Router#show ip interface brief
```

(4) 显示本路由器发送和接收的 RIP 路由更新信息：

```
Router #clear ip route *
Router #debug ip rip          /* RIPv1 的 debug 显示 */
Sep 11 08:30:10.311: RIP: sending request on Serial0/0/0 to 255.255.255.255
/* 向 Serial0/0/0 接口发送 RIP 广播请求,用 255.255.255.255 地址 */
Sep 11 08:30:10.315: RIP: sending request on Loopback0 to 255.255.255.255
/* 向 Loopback0 发送 RIP 请求 */
Sep 11 08:30:10.323: RIP: received v1 update from 192.168.12.2 on Serial0/0/0
/* 从 Serial0/0/0 接口接收路由更新 */
Sep 11 08:30:10.323: 4.0.0.0 in 3 hops
Sep 11 08:30:10.323: 192.168.23.0 in 1 hops
Sep 11 08:30:10.323: 192.168.34.0 in 2 hops
/* 从 s0/0/0 接收到 3 条路由更新: 4.0.0.0,度量值是 3 跳;192.168.23.0,度量值是 1 跳;192.
   168.34.0,度量值是 2 跳 */
Sep 11 08:30:20..311: RIP: sending v1 flash update to 255.255.255.255 via Loopback0
(1.1.1.1)
/* 向 Loopback0 发送路由更新包 */
Sep 11 08:30:20..311: RIP: build flash update entries
Sep 11 08:30:20..311: network 4.0.0.0 metric 4
Sep 11 08:30:20..311: network 192.168.12.0 metric 1
Sep 11 08:30:20..311: network 192.168.23.0 metric 2
Sep 11 08:30:20..311: network 192.168.34.0 metric 3
/* 以上 4 条表明修改路由表,更新 4 条路由 */
```

(5) 关闭调试功能,停止显示：

```
Router#undebug all
```

4.2.2 RIP 基本配置实例

有 3 台路由器和两台 PC。路由器 A 与 B 之间为以太网连接,路由器 A 与 C 之间为串行连接。3 台路由器的接口号和 IP 地址以及两台主机的 IP 地址和网关如图 4-4 所示。通过后面的步骤理解和学习 RIP 的工作过程。本案例已在 Packet Tracer 中实现。

1. 实验目的

(1) 理解 RIP 的工作过程。

(2) 熟悉 RIP 的配置方法。

(3) 熟练使用 show ip route 命令检测路由表。

(4) 掌握 debug、tracert、traceroute、ping 命令的排错方法。

(5) 熟悉 RIP 的各种验证和检测命令。

2. 实验拓扑

实验拓扑如图 4-4 所示。

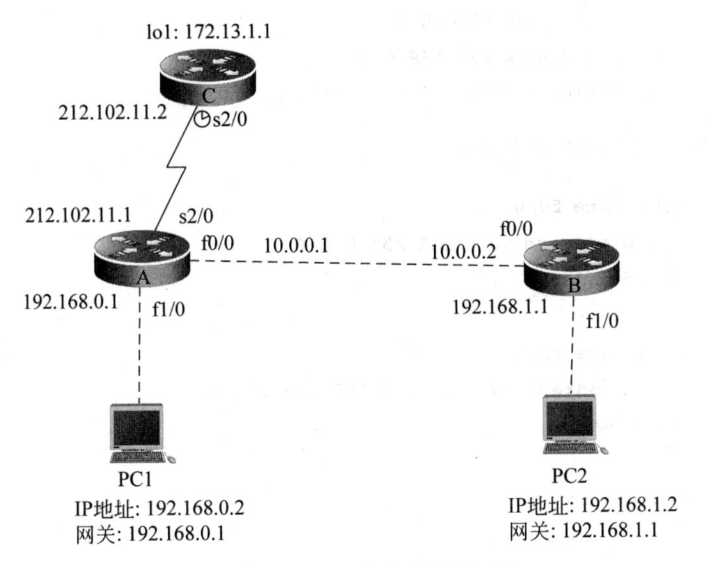

图 4-4　RIP 的基本配置

说明：本实例的 3 台路由器在同一内部网络，有两种不同的网络类型：A 和 C 之间是点对点的广域网链路，A 和 B 之间是多路广播的局域网链路。与后面的 OSPF 不同，RIP 的配置和工作过程是不区分网络类型的。

如果路由器 A 和 B 为园区的内部网络，A 为边界路由器，路由器 C 为园区外的 ISP 供应商的接入路由器，通常 A 和 C 之间不相互交换路由。因为 ISP 的路由器性能高，拥有大量不同园区的公网路由和互联网出口路由，路由表大，把外部网络的路由信息加入到园区的内部边界路由器上没有意义，也没有必要。在园区内部网络中，A 和 B 路由器可通过 IP Route 配置静态或默认路由，或通过 RIP、OSPF 等互相动态学习路由，其路由条目相对较少。在 A 为园区边界路由器，C 为园区外的 ISP 路由器的结构中，在 A 上配置默认路由，并重分布到内部网络。本实例可以不使用路由重分布，直接在 B 上也定义一条静态路由。

3. 实验配置步骤

(1) 路由器 A 的主要配置如下：

```
A(config)#interface f0/0
A(config-if)#ip address 10.0.0.1 255.0.0.0
A(config-if)#no shut
!
A(config)#interface f1/0
A(config-if)#ip address 192.168.0.1 255.255.255.0
A(config-if)#no shut
!
A(config)#interface S2/0
A(config-if)#ip address 212.102.11.1 255.255.255.0
A(config-if)#no shut
!
A(config)#router rip
A(config-router)#version 2
```

```
A(config-router)#network 10.0.0.0
A(config-router)#network 192.168.0.0
/*未宣告 s2/0 接口所连接的网络 212.102.11.0*/
```

(2) 路由器 B 的主要配置如下：

```
B(config)#interface f0/0
B(config-if)#ip address 10.0.0.2 255.0.0.0
B(config-if)#no shut
!
B(config)#interface f1/0
B(config-if)#ip address 192.168.1.1 255.255.255.0
B(config-if)#no shut
!
B(config)#router rip
B(config-router)#version 2
B(config-router)#network 10.0.0.0
B(config-router)#network 192.168.1.0
```

(3) 路由器 C 上的主要配置如下：

```
C(config)#interface S2/0
C(config-if)#ip address 212.102.11.2 255.255.255.0
C(config-if)#clock rate 64000          /*在 DCE 端定义时钟速率*/
C(config-if)#no shut
!
C(config)#interface loopback1          /*定义一个环回接口,以代表外部子网*/
C(config-if)#ip address 172.13.1.1 255.255.255.0
C(config-if)#no shut
```

4. 检测结果及说明

(1) 显示路由表。

在 A 上：

```
C    10.0.0.0/8 is directly connected, FastEthernet0/0
C    192.168.0.0/24 is directly connected, FastEthernet1/0
R    192.168.1.0/24 [120/1] via 10.0.0.2, 00:00:25, FastEthernet0/0
C    212.102.11.0/24 is directly connected, Serial2/0
```

RIP 学到了来自 B 的直连路由所对应的网络 192.168.1.0。

在 B 上：

```
C    10.0.0.0/8 is directly connected, FastEthernet0/0
R    192.168.0.0/24 [120/1] via 10.0.0.1, 00:00:05, FastEthernet0/0
C    192.168.1.0/24 is directly connected, FastEthernet1/0
```

RIP 学到了来自 A 的直连路由所对应的网络 192.168.0.0。

RIP 不能学到 A 的直连路由 212.102.11.1 所对应的网络，因为 A 在 RIP 中没有用

network 宣告。

(2) 连通性测试：

- 在 PC2 上能 ping 通 PC1。
- 在 PC2 上不能 ping 通 212.102.11.1。

(3) 在路由器 B 上执行 debug ip rip,显示结果如下：

```
B#debug ip rip
RIP protocol debugging is on
B#RIP: received v2 update from 10.0.0.1 on FastEthernet0/0
        192.168.0.0/24 via 0.0.0.0 in 1 hops
/*以上两行表明：从 f0/0 口收到一个 RIPv2 的更新包,包中 192.168.0.0/24 经过一跳到达*/
RIP: sending v2 update to 224.0.0.9 via FastEthernet0/0 (10.0.0.2)
RIP: build update entries
      192.168.1.0/24 via 0.0.0.0, metric 1, tag 0
/*以上 3 行表明：用多播向 f0/0 口发送一个 RIPv2 的更新包,其中含有 192.168.1.0 的表项*/
RIP: sending v2 update to 224.0.0.9 via FastEthernet1/0 (192.168.1.1)
RIP: build update entries
      10.0.0.0/8 via 0.0.0.0, metric 1, tag 0
      192.168.0.0/24 via 0.0.0.0, metric 2, tag 0
/*以上 3 行表明：用多播向 f1/0 口发送一个 RIPv2 的更新包,其中含有 10.0.0.0/8、192.168.0.
   0/24 的表项,不包含 212.102.11.0/24 的表项,所以在 PC2 上不能 ping 通 212.102.11.1*/
…
```

(4) 在路由器 A 上增加配置：

```
A(config)#router rip
A(config-router)#network 212.102.11.0
```

(5) 再观察路由器 B 上的显示结果：

```
RIP: received v2 update from 10.0.0.1 on FastEthernet0/0
      192.168.0.0/24 via 0.0.0.0 in 1 hops
      212.102.11.0/24 via 0.0.0.0 in 1 hops
/*以上 3 行表明：从 f0/0 口收到一个 RIPv2 的更新包,包中有 192.168.0.0/24、212.102.11.0/
   24,经过一跳到达*/
RIP: sending v2 update to 224.0.0.9 via FastEthernet0/0 (10.0.0.2)
RIP: build update entries
      192.168.1.0/24 via 0.0.0.0, metric 1, tag 0
/*以上 3 行表明：用多播向 f0/0 口发送一个 RIPv2 的更新包,其中含有 192.168.1.0 的表项*/
RIP: sending v2 update to 224.0.0.9 via FastEthernet1/0 (192.168.1.1)
RIP: build update entries
      10.0.0.0/8 via 0.0.0.0, metric 1, tag 0
      192.168.0.0/24 via 0.0.0.0, metric 2, tag 0
      212.102.11.0/24 via 0.0.0.0, metric 2, tag 0
/*以上 5 行表明：用多播向 f1/0 口发送一个 RIPv2 的更新包,其中含有 10.0.0.0/8、192.168.
   0.0/24、212.102.11.0/24 的表项*/
```

注意：用 B#undebug all 命令取消 debug 显示。

(6) 再次显示路由表：

在 A 上(与前面显示的相同)：

```
A#show ip route
C      10.0.0.0/8 is directly connected, FastEthernet0/0
C      192.168.0.0/24 is directly connected, FastEthernet1/0
R      192.168.1.0/24 [120/1] via 10.0.0.2, 00:00:15, FastEthernet0/0
C      212.102.11.0/24 is directly connected, Serial2/0
```

在 B 上(注意比前面的多了一条 212.102.11.0/24 的路由)：

```
B#show ip route
C      10.0.0.0/8 is directly connected, FastEthernet0/0
R      192.168.0.0/24 [120/1] via 10.0.0.1, 00:00:20, FastEthernet0/0
C      192.168.1.0/24 is directly connected, FastEthernet1/0
R      212.102.11.0/24 [120/1] via 10.0.0.1, 00:00:20, FastEthernet0/0
```

(7) 测试连通性。

在 PC2 上能 ping 通 PC1。

在 PC2 上能 ping 通 212.102.11.1。

```
PC>ping 212.102.11.1
Pinging 212.102.11.1 with 32 bytes of data:
Reply from 212.102.11.1: bytes=32 time=63ms TTL=254
Reply from 212.102.11.1: bytes=32 time=63ms TTL=254
Reply from 212.102.11.1: bytes=32 time=63ms TTL=254
Reply from 212.102.11.1: bytes=32 time=63ms TTL=254
Ping statistics for 212.102.11.1:
    Packets: Sent=4, Received=4, Lost=0 (0%loss),
Approximate round trip times in milli-seconds:
    Minimum=63ms, Maximum=63ms, Average=63ms
```

但在 PC2 上不能 ping 通 212.102.11.2，显示如下：

```
PC>ping 212.102.11.2
Pinging 212.102.11.2 with 32 bytes of data:
Request timed out.
Request timed out.
Request timed out.
Request timed out.
Ping statistics for 212.102.11.2:
    Packets: Sent=4, Received=0, Lost=4 (100%loss),
```

结果表明，从 PC2 到 212.102.11.0 经过 2 跳(按入口算，路由器 B 到路由器 A)就已到达，从路由器 B 只经过 1 跳，B 的路由表中显示 1 跳："R   212.102.11.0/24 [120/1] via 10.0.0.1, 00:00:20, FastEthernet0/0"，因此 PC2 只能到达路由器 B，不能到达路由器 C。

在 PC2 上用 tracert 命令验证 2 跳：

```
PC>tracert 212.102.11.2
Tracing route to 212.102.11.2 over a maximum of 30 hops:
1    47 ms    31 ms    16 ms    192.168.1.1              /*到达网关*/
2    62 ms    63 ms    63 ms    10.0.0.1                 /*到达路由器 A 的入口*/
3    *        *        *        Request timed out.       /*不知再往哪去,超时*/
4    *        *        *        Request timed out.
```

在路由器 B 上用 traceroute 命令验证 1 跳：

```
B#traceroute 212.102.11.2
Type escape sequence to abort.
Tracing the route to 212.102.11.2
1    10.0.0.1         31 msec    31 msec    32 msec    /*到达路由器 A 的入口*/
2                     *          *          *          /*不知再往哪去,超时*/
3                     *          *          *
```

(8) 如果路由器 C 与 A 在同一园区网络内,互换路由,则在路由器 C 上也运行 RIP。在路由器 C 上增加配置：

```
C(config)#router rip
C(config-router)#ver 2
C(config-router)#network 212.102.11.0
C(config-router)#network 172.13.1.0
```

(9) 在路由器 A 上使用 debug ip rip 显示 RIP 发送和接收包的结果：

```
A#debug ip rip
RIP: received v2 update from 212.102.11.2 on Serial2/0
     172.13.0.0/16 via 0.0.0.0 in 1 hops
/*以上两行表明：从 s2/0 口收到一个 RIPv2 的更新包,其中有 172.13.0.0/16,经过一跳到
达*/
RIP: sending v2 update to 224.0.0.9 via FastEthernet0/0 (10.0.0.1)
RIP: build update entries
     172.13.0.0/16 via 0.0.0.0, metric 2, tag 0
     192.168.0.0/24 via 0.0.0.0, metric 1, tag 0
     212.102.11.0/24 via 0.0.0.0, metric 1, tag 0
/*以上 5 行表明：用多播向 f0/0 口发送一个 RIPv2 的更新包,其中含有 172.13.0.0/16、192.
  168.0.0/24、212.102.11.0/24 的表项*/
RIP: sending v2 update to 224.0.0.9 via FastEthernet1/0 (192.168.0.1)
RIP: build update entries
     10.0.0.0/8 via 0.0.0.0, metric 1, tag 0
     172.13.0.0/16 via 0.0.0.0, metric 2, tag 0
     192.168.1.0/24 via 0.0.0.0, metric 2, tag 0
     212.102.11.0/24 via 0.0.0.0, metric 1, tag 0
/*以上 6 行表明：用多播向 f1/0 口发送一个 RIPv2 的更新包,其中含有 10.0.0.0/8、172.13.0.
  0/16、192.168.1.0/24、212.102.11.0/24 的表项*/
RIP: sending v2 update to 224.0.0.9 via Serial2/0 (212.102.11.1)
RIP: build update entries
```

```
    10.0.0.0/8 via 0.0.0.0, metric 1, tag 0
    192.168.0.0/24 via 0.0.0.0, metric 1, tag 0
    192.168.1.0/24 via 0.0.0.0, metric 2, tag 0
/* 以上 5 行表明：用多播向 s2/0 口发送一个 RIPv2 的更新包，更新包中含有 10.0.0.0/8 、192.
  168.0.0/24、192.168.1.0/24 的表项 */
RIP: received v2 update from 10.0.0.2 on FastEthernet0/0
    192.168.1.0/24 via 0.0.0.0 in 1 hops
/* 以上两行表明：从 f0/0 口收到一个 RIPv2 的更新包，包中有 192.168.1.0/24，经过一跳到
  达 */
```

(10) 显示路由表。

A 的路由表如下：

```
C     10.0.0.0/8 is directly connected, FastEthernet0/0
R     172.13.0.0/16 [120/1] via 212.102.11.2, 00:00:20, Serial2/0
C     192.168.0.0/24 is directly connected, FastEthernet1/0
R     192.168.1.0/24 [120/1] via 10.0.0.2, 00:00:06, FastEthernet0/0
C     212.102.11.0/24 is directly connected, Serial2/0
```

B 的路由表如下：

```
C     10.0.0.0/8 is directly connected, FastEthernet0/0
R     172.13.0.0/16 [120/2] via 10.0.0.1, 00:00:04, FastEthernet0/0
R     192.168.0.0/24 [120/1] via 10.0.0.1, 00:00:04, FastEthernet0/0
C     192.168.1.0/24 is directly connected, FastEthernet1/0
R     212.102.11.0/24 [120/1] via 10.0.0.1, 00:00:04, FastEthernet0/0
```

C 的路由表如下：

```
R     10.0.0.0/8 [120/1] via 212.102.11.1, 00:00:16, Serial2/0
      172.13.0.0/24 is subnetted, 1 subnets
C     172.13.1.0 is directly connected, Loopback1
R     192.168.0.0/24 [120/1] via 212.102.11.1, 00:00:16, Serial2/0
R     192.168.1.0/24 [120/2] via 212.102.11.1, 00:00:16, Serial2/0
C     212.102.11.0/24 is directly connected, Serial2/0
```

(11) 测试连通性。

在 PC2 上：

```
PC>tracert 172.13.1.1
Tracing route to 172.13.1.1 over a maximum of 30 hops:
1 32 ms     31 ms     31 ms     192.168.1.1
/* 第 1 跳到网关(路由器 B) 192.168.1.1 */
2 63 ms     47 ms     63 ms     10.0.0.1       /* 第 2 跳到路由器 A 的入口 10.0.0.1 */
3 94 ms     94 ms     94 ms     172.13.1.1     /* 第 3 跳到路由器 C 的入口 */
Trace complete.

PC>tracert 192.168.0.2
```

```
Tracing route to 192.168.0.2 over a maximum of 30 hops:
1 31 ms     31 ms     31 ms     192.168.1.1
/*第 1 跳到网关(路由器 B)192.168.1.1*/
2 62 ms     62 ms     62 ms     10.0.0.1        /*第 2 跳到路由器 A 的入口 10.0.0.1*/
3 94 ms     78 ms     94 ms     192.168.0.2     /*第 3 跳到 PC1: 192.168.0.2*/
Trace complete.
```

(12) 如果路由器 C 与 A 不在同一园区网络内，A 为园区边界路由器，C 为 ISP 的路由器，A 和 C 之间不互换路由，则在路由器 A 的出口和 C 的入口上都不再运行 RIP。

在路由器 C 上去除 RIP：

```
C(config)#router rip
C(config-router)#no network 212.102.11.0
C(config-router)#no network 172.13.1.0
C(config)#no router rip
```

在 C 上重新显示路由表：

```
C#show ip route
172.13.0.0/24 is subnetted, 1 subnets
C   172.13.1.0 is directly connected, Loopback1
C   212.102.11.0/24 is directly connected, Serial2/0
```

在路由器 A 上去除出口的 RIP。

```
A(config)#router rip
A(config-router)#no network 212.102.11.0
```

显示路由表：

```
A#show ip route
C   10.0.0.0/8 is directly connected, FastEthernet0/0
C   192.168.0.0/24 is directly connected, FastEthernet1/0
R   192.168.1.0/24 [120/1] via 10.0.0.2, 00:00:02, FastEthernet0/0
C   212.102.11.0/24 is directly connected, Serial2/0
```

212.102.11.0 的网络只有直连路由了。

A 没有学习到外面的路由，ping 不通代表外部网络的 172.13.1.1 的环回口：

```
A#ping 172.13.1.1
Type escape sequence to abort.
Sending 5, 100-byte ICMP Echos to 172.13.1.1, timeout is 2 seconds:
...
Success rate is 0 percent (0/5)
```

在 A 上增加一条默认路由，使出口路由器上凡是不可知的网络均交由外网 ISP 去转发：

```
A(config)#ip route 0.0.0.0 0.0.0.0 212.102.11.2
```

这样，在 A 上就能 ping 通外部网络了：

```
A#ping 172.13.1.1
Type escape sequence to abort.
Sending 5, 100-byte ICMP Echos to 172.13.1.1, timeout is 2 seconds:
!!!!!
Success rate is 100 percent (5/5), round-trip min/avg/max=1/3/6 ms
```

由于A上的默认路由没有重分布到内网，所以此时B也不能访问外网：

```
B#ping 172.13.1.1
Type escape sequence to abort.
Sending 5, 100-byte ICMP Echos to 172.13.1.1, timeout is 2 seconds:
...
Success rate is 0 percent (0/5)
```

在不使用路由重分布的情况下，可先在B上主动加一条默认路由，凡是不可知的网络均交由出口路由器A去转发：

```
B(config)#ip route 0.0.0.0 0.0.0.0 10.0.0.1
```

显示B上的路由表：

```
B#show ip route
C    10.0.0.0/8 is directly connected, FastEthernet0/0
R    192.168.0.0/24 [120/1] via 10.0.0.1, 00:00:09, FastEthernet0/0
C    192.168.1.0/24 is directly connected, FastEthernet1/0
S*   0.0.0.0/0 [1/0] via 10.0.0.1
```

此时，ping外部网络172.13.1.1，仍然不通：

```
B#ping 172.13.1.1
Type escape sequence to abort.
Sending 5, 100-byte ICMP Echos to 172.13.1.1, timeout is 2 seconds:
...
Success rate is 0 percent (0/5)
```

原因是ISP路由器C上没有配置到园区网的路由，使出去的包找不到回来的路由。通常ISP供应商会定义相关路由，把凡是到园区中的包都转发到路由器A上。园区中所申请的公网IP地址，要使外网能找到回访的路由，在A上要进行NAT转换，把内网所有IP地址转换为公网IP地址。

为简单起见，这里在C上增加一条默认路由：

```
C(config)#ip route 0.0.0.0 0.0.0.0 212.102.11.1
```

在B上再次ping外部网络172.13.1.1：

```
B#ping 172.13.1.1
Type escape sequence to abort.
Sending 5, 100-byte ICMP Echos to 172.13.1.1, timeout is 2 seconds:
!!!!!
Success rate is 100 percent (5/5), round-trip min/avg/max=1/9/13 ms
```

如果在 A 上启用静态路由重分布，把 A 上的静态路由重分布到内网采用 RIP 的网络中，则可以取消 B 上的默认路由：

```
B(config)#no ip route 0.0.0.0 0.0.0.0 10.0.0.1
B #   show ip route
C     10.0.0.0/8 is directly connected, FastEthernet0/0
R     192.168.0.0/24 [120/1] via 10.0.0.1, 00:00:25, FastEthernet0/0
C     192.168.1.0/24 is directly connected, FastEthernet1/0
```

在 A 上启用静态路由重分布：

```
A(config)#router rip
A(config-router)#redistribute static metric 3
```

在 B 上将自动增加一条重分布路由，不是"S＊ 0.0.0.0/0 [1/0] via 10.0.0.1"，而是"R＊ 0.0.0.0/0 [120/3] via 10.0.0.1, 00:00:24, FastEthernet0/0"，其管理距离为 120，度量值为 3。

```
B#    show ip route
C     10.0.0.0/8 is directly connected, FastEthernet0/0
R     192.168.0.0/24 [120/1] via 10.0.0.1, 00:00:24, FastEthernet0/0
C     192.168.1.0/24 is directly connected, FastEthernet1/0
R*    0.0.0.0/0 [120/3] via 10.0.0.1, 00:00:24, FastEthernet0/0
```

再次 ping 外网：

```
B#ping 172.13.1.1
Type escape sequence to abort.
Sending 5, 100-byte ICMP Echos to 172.13.1.1, timeout is 2 seconds:
!!!!!
Success rate is 100 percent (5/5), round-trip min/avg/max=1/2/3 ms
```

4.3 本章命令汇总

表 4-2 列出了本章涉及的主要命令。

表 4-2 本章命令汇总

命　　令	作　　用
show ip route	查看路由表
show ip protocols	查看 IP 路由协议配置和统计信息
show ip rip database	查看 RIP 数据库
debug ip rip	动态查看 RIP 的更新过程
clear ip route *	清除路由表
router rip	启动 RIP 进程

续表

命　令	作　用
network	通告网络
version	定义 RIP 的版本
no auto-summary	关闭自动汇总
ip rip send version	配置 RIP 发送的版本
ip rip receive version	配置 RIP 接收的版本
passive-interface	配置被动接口
neighbor	配置单播更新的目标
ip summary-address rip	配置 RIP 手工汇总
key chain	定义钥匙链
key key-id	配置 Key-ID
key-string	配置 Key-ID 的密钥
ip rip triggered	配置触发更新
ip rip authentication mode	配置认证模式
ip rip authentication key-chain	配置认证使用的密钥链
timers basic	配置更新的计时器
maximum-paths	配置等价路径的最大值
ip default-network	向网络中注入默认路由

习题与实验

1. 选择题

(1) 禁止 RIP 的路由聚合功能的命令是(　　)。

A. no route rip　　B. auto-summary

C. no auto-summary　　D. no network 10.0.0.0

(2) 关于 RIPv1 和 RIPv2,下列说法中不正确的是(　　)。

A. RIPv1 报文支持子网掩码

B. RIPv2 报文支持子网掩码

C. RIPv2 默认使用路由聚合功能

D. RIPv1 只支持报文的简单密码认证,而 RIPv2 支持 MD5 认证

(3) RIP 在收到某一邻居网关发布的路由信息后,对度量值不正确的处理是(　　)。

A. 对本路由表中没有的路由项,只在度量值小于不可达时增加该路由项

B. 对本路由表中已有的路由项,当发送报文的网关相同时,只在度量值减少时更新该路由项的度量值

C. 对本路由表中已有的路由项,当发送报文的网关不同时,只在度量值减少时更

新该路由项的度量值

D. 对本路由表中已有的路由项，当发送报文的网关相同时，只要度量值有改变，就一定会更新该路由项的度量值

(4) 以下(　　)不是 RIPv1 和 RIPv2 的共同特性。

A. 定期通告整个路由表　　B. 以跳数来计算路由权

C. 最大跳数为 15　　D. 支持协议报文的认证

(5) 当使用 RIP 到达某个目标地址有 2 条跳数相等但带宽不等的链路时，默认情况下在路由表中(　　)。

A. 只出现带宽大的那条链路的路由

B. 只出现带宽小的那条链路的路由

C. 同时出现两条路由，两条链路分担负载

D. 带宽大的链路作为主要链路，带宽小的链路作为备份链路

(6) 关于 RIP 正确的说法是(　　)。

A. RIP 通过 UDP 数据报交换路由信息

B. RIP 适用于小型网络

C. RIPv1 使用广播方式发送报文

D. 以上说法都正确

(7) 以下关于 RIP 的度量的说法中正确的是(　　)。

A. RIP 的度量的含义是经过路由器的跳数，最大值为 15，16 为不可达

B. RIP 的度量的含义是经过路由的跳数，最大值为 16，17 为不可达

C. RIP 的度量的含义是带宽，最大值为 15，16 为不可达

D. RIP 的度量的含义是距离，最大值为 100m，1000m 为不可达

(8) RIP 是(　　)路由协议。

A. 距离向量　　B. 链路状态　　C. 分散通信量　　D. 固定查表

(9) 以下说法中正确的是(　　)。

A. RIPv2 使用 224.0.0.5(多播地址)来发送路由更新

B. RIPv2 使用 224.0.0.6(多播地址)来发送路由更新

C. RIPv2 使用 224.0.0.9(多播地址)来发送路由更新

D. RIPv2 使用 255.255.255.255(广播地址)来发送路由更新

(10) RIP 使用(　　)。

A. TCP 的 250 端口　　B. UDP 的 520 端口

C. TCP 的 520 端口　　D. UDP 的 250 端口

2. 问答题

(1) 简述 RIP 的配置步骤及注意事项。

(2) 如何解决路由环路的问题。

(3) RIP 目前有两个版本，RIPv1 和 RIPv2 的区别是什么?

(4)简述 RIP 路由更新的几个计时器的作用。

(5) 简述 RIP 的工作机制。

3. 操作题

某公司总部由路由器 R1 和三层交换机 S1 连接内部网络,公司的一个分部由路由器 R2 连接二层交换机 S2 组成。为使公司网络互通,启用 RIP,如图 4-5 所示。

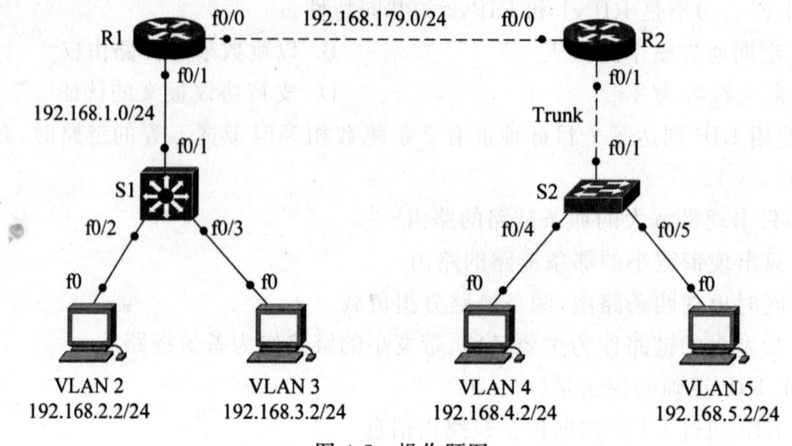

图 4-5　操作题图

第5章 OSPF路由协议

本章重点介绍OSPF的工作流程,根据不同的网络类型介绍单区域OSPF的配置,根据不同的区域类型介绍多区域OSPF的配置等。

5.1 OSPF的基本概念

OSPF(Open Shortest Path First,开放最短路径优先)是一种典型的链路状态路由协议,启用OSPF协议的路由器彼此交换并保存整个网络的链路信息,从而掌握全网的拓扑结构,再通过SPF(最短路径优先)算法计算出到达每一个网络的最佳路由。

OSPF作为一种内部网关协议(Interior Gateway Protocol),其网关和路由器都在同一个自治系统内部,用于在同一个自治域(AS)中的路由器之间发布路由信息。运行OSPF的每一台路由器中都维护一个描述自治系统拓扑结构的统一的数据库(链路状态数据库),该数据库由每一个路由器的链路状态信息(该路由器可用的接口信息、邻居信息等)、路由器相连的网络状态信息(该网络所连接的路由器)、外部状态信息(该自治系统的外部路由信息)等组成。所有的路由器并行运行着同样的算法(SPF),根据该路由器的链路状态数据库(拓扑结构),构造出以它自己为根节点的最短路径树,该最短路径树的叶子节点是自治系统内部的其他路由器。当到达同一目的路由器存在多条相同代价的路由时,OSPF能够在多条路由上分配流量,实现负载均衡。

OSPF不同于距离矢量协议(RIP),有如下特性:

- 支持大型网络,路由收敛快,占用网络资源少。
- 无路由环路。
- 支持VLSM和CIDR。
- 支持等价路由。
- 支持区域划分,构成结构化的网络,提供路由分级管理。

1. 路由器ID

(1) 通过router-id命令指定的路由器ID最优先:

```
Router(config-router)#router-id 1.1.1.1
```

(2) 选择具有最高IP地址的环回接口:

```
Router(config)#int loopback 0
Router(config)#ip addr 10.1.1.1 255.255.255.255
```

(3) 再选择具有最高IP地址的已激活的物理接口:

```
Router(config)#int f1/1
Router(config)#ip addr 170.10.1.1 255.255.255.255
```

2. 邻居

启用OSPF的第一步是建立毗邻关系。路由器A从自己的端口向外多播发送Hello报文,通告自己的路由器ID等,所有与路由器A物理上直连且同样运行OSPF协议的路由器称为邻居路由器。如果邻居路由器B收到这个Hello报文,就将这个报文内路由器A的ID信息加入到自己的Hello报文内。当路由器A的某端口收到从邻居路由器B发送的含有自身ID信息的Hello报文后,A、B两台路由器就处于Two-way状态,从而建立了邻居关系。

3. 邻接

两台路由器建立了邻居关系后,再根据该端口所在的网络类型来确定这两台路由器是否需要交换链路状态信息,此时两台路由器处于Full状态,需要交换链路状态信息时称建立了邻接(adjacency)关系。

4. 链路状态

与链路的工作状态(是正常工作还是发生故障)相关的信息称为链路状态(Link-State)。

OSPF路由器收集其所在网络区域上各路由器的连接状态信息,即链路状态信息,生成链路状态数据库(Link-State Database,LSDB)。路由器掌握了该区域上所有路由器的链路状态信息,也就等于掌握了该区域的网络拓扑状况。

5. 链路状态公告和链路状态数据库

OSPF路由器之间使用链路状态通告(Link-State Advertisement,LSA)来交换各自的链路状态信息,并把获得的信息存储在链路状态数据库中。

根据路由器的类型不同,定义了7种类型的LSA。LSA中包括的信息有路由器ID、邻居路由器ID、链路的带宽、路由条目、掩码等信息。

路由器LSA(第1类LSA)由区域内所有路由器产生,并且只能在本区域内泛洪。这些最基本的LSA列出了路由器所有的链路和接口、链路状态及代价。

6. 链路开销

OSPF路由协议通过计算链路的带宽来计算最佳路径的选择。每条链路根据带宽不同具有不同的度量值,这个度量值在OSPF路由协议中称为链路开销。其计算公式是10^8/带宽(单位是b/s)。通常,环回接口的链路开销是1,10Mb/s以太网的链路开销是10,16Mb/s令牌环网的链路开销是6,FDDI或快速以太网的链路开销是1,2Mb/s的串行链路的链路开销是48。

两台路由器之间链路开销之和的最小值为最佳链路。

7. 邻居表、拓扑表和路由表

OSPF路由协议维护3张表:邻居表、拓扑表和路由表。最基础的就是邻居表。

路由器通过发送Hello包将与其物理直连且同样运行OSPF路由协议的路由器作为邻居放在邻居表中。

当路由器建立了邻居表之后,运行OSPF路由协议的路由器会互相通告自己所了解的网络拓扑,从而建立拓扑表。在一个区域内,一旦收敛,所有的路由器就具有相同的拓扑表。

当完整的拓扑表建立起来后,路由器便会按照链路带宽的不同,使用SPF算法从拓扑表中找出最佳路由,放在路由表中。

8. 指定路由器

在接口所连接的各邻居路由器中具有最高优先级的路由器作为指定路由器(Designative Router,DR)。端口的优先权值为0～255,在优先级相同的情况下,选ID值最高的路由器作为DR。

9. 备份指定路由器

在各邻居路由器中选择具有次高优先级的路由器作为备份指定路由器(Backup Designative Router,BDR)。优先级相同时比较路由器ID。

10. OSPF网络类型

根据路由器所连接的物理网络不同,OSPF将网络划分为4种类型:广播多路访问型、非广播多路访问型、点到点型、点到多点型。

- 广播多路访问型(BMA)网络,如以太网(Ethernet)、令牌环网(Token Ring)、FDDI。它选举DR和BDR。涉及IP地址和MAC地址,用ARP实现二层和三层映射。
- 非广播多路访问型(NBMA)网络,如帧中继(Frame Relay)、X.25、SMDS。它选举DR和BDR。网络中允许存在多台路由器,在物理上共享链路,通过二层虚链路建立逻辑上的连接。广播针对每一条虚链路发送,而不是针对全网发送的广播或多播分组,所以其他路由器收不到广播。
- 点到点型(point-to-point)网络,一个网络里仅有两个接口,使用HDLC或PPP封装,不需寻址,地址字段固定为FF。
- 点到多点型(point-to-multipoint)网络,又分为点到多点广播式网络和点到多点非广播式网络。

11. 区域

OSPF引入分层路由的概念,将网络分割成一个主干连接的一组相互独立的部分,这些相互独立的部分称为区域(Area),主干的部分称为主干区域。一个区域就如同一个独立的网络,该区域的OSPF路由器只保存该区域的链路状态,同一区域的链路状态数据库保持同步,使得每个路由器的链路状态数据库都可以保持合理的大小,路由计算的时间、报文数量都不会过大。

多区域的OSPF必须存在一个主干区域(Area0),主干区域负责收集非主干区域发出的汇总路由信息,并将这些信息返回各区域。

OSPF区域不能随意划分,应该合理地选择区域边界,使不同区域之间的通信量最小。在实际应用中,区域的划分往往不是根据通信模式而是根据地理或政治因素来完成的。分区域的好处如下:

(1) 减少路由更新。

(2) 加速收敛。

(3) 将不稳定限制在一个区域内。

(4) 提高网络性能。

12. 路由器的类型

路由器根据其在区域中的位置不同分为4种类型,如图5-1所示。

(1) 内部路由器(IR):所有端口都在同一区域的路由器,它们都维护着一个相同的链路状态数据库。

(2) 主干路由器：至少有一个连接主干区域端口的路由器。

(3) 区域边界路由器(ABR)：具有连接多区域端口的路由器，一般作为一个区域的出口。ABR为其连接的每一个区域单独建立链路状态数据库，负责将其连接区域的路由摘要信息发送到主干区域，而主干区域上的ABR则负责将这些信息发送到其连接的所有其他区域。

(4) 自治域边界路由器(ASBR)：至少拥有一个连接外部自治域网络(如非OSPF的网络)端口的路由器，负责将非OSPF网络信息传入OSPF网络。

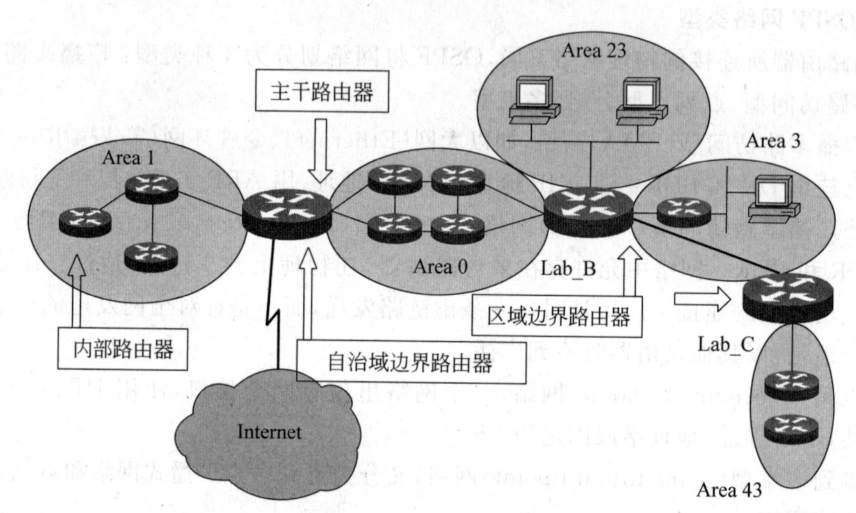

图 5-1 路由器的类型

5.2 OSPF 的工作过程

图5-2显示了同一区域内OSPF的工作流程。

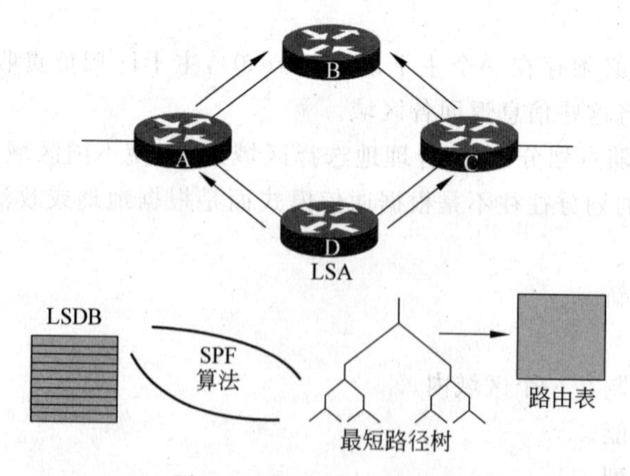

图 5-2 OSPF 的工作流程

运行OSPF协议的路由器通过发送Hello数据包建立邻居关系，并彼此交换链路状态信息，链路状态信息被加载在LSA中，以LSU(链路状态更新包)的形式在网络中进行洪泛。OSPF 把这些链路状态信息存放在本地链路状态数据库中。在掌握了区域内所有链路状态信息后，每一个 OSPF 路由器都以自己为根节点，用 Dijkstra 算法计算到其他路由器（其他叶节点）的最短路径树（SPF Tree），从而产生路由表。

具体步骤如下：

（1）建立路由器的邻居关系。

（2）进行必要的 DR/BDR 选举。

（3）保持链路状态数据库的同步。

（4）用 SPF 算法产生路由表。

（5）维护路由信息。

5.2.1　建立路由器的邻居关系

OSPF 协议通过 Hello 报文建立路由器的邻居关系。每个 Hello 数据包都包含以下信息：始发路由器 ID、始发路由器接口的区域地址、始发路由器的接口地址掩码、始发路由器的认证信息和类型、始发路由器的 Hello 时间间隔、始发路由器的无效路由的时间间隔、路由器的优先级、DR 和 BDR、标识（可选 5 个标记位）和始发路由器所有有效邻居路由器 ID。

邻居关系的建立要经过 3 个状态，如图 5-3 所示。

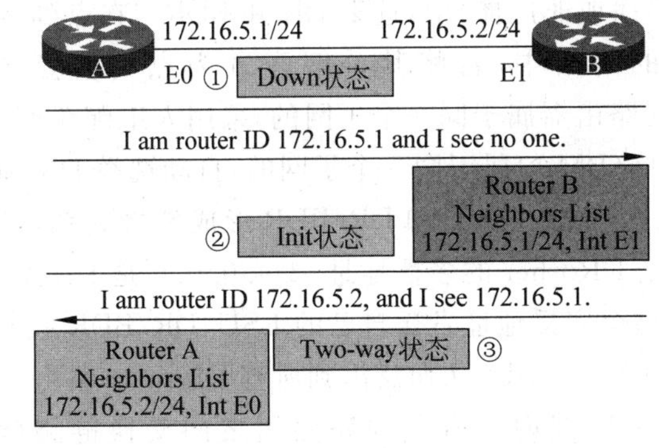

图 5-3　建立路由器的邻接关系

当路由器 A、B 启动时，它们处于 Down 状态。

路由器 A 从其各个接口通过 224.0.0.5 以固定的时间间隔（10s）向所有邻居（包括 B）发送 Hello 报文，通告自己的路由器 ID（172.16.5.1）。其他路由器收到这个 Hello 报文后，就会把它加入自己的邻居表中（路由器 B 把路由器 A 的 ID 加入 Hello 报文的邻居 ID 字段），从而进入 Init 状态。

路由器 B 向路由器 A 发送 Hello 报文，其中包含着自己和其他邻居路由器的信息（路由器 A 的 ID 在路由器 B 的邻居表中）；当路由器 A 看到自己出现在另一邻居路由器的 Hello 报文中时，就把其中的邻居关系加入自己的数据库中，进入 Two-way 状态，路由器 A 和路由器 B 就建立了双向通信，从而建立了邻居关系。

进入 Two-way 状态后，路由器 A 将决定和谁建立邻接关系，这是根据各接口所连接的网络类型决定的。即使两台路由器是邻居，但它们不一定建立邻接关系。如果是点到点（PPP、HDLC）的网络，就与其直连的路由器建立邻接关系；如果是多路访问型，包括广播

(以太网、令牌环、FDDI)和非广播(帧中继、X.25)的网络,则进入第二步,进行必要的DR/BDR选举。每台路由器只与DR/BDR建立邻接关系,其他路由器之间不建立邻接关系。如果不需要进行DR/BDR选举,路由器就进入第三步,交换链路状态数据库,使拓扑结构保持一致。

5.2.2 选举DR和BDR

在初始状态下,一个路由器的活动接口设置DR和BDR为0.0.0.0,这意味着没有DR和BDR被选举出来。同时路由器设置Wait Timer,其值为Router Dead Interval,其作用是如果在这段时间内还没有收到有关DR和BDR的宣告,那么它就宣告自己为DR或BDR。然后在发送Hello包后进行DR和BDR的选举:

首先比较Hello包中的优先级,最高的为DR,次高的为BDR。默认优先级都为1。当优先级相同时,再比较路由器ID,最高的为DR,次高的为BDR。当优先级设置为0时,不参加DR/BDR的选举,只能成为DRother。

DR和BDR选举不具有抢占性,选举完成后,将一直保持,直到DR和BDR失效为止(或强行关闭DR及BDR的路由器,或用clear ip ospf process手工配置重新开始运行OSPF路由协议),否则即使新加入更高优先级的路由器,也不会再进行选举。

在多路访问网络(广播或非广播)中,选举DR和BDR。在点到点的网络中,不选举DR和BDR。在点到多点的网络中,若将其分解配置为点到多点非广播多路访问网络(NBMA),全互联的邻居路由器属于同一个子网的,采用人工配置产生DR和BDR;若为点到多点广播多路访问网络(BMA)属于同一个子网的,自动选举DR和BDR。

DR/BDR选举完成后,DRother只和DR/BDR形成邻接关系,各DRother之间不建立邻接关系。224.0.0.5是DRother的多播地址,224.0.0.6是DR、BDR的多播地址。因此DRother向224.0.0.6这个多播地址发送自己的LSU,DR/BDR收到此LSU并汇总后,向224.0.0.5这个多播地址发送LSU,从而泛洪到所有DRohter路由器上。

由DR(或BDR)与本区域内所有其他路由器之间交换链路状态信息,进入准启动(Exstart)状态。

在点到点的网络中,两台路由器之间建立主从关系,路由器ID高的作为主路由器,另一台作为从路由器,也进入Exstart状态。

5.2.3 链路状态数据库的同步

在OSPF中,必须保持同一区域范围内所有路由器的链路状态数据库同步。

通过建立并保持邻接关系,OSPF首先使具有邻接关系的路由器的数据库同步,进而保证同一区域范围内所有路由器的数据库同步。

数据库同步过程从建立邻接关系(Exstart状态)开始,在完全邻接关系(Full状态)时结束。

在点到点的网络中,当路由器的端口状态为Exstart时,路由器通过发一个空的数据库描述包来协商主从关系以及数据库描述包的序号,路由器ID大的为主,反之为从。主路由器首先将自己的链路状态信息发给从路由器。主从相互交换链路状态数据库汇总后,进入Exchange状态,如图5-4所示。

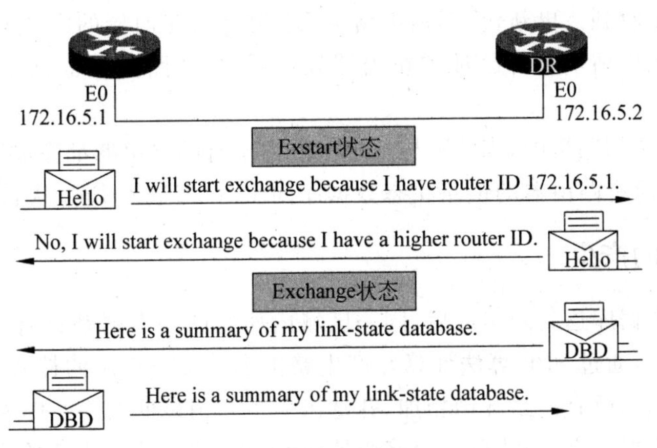

图 5-4　链路状态数据库同步过程一

在多路访问网络中，DR 和 BDR 选举好后，进入 Exstart 状态。DR 或 BDR 先将自己的链路状态汇总信息发给其他路由器，其他路由器再将各自的链路状态汇总信息发给 DR 或 BDR，而在其他路由器之间不相互交换链路状态信息。最后，当同一区域内链路状态数据库汇总达到一致后，进入 Exchange 状态。

在链路状态数据库同步过程中，有以下几种形式的数据包：

- 链路状态描述包(DBD)，发送路由器的链路状态数据库汇总数据包。
- 链路状态请求包(LSR)，请求链路状态数据库中某一条目的完整信息。
- 链路状态更新包(LSA)，给出链路状态数据库中某一条目的完整信息。
- 链路状态确认包(LSAck)，收到一个链路状态更新包后的确认。

以点到点的网络为例，主路由器发送链路状态描述包(数据库描述包)，从路由器收到链路状态描述包后，向主路由器发送链路状态确认包，并检查自己的链路状态数据库，如果发现链路状态数据库里没有某些项，则添加它们，并将这些项加入到链路状态请求列表中，向主路由器发送链路状态请求包，如图 5-5 所示。当主路由器收到链路状态请求包时，返回链路状态更新包，进行链路状态的更新。从路由器收到链路状态更新包后发出链路状态确认

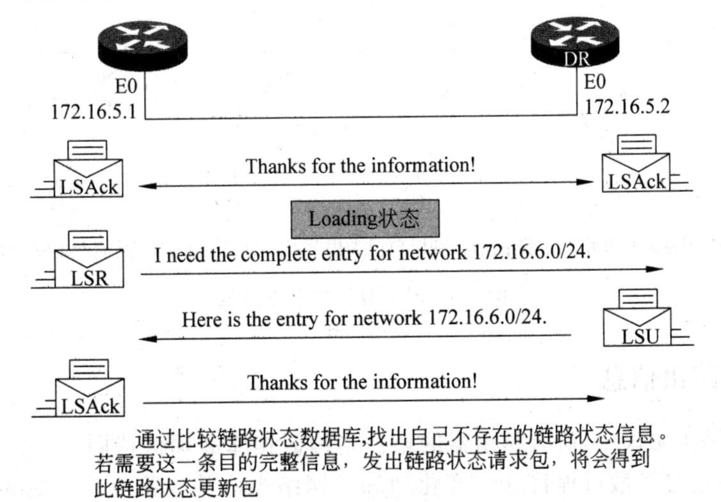

图 5-5　链路状态数据库同步过程二

包,进行确认,表示收到该更新包,否则主路由器就在重发定时器的启动下进行重复发送。

当所有的数据库请求包都已被主路由器处理后,主从路由器也就进入了Full(完全邻接)状态。

同理,在多路访问网络中,当DR与整个区域内所有的路由器都完成链路状态数据库的更新,整个区域中所有路由器的链路状态数据库同步时,即进入Full状态。

5.2.4 路由表的产生

当链路状态数据库达到同步以后,同一区域内所有的路由器都具有了相同的链路状态数据库(即拓扑表),通过SPF算法计算并产生路由表。SPF算法的核心是:将当前路由器到目标路由器之间的所有链路开销相加,并选出一个开销最低的路径作为最佳路径,从而得到以当前路由器为根节点,到达每一台路由器(叶节点)的一条最佳路径,形成一棵最小生成树。图5-6给出了SPF算法的基本过程。OSPF最多允许4个等值的路由项以进行负载均衡。

OSPF协议中的SPF算法计算路由的过程如下(图5-6):

(1) 各路由器发送自己的LSA,其中描述了自己的链路状态信息。

(2) 各路由器汇总收到的所有LSA,生成LSDB。

(3) 各路由器以自己为根节点计算出最小生成树,依据是链路开销。

(4) 各路由器按照自己的最小生成树得出路由条目并加入路由表。

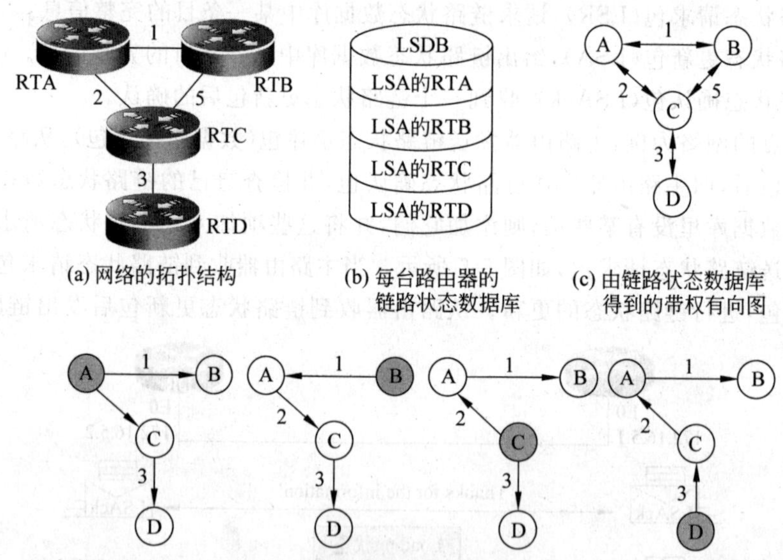

图5-6 SPF算法的基本过程

5.2.5 维护路由信息

在OSPF路由协议中,所有路由器的拓扑结构数据库必须保持同步。当链路状态发生变化时,路由器通过扩散过程将这一变化通知给网络中的其他路由器。图5-7显示了链路状态更新的过程。

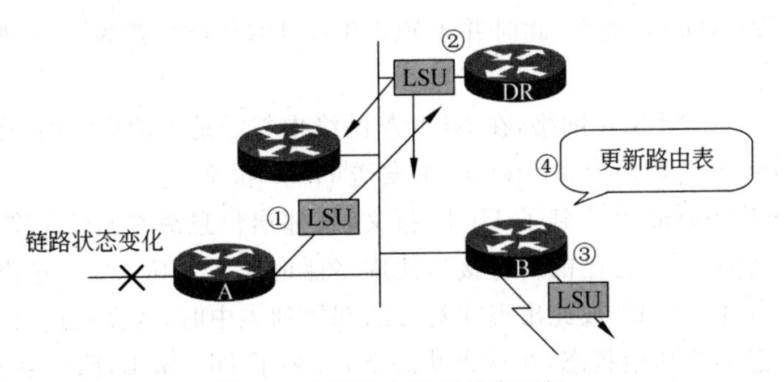

图 5-7　OSPF 中链路状态更新

路由器对某一条链路的状态更新称为 LSA，对一组链路的状态更新称为 LSU，LSU 更新包里可包含多个 LSA。

当路由器 A 的链路出现故障时，发送链路状态更新 LSU 到 DR 和 BDR(其多播地址为 224.0.0.6)。

DR 和 BDR 利用多播地址 224.0.0.5，再把此 LSU 泛洪到除路由器 A 以外的所有路由器，以通知其他路由器。

路由器 B 收到 DR 或 BDR 发来的 LSU 后再扩散到它的邻居(其他区域)，最终扩散到整个网络。

当整个网络的拓扑结构保持同步时，每台路由器开始利用 SPF 算法，重新计算路由，得到新的路由表。

5.2.6　OSPF 运行状态和协议包

OSPF 路由器在完全邻接之前，要经过以下几个运行状态，各运行状态之间的关系如图 5-8 所示。

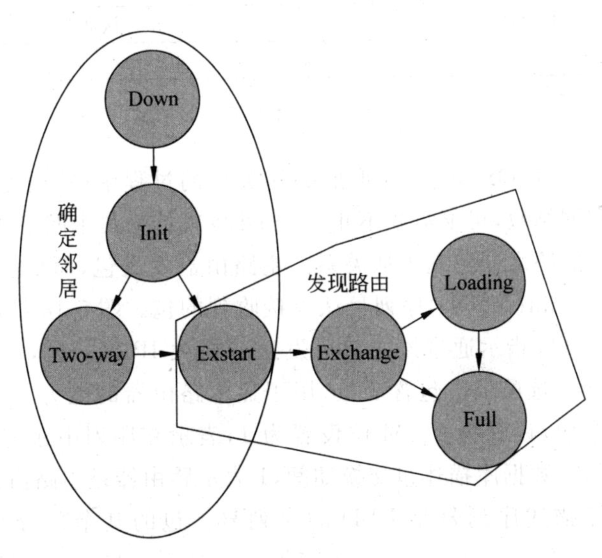

图 5-8　OSPF 中各运行状态之间的关系

Down：此状态还没有与其他路由器交换信息。首先从其 OSPF 接口使用多播地址

224.0.0.5 向外发送 Hello 报文，此时并不知道谁是 DR/BDR(若为广播网络)和任何其他路由器。

Attempt：只适于 NBMA 网络，在 NBMA 网络中邻居是手动指定的，在该状态下，路由器将使用 HelloInterval 取代 PollInterval 来发送 Hello 报文。

Init：在 DeadInterval 里收到了 Hello 报文，将邻居信息放在自己的邻居表中，并将其包含在 Hello 报文中，再从自己的所有接口使用多播地址 224.0.0.5 发送出去。

Two-way：当路由器 ID 彼此出现在对方的邻居列表中时，建立双向会话。

Exstart：信息交换初始状态，在这个状态下，选举了 DR/BDR，路由器和它的邻居将建立主从关系，并确定链路状态描述包的序列号。

Exchange：信息交换状态，路由器和它的邻居交换一个或多个链路状态描述包。DBD 报文中包含有关 LSDB 中 LSA 条目的摘要信息。

Loading：信息加载状态，收到 DBD 后，使用 LSAck 报文确认已收到 DBD。将收到的信息同 LSDB 中的信息进行比较。如果 DBD 中有更新的链路状态条目，则向对方发送一个 LSR，用于请求新的 LSA。

Full：完全邻接状态，当网络中所有路由器的 LSDB 同步时，即拓扑表保持一致，进入完全邻接状态。

OSPF 共使用 5 种路由协议包：Hello 包、链路状态描述包(DBD)、链路状态请求包(LSR)、链路状态更新包(LSA)、链路状态确认包(LSAck)，用于 OSPF 运行过程中不同状态下各个路由器之间交换信息。每种协议包都包含 24B 的 OSPF 协议包的首部，如图 5-9 所示。

版本号　　类型	包长度
路由器ID	
区域ID	
校验和	认证类型
认证	

图 5-9　OSPF 协议包的首部字段

DBD 是类型号为 2 的 OSPF 包，在形成邻接关系的过程中，路由器之间交换链路状态信息。根据接口数和网络数，可能需要不止一个 DBD 来传输整个网络链路状态数据库。在交换的过程中所涉及的路由器建立主从关系。主路由器发送包，而从路由器通过使用数据库描述(Database Description，DD)序列号认可接收到的包。图 5-10 给出了 DBD 的参数字段。其中 Interface MTU 指示通过该接口可发送的最大 IP 包长度，当通过虚链路发送包时，这个字段设置为 0。选项字段包含 3 位，用于显示路由器的能力。I 位是 Init 位，对数据库序列中的第一个包，设置为 1。M 位设置为 1，表示在序列中还有更多的数据库描述包。MS 位是主从位，在数据库描述包交换期间，1 表示路由器是主路由器，而 0 表示路由器是从路由器。数据库描述序列号是 DBD 的序列号。包的其余部分是一个或多个 LSA 首部。

链路状态请求包是类型为 3 的 OSPF 包，它包含 LS 类型、链路状态 ID、宣告路由器几个主要字段。当两个路由器完成交换数据库描述包时，路由器可检测链路状态数据库是否

接口MTU	选项	00000	I	M	MS
数据库描述序列号					
LSA包首部					

图 5-10　数据库描述包中的字段

过时。当这种情况发生时,路由器可请求更新的数据库描述包。

链路状态更新包是类型为 6 和 7 的 OSPF 包,它们用于实现 LSA 的传播。链路状态更新包主要包括 LSA 的个数和 LSA 字段。每个链路状态更新包中包含一个或多个 LSA,而每个包通过使用链路状态确认包来认可。

链路状态确认包是类型为 5 的 OSPF 包,其格式中除了 OSPF 包首部外,还包括 LAS 的首部。这些包发送到以下 3 个地址之一:多点传送地址 AllDRouters、多点传送地址 AllSPFRouters 或单点传送地址。

图 5-11 给出了 OSPF 运行过程中各状态变化和报文交换情况。

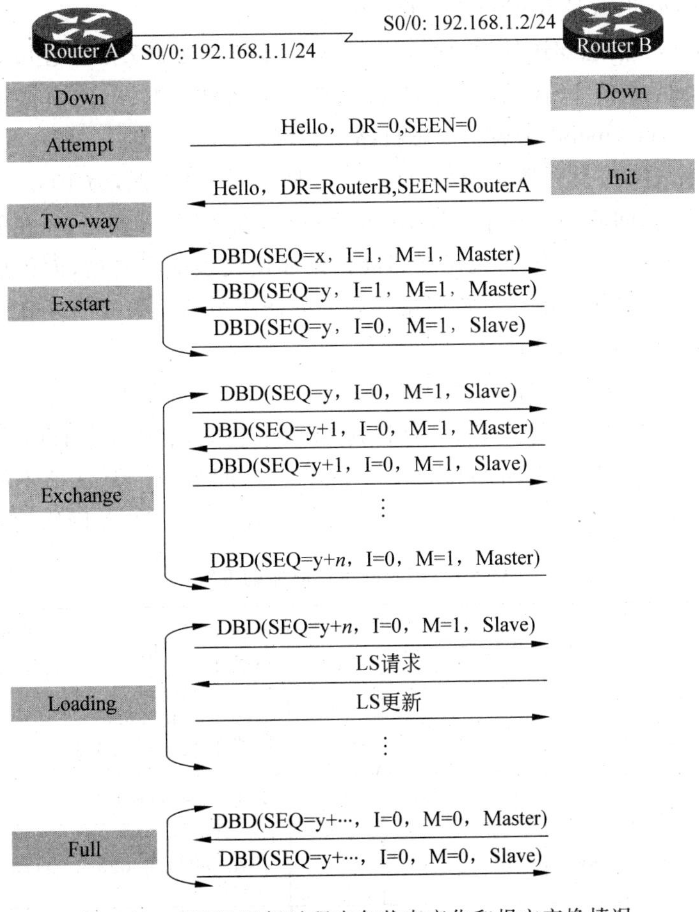

图 5-11　OSPF 运行过程中各状态变化和报文交换情况

5.3 OSPF 中的计时器

OSPF 协议中涉及的计时器如下：

MaxAge：最大老化时间，默认是 0～3600s。泛洪的 LSA 每经过一台路由器，LSA 的老化时间就会增加一个由 InfTransDelay 设定的时间。

LsRefreshTime：LSA 刷新时间。如果有重要的 LSA，不希望它被删除，就可以使用这个计时器。

RouterDeadInterval：路由死亡间隔时间，即在宣告邻居路由器无效之前，本地路由器从与一个接口相连的网络上侦听来自邻居路由器的一个 Hello 报文所经历的时间。

HelloInterval：Hello 报文间隔时间，默认是 10s，指两个 Hello 报文之间的周期性间隔时间。

WaitTimer：等待时间。在 NBMA 网络中，路由器等待邻居路由器的 Hello 报文通告 DR 和 BDR 的时间，也就是 RouterDeadInterval。

InfTransDelay：信息发送延迟时间，即 LSA 从接口发送出去后所经历的时间。

RxmtInterval：重传 LSA 的时间。在没有得到确认的情况下，路由器重传 OSPF 报文将等待的时间，以 retransmit 来表示。思科路由器默认是 5s。

HelloTimer：Hello 计时器。初始值由 HelloInterval 来设置，为 10s。

PollInterval：询问间隔。它是 NBMA 专有特性，在 NBMA 网络中，在邻接关系确立之前用 PollInerval 周期发送 OSPF 包建立邻接。在邻接关系确定之后，而改用 HelloInterval 周期发送 Hello 包给邻居路由器维持邻接。如果邻居路由器是失效的，DR 就会每隔这个时间向它发送一个 LSA 通告，默认是 60s。

InactivityTimer：失效计时器，也就是 RouterDeadInterval，默认是 100s。

Restra：重传计时器，总是 5s，当没有收到 LSAck 包时，启用重传计时器。

在 OSPF 中，不同网络类型的 Hello、Dead、Wait 时间间隔的默认值不同。表 5-1 列出了各网络类型对应的时间间隔值。通常，点到多点的网络是 NBMA 网络的一个特殊配置。

表 5-1 不同网络计时器的设置

网络类型	Hello	Dead	Wait	Poll	DR/BDR	更新方式	地址	是否定义邻居	所有路由器是否在同一子网
广播多路访问	10	40	40	No	Yes	多播	224.0.0.5/224.0.0.6	自动	同一子网
非广播多路访问	30	120	120	120	Yes	单播	单播地址	手工	同一子网
点到点	10	40	40	No	No	多播	224.0.0.5	自动	两接口同一子网
点到多点广播	30	120	120	120	No	多播	224.0.0.5	自动	同一子网
点到多点非广播	30	120	120	120	No	单播	单播地址	手工	多个子网时定义子接口

5.4　单区域 OSPF 的配置

1. 单区域 OSPF 基本配置步骤

(1) 定义路由器 ID。通过定义网络中各路由器的逻辑环回接口 IP 地址，得到相应的路由器 ID。

如果一台路由器在一个接口上是 DR，而在另一个接口上不是 DR，则不能将此路由器的 ID 定义得太大。用路由器 loopback 口的 IP 地址作为路由器 ID，这样做有很多好处，最大的好处就是：loopback 口是一个虚拟的接口，而非一个物理接口，只要该接口在路由器使用之初处于开启状态，则该路由器的 ID 就不会改变(除非有新的 loopback 口被用户创建并配置它更大的 IP 地址)。它并不像真正的物理接口，物理接口在线缆被拔出的时候处于 Down 的状态，此时，路由器就要重新计算其 ID，比较烦琐，也会造成不必要的开销。

```
Router(config)#interface loopback 0
Router(config-if)#ip address 172.16.17.5 255.255.255.255
```

(2) 定义路由器的接口优先级，使其在此接口上成为 DR：

```
Router(config)#interface s1/2
Router(config-if)#ip ospf priority 200
```

(3) 启动路由进程：

```
Router(config)#router ospf [process-id]
```

process-id 为进程号，它只有本地含义，每台路由器有自己独立的进程。各路由器之间互不影响。

(4) 发布接口。

用 network 命令发布接口，并将网络指定到特定的区域：

```
Router(config-router)#network address inverse-mask area [area-id]
```

address 为路由器的自连接口 IP 地址，inverse-mask 为反码，area-id 为区域号。区域号可以用十进制数表示，也可用 IP 地址表示，例如 0 或 0.0.0.0 为主干区域。

例如：

```
Router(config)#network 10.2.1.0 0.0.0.255 area 0
Router(config)#network 10.64.0.0 0.0.0.255 area 0
```

2. 不能建立 OSPF 邻居关系的常见原因

当用 show ip ospf neighbor 命令没有找到邻居时，依次检查以下原因：

(1) Hello 间隔和 Dead 间隔不同。

(2) 区域号码不一致。

(3) 特殊区域(如 stub，nssa 等)的区域类型不匹配。

(4) 认证类型或密码不一致。

(5) 路由器 ID 相同。

(6) Hello 包被 ACL deny。

(7) 链路上的 MTU 不匹配。

(8) 接口上的 OSPF 网络类型不匹配。

5.4.1 单区域 OSPF 的基本配置

1. 实验目的

(1) 掌握路由器 ID 的取值。

(2) 熟悉单区域 OSPF 的配置方法。

(3) 掌握 OSPF 协议中各状态信息的查看方法。

(4) 掌握点到点串行链路、以太网广播多路访问链路 OSPF 运行的不同。

2. 实验拓扑

实验拓扑如图 5-12 所示,将 3 台路由器互连,其中 A 和 C 之间为点到点的链路,A 和 B 之间是以太网广播多路访问链路。3 台路由器同属 Area 0。

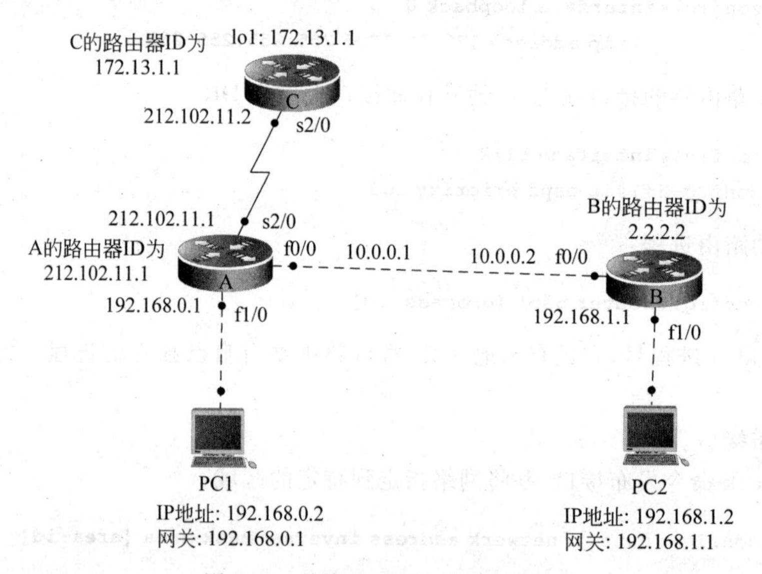

图 5-12 单区域 OSPF 的基本配置

OSPF 中不同网络类型的工作过程不同。本实例通过检测接口状态、OSPF 的各种参数、邻居信息、链路状态数据库信息等,更直观、深入地理解 OSPF 协议。

3. 实验配置步骤

(1) A 的配置如下:

```
hostname A
interface f0/0
  ip address 10.0.0.1 255.0.0.0
  no shut
!
interface f1/0
  ip address 192.168.0.1 255.255.255.0
no shut
```

```
!
interface s2/0
  ip address 212.102.11.1 255.255.255.0
no shut
!
router ospf 100
  network 212.102.11.0 0.0.0.255 area 0
  network 10.0.0.0 0.0.0.255 area 0
  network 192.168.0.0 0.0.0.255 area 0
```

（2）B 的配置如下：

```
hostname B
interface f0/0
  ip address 10.0.0.2 255.0.0.0
  no shut
!
interface f1/0
  ip address 192.168.1.1 255.255.255.0
  no shut
!
router ospf 100
  router-id 2.2.2.2
  network 10.0.0.0 0.0.0.255 area 0
  network 192.168.1.0 0.0.0.255 area 0
```

（3）C 的配置如下：

```
hostname C
interface lo1
  ip address 172.13.1.1 255.255.255.0
!
interface s2/0
  ip address 212.102.11.2 255.255.255.0
  clock rate 64000
  no shut
!
router ospf 100
  network 212.102.11.0 0.0.0.255 area 0
```

4. 检测结果及说明

（1）显示路由器的接口状态。

show ip ospf interface 命令用于显示路由器的接口状态，如区域号、路由器 ID、网络类型、接口开销、Hello 时间、Dead 时间等。下面的命令在路由器 A 上显示，同理可在 B 和 C 上显示接口。掌握 3 种产生路由器 ID 的方法。

```
A#Show ip ospf interface s2/0
```

```
Serial2/0 is up, line protocol is up              /*接口状态为Up*/
   Internet address is 212.102.11.1/24, Area 0    /*接口地址,区域为0*/
   Process ID 100, Router ID 212.102.11.1, Network Type POINT-TO-POINT, Cost: 781
/* 路由器的ID为最大的物理地址212.102.11.1,网络类型:点到点网络,接口开销为781*/
   Transmit Delay is 1 sec, State POINT-TO-POINT, Priority 0
/* 接口的延迟为1s,接口的状态为POINT-TO-POINT,优先级为0*/
   No designated router on this network
/*此网络中无DR*/
   No backup designated router on this network
/*此网络中无BDR*/
   Timer intervals configured, Hello 10, Dead 40, Wait 40, Retransmit 5
/*以上3个为计时器的值*/
    Hello due in 00:00:05
/*距离下次发送Hello包的时间*/
  Index 3/3, flood queue length 0
   Next 0x0(0)/0x0(0)
   Last flood scan length is 1, maximum is 1
   Last flood scan time is 0 msec, maximum is 0 msec
   Neighbor Count is 1 , Adjacent neighbor count is 1
/*邻居个数为1,已经建立邻接关系的邻居个数为1*/
   Adjacent with neighbor 172.13.1.1
/*已经建立邻接关系的邻居路由器是172.13.1.1*/
   Suppress hello for 0 neighbor(s)
A#show ip ospf int f0/0
FastEthernet0/0 is up, line protocol is up
   Internet address is 10.0.0.1/8, Area 0
   Process ID 100, Router ID 212.102.11.1, Network Type BROADCAST, Cost: 1
/*路由器ID最大的物理地址为212.102.11.1,网络类型为BROADCAST,接口开销为1*/
   Transmit Delay is 1 sec, State DR, Priority 1
/*接口的延迟为1s,接口的状态为DR,优先级为1*/
   Designated Router (ID) 212.102.11.1, Interface address 10.0.0.1
/*此网络中DR为212.102.11.1(是自己),接口地址为10.0.0.1*/
   Backup Designated Router (ID) 2.2.2.2, Interface address 10.0.0.2
/*此网络中BDR为2.2.2.2(为B),接口地址为10.0.0.2*/
…
```

(2) 显示OSPF中的邻居列表。

```
A#show ip ospf neighbor
Neighbor ID   Pri   State       Dead Time   Address        Interface
2.2.2.2       1     FULL/BDR    00:00:33    10.0.0.2       FastEthernet0/0
172.13.1.1    0     FULL/-      00:00:33    212.102.11.2   Serial2/0
```

以上输出表明,A的一个邻居是2.2.2.2(路由器B),此邻居路由器接口的状态为Full,BDR表明路由器B是BDR。在以太网广播多路访问网络中要选举DR和BDR,取优先级和路由器ID最大的,显然在相同接口优先级(为1)的情况下,路由器A的ID为212.102.11.1,

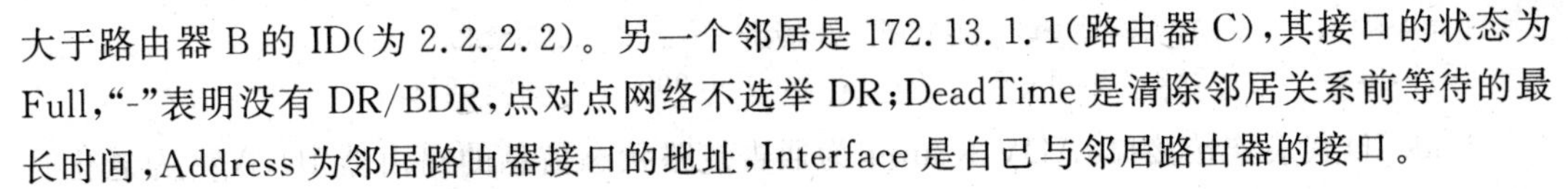

大于路由器 B 的 ID(为 2.2.2.2)。另一个邻居是 172.13.1.1(路由器 C),其接口的状态为 Full,“-”表明没有 DR/BDR,点对点网络不选举 DR;DeadTime 是清除邻居关系前等待的最长时间,Address 为邻居路由器接口的地址,Interface 是自己与邻居路由器的接口。

(3) 显示 OSPF 的各参数配置。

```
A# show ip protocols
Routing Protocol is "ospf 100"
  Outgoing update filter list for all interfaces is not set
                                                    /* 出口上没有设置过滤 */
  Incoming update filter list for all interfaces is not set   /* 入口上没有设置过滤 */
  Router ID 212.102.11.1                            /* 路由器 ID */
  Number of areas in this router is 1.1 normal 0 stub 0 nssa
/* 本路由器参与的区域数量为 1,1 个 normal,0 个 stub,0 个 nssa */
  Maximum path: 4                                   /* 等价路径个数为 4 */
  Routing for Networks:
    212.102.11.0 0.0.0.255 area 0
    10.0.0.0 0.0.0.255 area 0
    192.168.0.0 0.0.255.255 area 0
/* 以上 3 行为 OSPF 通告的网络以及这些网络所在的区域 */
  Routing Information Sources:
    Gateway          Distance      Last Update
    10.0.0.2           110         00:28:30
    212.102.11.2       110         00:28:30
/* 以上两行表示接收 OSPF 的更新包的路由信息源 */
  Distance: (default is 110)
/* OSPF 路由协议默认管理距离为 110 */
```

(4) 显示区域 0 的链路状态数据库的信息。

下面在 A 上显示区域 0 的链路状态数据库的信息,同理可在 B 和 C 路由器上显示区域 0 的链路状态数据库的信息。比较它们的结果,不难发现,在 OSPF 收敛的情况下,它们的结果是一样的,即每台路由器把全网的拓扑结构放在自己的链路状态数据库中。这里有两种类型的网络,产生 LSA1 和 LSA2 两种类型的包。

```
A# show ip ospf database
            OSPF Router with ID (212.102.11.1) (Process ID 100)
                Router Link States (Area 0)
/* 同一区域内所有路由器(3 台路由器的 ID)发送的 LSA1 类型的包 */
Link ID         ADV Router      Age     Seq#         Checksum    Link count
212.102.11.1    212.102.11.1    307     0x80000007   0x00e8c0    4
172.13.1.1      172.13.1.1      341     0x80000004   0x00f7df    2
2.2.2.2         2.2.2.2         307     0x80000005   0x00456a    2

                Net Link States (Area 0)
/* 同一区域内由 DR(路由器 A,ID 为 212.102.11.1) 发出的 LSA2 类型的包,通过 10.0.0.1 接口
   发出 */
```

```
Link ID      ADV Router     Age   Seq#         Checksum
10.0.0.1     212.102.11.1   307   0x80000003   0x00a514
```

Link ID代表连接接口,ADV Router为通告链路状态信息的路由器ID,Age为老化时间,Seq#为序列号,Checksum为校验和,Link count通告路由器在本区域内的链路数量。

(5)显示路由表。

```
A#show ip route
C    10.0.0.0/8 is directly connected, FastEthernet0/0
C    192.168.0.0/24 is directly connected, FastEthernet1/0
O    192.168.1.0/24 [110/2] via 10.0.0.2, 01:17:48, FastEthernet0/0
C    212.102.11.0/24 is directly connected, Serial2/0
```

O表示由OSPF协议产生的路由。

(6)ping各路由器和PC。

5. 实验内容扩展

在图5-12的拓扑结构中,如果路由器A和B为园区网的内部网络,A为边界路由器,路由器C为园区外的ISP供应商的接入路由器,通常A和C之间不相互交换路由。在路由器A和C上分别定义静态路由,再把静态路由重分布到OSPF中。由于在Packet Tracer中,OSPF的静态重分布命令不起作用(redistribute static metric 30 metric-type 1 subnets),这里在路由器B上定义一条默认路由,把到达外部网络的所有路由都交给出口路由器A去转发。

在A上:

```
A(config)#router ospf 100
A(config-router)#no network 212.102.11.0 0.0.0.255 area 0
A(config)#ip route 0.0.0.0 0.0.0.0 212.102.11.2
```

在C上:

```
C(config)#router ospf 100
C(config-router)#no network 212.102.11.0 0.0.0.255 area 0
C(config)#ip route 0.0.0.0 0.0.0.0 212.102.11.1
```

在B上:

```
B(config)#router ospf 100
B(config)#ip route 0.0.0.0 0.0.0.0 10.0.0.1
```

这样,在内网的任何一台PC上均能访问外网。

```
B#ping 172.13.1.1
Type escape sequence to abort.
Sending 5, 100-byte ICMP Echos to 172.13.1.1, timeout is 2 seconds:
!!!!!
Success rate is 100 percent (5/5), round-trip min/avg/max=2/7/12 ms
```

5.4.2 广播多路访问链路上DR和BDR的选举

1. 实验目的

(1)熟悉DR选举的控制。

(2) 观察广播多路访问网络 OSPF 工作过程，显示各路由器的邻居状态的变化。

(3) 用 debug 查看 OSPF 包。

(4) 熟悉 OSPF 的计时器的作用。

2. 实验拓扑

实验拓扑如图 5-13 所示。

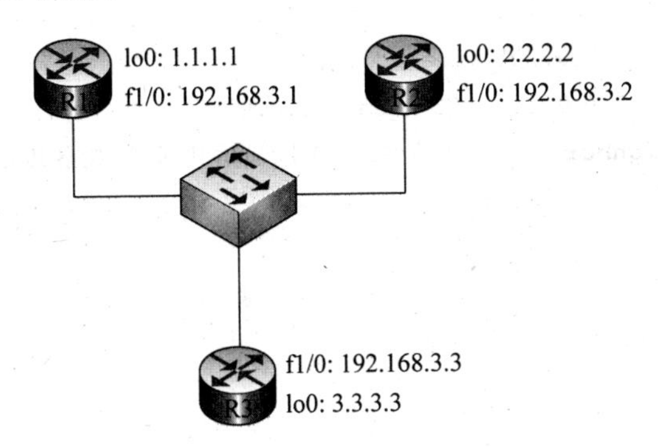

图 5-13 广播多路访问链路上 DR 和 BDR 的选举

(1) 将 3 台路由器接入一个二层交换机，配置各路由器的接口(以太网口和环回口)，并把直连接口和环回接口都宣告进 OSPF 里，表明环回接口不仅作为路由器的 ID，还模拟一个子网。

(2) 3 台路由器同属 Area 0。

3. 实验配置步骤

(1) R1 上的主要配置如下：

```
hostname R1
  interface f1/0
  ip address 192.168.3.1 255.255.255.0
  no shut
!
  interface lo0
    ip address 1.1.1.1 255.255.255.0
    no shut
!
  router ospf 1
    network 1.1.1.0 0.0.0.255 area 0.0.0.0
    network 192.168.3.0 0.0.0.255 area 0.0.0.0
!
R1#debug ip ospf event          /* 在 R1 上显示发送和接收 OSPF 包的情况 */
```

(2) R2 上的配置如下：

```
hostname R2
interface f1/0
  ip address 192.168.3.2 255.255.255.0
  no shut
```

```
!
 interface lo0
   ip address 2.2.2.2 255.255.255.0
   no shut
!
router ospf 1
   network 2.2.2.0 0.0.0.255 area 0.0.0.0
   network 192.168.3.0 0.0.0.255 area 0.0.0.0
R2#show ip ospf neighbor        /*在R2上不断显示其邻居,观察其变化*/
```

(3) R3上的配置如下:

```
interface f1/0
  ip address 192.168.3.3 255.255.255.0
!
interface lo0
  ip address 3.3.3.3 255.255.255.0
!
router ospf 1
  network 3.3.3.0 0.0.0.255 area 0.0.0.0
  network 192.168.3.0 0.0.0.255 area 0.0.0.0
R3#show ip ospf neighbor        /*在R3上不断显示其邻居,观察其变化*/
```

4. 检测结果及说明

(1) 在路由器R1上用debug ip ospf event命令,检查OSPF发送的包的类型,注意下画线标注的内容。

```
/*以下进入Init状态*/
00:00:30: OSPF: Rcv hello from 3.3.3.3 area 0 from FastEthernet0/0 192.168.3.3
00:00:30: OSPF: End of hello processing
00:00:30: OSPF: Rcv hello from 2.2.2.2 area 0 from FastEthernet0/0 192.168.3.2
00:00:30: OSPF: End of hello processing
/*以下进入Two-way状态*/
00:00:35: OSPF: Rcv hello from 3.3.3.3 area 0 from FastEthernet0/0 192.168.3.3
00:00:35: OSPF: 2 Way Communication to 3.3.3.3 on FastEthernet0/0, state 2WAY
/*以下发送DBD*/
00:00:35: OSPF: Send DBD to 3.3.3.3 on FastEthernet0/0 seq 0x3698 opt 0x00 flag 0x7
len 32
00:00:35: OSPF: End of hello processing
/*以下开始DR、BDR的选举*/
00:00:35: OSPF: Neighbor change Event on interface FastEthernet0/0
00:00:35: OSPF: DR/BDR election on FastEthernet0/0
/*以下选举BDR为3.3.3.3、DR为1.1.1.1*/
00:00:35: OSPF: Neighbor change Event on interface FastEthernet0/0
00:00:35: OSPF: Elect BDR 3.3.3.3
```

```
00:00:35: OSPF: Elect DR 1.1.1.1
00:00:35:         DR: 1.1.1.1 (Id)     BDR: 3.3.3.3 (Id)
/*发送 DBD 到 2.2.2.2*/
00:00:35: OSPF: Send DBD to 2.2.2.2 on FastEthernet0/0 seq 0x2ab1 opt 0x00 flag 0x7
len 32
/*从 3.3.3.3 接收 DBD,进入 Exstart 状态*/
00:00:35: OSPF: Rcv DBD from 3.3.3.3 on FastEthernet0/0 seq 0x3a04 opt 0x00 flag 0x7
len 32 mtu 1500 state EXSTART
00:00:35: OSPF: NBR Negotiation Done. We are the SLAVE
/*与 3.3.3.3 交换 DBD,进入 Exchange 状态*/
00:00:35: OSPF: Send DBD to 3.3.3.3 on FastEthernet0/0 seq 0x3a04 opt 0x00 flag 0x2
len 52
00:00:35: OSPF: Rcv DBD from 3.3.3.3 on FastEthernet0/0 seq 0x3a05 opt 0x00 flag 0x3
len 52 mtu 1500 state EXCHANGE
00:00:35: Exchange Done with 3.3.3.3 on FastEthernet0/0
/*向 192.168.3.3 发送请求包,向 3.3.3.3 发送更新包*/
00:00:35: OSPF: sent LS REQ packet to 192.168.3.3, length 12
00:00:35: OSPF: Send DBD to 3.3.3.3 on FastEthernet0/0 seq 0x3a06 opt 0x00 flag 0x0
len 32
/*进入 Full 状态*/
00:00:35: Synchronized with with 3.3.3.3 on FastEthernet0/0, state FULL
00:00:35: %OSPF-5-ADJCHG: Process 100, Nbr 3.3.3.3 on FastEthernet0/0 from LOADING
to FULL, Loading Done
```

(2) 在路由器 R2、R3 上用 show ip ospf neighbor 显示有哪些 OSPF 邻居,包括它们的路由器 ID、接口地址、邻接状态以及 DR 和 BDR。

```
R1#show ip ospf neighbor
Neighbor ID   Pri   State          DeadTime   Address       Interface
-----------   ----  -----          --------   -------       ---------
2.2.2.2       1     Full/BDR       00:00:36   192.168.3.2   FastEthernet 1/0
3.3.3.3       1     Full/DR        00:00:35   192.168.3.3   FastEthernet 1/0
R2#show ip ospf neighbor
Neighbor ID   Pri   State          DeadTime   Address       Interface
-----------   ----  -----          --------   -------       ---------
1.1.1.1       1     Full/DROTHER   00:00:33   192.168.3.1   FastEthernet 1/0
3.3.3.3       1     Full/DR        00:00:32   192.168.3.3   FastEthernet 1/0
R3#show ip ospf neighbor
Neighbor ID   Pri   State          DeadTime   Address       Interface
-----------   ----  -----          --------   -------       ---------
1.1.1.1       1     Full/DROTHER   00:00:30   192.168.3.1   FastEthernet 1/0
2.2.2.2       1     Full/BDR       00:00:39   192.168.3.2   FastEthernet 1/0
```

从上面 3 个列表可知,对广播多路访问网络,需进行 DR/BDR 的选举。具有最高优先级和路由器 ID 的 R3 为 DR,次高的 R2 为 BDR;在优先级相同(为 1)的情况下,由最高路由器 ID 决定 DR。

(3) 调节 OSPF 的计时器,手工修改 R1 的 Hello 间隔和 Dead 间隔(4倍):

```
R1(config)#int f1/0
R1(config-if)#ip ospf hello-interval 5
R1(config-if)#ip ospf dead-interval 20
```

(4) 用 show ip ospf neighbor 查看 R1 是否还有 OSPF 邻居。如果没有,用 debug ip ospf events 命令调试,以查明这是不是由 R1 与其他路由器之间建立邻接关系时 Hello 间隔和 Dead 间隔不同引起的。

```
R1#show ip ospf neighbor
```

没有邻居显示:

```
R1#debug ip ospf event
35683:OSPF(event): FastEthernet 1/0(192.168.3.1) of router(1.1.1.1) received a
error packet(PacketType:hello ErrorType:helloIntervalMismatch) with sourec IP
192.168.3.3
35683:OSPF(event): FastEthernet 1/0(192.168.3.1) of router(1.1.1.1) received a
error packet(PacketType:hello ErrorType:helloIntervalMismatch) with sourec IP
192.168.3.2
```

从 debug 的输出可知,这是由于 Hello 的间隔不匹配所产生的错误。

```
R1#undebug all
```

将3台路由器全部恢复为默认值,可见邻居关系又得以恢复:

```
R1(config)#int f1/0
R1(config-if)#no ip ospf hello-interval
R1(config-if)#no ip ospf dead-interval
```

(5) 如果一台路由器有特别高的路由器 ID,使其在多路访问型网络的所有接口上都成为 DR,它将承担多个 DR 的角色,其工作负担过重。可以通过改变以太网接口的优先级(0~255),使其在一个接口上成为 DR,而在其他接口上不是 DR。为使 R1 成为 DR,R2 成为 BDR,按如下配置:

```
R1(config)#int f1/0
R1(config-if)#ip ospf priority 200
R1#show ip ospf neighbor
Neighbor ID  Pri  State     DeadTime   Address      Interface
---------    ---  -----     --------   ------       ---------
2.2.2.2      1    Full/BDR  00:00:36   192.168.3.2  FastEthernet 1/0
3.3.3.3      1    Full/DR   00:00:35   192.168.3.3  FastEthernet 1/0
```

即使改变了优先级别,DR 和 BDR 仍然保持不变,这是因为 DR 的选举是非抢占性的。必须经过重新选举,例如同时关闭 DR 和 BDR 路由器,或在每台路由器上用 clear ip ospf process 重启 OSPF 的进程。

```
R1#clear ip ospf process
```

```
R1#show ip ospf neighbor
Neighbor ID   Pri   State          DeadTime   Address       Interface
---------     ----  -----          --------   ------        ---------
2.2.2.2       1     2Way/DROTHER   00:00:36   192.168.3.2   FastEthernet 1/0
3.3.3.3       1     2Way/DROTHER   00:00:35   192.168.3.3   FastEthernet 1/0
R2(config)#clear ip ospf process          /*在每台路由器上,人为地要求重新选举*/
R2#show ip ospf neighbor
Neighbor ID   Pri   State          DeadTime   Address       Interface
---------     ----  -----          --------   ------        ---------
1.1.1.1       200   2Way/BDR       00:00:32   192.168.3.1   FastEthernet 1/0
3.3.3.3       1     2Way /DR       00:00:32   192.168.3.3   FastEthernet 1/0
```

从上面的状态为 2Way(Two-way)可以看出,重启进程后,选举 DR 的过程还未完成。

```
R3#debug ip ospf event
```

(6) 用 debug ip ospf adj 显示 OSPF 邻接关系的建立过程,从中找出各状态。

```
R1#debug ip ospf adj
OSPF adjacency events debugging is on
```

5.5　多区域 OSPF 的配置

5.5.1　多区域 OSPF 概述

1. OSPF 的分区

OSPF 允许在一个自治系统里划分多个区域,相邻的网络和它们相连的路由器组成一个区域。每一个区域有该区域自己的拓扑数据库,该数据库对于外部区域是不可见的,每个区域内部路由器的链路状态数据库只包含该区域内的链路状态信息,这些 DBD 也不能详细地知道外部区域的链接情况。在同一个区域内的路由器拥有同样的链路状态数据库,而和多个区域相连的区域边界路由器拥有多个区域的链路状态数据库。划分区域的方法减少了链路状态数据库的大小,并极大地减少了路由器间交换状态信息的数量,如图 5-14 所示。

在多区域的自治系统中,OSPF 规定必须有一个主干区域(backbone):Area 0,主干区域是 OSPF 的中枢区域,它与其他区域通过区域边界路由器(ABR)相连。区域边界路由器通过主干区域进行区域间路由信息的交换。为了使得每个区域都与主干区域交换链路状态数据库,要求其他区域必须与主干区域相连,如果物理上不相连,则必须建立虚链路,把其他区域与主干区域相连。

2. OSPF 链路状态公告的报文类型

OSPF 路由器之间交换链路状态公告(LSA)信息。LSA 有以下几种不同功能的报文:

TYPE 1(路由器 LSA,拓扑表中显示 Router Link States,路由表中显示 O):由区域内所有的路由器发出,并且只能在本区域内广播。内部路由器把自己的路由信息发送出去,也可用于选择 DR 和 BDR。

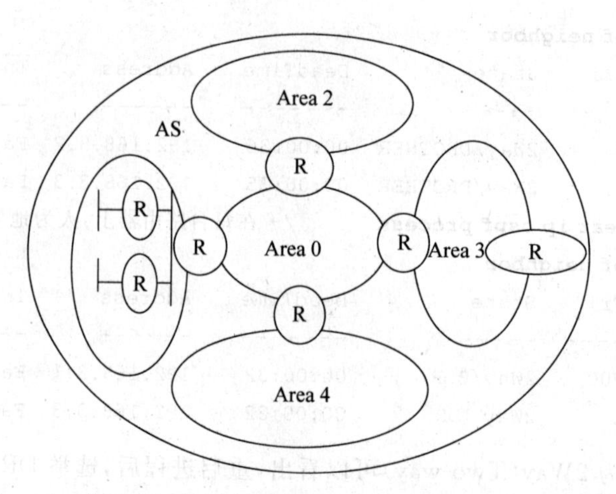

图 5-14 把自治系统分成多个 OSPF 区域

TYPE 2(网络 LSA,拓扑表中显示 Net Link States,路由表中显示 O):由本区域的 DR 或 BDR 路由器发出,用 224.0.0.5 泛洪到区域内的各路由器,用于通告本区域汇总以后的路由信息。如果本区域内无 DR/BDR,则不产生这种类型的包。

TYPE 3(网络汇总 LSA,拓扑表中显示 Summary Net Link States,路由表中显示 O IA):由 ABR 发出,用于交换区域与区域之间的路由信息。因为 ABR 跨了两个区域,知道两个区域的所有路由信息,所以 ABR 要把两个区域的路由信息相互交换,形成的链路通告就是 LSA3。由于在 OSPF 中每个区域都必须与 Area 0 相连(如果物理上不相连,也要建立虚链路),因此,每个非主干区域都把自己的区域内路由信息传给 Area 0,Area 0 再把汇总后的路由信息发给其他区域边界路由器。

总结:LSA1 和 LSA2 可以让区域内的路由器学习到本区域的所有路由信息。LSA 3 可以让不同区域的路由器互相学习路由信息。因此通过 LSA1、LSA2、LSA3 就可以学习到整个 OSPF 自治系统中的所有路由信息。

TYPE 4(ASB 汇总 LSA,拓扑表中显示 Summary ASB Link States,路由表中显示 O IA):由 ABR 发出,用于告诉区域内部的路由器谁是 ASBR,它包含了描述到达自治系统边界路由器 ASBR 的路由,即自治系统的出口路由器。

TYPE 5(外部 LSA,拓扑表中显示 Type-5 AS External Link States,路由表中显示 O E1 或 E2):由 ASBR 发出,把外部的路由信息引到 OSPF 自治系统内部,并把 OSPF 内部路由信息发出去。

TYPE 6(多播 OSPF,路由表中显示 MOSF),MOSF 可以让路由器利用链路状态数据库的信息构造用于多播报文的多播发布树。

TYPE 7(NSSA 外部 LSA,路由表中显示 O N1 或 N2):由 ASBR 产生的关于 NSSA 的信息。在不完全存根区域 NSSA 区域中,当有一个路由器是 ASBR 时,不得不产生 LSA 5 报文,但是 NSSA 中不能有 LSA 5 报文,因此 ASBR 产生 LSA 7 报文,发给本区域的路由器。

下面用表 5-2 的形式总结 LSA 的类型描述、始发的路由器及作用。

表5-2 LSA类型描述、始发的路由器及作用

类型代码	描述	始发的路由	作用
1	路由器LSA	域内的所有路由器	列出路由器所有的链路或接口
2	网络LSA	DR	列出与之相连的所有路由器，在产生这条网络LSA的区域内部进行泛洪
3	网络汇总LSA	ABR	将发送给网络的另一个区域，用来通告该区域外部的目的地址
4	ASBR汇总LSA	ABR	通告汇总LSA的目的地是一个ASBR
5	自治系统外部LSA	ABR	用来通告到达OSPF自治系统外部的目的地或者到达OSPF自治系统外部的默认路由的LSA
6	多播OSPF	组成员路由器	利用链路状态数据库的信息构造用于多播报文的多播发布树
7	NSSA外部LSA	ASBR	通告仅在始发这个NSSA的非完全存根区域内部进行泛洪

按表5-3的形式，列出每种区域内允许泛洪的LSA类型。

表5-3 每种区域内允许泛洪的LSA类型

区域类型	LSA 1,2	LSA 3	LSA 4,5	LSA 7
主干区域	允许	允许	允许	不允许
非主干区域、非存根区域	允许	允许	允许	不允许
存根区域	允许	允许	不允许	不允许
完全存根区域	允许	不允许	不允许	不允许
NSSA	允许	允许	不允许	允许

3. OSPF区域类型

有4种路由器：内部路由器、主干路由器、区域边界路由器和自治系统边界路由器，从而构成5种类型的区域：

(1) 标准区域：一个标准区域可以接收链路更新信息和路由汇总；

(2) 主干区域(传递区域)：主干区域是连接各个区域的中心实体。主干区域始终是Area 0，所有其他的区域都要连接到这个区域上交换路由信息。主干区域拥有标准区域的所有性质。

(3) 存根区域(Stub区域)：Stub区域的ABR不允许注入LSA 5，不允许外部自治域的路由信息到达本区域，从而大大减小了路由表规模。为保证到本自治系统的其他区域或者自治系统外的路由依旧可达，该区域的ABR将生成一条默认路由，并发布给本区域中的其他非ABR路由器(只出不进)。

(4) 完全存根区域(Totally Stub区域)：完全存根区域的ABR不会将区域间的路由信息和外部自治系统路由信息传递到本区域。从而进一步减小路由表规模以及路由信息传递的数量。通常完全存根区域位于本自治系统的边界。需要发送到区域外的报文则使用默认路由0.0.0.0。完全存根区域是思科自己定义的。

(5) 不完全存根区域(NSSA):它是Stub区域的变形,不允许LSA 5注入,但允许LSA 7注入。LSA 7由NSSA的ASBR产生,在NSSA内传播。当LSA 7到达NSSA的ABR时,由ABR将其转换成LSA 5,传播到其他区域。

区分不同OSPF区域类型的关键在于它们对外部路由的处理方式。外部路由被ASBR传入自治域内,ASBR可以通过OSPF或者其他的路由协议学习到这些路由。

与区域相关的通信有3种类型:各区域内的通信、各区域间的通信以及OSPF内部到OSPF外部之间的通信。

表5-4显示了各区域能接收的LSA的类型。

表5-4 各区域能接收的LSA的类型

区域类型	LSA类型	是否有默认路由
主干区域	1,2,3,4,5	
标准区域	1,2,3,4,5	
存根区域	1,2,3	有
完全存根区域	1,2	有
不完全存根区域	1,2,3,7	
不完全存根区域	1,2,7	有

4. 虚链路

由于网络的拓扑结构复杂,有时无法满足每个区域都能和Area 0直接相连,因此通过一个中间区域(如Area x)作为桥梁,使一个非骨干区域Area y与Area 0进行虚连接。

虚链路(virtual link)是指一条通过一个非主干区域连接到主干区域的链路。应用虚链路的目的和场合如下:

(1) 把一个远离主干区域的区域,通过一个能连接到主干区域的非主干区域将其与主干区域相连。

(2) 通过一个非主干区域连接一个分段的主干区域两边的部分区域。

配置虚链路应遵守以下规则:

(1) 虚链路必须配置在两台ABR之间,其中一台是主干区域的ABR1,另一台是远离主干区域的ABR2,但ABR1和ABR2都在某一个非主干区域中,这样的区域又称为传送区域。

(2) 配置了虚链路的区域必须拥有全部的路由选择信息

(3) 传送区域不能是一个末梢区域。

虚链路是设置在两个路由器A和B之间的,假定A是Area 0与Area x的边界路由器,B是Area x与Area y的边界路由器。在这两个路由器上分别定义ID:

```
A(config-router)#area x virtual-link        /*路由器B的ID*/
B(config-router)#area x virtual-link        /*路由器A的ID*/
```

5. 报文在OSPF多区域网络中发送的过程

首先,区域内部的路由器向本区域的DR(BDR)发送LSA 1,DR(BDR)向本区域内部的路由器发送LSA 2。对本区域内的路径信息进行交换并计算出相应的路由表项。

其次,当在区域内部路由器的链路信息达到统一后,其他区域ABR才能发送LSA 3给主干区域 ABR。主干区域 ABR 汇总后再发送 LSA 3 到其他各区域 ABR。其他区域路由器可以根据这些汇总信息计算相应到达主干区域的路由表项及到达其他区域的路由表项。

再次,所有 ABR 发出 LSA 4,告诉区域内部的路由器谁是 ASBR。

最后,ASBR 发出 LSA 5,除了存根区域,所有路由器根据 ASBR 所发送的 LSA 5 计算出到达自治域外的路由表项。

当两个非主干区域间路由 IP 包的时候,必须通过主干区域。IP 包经过的路径分为 3 个部分:源区域内路径(从源端到 ABR)、主干路径(源和目的区域间的主干区域路径)、目的端区域内路径(目的区域的 ABR 到目的路由器的路径)。从另一个观点来看,一个自治系统就像一个以主干区域作为集线器,各个非主干区域连到集线器上的星形结构图。各个区域边界路由器在主干区域上进行路由信息的交换,发布本区域的路由信息,同时收到其他区域边界路由器发布的信息,传到本区域进行链路状态的更新以形成最新的路由表。

5.5.2 多区域 OSPF 的基本配置

OSPF 多区域的配置思路如下:

(1) 配置区域内的路由器。

(2) 配置各 ABR。

(3) 配置 ASBR,因为 ASBR 处于 OSPF 系统和非 OSPF 系统中,所以要使用重分布路由信息。

(4) 配置一些特殊的区域,如存根区域和完全存根区域,而这些配置和单区域相同,只是区域宣告不同。

1. 实验目的

(1) 掌握 OSPF 多区域基础知识。

(2) 验证 OSPF 非主干区域间的路由选择必须经过主干区域。

(3) 验证 OSPF 非主干区域到主干区域的路由选择按最优路径。

(4) 验证当非主干区域与主干区域不连续时必须建立虚链路。

2. 实验拓扑

实验拓扑如图 5-15 所示。

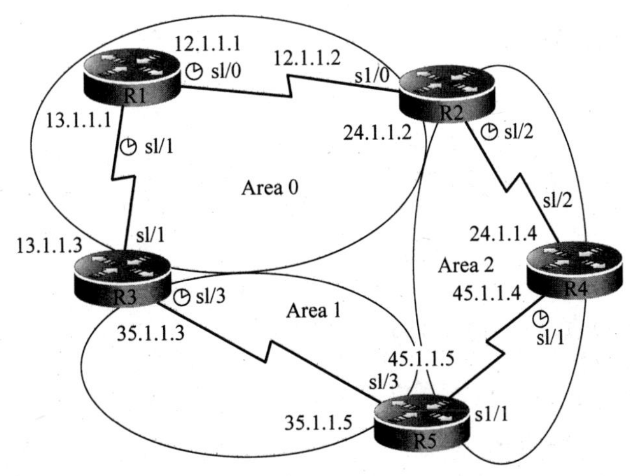

图 5-15 OSPF 在不同区域间的路由选择

3. 实验配置步骤

(1) R1 的主要配置如下：

```
hostname R1
interface lo0
  ip address 1.1.1.1 255.255.255.255
interface s1/0
  ip address 12.1.1.1 255.255.255.0
  clock rate 64000
interface s1/1
  ip address 13.1.1.1 255.255.255.0
  clock rate 64000
!
router ospf 1
  log-adjacency-changes
  network 12.1.1.0 0.0.0.255 area 0
  network 13.1.1.0 0.0.0.255 area 0
```

(2) R2 的主要配置如下：

```
hostname R2
interface lo0
  ip address 2.2.2.2 255.255.255.255
interface s1/0
  ip address 12.1.1.2 255.255.255.0
interface s1/2
  ip address 24.1.1.2 255.255.255.0
  clock rate 64000
router ospf 1
  log-adjacency-changes
  network 12.1.1.0 0.0.0.255 area 0
  network 24.1.1.0 0.0.0.255 area 2
```

(3) R3 的主要配置如下：

```
hostname R3
interface lo0
  ip address 3.3.3.3 255.255.255.255
interface s1/1
  ip address 13.1.1.3 255.255.255.0
interface s1/3
  ip address 35.1.1.3 255.255.255.0
  clock rate 64000
router ospf 1
  log-adjacency-changes
  network 13.1.1.0 0.0.0.255 area 0
```

```
  network 35.1.1.0 0.0.0.255 area 1
```

(4) R4 的主要配置如下：

```
hostname R4
interface lo0
  ip address 4.4.4.4 255.255.255.255
interface s1/1
  ip address 45.1.1.4 255.255.255.0
  clock rate 64000
interface s1/2
  ip address 24.1.1.4 255.255.255.0
router ospf 1
  log-adjacency-changes
  network 24.1.1.0 0.0.0.255 area 2
  network 45.1.1.0 0.0.0.255 area 2
```

(5) R5 的主要配置如下：

```
hostname R5
interface lo0
  ip address 5.5.5.5 255.255.255.255
interface s1/1
  ip address 45.1.1.5 255.255.255.0
interface s1/3
  ip address 35.1.1.5 255.255.255.0
router ospf 1
  log-adjacency-changes
  network 45.1.1.0 0.0.0.255 area 2
  network 35.1.1.0 0.0.0.255 area 1
```

4. 检测非主干区域间的路由选择

在区域 2 中的 R4 上，对区域 1 中的 R5 进行路由跟踪：

```
R4#traceroute 35.1.1.5
Type escape sequence to abort.
Tracing the route to 35.1.1.5
1    24.1.1.2        31 msec    31 msec    31 msec
2    12.1.1.1        62 msec    62 msec    62 msec
3    13.1.1.3        94 msec    65 msec    94 msec
4    35.1.1.5        62 msec    79 msec    64 msec
```

虽然 R4 与 R5 通过物理链路相连，但分属不同的区域，且都为非主干区域，虽然区域 1、区域 2 也相邻，由 R5 作为这两个区域的边界路由器，但从上述路由跟踪(R4→R2→R1→R3→R5)结果可以看出，两者的路由选择不能通过它们之间的直接链路 45.1.1.5 的路径，而必须通过区域 0 转发。

5. 检测非主干区域到主干区域的路由选择

在区域边界路由器R5上,分别对区域0上的R1和R2进行路由跟踪:

```
R5#traceroute 1.1.1.1
Type escape sequence to abort.
Tracing the route to 1.1.1.1
1     35.1.1.3          31 msec     19 msec     32 msec
2     13.1.1.1          47 msec     31 msec     62 msec
```

从路由跟踪(R5→R3→R1)结果可知,此时的路由是根据最优路径的区域选择的。

```
R5#traceroute 2.2.2.2
Type escape sequence to abort.
Tracing the route to 2.2.2.2
1     45.1.1.4          32 msec     31 msec     18 msec
2     24.1.1.2          62 msec     56 msec     62 msec
```

从路由跟踪(R5→R4→R2)结果可知,此时的路由是根据最优路径的区域选择的。

6. 检测远离区域的区域无法进行路由选择

(1) 显示R4上的路由表(由此可以看出各路由情况):

```
R4#show ip rout
Gateway of last resort is not set
     12.0.0.0/24 is subnetted, 1 subnets
O IA     12.1.1.0 [110/1562] via 24.1.1.2, 00:12:30, Serial1/2
     13.0.0.0/24 is subnetted, 1 subnets
O IA     13.1.1.0 [110/2343] via 24.1.1.2, 00:12:30, Serial1/2
     24.0.0.0/24 is subnetted, 1 subnets
C      24.1.1.0 is directly connected, Serial1/2
     35.0.0.0/24 is subnetted, 1 subnets
O IA     35.1.1.0 [110/3124] via 24.1.1.2, 00:12:30, Serial1/2
     45.0.0.0/24 is subnetted, 1 subnets
C      45.1.1.0 is directly connected, Serial1/1
```

(2) 强行关闭R2上的s1/2端口:

```
R2(config)#int s1/2
R2(config-if)#shut
```

(3) 在R4上显示路由表,可以看出,R4只有直连路由,而丢失了所有其他路由信息:

```
R4#show ip rout
Gateway of last resort is not set
     24.0.0.0/24 is subnetted, 1 subnets
C      24.1.1.0 is directly connected, Serial1/2
     45.0.0.0/24 is subnetted, 1 subnets
C      45.1.1.0 is directly connected, Serial1/1
```

7. 检测通过建立虚链路使远离 Area 0 的区域得到路由

从图 5-15 可知，在 R4 的 s1/2 关闭时，Area 2 只有通过 Area 1 与 Area 0 相连，而同在 Area 1 上的两个桥梁路由器分别是 R3 和 R5，其中 R3(路由器 ID 为 3.3.3.3) 连接 Area 0 和 Area 1，R5(路由器 ID 为 5.5.5.5) 连接 Area 1 和 Area 2。因此，分别在两个路由器上做如下配置：

```
R3(config)#router ospf 1
R3(config-router)#area 1 virtual 5.5.5.5

R5(config)#router ospf 1
R5(config-router)#area 1 virtual-link 3.3.3.3
```

再在 R4 上显示路由表：

```
R4#show ip rout
Gateway of last resort is not set
     12.0.0.0/24 is subnetted, 1 subnets
O IA     12.1.1.0 [110/3124] via 45.1.1.5, 00:01:06, Serial1/1
     13.0.0.0/24 is subnetted, 1 subnets
O IA     13.1.1.0 [110/2343] via 45.1.1.5, 00:01:06, Serial1/1
     35.0.0.0/24 is subnetted, 1 subnets
O IA     35.1.1.0 [110/1562] via 45.1.1.5, 00:01:26, Serial1/1
     45.0.0.0/24 is subnetted, 1 subnets
C      45.1.1.0 is directly connected, Serial1/1
```

从上面的结果可以看出，R4 已经通过虚链路学会了所有的路由信息。

并且，通过路由表中显示 R2 的接口 24.1.1.2 信息

```
O IA     35.1.1.0 [110/3124] via 24.1.1.2, 00:12:30, Serial1/2
```

可知，R4 对 R3 的选路已经由原来的 R4→R2→R1→R3 路径变成了 R4→R5→R3 路径，通过路由表中 R5 的接口 45.1.1.5 的信息也可以看出：

```
O IA     35.1.1.0 [110/1562] via 45.1.1.5, 00:01:26, Serial1/1
```

同时通过 traceroute 也能验证 R4 对 R3 的选择：

```
R4#traceroute 35.1.1.3
Type escape sequence to abort.
Tracing the route to 35.1.1.3
1     45.1.1.5          31 msec     31 msec     32 msec
2     35.1.1.3          62 msec     62 msec     62 msec
```

5.6　本章命令汇总

表 5-5 列出了本章涉及的主要命令。

表 5-5 本章命令汇总

命令	作用
show ip route	查看路由表
show ip ospf neighbor	查看 OSPF 邻居的基本信息
show ip ospf database	查看 OSPF 拓扑结构数据库
show ip ospf interface	查看 OSPF 路由器接口的信息
show ip ospf	查看 OSPF 进程及其细节
debug ip ospf adj	显示 OSPF 邻接关系创建或中断的过程
debug ip ospf events	显示 OSPF 发生的事件
debug ip ospf packet	显示路由器收到的所有的 OSPF 数据包
router ospf	启动 OSPF 路由进程
router-id	配置路由器 ID
network	通告网络及网络所在的区域
ip ospf network	配置接口网络类型
ip ospf cost	配置接口开销值
ip ospf hello-interval	配置 Hello 间隔
ip ospf dead-interval	配置 OSPF 邻居的死亡时间
ip ospf priority	配置接口优先级
auto-cost reference-bandwidth	配置参考带宽
clear ip ospf process	清除 OSPF 进程
area area-id authentication	启动区域简单口令认证
ip ospf authentication-key cisco	配置认证密码
area area-id authentication message-digest	启动区域 MD5 认证
ip ospf message-digest-key key-id md5 key	配置 Key-ID 及密钥
ip ospf authentication	启用链路简单口令认证
ip ospf authentication message-digest	启用链路 MD5 认证
default-information originate	向 OSPF 区域注入默认路由
show ip ospf database router	查看 LSA1 的全部信息
redistribute	路由协议重分布
area area-id range	区域间路由汇总
summary-address	外部路由汇总
area area-id stub	把某区域配置成末节区域
area area-id stub no-summary	把某区域配置成完全末节区域
area area-id nssa	把某区域配置成 NSSA 区域
area area-id virtual-link	配置虚链路

习题与实验

1. 选择题

(1) 显示 OSPF 的链路状态数据库的命令是(　　)。

A. show ip ospf lsa database　　B. show ip ospf link-state

C. show ip ospf neighbors　　D. show ip ospf database

(2) OSPF 将不同的网络拓扑抽象为几种类型,下面的选项中(　　)不属于其中之一。

A. 存根网络　　B. 点到点　　C. 点到多点　　D. NBMA

(3) OSPF 有 5 种区域,以下(　　)不是其中之一。

A. 主干区域　　B. 末梢区域

C. 完全存根区域　　D. 非标准区域

(4) 在 OSPF 的报文中,(　　)可用于选举 DR 和 BDR。

A. Hello　　B. DD　　C. LSR　　D. LSU

E. LSAck

(5) 下面(　　)不是分层路由的优势。

A. 降低了 SPF 运算的频率　　B. 减小了路由表

C. 减少了链路状态更新报文　　D. 节省了链路间的开销

(6) 要成为存根区域或者完全存根区域要满足的条件中不包括(　　)。

A. 只有一个默认路由作为其区域的出口

B. 区域不能作为虚链路的穿越区域

C. 存根区域里无自治系统边界路由器

D. 其中一台路由器可以在主干区域 Area 0 中

(7) 配置虚链路要遵守的规则中不包括(　　)。

A. 虚链路必须配置在两台 ABR 之间

B. 虚链路所经过的区域称为传送区域,在此区域中必须有一台路由器连接到主干区域,另一台路由器连接到远离的区域

C. 传送区域不能是一个存根区域

D. 在一台主干区域的路由器与存根区域的路由器之间进行配置即可

(8) OSPF 地址汇总是(　　)。

A. 区域间路由汇总和外部路由汇总

B. 内部路由汇总

C. 手工汇总

D. 自动汇总

(9) OSPF 中标识一台路由器的 ID 有优先次序。假设有以下路由器的 ID:

① 通过 router-id 命令指定的路由器 ID。

② 选择具有最高 IP 地址的环回接口。

③ 选择具有最高 IP 地址的已激活的物理接口。

则正确的优先次序是(　　)。

A. ①→②→③　　B. ②→①→③　　C. ③→②→①　　D. ①→③→②

2. 问答题

(1) 距离矢量协议和链路状态协议有什么区别?

(2) 什么是最短路径优先算法?

(3) 如何定义路由器的ID? 什么是DR和BDR? 其作用是什么?

(4) 简述OSPF的基本工作过程。

(5) 简述OSPF中的LSA类型和每种LSA的传播范围。

(6) ABR、ASBR的作用是什么?

(7) 每一条到达一个网络目的地的路由都可以归入4种类型之一,写出这4种类型。

(8) E1与E2的区别是什么?

(9) 成为存根区域或者完全存根区域要满足的条件是什么?

3. 操作题

如图5-16所示,某公司总部由路由器R1和三层交换机S1连接内部网络,公司的一个分部由路由器R2连接二层交换机S2组成。为使公司网络互通,启用OSPF协议。要求显示邻居表、拓扑表、路由表,并解释表项的含义。

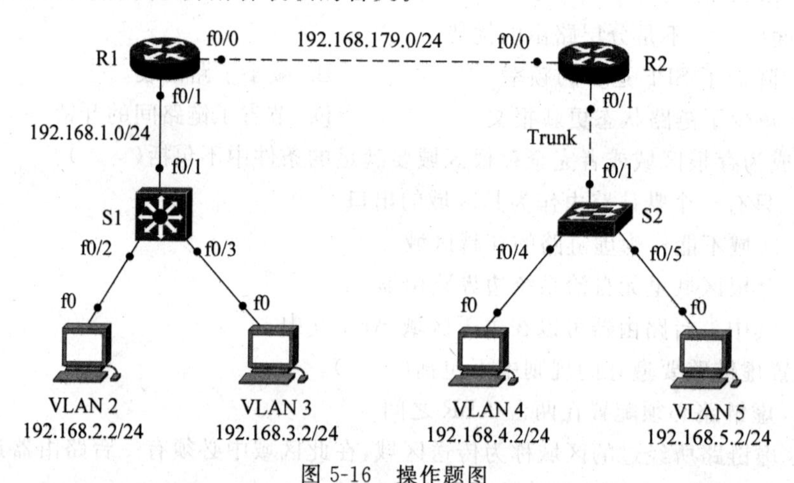

图5-16　操作题图

第 6 章　EIGRP 路由协议

本章主要介绍 EIGRP 的基本概念、工作过程，详细介绍 DUAL 算法的执行情况和度量值的计算方法，从 EIGRP 的基本配置开始，通过汇总和认证配置以及等价和不等价负载均衡的配置，全面介绍 EIGRP 的主要信息。

6.1　EIGRP 概述

EIGRP(Enhanced Interior Gateway Routing Protocol，增强型内部网关路由协议)是思科路由器私有的平衡混合型高级距离向量路由协议，源于距离矢量路由协议 IGRP，增加了链路状态型路由协议的特征，融合了距离向量和链路状态两种路由协议的优点，支持 IP、IPX、AppleTalk 等多种网络层协议。

6.1.1　EIGRP 的基本概念

EIGRP 的特点如下：

(1) 通过发送和接收 Hello 包来建立和维持邻居关系，并交换路由信息。

(2) 在拓扑改变时基于多播进行路由矢量更新，多播更新地址为 224.0.0.10。

(3) EIGRP 的管理距离为 90 或 170。

(4) 它用带宽、延迟、负载、可靠性作为度量值，其最大跳数为 255，默认为 100。

(5) 带宽占用少。周期性发送的 Hello 报文很小；采用触发更新和增量发送方法进行路由更新；对报文进行控制以减少对接口带宽的占用率，避免连续大量发送路由报文而影响正常数据业务；可以配置任意掩码长度的路由聚合，以减少路由信息传输，节省带宽。

(6) 支持可变长子网掩码 (VLSM) 和 CIDR，默认开启自动汇总功能(可关闭)，支持手工汇总。

(7) 支持 IP、IPX、AppleTalk 等多种网络层协议。

(8) 对每一种网络协议，EIGRP 都维持独立的邻居表、拓扑表和路由表。

(9) 无环路由和较快的收敛速度。EIGRP 使用 DUAL 算法，在路由计算中不可能产生环路，且只会对发生变化的路由进行重新计算；对一条路由，仅考虑受此影响的路由器，因而收敛时间短。

(10) 存储整个网络拓扑结构的信息，以便快速适应网络变化。

(11) 支持等价和非等价的负载均衡。对同一目标，可根据接口速率、连接质量、可靠性等属性自动生成路由优先级，发送报文时可根据这些信息自动匹配接口的流量，达到几个接口分担负载的目的。

(12) 使用可靠传输协议(RTP)保证路由信息传输的可靠性。

(13) 无缝连接数据链路层协议和拓扑结构，EIGRP 不要求对 OSI 参考模型的二层协议做特别的配置。

(14) EIGRP 在计算路由时综合考虑网络带宽、网络时延、信道占用率、信道可信度等因素,更能反映网络的实际情况,使得路由计算更为准确。

(15) 可以配置 MD5 认证,丢弃不符合认证的报文,以确保安全性。

(16) 协议配置简单,没有复杂的区域设置,无须针对不同网络接口类型实施不同的配置。

先介绍 EIGRP 几个术语,具体示例见图 6-1。

(1) 邻居表(neighbor table)。

在 EIGRP 中,邻居表最为重要。邻居表有如下字段:下一跳的路由器(即邻居地址)、接口、保持时间、平稳的往返计时器、队列计数、序列号。用 show ip eigrp nei 显示邻居表。

(2) 拓扑表(topology table)。

在自治系统中,路由表由拓扑表计算。拓扑表有如下字段:目标网络、度量值、邻居路由、可行距离、报告距离、接口信息、路由状态。用 show ip eigrp top 显示拓扑表。

(3) 路由表(routing table)。

路由表是到达目标网络的最佳路径,EIGRP 用 DUAL 算法从拓扑表中选择到达目的地的最佳路由放入路由表。

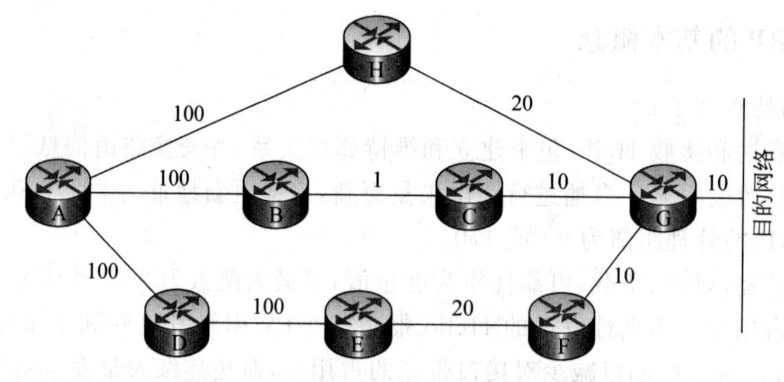

图 6-1 EIGRP 术语示例

(4) 可行距离(Feasible Distance,FD),指路由器到达目的网络的最小度量值。在图 6-1 中,对于 A→B→C→G,FD 为 100+1+10+10=121。

(5) 通告距离,也称报告距离(Reported Distance,RD),由下一跳邻居路由器公布。在图 6-1 中,H 的 AD 为 20+10=30,B 的 AD 为 1+10+10=21,D 的 AD 为 100+20+10+10=140。

(6) 可行条件(Feasible Condition,FC),指报告距离比可行距离小(AD<FD)的条件。此条件是保证无环的基础。在图 6-1 中,有两个 FC:AD 为 30<FD,AD 为 21<FD。

(7) 后继(successor),满足可行条件并具有到达目的网络最短距离的下一跳路由器。图 6-1 中的 B 路由器是后继。

(8) 可行后继(feasible successor),满足可行条件但是没有被选作后继的一个邻居路由器。它与后继路由器一起同时被标识出来,但可行后继仅保留在拓扑表中而不在路由表中。通过指定可行后继,EIGRP 路由器在后继失效时能够马上将可行路由安装到路由表中;如果没有指定可行后继,路由器将重新计算当前拓扑。图 6-1 中的 H 路由器是可行后继。

6.1.2　EIGRP 的工作过程

在 EIGRP 中，有 5 种类型的数据包：

(1) Hello：以多播的方式定期发送，用于建立和维持邻居关系。

(2) 更新(Update)：当路由器收到某个邻居路由器的第一个 Hello 包时，以单播传送方式回送一个包含它所知道的路由信息的更新包。当路由信息发生变化时，以多播的方式发送只包含变化信息的更新包。

(3) 查询(Query)：当一条链路失效时，路由器重新进行路由计算，但在拓扑表中没有可行的后继路由时，路由器就以多播的方式向它的邻居发送一个查询包，以询问它们是否有一条到目的地的后继路由。

(4) 应答(Reply)：以单播的方式回传给查询方，对查询数据包进行应答。

(5) 确认(Ack)：以单播的方式传送，用来确认更新、查询、应答数据包。

1. 建立邻接关系

如图 6-2 所示，相互连接、彼此都运行 EIGRP 的两台路由器在相同自治系统、相同度量标准(即相同的 K 值，K1 为带宽，K2 为负载，K3 为延时，K4 为可靠性，K5 为 MTU)的情况下，通过相互发送 Hello 包或确认包(以自己作为源，目标为多播地址 224.0.0.10，发送 Hello 包)建立邻接关系。

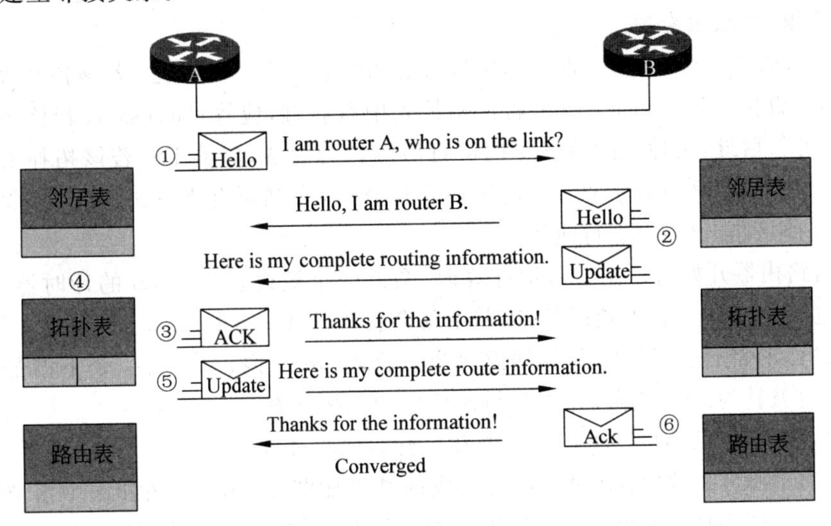

图 6-2　EIGRP 的工作过程

默认情况下，发送 Hello 包的间隔(hello interval)为 5s，抑制时间(hold time)为 Hello 间隔的 3 倍(15s)。只有小于 1.544Mb/s 的多点帧中继网络的 Hello 间隔为 60s，抑制时间为 180s。如果在抑制时间内一直没有收到邻居的 Hello 包，则认为邻居不存在。即使两台路由器的 Hello 间隔和抑制时间不一样，EIGRP 依然能够建立邻接关系。

2. 发现网络拓扑，选择最短路由

发现路由：邻居路由器收到 Hello 数据包后会返回自身的更新数据包；本地路由器收到后，会返回一个确认数据包，同时建立拓扑表。

当路由器发现新的邻居时用更新包向新的邻居发送单播更新。EIGRP 路由器向所有邻居发送多播更新来通知网络变化(建立拓扑表的过程)。如图6-2所示,路由器A和B采用多播的方式相互发送更新包,把自己已改变的拓扑表发给对方,所有的更新包都需要可靠传输(要相互确认)。确认包是单播包,确认还可以被捎带完成,如在应答包中捎带。

选择路由:使用DUAL算法,本地路由器从拓扑表中选择一个或者多个后继与后继。6.1.3节详细介绍DUAL算法。

3. 维护路由

当邻居路由通告一条链路失效,EIGRP路由器失去了后继时,将选择一条可行后继。如果无可行后继,EIGRP将该链路从消极状态置为活跃状态,重新运行DUAL算法,以多播方式向所有的邻居发送查询包,试图定位后继,查找一条到达目标网络的最佳路径。

邻居路由器必须发送应答包来响应,查询包可以是多播或单播,应答包一定是单播。查询和应答都要可靠传输(要相互确认)。

6.1.3 DUAL算法

DUAL算法总是为目标网络找一个后继和可行后继,如果后继丢失,使用可行后继作为后继。如果没有可行后继,开始向所有邻居查询,以寻找后继和可行后继。

(1) 若存在可行后继,当后继判断为down后,调用可行后继;当没有可行后继时,该路由器进入活跃状态,并向所有邻居发出查询包。active状态一直等到所有邻居应答后,要么选择新的后继,要么丢弃掉。

(2) 当邻居接到查询包后,查询邻居自身的拓扑表。有4种情况:若该拓扑表中没有发送方路由器,直接应答unreachable;若该拓扑表中有后继,应答successor;若该拓扑表中无后继,但有可行后继,去掉旧的后继并把可行后继转为后继,应答FS;若该拓扑表中既无后继也无可行后继,向其所有非原查询的端口发送查询,直到所有查询被应答,该邻居生成了后继或丢弃掉该路由后,再进行应答。

(3) 当路由器开始进行扩散查询计算时,会有一个被设置为3min的计时器,如果在活动计时器超时之后还没有收到回复,该路由就会转为SIA(stuck in active)状态,对没有应答的邻居在自己的邻居表里删除此邻居路由器。即在3min内,只要有一个下游的邻居没有应答,该路由就转为SIA状态,并重置与该邻居的邻接状态。

以下举例说明DUAL算法定位后继和可行后继的过程。

(1) 当EIGRP收敛后,DUAL算法完成的结果如图6-3所示(拓扑图中链路上的数字表示度量值)。图中从路由器C、D、E到达目标A(10.1.1.0/24)时,有3张拓扑表,在此仅对路由器C到A的拓扑表进行解释,其余两个类似。第1行是表头;第2行表明C到A的FD为3;第3行表明C通过B到达A的路径其度量值为3,AD为1,B为后继,第4行表明C通过D到达A的路径其度量值为4,AD为2,D为可行后继,第5行表明C通过E到达A的路径其度量值为4,AD为3,但AD=FD,不满足可行条件。

(2) 当B和D之间的链路发生故障时,D到达A时找不到后继B,如图6-4所示。

(3) 由于在D的拓扑表中D到A没有可行后继,因此,修改路由器D为活跃状态,并向所有邻居C、E发送查询包Q,在其他路由器的拓扑表中D也不能再成为后继和可行后继,如图6-5所示。

(4) 邻居C的拓扑表中有后继,因此邻居C给出应答(度量值为5,AD为3),邻居E的

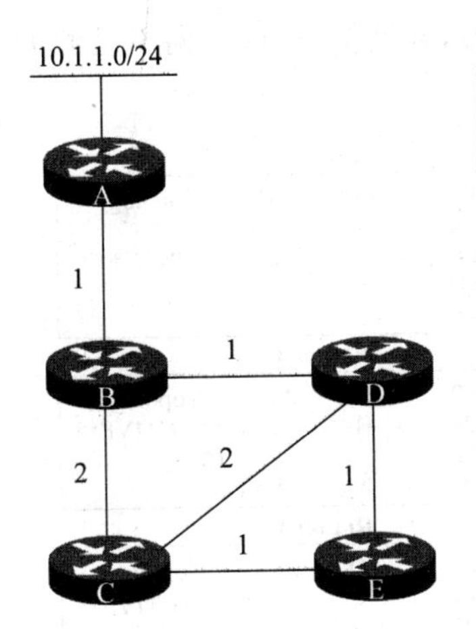

Router C

EIGRP	FD	AD	Topology
10.1.1.0/24	3		
via B	3	1	(Successor)
via D	4	2	(FS)
via E	4	3	

Router D

EIGRP	FD	AD	Topology
10.1.1.0/24	2		
via B	2	1	(Successor)
via C	5	3	

Router E

EIGRP	FD	AD	Topology
10.1.1.0/24	3		
via D	3	2	(Successor)
via C	4	3	

图 6-3　DUAL 算法步骤 1

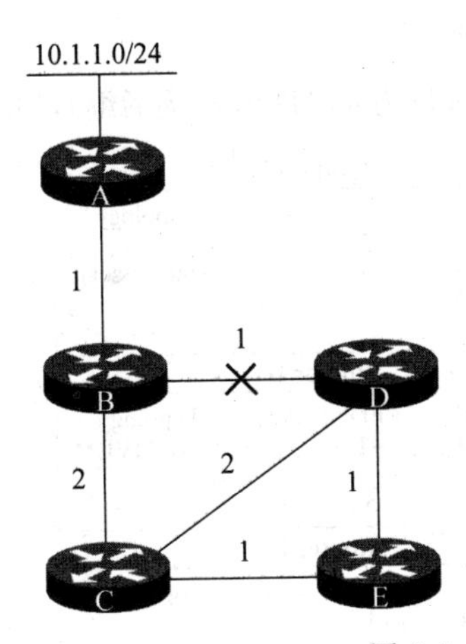

Router C

C　EIGRP	FD	AD	Topology
10.1.1.0/24	3		
via B	3	1	(Successor)
via D	4	2	(FS)
via E	4	3	

Router D

D　EIGRP	FD	AD	Topology
10.1.1.0/24	2		
~~via B~~	~~2~~	~~1~~	~~(Successor)~~
via C	5	3	

Router E

E　EIGRP	FD	AD	Topology
10.1.1.0/24	3		
via D	3	2	(Successor)
via C	4	3	

图 6-4　DUAL 算法步骤 2

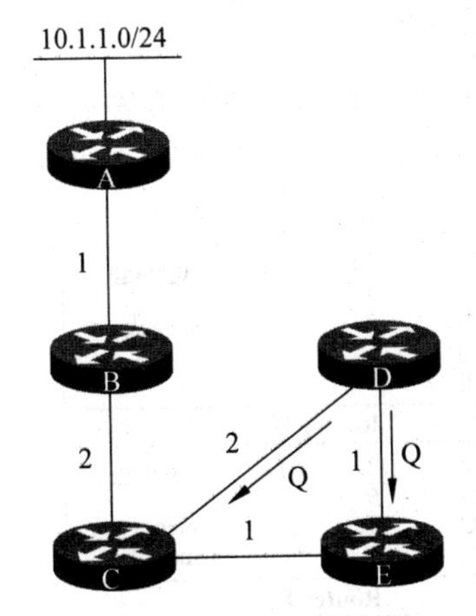

Router C

C　EIGRP	FD	AD	Topology
10.1.1.0/24	3		
via B	3	1	(Successor)
via D			
via E	4	3	

Router D

D　EIGRP	FD	AD	Topology
10.1.1.0/24	−1		**ACTIVE**
via E			(q)
via C	5	3	(q)

Router E

E　EIGRP	FD	AD	Topology
10.1.1.0/24	3		
~~via D~~	~~3~~	~~2~~	~~(Successor)~~
via C	4	3	

图 6-5　DUAL 算法步骤 3

拓扑表中无后继和可行后继，则邻居E为活跃状态，开始扩散查询(向不是源D的其他邻居扩散)，即发送查询给C，如图6-6所示。

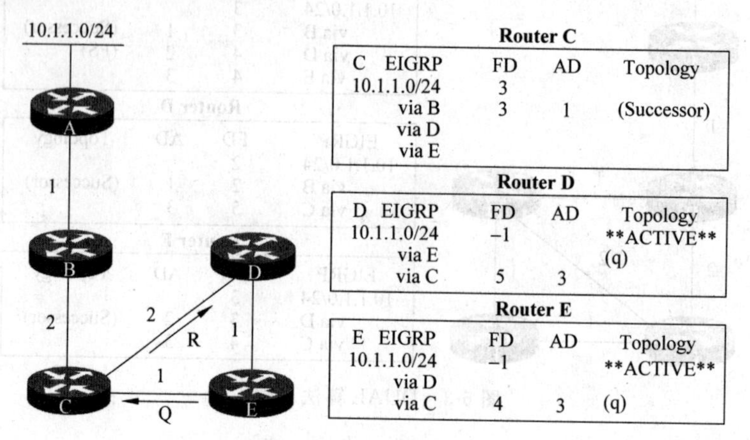

图6-6 DUAL算法步骤4

(5) C的拓扑表中有后继，因此C向E给出应答(FD为4，AD为3，为后继)，如图6-7所示。

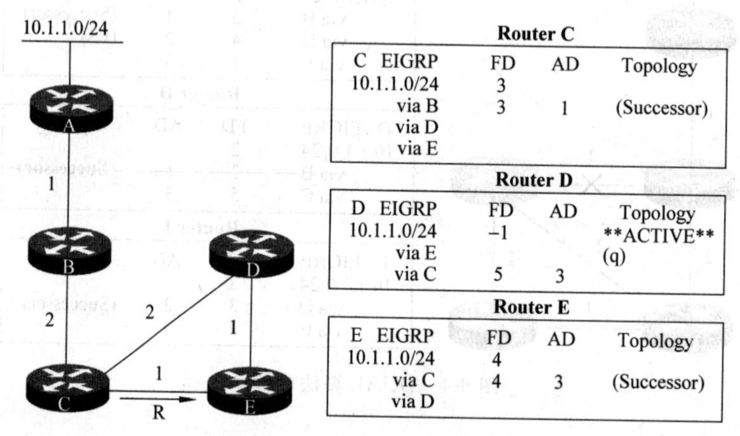

图6-7 DUAL算法步骤5

(6) E再向D发回应答(度量值为5，AD为4)，所有查询均得到应答后，E开始求可行距离、后继和可行后继，如图6-8所示，FD为5，后继有两个——C和E，无可行后继。

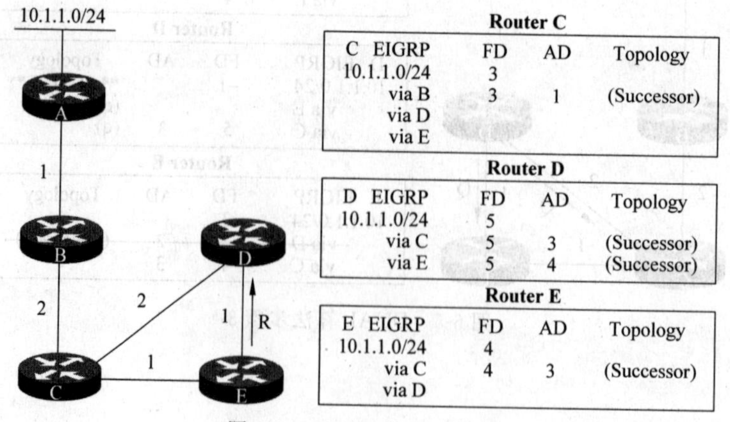

图6-8 DUAL算法步骤6

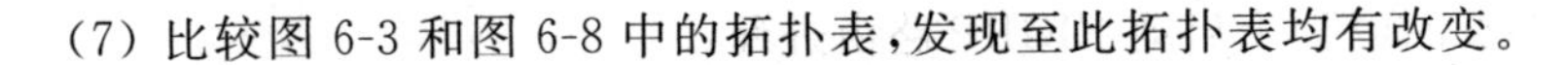

（7）比较图 6-3 和图 6-8 中的拓扑表，发现至此拓扑表均有改变。

6.1.4　EIGRP 度量值的计算方法

EIGRP 度量值的计算公式如下：

$$\text{Metric}=\text{K1}\times\text{Bandwidth}+\frac{\text{K2}\times\text{Bandwidth}}{256-\text{Load}}+\text{K3}\times\text{Delay}+\frac{\text{K5}}{\text{Reliability}+\text{K4}}\times 256$$

默认情况下，K1＝1，K2＝0，K3＝1，K4＝0，K5＝0，因此：

$$\text{Metric}=\text{Bandwidth}+\text{Delay}$$

其中，Bandwidth＝10000000/所经由链路中入口带宽（单位为 kb/s）的最小值（单位为 kb/s），Delay＝所经由链路中入口的延迟之和（单位为 μs）/10（单位为 μs）。

在 6.2 节的图 6-9 中，通过分别在 3 台路由器上用 show int s2/0、show int lo1、show int f0/0 得知各接口的带宽（BW）和延时（DLY）：

（1）环回接口：

```
MTU 1500 bytes, BW 8000000 Kbit, DLY 5000 usec,
reliability 255/255, txload 1/255, rxload 1/255
```

（2）串行接口：

```
MTU 1500 bytes, BW 128 Kbit, DLY 20000 usec,
reliability 255/255, txload 1/255, rxload 1/255
```

（3）百兆以太网接口：

```
MTU 1500 bytes, BW 100000 Kbit, DLY 100 usec,
reliability 255/255, txload 1/255, rxload 1/255
```

（4）千兆以太网接口：

```
MTU 1500 bytes, BW 1000000 Kbit, DLY 10 usec,
reliability 255/255, txload 1/255, rxload 1/255
```

在图 6-9 中，通过显示 A 的路由表，得到两条通过 EIGRP 学习的路由：

```
D    172.13.0.0/16 [90/20640000] via 212.102.11.2, 00:12:36, Serial2/0
D    192.168.1.0/24 [90/30720] via 10.0.0.2, 00:10:52, FastEthernet0/0
```

接下来计算 172.13.0.0/16 路由表项的度量值是如何得到 20 640 000 的。

带宽是从 C 的 lo1（8 000 000kb/s）到 A 的 s2/0（128kb/s），取最小的带宽为 128kb/s。延迟是从 C 的 lo1（5000μs）到 A 的 s2/0（20 000μs）之和再除 10。

$$\text{Metric}=[10\ 000\ 000/128+(5000+20\ 000)/10]\times 256=20\ 640\ 000$$

同理，192.168.1.0/24 是从 B 的 f1/0（100 000kb/s）到 A 的 f0/0（100 000kb/s），取最小的带宽为 100 000kb/s，延迟是从 B 的 f1/0（100μs）到 A 的 f0/0（100μs）之和再除 10。

$$\text{Metric}=[10\ 000\ 000/100\ 000+(100+100)/10]\times 256=30\ 720$$

6.2　EIGRP 的基本配置

配置 EIGRP 的步骤如下：

(1) 在路由器(三层交换机)上启动 EIGRP 路由进程：

```
R(config)#ROUTER EIGRP AS号
```

注意：在运行 EIGRP 的整个网络中 AS 号必须一致，范围是 1～65 535。

(2) 通告直连网络：

```
R(config-router)#Network 网络地址
```

注意：EIGRP 在通告网段时，如果是主类网络(即标准 A、B、C 类的网络，或者说没有划分子网的网络)，只需输入此类网络地址；如果是子网(CIDR 地址)，则最好在网络号后面写反码或掩码，以避免将所有的子网都加入到 EIGRP 进程中。

(3) 关闭自动汇总(可选)：

```
R(config-router)#no auto-summary
```

注意：默认情况下自动汇总是开启的，且是对直连网络按大类自动汇总，学到的路由不汇总。

(4) 在接口模式下，启动手工汇总(可选)：

```
R(config-if)#ip summary-address eigrp AS号网络地址
```

例如：

```
R(config)#interface f0/1
R(config-if)#ip summary-address eigrp 10 192.168.0.0 255.255.0.0
```

这样做的好处如下：

- 减少路由表大小。所有明细被抑制，收到的路由是一条汇总路由。
- 减少路由器负荷。明细路由 down 掉，不会使得收到汇总路由的路由器执行 DUAL 计算。
- 将拓扑变化的影响降低到较小范围。

(5) 验证与检测：

```
R#show ip protocols           /*查看 EIGRP 协议的各参数*/
R#show ip eigrp neighbors     /*显示邻居表*/
R#show ip eigrp topology      /*显示拓扑表*/
R#show ip route               /*显示路由表*/
R#show ip eigrp interfaces    /*显示接口信息、带宽、延时等参数*/
R#debug eigrp neighbors       /*可通过关闭再打开端口来观察分析邻居建立过程*/
R#debug eigrp packets   /*可通过关闭再打开端口来观察 EIGRP 发送和接收数据包的过程*/
```

本实验有 3 台路由器和 2 台 PC。路由器 A 与 B 之间以太网连接，路由器 A 与 C 之间为串行连接。3 台路由器的接口号、IP 地址以及两台 PC 的 IP 地址、网关如图 6-9 所示，在此不再配置。

1. 实验目的

(1) 理解 EIGRP 的工作过程。

（2）熟悉 EIGRP 的配置方法。

（3）熟练使用 show ip eigrp 命令检测 EIGRP 的工作情况。

（4）掌握使用 debug、tracert、traceroute、ping 命令排错的方法。

2. 实验拓扑

实验拓扑如图 6-9 所示。

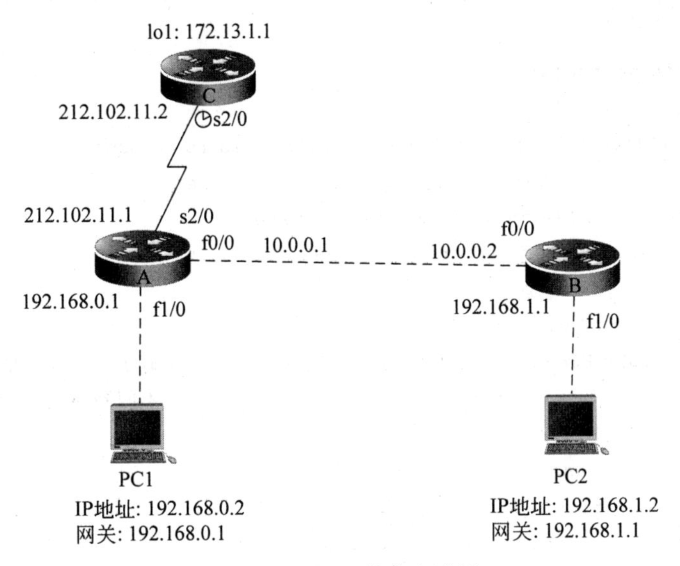

图 6-9　EIGRP 的基本配置

3. 实验配置步骤

该实验在 Packet Tracer 中能实现。

（1）路由器 A 的主要配置如下：

```
A(config)#router EIGRP 1
A(config-router)#network 10.0.0.0
A(config-router)#network 192.168.0.0
A(config-router)#network 212.102.11.0
```

（2）路由器 B 的主要配置如下：

```
B(config)#router EIGRP 1
B(config-router)#network 10.0.0.0
B(config-router)#network 192.168.1.0
```

（3）路由器 C 的主要配置如下：

```
C(config)#router EIGRP 1
C(config-router)#network 212.102.11.0
C(config-router)#network 172.13.0.0
```

4. 检测结果及说明

（1）显示 A 的路由表：

```
C    10.0.0.0/8 is directly connected, FastEthernet0/0
```

```
D     172.13.0.0/16 [90/20640000] via 212.102.11.2, 00:12:36, Serial2/0
C     192.168.0.0/24 is directly connected, FastEthernet1/0
D     192.168.1.0/24 [90/30720] via 10.0.0.2, 00:10:52, FastEthernet0/0
C     212.102.11.0/24 is directly connected, Serial2/0
```

以上结果中D表示EIGRP路由,管理距离是90,其后为度量值。

(2) 显示协议信息:

```
A# show ip protocols
Routing Protocol is "eigrp 1"          /* AS号为1 */
  Outgoing update filter list for all interfaces is not set
  Incoming update filter list for all interfaces is not set
  Default networks flagged in outgoing updates
  Default networks accepted from incoming updates
  Redistributing: eigrp 1
  EIGRP-IPv4 Protocol for AS(1)
    Metric weight K1=1, K2=0, K3=1, K4=0, K5=0     /* 显示计算度量值所用的K值 */
    NSF-aware route hold timer is 240              /* 不间断转发的持续时间 */
    Router-ID: 2.2.2.2
    Topology : 0 (base)
      Active Timer: 3 min
      Distance: internal 90 external 170
      Maximum path: 4
      Maximum hopcount 100                         /* EIGRP支持的最大跳数 */
      Maximum metric variance 1
      /* variance值默认为1,即默认时只支持等价路径的负载均衡 */
  Automatic Summarization: disabled       /* 显示自动汇总已经关闭,默认是开启的 */
  Maximum path: 4                         /* 最大支持4条路径的负载均衡 */
  Routing for Networks:
    212.102.11.0
    10.0.0.0
    192.168.0.0
  Routing Information Sources:
    Gateway         Distance      Last Update
    212.102.11.2    90            208170
    10.0.0.2        90            301076
  Distance: internal 90 external 170
```

(3) 显示邻居表:

```
A# show ip eigrp neighbors
H  Address        Interface   Hold    Uptime     SRTT   RTO    Q     Seq
                              (sec)              (ms)          Cnt   Num
0  212.102.11.2   Se2/0       14      02:09:45   40     1000   0     7
1  10.0.0.2       Fa0/0       12      02:08:12   40     1000   0     8
```

以上输出中各字段的含义如下:

H 表示与邻居建立会话的顺序。

Address 是邻居路由器的接口地址。

Interface 是本地到邻居路由器的接口。

Hold 是认为邻居关系不存在所能等待的最大时间。

Uptime 是从邻居关系建立到目前的时间。

SRTT 是向邻居路由器发送一个数据包以及本路由器收到确认包的时间。

RTO 是路由器在重新传输包之前等待确认的时间。

Q Cnt 是等待发送的队列。

Seq Num 是从邻居收到的发送数据包的序列号。

(4) 显示拓扑表：

```
A#show ip eigrp top
P 212.102.11.0/24, 1 successors, FD is 20512000
        via Connected, Serial2/0
P 172.13.0.0/16, 1 successors, FD is 20640000
        via 212.102.11.2 (20640000/128256), Serial2/0
P 10.0.0.0/8, 1 successors, FD is 28160
        via Connected, FastEthernet0/0
P 192.168.0.0/24, 1 successors, FD is 28160
        via Connected, FastEthernet1/0
P 192.168.1.0/24, 1 successors, FD is 30720
        via 10.0.0.2 (30720/28160), FastEthernet0/0
```

从以上输出可知每条路由条目的 FD 和 RD 的值。拓扑结构数据库中状态代码最常见的是 P、A 和 S，含义如下：

P 代表 passive，表示网络处于收敛的稳定状态。

A 代表 active，表示当前网络不可用，正处于发送查询状态。

S 将被查询的路由置为 SIA 状态。

(5) 显示 EIGRP 的接口信息：

```
A#show ip eigrp int
                      Xmit Queue   Mean    Pacing Time   Multicast    Pending
Interface    Peers    Un/Reliable  SRTT    Un/Reliable   Flow Timer   Routes
Se2/0          1         0/0       1236       0/10           0          0
Fa0/0          1         0/0       1236       0/10           0          0
Fa1/0          0         0/0       1236       0/10           0          0
```

以上输出中各字段的含义如下：

Interface 是运行 EIGRP 协议的接口。

Peers 是该接口的邻居的个数。

Xmit Queue Un/Reliable 是在不可靠/可靠队列中存留的数据包的数量。

Mean SRTT 是平均的往返时间，单位是秒。

Pacing Time Un/Reliable 是用来确定不可靠/可靠队列中数据包被送出接口的时间间隔。

Multicast Flow Timer 是多播数据包被发送前最长的等待时间。

Pending Routes 是在传送队列中等待被发送的数据包携带的路由表项。

(6) 显示 EIGRP 发送和接收到的数据包的统计情况：

```
A#show ip eigrp traffic
IP-EIGRP Traffic Statistics for process 1
  Hellos sent/received: 5502/3652
  Updates sent/received: 10/9
  Queries sent/received: 0/0
  Replies sent/received: 0/0
  Acks sent/received: 8/8
  Input queue high water mark 1, 0 drops
  SIA-Queries sent/received: 0/0
  SIA-Replies sent/received: 0/0
```

(7) 显示 EIGRP 发送和接收的数据包：

```
A#debug eigrp packets
EIGRP: Sending HELLO on Serial2/0
  AS 1, Flags 0x0, Seq 13/0 idbQ 0/0 iidbQ un/rely 0/0
EIGRP: Sending HELLO on FastEthernet0/0
  AS 1, Flags 0x0, Seq 13/0 idbQ 0/0 iidbQ un/rely 0/0
EIGRP: Sending HELLO on FastEthernet1/0
  AS 1, Flags 0x0, Seq 13/0 idbQ 0/0 iidbQ un/rely 0/0
EIGRP: Received HELLO on Serial2/0 nbr 212.102.11.2
  AS 1, Flags 0x0, Seq 8/0 idbQ 0/0
EIGRP: Received HELLO on FastEthernet0/0 nbr 10.0.0.2
  AS 1, Flags 0x0, Seq 10/0 idbQ 0/0
```

(8) 如果 A 为内网边界路由器，C 为外部路由器，A 和 C 之间不动态地交换路由信息，而是分别在 A、B、C 上使用静态默认路由，参见第 3 章和第 4 章的内容。

6.3 EIGRP 的汇总和认证

1. 实验目的

(1) 掌握 EIGRP 的自动和手工汇总方法。

(2) 理解路由表中指向 Null0 的 EIGRP 路由。

(3) 掌握 EIGRP 的认证方法。

(4) 掌握 debug、tracert、traceroute、ping 命令的排错方法。

2. 实验拓扑

实验拓扑如图 6-9 所示。

3. EIGRP 汇总配置

在路由器 C 上增加 4 个环回接口，lo2：172.13.2.1，lo3：172.13.3.1，lo4：172.13.4.1，lo5：172.13.5.1。该实验能够在 Packet Tracer 中实现。

4. 汇总检测结果及说明

(1) 在路由器 A 上显示路由表：

```
C     10.0.0.0/8 is directly connected, FastEthernet0/0
D     172.13.0.0/16 [90/20640000] via 212.102.11.2, 00:03:24, Serial2/0
C     192.168.0.0/24 is directly connected, FastEthernet1/0
D     192.168.1.0/24 [90/30720] via 10.0.0.2, 00:03:30, FastEthernet0/0
C     212.102.11.0/24 is directly connected, Serial2/0
```

(2) 在 C 上关闭自动汇总：

```
C(config)#router eigrp 1
C(config-router)#no auto-summary
```

在 A 上再显示路由表，172.13.0.0 出现了多条明细路由：

```
D     172.13.0.0/16 is a summary, 00:03:19, Null0
D     172.13.1.0/24 [90/20640000] via 212.102.11.2, 00:03:19, Serial2/0
D     172.13.2.0/24 [90/20640000] via 212.102.11.2, 00:01:16, Serial2/0
D     172.13.3.0/24 [90/20640000] via 212.102.11.2, 00:00:57, Serial2/0
D     172.13.4.0/24 [90/20640000] via 212.102.11.2, 00:00:42, Serial2/0
D     172.13.5.0/24 [90/20640000] via 212.102.11.2, 00:00:27, Serial2/0
```

(3) 把 C 的环回接口 lo1～lo5 的地址改为 192.168.96.4/24、192.168.97.4/24、192.168.98.4/24、192.168.99.4/24 和 192.168.100.4/24，在路由器 C 的 s2/0 接口上进行手工汇总：

```
C(config)#router eigrp 1
C(config-router)#network 192.168.96.0 255.255.248.0
C(config)#interface s2/0
C(config-if)#ip summary-address eigrp 1 192.168.96.0 255.255.248.0
```

在 C 上有一条汇总路由：

```
      192.168.96.0/24 is variably subnetted, 2 subnets, 2 masks
D     192.168.96.0/21 is a summary, 00:00:48, Null0
C     192.168.96.0/24 is directly connected, Loopback10
C     192.168.97.0/24 is directly connected, Loopback11
C     192.168.98.0/24 is directly connected, Loopback12
C     192.168.99.0/24 is directly connected, Loopback13
C     192.168.100.0/24 is directly connected, Loopback14
```

在 A 上有一条汇总路由：

```
D     192.168.96.0/21 [90/20640000] via 212.102.11.2, 00:00:17, Serial2/0
```

从路由表的输出可以看出：EIGRP 支持 CIDR 汇总和自动汇总，但能关闭，可以进行手工汇总。在路由器 C 的 s2/0 执行手工汇总后，会在 C 路由表中产生一条指向 Null0 的 EIGRP 路由，同时在路由器 A 上收到汇总路由条目 192.168.96.0/21。

无论是自动汇总还是手工汇总,都会在本地生成一条指向 Null0 的汇总路由。下面解释这条指向 Null0 的汇总路由的作用。

假设 C 对 192.168.96.0/21 进行手工汇总并发送给 A,而本地不生成 192.168.96.0/21 指向 Null0 的汇总路由的话,如果 C 的 192.168.100.0/24 被 down 掉了,对 A 没有任何影响。

但是如果 C 有一条默认路由：ip route 0.0.0.0 0.0.0.0 s2/0,下一跳指向 A,那么 A 这时候去 ping 192.168.100.100,问题就出现了：这个数据包从 A 发出,到达 C 之后,C 查找路由表,发现本地没有 192.168.100.0/24 的路由,但是有一条默认路由指向 A,这个数据包又会被 C 从默认路由发送给 A;A 收到这个本来是自己发出的数据包,发现该数据包的目的地是 192.168.100.0 网络,就再次发送给 C……这样该数据包就会在 C 和 A 之间陷入死循环,造成路由环路。

在本地产生指向 Null0 的汇总路由(Null0 接口是空接口,也就是丢弃),当 A ping 192.168.100.100 时,这个数据包从 A 发出,到达 C 后,C 查找路由表,发现本地没有 192.168.100.0/24 的路由,但是有一条汇总路由 192.168.96.0/21,即使 C 有一条默认路由是指向 A 的,但是根据路由表的最长前缀匹配原则,这个数据包只会被发往 Null0 接口(丢弃),而不会发给 A,从而避免了路由环路。

由此可以看出,进行汇总的(不管是自动还是手工)路由器在本地自动产生一条指向 Null0 的汇总路由以避免路由环路。

5. EIGRP 认证配置

该实验不能在 Packet Tracer 中实现。

(1) 配置路由器 A：

```
A(config)#key chain a                                        /*定义钥匙链*/
A(config-keychain)#key 1                                     /*定义第一个密钥*/
A(config-keychain-key)#key-string b                          /*定义第一个密钥为 b*/
A(config)#interface f0/0
A(config-if)#ip authentication mode eigrp 1 md5              /*认证模式为 MD5*/
A(config-if)#ip authentication key-chain eigrp 1 a           /*在接口上调用钥匙链*/
```

(2) 配置路由器 B：

```
B(config)#key chain a
B(config-keychain)#key 1
B(config-keychain-key)#key-string b
B(config)#interface f0/0
B(config-if)#ip authentication mode eigrp 1 md5
B(config-if)#ip authentication key-chain eigrp 1 a
```

6. 实验调试

(1) 如果链路的一端启用了认证,另一端没有启用认证,则出现下面的提示信息：

```
*Nov 27 11:24:22.497: %DUAL-5-NBRCHANGE: EIGRP-IPv4 1: Neighbor 192.168.23.3
(f0/0) is down: authentication mode changed
```

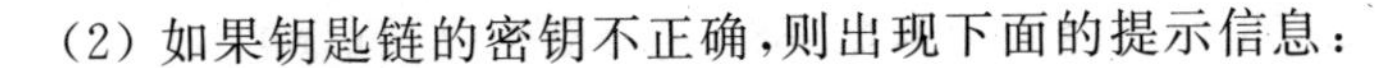

(2) 如果钥匙链的密钥不正确，则出现下面的提示信息：

```
* Nov 27 10:19:45.358: %DUAL-5-NBRCHANGE: EIGRP-IPv4 1: Neighbor 192.168.12.1
(f0/0) is down: Auth failure
```

6.4　本章命令汇总

表 6-1 列出了本章涉及的主要命令。

表 6-1　本章命令汇总

命　　令	作　　用
show ip eigrp neighbors	查看 EIGRP 邻居表
show ip eigrp topology	查看 EIGRP 拓扑结构数据库
show ip eigrp interface	查看运行 EIGRP 路由协议的接口的状况
show ip eigrp traffic	查看 EIGRP 发送和接收到的数据包的统计情况
debug eigrp neighbors	查看 EIGRP 动态建立邻居关系的情况
debug eigrp packets	显示发送和接收的 EIGRP 数据包
ip hello-interval eigrp	配置 EIGRP 的 Hello 发送周期
ip hold-time eigrp	配置 EIGRP 的 Hello hold 时间
router eigrp	启动 EIGRP 路由进程
no auto-summary	关闭自动汇总
ip authentication mode eigrp	配置 EIGRP 的认证模式
ip authentication key-chain eigrp	在接口上调用钥匙链
variance	配置非等价负载均衡
delay	配置接口下的延迟
bandwidth	配置接口下的带宽
ip summary-address eigrp	手工路由汇总

习题与实验

1. 选择题

(1) EIGRP 中应答的报文包括(　　)。

A. Hello 报文　　B. Update 报文　　C. Query 报文　　D. Reply 报文

(2) 为指定 EIGRP 在串口 s0(IP:10.0.0.1/30) 上工作，正确的命令是(　　)。

A. Network 10.0.0.1 30　　B. Network 10.0.0.1 255.255.255.254

C. Network 10.0.0.1 0.0.0.3　　D. Network 10.0.0.1

(3) EIGRP 将报文直接封装在 IP 报文中，协议号是(　　)。

A. 35　　　　B. 53　　　　C. 88　　　　D. 89

(4) EIGRP使用拓扑表来存放得到的路由信息,以下属于拓扑表的内容有(　　)。

A. 目的网络地址　　　　B. 下一跳地址

C. 邻居到达某目的网络的metric　　　　D. 经由此邻居到达目的网络的度量值

(5) (　　)are true about EIGRP successor routes(Choose two).

A. A successor route is used by EIGRP to forward traffic to a destination

B. Successor routes are saved in the topology table to be used if the primary route fails

C. Successor routes are flagged as "active" in the routing table

D. A successor route may be backed up by a feasible successor route

E. Successor routes are stored in the neighbor table following the discovery process

(6) A router has learned three possible routes that could be used to reach a destination network. One route is from EIGRP and has a composite metric of 20514560. Another route is from OSPF with a metric of 782. The last is from RIPv2 and has a metric of 4. The router will install(　　)in the routing table.

A. the OSPF route　　　　B. the EIGRP route

C. the RIPv2 route　　　　D. all three routes

E. the OSPF and RIPv2 routes

(7) (　　)are true regarding EIGRP(Choose two).

A. Passive routes are in the process of being calculated by DUAL

B. EIGRP supports VLSM, route summarization, and routing update authentication

C. EIGRP exchanges full routing table information with neighboring routers with every update

D. If the feasible successor has a higher advertised distance than the successor route, it becomes the primary route

E. A query process is used to discover a replacement for a failed route if a feasible successor is not identified from the current routing information

(8) A medium-sized company has a Class C IP address. It has two Cisco routers and one non-Cisco router. All three routers are using RIP version 1. The company network is using the block of 198.133.219.0/24. The company has decided it would be a good idea to split the network into three smaller subnets and create the option of conserving addresses with VLSM. (　　)is the best course of action if the company wants to have 40 hosts in each of the three subnet.

A. Convert all the routers to EIGRP and use 198.133.219.32/27, 198.133.219.64/27, and 198.133.219.92/27 as the new subnetwork

B. Maintain the use of RIP version 1 and use 198.133.219.32/27, 198.133.219.64/27, and 198.133.219.92/27 as the new subnetwork

C. Convert all the routers to EIGRP and use 198.133.219.64/26, 198.133.219.128/26, and 198.133.219.192/26 as the new subnetwork

D. Convert all the routers to RIP version 2 and use 198. 133. 219. 64/26, 198. 133. 219. 128/26, and 198. 133. 219. 192/26 as the new subnetwork

E. Convert all the routers to OSPF and use 198. 133. 219. 16/28, 198. 133. 219. 32/28, and 198. 133. 219. 48/28 as the new subnetwork

F. Convert all the routers to static routes and use 198. 133. 219. 16/28, 198. 133. 219. 32/28, and 198. 133. 219. 48/28 as the new subnetwork

(9) A network administrator is troubleshooting an EIGRP problem on a router and needs to confirm the IP addresses of the devices with which the router has established adjacency. The retransmit interval and the queue counts for the adjacent routers also need to be checked. Command(　　)will display the required information.

A. Router# show ip eigrp adjacency

B. Router# show ip eigrp topology

C. Router# show ip eigrp interfaces

D. Router# show ip eigrp neighbour

(10) (　　)by default uses bandwidth and delay as metrics.

A. RIP　　B. BGP　　C. OSPF　　D. EIGRP

(11) Choice(　　)is true, as relates to classful or classless routing.

A. RIPV1 and OSPF are classless routing protocols

B. Classful routing protocols send the subnet mask in routing updates

C. Automatic summarization at classful boundaries can cause problems on discontinuous subnets

D. EIGRP and OSPF are classful routing protocols and summarize routes by default

(12) (　　)describes a feasible successor.

A. a primary route, stored in the routing table

B. a backup route, stored in the routing table

C. a backup route, stored in the topology table

D. a primary route, stored in the topology table

(13) (　　)about EIGRP are true(choose three).

A. EIGRP converges fast RIP because of DUAL and backup routes that are stored in the topology table

B. EIGRP uses a hello protocol to establish neighbor relationships

C. EIGRP uses split horizon and reverse poisoning to avoid routing loops

D. EIGRP uses periodic updates to exchange routing information

E. EIGRP allows routers of different manufacturers to interoperate

F. EIGRP supports VLSM and authentication for routing updates

G. EIGRP use a broadcast address to send routing information

2. 问答题

(1) 综述 EIGRP 的特点。

(2) 简述 EIGRP 的工作过程。

(3) EIGRP 中 3 个主要的表是什么?

(4) 什么是可行距离、通告距离、可行条件、后继和可行后继?

(5) EIGRP 中有哪两种负载均衡?它们各自的特点是什么?

3. 操作题

有一个小型园区网络,由两台三层交换机连接内部不同区域的子网,再连接到一台出口路由器上,与外网路由连接。在内网中启用 EIGRP,使内网互连互通,并把出口的默认路由重分布到内网的 EIGRP 自治系统中。

从 6.2 节的案例已知,在 EIGRP 中,路由器端口的度量值小,而 Trunk 链路和 Access 链路的端口度量值大,为使园区内网之间的数据流量尽量从两台三层交换机之间的聚合链路走,在两台三层交换机之间使用三层聚合链路,并位于 192.168.23.0/24 网段;三层交换机与出口路由器之间使用 VLAN 6 和 VLAN 7 的 Access 链路端口,所有的端口和 VLAN 配置如图 6-10 所示。

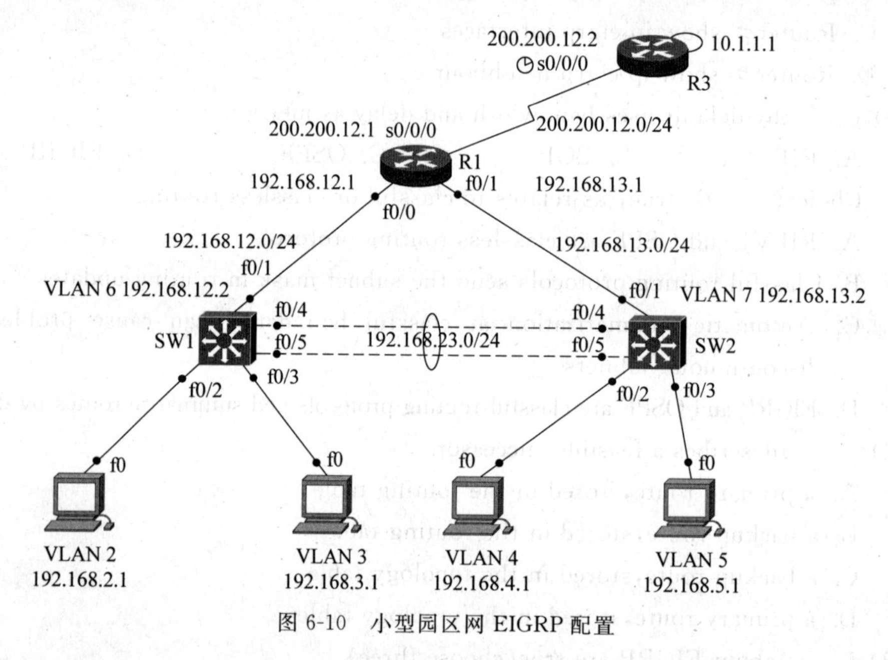

图 6-10 小型园区网 EIGRP 配置

在出口路由器上配置 NAT,区分内外网,进行地址转换。

第7章　多种路由协议重分布

本章重点介绍多种路由协议重分布(简称路由重分布)的基本概念,详细介绍与重分布相关的命令,并给出在多路由协议中使用重分布时选择最佳路径的方法,最后用一个综合实例介绍静态路由、RIP、OSPF、EIGRP之间的路由重分布配置过程。

7.1　路由重分布概述

7.1.1　路由重分布的基本概念

路由重分布的使用有以下两个背景：首先,在整个IP网络中,不同自治系统所选择的动态路由协议可能不同,因而存在多协议并存的情况;其次,多厂商环境中支持的协议不同,因而需要相互支持路由重分布。

为了在同一个网络中有效地支持多种路由协议,必须在不同的路由协议之间共享路由信息。

在不同的路由协议之间交换路由信息的过程称为路由重分布。它将一种路由选择协议获悉的路由信息告知另一种路由选择协议。

路由重分布既可以单向也可以双向。

通常只有自治系统边界路由器才能实现路由重分布。

路由重分布只能在同一种第三层协议的路由选择进程之间进行,TCP/IP协议栈中的OSPF、RIP、EIGRP等协议之间可以重分布,而AppleTalk、IPX、TCP/IP协议栈的不同路由选择协议之间不能相互重分布路由。

路由重分布非常复杂,不同协议各有特点,如果需要在多个路由器间重分布,会出现一些潜在的问题：

(1) 路由回环。根据重分布的使用方法,路由器有可能将它从一个自治系统收到的路由信息发回到这个自治系统中,这种回馈与距离矢量路由协议的水平分割问题类似。

(2) 管理距离不同。如果路由器使用管理距离来确定哪条是最佳路由,会造成某些次优路由。

(3) 路由信息不兼容。不同的路由协议使用不同的度量值,这些度量值可能无法正确引入不同的路由协议中,因此使用重分布产生的路由可能不是最优的。

(4) 收敛时间不一致。不同的路由协议收敛时间不同,例如,RIP比EIGRP收敛慢,因此如果一条链路断开,EIGRP网络将比RIP网络更早得知这一信息。

配置路由重分布应该注意以下几个方面：

(1) 不要重叠使用路由协议。不要在同一个网络里使用两个不同的路由协议,如果要使用不同路由协议,则在网络之间必须有明显的边界。

(2) 有多个边界路由器的情况下使用单向重分布。如果有多于一台路由器作为重分布点，使用单向重分布可以避免回环和收敛问题。并在不需要接收外部路由的路由器上使用默认路由。

(3) 在单边界的情况下使用双向重分布。当一个网络中只有一个边界路由器时，双向重分布工作很稳定。如果没有任何防止路由回环的机制，不要在一个多边界的网络中使用双向重分布。综合使用默认路由、路由过滤以及修改管理距离可以防止路由回环。

7.1.2 路由重分布的命令

重分布命令的格式为

```
Router(config-router)#redistribute protocol [protocol-id] { level-1 | level-2 |
level-1-2 }
[metric metric-value] [metric-type type-value]
[match (internal | external 1 | external 2) ]
[tag tag-value] [route-map map-tag] [weight weight ] [subnets]
```

protocol 变量标识源路由协议。源于该路由协议的路由是那些将被翻译成另一种协议的路由，protocol 变量的可用值有 bgp、eigrp、igrp、isis、ospf、static[ip]、connected、rip。static [ip]用于重分发 I P 静态路由给 isis。connected：OSPF 和 IS-IS 重分发这些路由作为到达自治系统的外部路由。

protocol-id 是自治系统的号码，level-1、level-2 和 level-1-2 仅用于 IS-IS。

可选项 metric 指定度量值，metric-value 值优先于 default-metric 命令指定的默认度量值。

可选项 metric-type 用于 OSPF 时，默认为 type 2 外部路由，并作为公布到 OSPF 自治系统中的默认路由。使用数值 1 表明默认路由是 type 1 外部路由。

可选项 match 和其参数 internal、external 1、external 2 专用于重分发到其他路由协议的 OSPF 路由。internal 表示路由是自治系统的内部路由。external 1 表示路由是 type1 外部路由，external 2 表示路由是 type 2 外部路由。

可选项 tag 将一个 32 位的小数值赋给外部路由。tag-value 不能用于 OSPF 路由协议，但是可以供 ASBR 使用。如果 tag 标记没有定义，当重分发 BGP 路由时所使用的默认标记是来自 BGP 路由的远程自治系统号码。其他路由协议的默认标记为 0。

route-map 将过滤器用于源路由协议导入的路由。若不指定 route-map，则允许所有的路由被重分发。

weight 给被重分发到 BGP 中的路由指定一个 0～65 535 的整数。BGP 使用 weight 值确定多条路由中的最佳路由。

subnets 用于重分发路由到 OSPF，启用粒度重分发或者汇总重分发。

例如：

```
router rip
  redistribute ospf 19 metric 10
router ospf 19
  redistribute rip metric 200 subnets
```

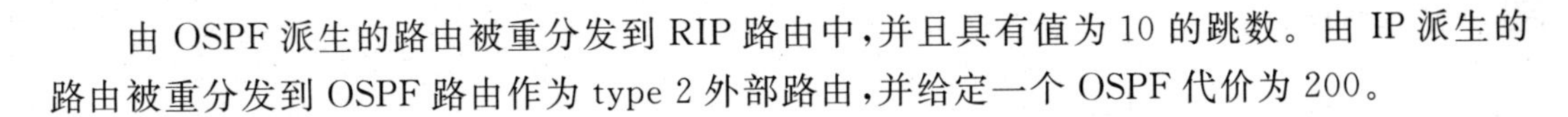
由 OSPF 派生的路由被重分发到 RIP 路由中，并且具有值为 10 的跳数。由 IP 派生的路由被重分发到 OSPF 路由作为 type 2 外部路由，并给定一个 OSPF 代价为 200。

7.1.3　在多路由协议中选择最佳路由

多路由协议的使用会产生两个或多个到达目的地的不同路由，如何确定到达目的地的最佳路由，必须基于管理距离（administrative distance）和默认度量（default metric）。

重分布的关键是协调管理距离和度量值。每一个路由选择协议都按管理距离及度量方案来定义最优路由。管理距离被看作一个可信度的度量，管理距离越小，协议的可信度越高。不同协议其度量值不同，例如，RIP 的度量是跳数，OSPF 的度量是带宽，EIGRP 的度量是带宽和延时。因此在接受被重分布的路由协议时必须能够将这些路由协议与自己的度量关联起来，让执行路由重分布的路由器给被重分布的路由指定度量值。

1. 使用 distance 命令改变可信路由

常用的路由协议其管理距离如下：静态路由协议为 1，BGP 为 20，EIGRP 为 90，OSPF 为 110，RIP 为 120。如果一个运行 RIP 和 EIGRP 的路由器为 172.16.0.0 网络接收来自这两个路由协议的路由信息，则 EIGRP 路由是最可信的。因此，该路由被放在路由表中。

当需要改变可信路由时，可以通过改变管理距离完成。例如，当从 RIP 迁移到 EIGRP 时，可以设置 EIGRP 路由为一个比默认 RIP 更大的管理距离，或者将 RIP 设置为一个比默认 EIGRP 更小的管理距离。这使得两个路由协议可以创建各自的路由表，并且提供一个关于哪个路由协议提供了最佳路由的参考。

可以使用 distance 命令来改变一个路由协议的管理距离。distance 命令格式如下：

```
distance weight [address mask [access-list-number | name] ] [ip]
```

weight 变量是实际的管理距离，范围为 10～255。可选项 address 和 mask 变量指定匹配的网络。access-list-number 或 name 指定入站路由更新报文的访问列表编号或者一个标准 IP 访问列表的名称。可选的 ip 关键字用于 IS-IS 路由协议，这使得路由表能够为 IS-IS 创建 IP 派生路由。

例如：

```
router EIGRP 10                    /*启动 EIGRP*/
  network 192.168.1.0              /*宣告直连网络 192.168.1.0*/
  network 172.16.0.0               /*宣告直连网络 172.16.0.0*/
  distance 255
/*对已接收的路由，在没有显式设置路由更新报文的管理距离时，所有的路由都被忽略
distance 90 192.168.31.0 0.0.0.255
/*由 192.168.31.0/24 网络更新的报文，其管理距离为 90
distance 120 172.28.0.0 0.0.255.255
/*由 172.28.0.0/16 网络更新的报文，其管理距离为 120
```

2. 使用 default-metric 命令修改默认度量值

种子度量值（seed metric）定义在路由重分布中，它是一条从外部重分布进来的路由的初始度量值。路由协议默认的种子度量值如表 7-1 所示。

使用 default-metric 命令可以修改默认度量值（种子度量值）。该命令有两种格式。

第一种格式为

```
default-metric number
```

number 变量值的范围是 0 到任意正整数,用于设定重分布路由的默认度量值。

例如:

```
router rip
  default-metric 4
  redistribute ospf 100
router ospf 100
  default-metric 10
  redistribute rip
```

路由器上同时运行 RIP 及 OSPF,进行双向重分布。当 OSPF 路由重分布到 RIP 中时,其默认度量值为 4(跳数);而当 RIP 路由重分布到 OSPF 中时,其默认度量值为 10(代价)。

表 7-1　默认的种子度量值

路由协议	默认种子度量值	解　　释
RIP	无限大	当 RIP 路由被重分布到其他路由协议中时,其度量值默认为 16,因而需要为其指定一个度量值
EIGRP	无限大	当 EIGRP 路由被重分布到其他路由协议中时,其度量值默认为 225,因而需要为其指定一个度量值
OSPF	BGP 为 1,其他为 20	当 OSPF 路由被重分布到 BGP 中时,其度量值默认为 1;被重分布到其他路由协议中时,其度量值默认为 20。可根据需要为其指定一个度量值
IS-IS	0	当 IS-IS 路由被重分布到其他路由协议中时,其度量值默认为 0
BGP	IGP 的度量值	当 BGP 路由被重分布到其他路由协议中时,其度量值根据内部网关的度量值而定

对 IGRP、EIGRP,有 5 种度量值:带宽(bandwidth)、延时(delay)、可靠性(reliability)、负载(loading)、最大传输单元(mtu)。因此 default-metric 命令的第二种格式为

```
default-metric bandwidth delay reliability loading mtu
```

命令中,带宽以 kb/s 为单位;延时以 10μs 为单位,而实际的值则是 delay 变量值乘以 39.1ns 的结果;可靠性取值范围是 0～255,值越大,路由越可靠,值 255 表明报文传输被认为具有 100%的正确率,值 0 意味着该路由传输报文是完全不可靠的。负载表明路由上的有效带宽或百分比,取值范围是 0～255,值 255 表示路由上的带宽是饱和的或得到 100%的利用;mtu 以字节为单位。

例如:

```
router eigrp 100
network 172.16.1.0
redistribute rip
default-metric 1000 50 255 50 1500
```

将 RIP 路由重分布到 EIGRP 路由中，并且使用的默认带宽度量值为 1000，延迟为 50，可靠性为 255，负载为 50，MTU 为 1500B。

3. 使用 distribute-list 命令过滤被重分布的路由

对重分布的路由进行过滤操作可通过使用 distribute-list 命令来完成。它有两种格式，分别是 distribute-list in 和 distribute-list out。

格式 1：

```
distribute-list {access-list-number | name} in [type number]
```

该命令控制将已接收的哪个路由更新报文翻译成路由协议进程，可以应用于除了 IS-IS 和 OSPF 之外的所有路由协议，它能有效地阻止路由环路的传播。access-list-number 或 name 变量指定哪个网络可以被接收或者哪个可以在重分布之前被抑制。可选的 type-number 变量指定分配列表使用哪个路由器接口，若不使用该变量，则使用所有接口。

例如：

```
router eigrp 10
  network 172.16.0.0
  distribute-list 1 in
access-list 1 permit 0.0.0.0
access-list 1 permit 172.16.0.0
access-list 1 deny 0.0.0.0 255.255.255.255
```

在 EIGRP 路由协议只允许默认网络 0.0.0.0 和 172.16.0.0，而其他任何入站路由更新报文不匹配此准则的网络都将被抑制。

格式 2：

```
distribute-list {access-list-number | name} out [interface-name | routing-process | autonomous-system-number]
```

当 OSPF 向所有其他的路由协议进行重分布的过程中，需要使用过滤机制控制路由更新报文。可选的 routing-process 变量可以是 bgp、eigrp、igrp、isis、ospf、static、connect、rip 中的任何一个关键字。

例如：

```
router eigrp 10
  network 10.0.0.0
  redistribute eigrp 110
  distribute-list 1 out eigrp 110
router eigrp 110
  network 192.168.31.0
  network 172.16.0.0
access-list 1 permit 192.168.31.0
```

上面的 distribute-list out 命令用于只允许 EIGRP AS 110 的 192.168.31.0 网络被重分布到编号为 10 的 EIGRP 中。

7.2 路由重分布举例

1. 实验目的

掌握以下内容：

(1) 种子度量值的配置。

(2) 路由重分布参数的配置。

(3) 静态路由重分布。

(4) RIP 和 EIGRP 的路由重分布。

(5) EIGRP 和 OSPF 的路由重分布。

(6) 重分布路由的查看和调试。

2. 实验拓扑

实验拓扑如图 7-1 所示。

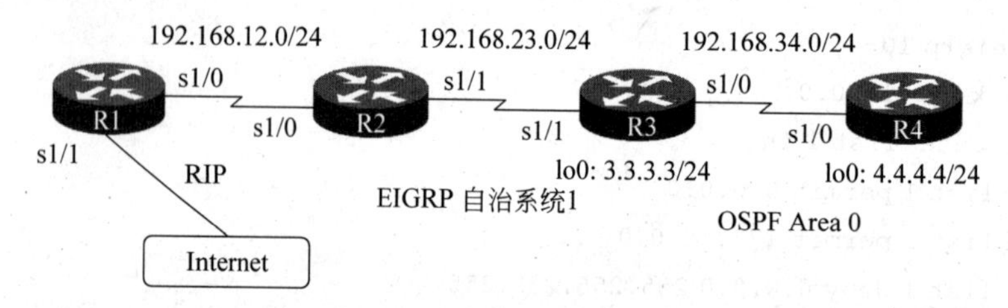

图 7-1 路由器查找 IOS 的详细流程

3. 实验配置步骤

首先进行 R1、R2、R3、R4 的基本配置，包括路由协议。

R1 配置如下：

```
interface lo0
  ip address 1.1.1.1 255.255.255.0
interface lo1
  ip address 202.121.241.8 255.255.255.0
interface s1/0
  ip address 192.168.12.1 255.255.255.0
  serial restart-delay 0
!
router rip
  version 2
network 192.168.12.0
  no auto-summary
ip classless
ip route 0.0.0.0 0.0.0.0 lo1
no ip http server
```

R2 配置如下：

```
interface lo0
```

```
  ip address 2.2.2.2 255.255.255.0
interface s1/0
  ip address 192.168.12.2 255.255.255.0
  serial restart-delay 0
interface s1/1
  ip address 192.168.23.2 255.255.255.0
  clock rate 64000
  serial restart-delay 0
!
router eigrp 1
network 192.168.23.0
  no auto-summary
!
router rip
  version 2
network 192.168.12.0
no auto-summary
```

R3 配置如下：

```
interface lo0
  ip address 3.3.3.3 255.255.255.0
interface s1/1
  ip address 192.168.23.3 255.255.255.0
  serial restart-delay 0
interface s1/0
  ip address 192.168.34.3 255.255.255.0
  clock rate 64000
  serial restart-delay 0
!
router eigrp 1
network 3.3.3.0 0.0.0.255
  network 192.168.23.0
no auto-summary
!
router ospf 1
  router-id 3.3.3.3
  log-adjacency-changes
network 192.168.34.0 0.0.0.255 area 0
```

R4 配置如下：

```
interface lo0
  ip address 4.4.4.4 255.255.255.0
interface s1/0
  ip address 192.168.34.4 255.255.255.0
  serial restart-delay 0
!
```

```
router ospf 1
  router-id 4.4.4.4
  log-adjacency-changes
  network 4.4.4.0 0.0.0.255 area 0
  network 192.168.34.0 0.0.0.255 area 0
```

4. 基本配置检测结果及说明

(1) 测试连通性(局部连通)。

分别在R1与R2、R2与R3、R3与R4之间执行ping命令,它们能通,但R1与R3及R1与R4不通(过程略)。

(2) 显示各路由器上的路由表。

在每台路由器上显示路由表,以便验证上述结论,并与路由重分布后的路由表进行比较(过程略)。

5. 重分布配置

在R1上进行静态重分布:

```
router rip
ver  2
redistribute static metric 3
```

在R2上将RIP重分布到EIGRP中:

```
router eigrp 1
  redistribute rip metric 1000 100 255 1 1500
```

在R2上将EIGRP重分布到RIP中:

```
router rip
redistribute eigrp 1 metric 4
```

在R3上将OSPF重分布到EIGRP中:

```
router eigrp 1
  redistribute ospf 1 metric 1000 100 255 1 1500
distance eigrp 90 150
```

在R3上将EIGRP重分布到OSPF中:

```
router ospf 1
redistribute eigrp 1 metric 30 metric-type 1 subnets
/* 命令中的metric部分为每一条被重分布的路由分配了OSPF代价值30。路由重分布使得R2成
   为OSPF域的ASBR(自治系统边界路由器),并且被重分布的路由是作为外部路由进行通告的。
   命令中的metric-type部分给出了外部路由的类型为E1。关键字subnets仅当向OSPF重分
   布路由时使用,它指明子网的地址将被重分布;若没有subnets,仅重新分布主网地址。*/
default-information originate always
```

注意:

(1) 在向RIP区域重分布路由的时候必须指定度量值,或者通过default-metric命令设置默认种子度量值,因为RIP默认种子度量值为无穷大,只有重分布静态路由时情况特殊,

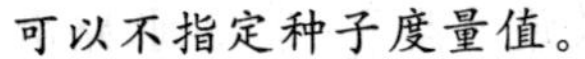

可以不指定种子度量值。

（2）EIGRP 的度量值相对复杂，所以在重分布的时候，需要分别指定带宽、延迟、可靠性、负载及 mtu 参数。

6. 重分布检测结果及说明

（1）在 R1 上查看路由表，如图 7-2 所示。

```
     1.0.0.0/24 is subnetted, 1 subnets
C       1.1.1.0 is directly connected, Loopback1
     3.0.0.0/24 is subnetted, 1 subnets
R       3.3.3.0 [120/3] via 192.168.12.2, 00:00:15, Serial1/0
     4.0.0.0/32 is subnetted, 1 subnets
R       4.4.4.4 [120/4] via 192.168.12.2, 00:01:40, Serial1/0
     172.16.0.0/24 is subnetted, 1 subnets
C       172.16.1.0 is directly connected, Serial1/1
C    192.168.12.0/24 is directly connected, Serial1/0
R    192.168.23.0/24 [120/3] via 192.168.12.2, 00:00:15, Serial1/0
R    192.168.34.0/24 [120/4] via 192.168.12.2, 00:01:40, Serial1/0
S*   0.0.0.0/0 is directly connected, Loopback1
R1#
```

图 7-2　R1 的路由表

输出结果表明，路由器 R1 通过 RIPv2 学到从路由器 R2 重分布进 RIP 的路由条目。

（2）在 R2 上查看路由表，如图 7-3 所示。

```
Gateway of last resort is not set

     3.0.0.0/24 is subnetted, 1 subnets
D       3.3.3.0 [90/20640000] via 192.168.23.3, 00:05:28, Serial1/1
     4.0.0.0/32 is subnetted, 1 subnets
D EX    4.4.4.4 [170/20537600] via 192.168.23.3, 00:05:28, Serial1/1
C    192.168.12.0/24 is directly connected, Serial1/0
C    192.168.23.0/24 is directly connected, Serial1/1
D EX 192.168.34.0/24 [170/20537600] via 192.168.23.3, 00:05:28, Serial1/1
R*   0.0.0.0/0 [120/3] via 192.168.12.1, 00:01:36, Serial2/0
R2#
```

图 7-3　R2 的路由表

输出结果表明，从路由器 R1 上重分布进 RIP 的默认路由被路由器 R2 学习到，路由代码为 R*；在路由器 R3 上重分布进来的 OSPF 路由也被路由器 R2 学习到，路由代码为 D EX，这也说明 EIGRP 能够识别内部路由和外部路由，默认的时候，内部路由的管理距离是 90，外部路由的管理距离是 170。

（3）在 R3 上查看路由表，如图 7-4 所示。

```
Gateway of last resort is 192.168.23.2 to network 0.0.0.0

     3.0.0.0/24 is subnetted, 1 subnets
C       3.3.3.0 is directly connected, Loopback0
     4.0.0.0/32 is subnetted, 1 subnets
O       4.4.4.4 [110/782] via 192.168.34.4, 00:28:16, Serial3/0
D EX 192.168.12.0/24 [150/20537600] via 192.168.23.2, 00:18:06, Serial2/0
C    192.168.23.0/24 is directly connected, Serial2/0
C    192.168.34.0/24 is directly connected, Serial3/0
D*EX 0.0.0.0/0 [150/20537600] via 192.168.23.2, 00:02:05, Serial2/0
```

图 7-4　R3 的路由表

输出结果表明，从路由器 R2 上重分布进 EIGRP 的默认路由被路由器 R3 学习到，路由代码为 D* EX，同时，EIGRP 外部路由的管理距离被修改成 150。

(4) 在 R4 上查看路由表，如图 7-5 所示。

```
Gateway of last resort is not set

     3.0.0.0/24 is subnetted, 1 subnets
O E1     3.3.3.0 [110/801] via 192.168.34.3, 00:05:52, Serial1/0
     4.0.0.0/24 is subnetted, 1 subnets
C        4.4.4.0 is directly connected, Loopback0
O E1 192.168.12.0/24 [110/801] via 192.168.34.3, 00:05:52, Serial1/0
O E1 192.168.23.0/24 [110/801] via 192.168.34.3, 00:05:52, Serial1/0
C    192.168.34.0/24 is directly connected, Serial1/0
R4#
```

图 7-5　R4 的路由表

(5) 测试连通性，全部连通(过程略)。R4 能 ping 通 202.121.241.8(外网)。

(6) 显示 IP 协议，如图 7-6 所示。

```
R3#sh ip pro

Routing Protocol is "eigrp  100 "
  Outgoing update filter list for all interfaces is not set
  Incoming update filter list for all interfaces is not set
  Default networks flagged in outgoing updates
  Default networks accepted from incoming updates
  EIGRP metric weight K1=1, K2=0, K3=1, K4=0, K5=0
  EIGRP maximum hopcount 100
  EIGRP maximum metric variance 1
Redistributing: eigrp 100, ospf 1
  Automatic network summarization is not in effect
  Maximum path: 4
  Routing for Networks:
     3.3.3.0/24
     192.168.23.0
  Routing Information Sources:
    Gateway         Distance      Last Update
    192.168.23.2    90            4728290
  Distance: internal 90 external 150


Routing Protocol is "ospf 1"
  Outgoing update filter list for all interfaces is not set
  Incoming update filter list for all interfaces is not set
  Router ID 3.3.3.3
Redistributing External Routes from,

  Number of areas in this router is 1. 1 normal 0 stub 0 nssa
  Maximum path: 4
  Routing for Networks:
    192.168.34.0 0.0.0.255 area 0
  Routing Information Sources:
    Gateway         Distance      Last Update
    192.168.34.4         110      00:00:37
  Distance: (default is 110)

R3#
```

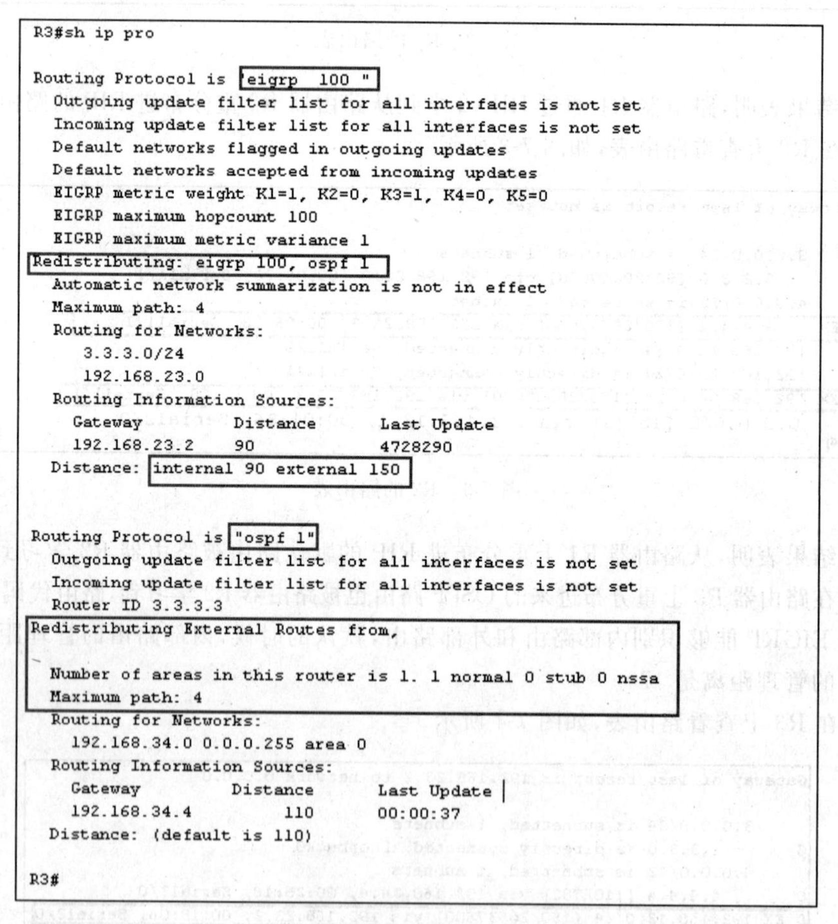

图 7-6　IP 协议

输出结果表明，路由器 R3 运行了 EIGRP 和 OSPF 两种路由协议，而且实现了双向重分布。

7.3　本章命令汇总

表 7-2 给出了本章涉及的主要命令。

表 7-2　本章命令汇总

命　　令	作　　用	命　　令	作　　用
show ip route	查看路由表	default-metric	配置默认种子度量值
show ip protocols	查看和路由协议相关的信息	ip prefix-list	定义前缀列表
redistribute	配置路由协议重分布	distance eigrp	配置 EIGRP 默认管理距离

习题与实验

1. 问答题

(1) 什么是路由重分布?

(2) 什么时候用到路由重分布?

(3) 使用路由重分布时要考虑的因素有哪些? 分别说明之。

(4) BGP、EIGRP、OSPF、RIP 的管理距离及度量标准是什么?

(5) 解释以下命令的含义:

```
router ospf 1
redistribute eigrp 1 metric-type 1 subnets
default-metric 30
```

(6) 解释以下命令的含义:

```
router ospf 1
redistribute eigrp 1 metric-type 1 subnets
redistribute rip metric-type 1 subnets
default-metric 30
```

(7) 解释以下命令的含义:

```
router eigrp 1
redistribute ospf 1 metric 1000 100 255 1 1500
```

(8) 解释以下命令的含义:

```
router rip
redistribute static metric 3
```

(9) 解释以下命令的含义:

```
router rip
redistribue eigrp 1
```

```
default-metric 4
```

2. 操作题

网络拓扑如图7-7所示,OSPF Area 0连接主干路由器R1、R2和R3作为ASBR,R1连接一个RIP网络(11.1.1.0/16),R2连接一个EIGRP的网络(22.2.0.0/16),R3通过一个静态及默认路由与外网相连(10.3.0.0/16)。要求:

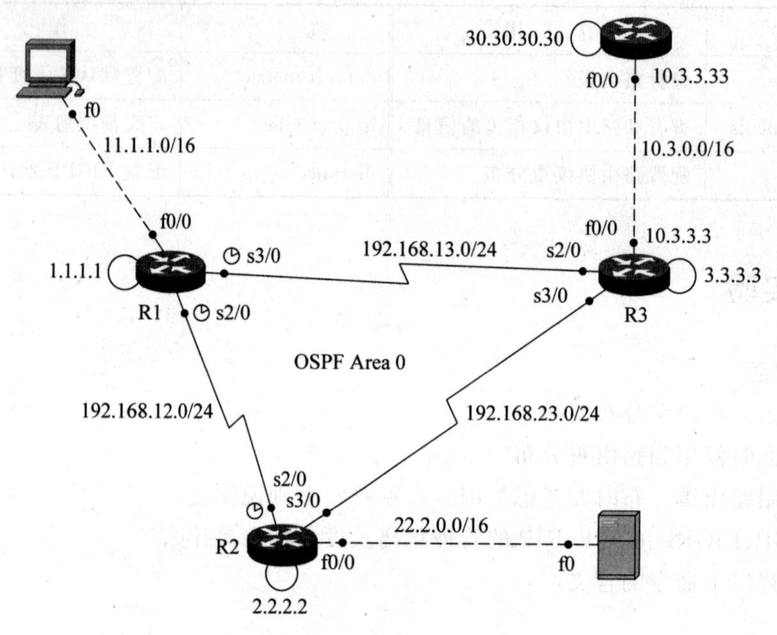

图7-7 路由重分布实验拓扑

(1) 在R1上将RIP网络(11.1.1.0/16)重分发到OSPF路由中。

(2) 在R2上将EIGRP网络(22.2.0.0/16)重分发到OSPF路由中。

(3) 在R2上定义一个静态路由,指定到达30.30.30.0/24,并将此静态路由重分发到OSPF路由中。

(4) 在R1、R2、R3上都定义环回接口作为各自的路由器ID(1.1.1.1、2.2.2.2、3.3.3.3),且R1、R2、R3上均有直连路由,但只在R3上将其直连路由重分发到OSPF路由中。

(5) 在R3上定义一条默认路由。

给出主要配置,显示每台路由器上的路由表,并解释重分布的情况。

第8章　广域网协议

本章介绍广域网协议的基本概念，重点介绍PPP协议、PPPoe协议、MPLS协议、帧中继协议的原理，并给出它们的主要配置。

8.1　广域网概述

广域网是为用户提供远距离数据通信业务的网络，通常使用电信部门的传输设备，由电信运营商提供网络支持。

由于以太网和光纤技术的广泛应用，局域网和广域网已没有明确的界限。区分局域网和广域网的方法有两个：①自用设备（局域网）还是租用ISP（互联网提供商）的设备（广域网）；②内部数据链路（局域网）还是租用ISP的数据链路（广域网）。

8.1.1　广域网基础

广域网可以分为公共传输网络、专用传输网络和无线传输网络。

(1) 公共传输网络。一般由政府电信部门组建、管理和控制，网络内的传输和交换装置可以提供（或租用）给任何部门和单位使用。

公共传输网络分为两类：

- 电路交换网络。使用公用电话网和有线电视网传输数据，用户终端从连接开始到切断为止要占用一条线路，按照用户占用线路的时间收费。此类网络主要包括公共交换电话网（PSTN）、综合业务数字网（ISDN）、xDSL和HFC。
- 分组交换网络。将信息分组，按规定路径由发送者将分组后的信息传送给接收者。数据分组的工作可在发送终端进行，也可在交换机进行。每一组信息都含有信息目的地址。可采取不同的路径传输，以便最有效地使用通信网络。在接收点上，对各类分组进行重新组装。此类网络主要包括X.25分组交换网、帧中继（FR）网、交换式多兆位数据服务（SMDS）和异步传输模式（ATM）。

(2) 专用传输网络。由一个组织或团体自己建立、使用、控制和维护的私有通信网络。专用传输网络拥有自己的通信和交换设备，建立自己的专线服务，也可以向公用网络或其他专用网络租用设备和线路。

专用传输网络主要是数字数据网（DDN）利用光纤（或数字微波和卫星）数字电路和数字交叉连接设备组成的数字数据网。DDN可以在两个端点之间建立一条永久或半永久的专用数字通道。它的特点是：在租用该专用线路期间，用户独占该线路的带宽，传输质量高。

(3) 无线传输网络。主要是移动无线网。无线通信（wireless communication）是利用电磁波信号可以在自由空间中传播的特性进行信息交换的一种通信方式。无线通信主要包括微波通信和卫星通信。微波是一种无线电波，它传送的距离一般只有几十千米。但微波的频带很宽,通信容量很大。微波通信每隔几十千米要建一个微波中继站。卫星通信是利用通信卫星作为中继站在地面上两个或多个地球站之间或移动体之间建立的微波通信联系。

无线广域网主要应用 GPS、CDMA、2G(GSM、GPRS)、3G、4G 和 5G 等通信技术。

由 ISP 组建和维护的广域网(骨干网)包括公用交换网电话、数字数据网、分组交换网(X.25)、帧中继网、交换式多兆位数据服务、异步传输模式和多协议标签交换(MPLS)。

数字数据网是一种利用数字信道提供数据通信的传输网,它主要提供点到点及点到多点的数字专线或专网。由数字通道、DDN 节点、网管系统和用户环路组成。DDN 传输介质主要有光纤、数字微波、卫星信道等。采用了计算机管理的数字交叉连接技术,为用户提供半永久性连接电路,即 DDN 提供的信道是非交换的、用户独占的永久虚电路(PVC)。一旦用户提出申请,网络管理员便可以通过软件命令改变用户专线的路由或专网结构,而无须对物理线路进行改造扩建,因此 DDN 极易根据用户的需要在约定的时间内接通所需带宽的线路。

X.25 网是在 20 世纪 70 年代由国际电报电话咨询委员会(CCITT)制定的在公用数据网上以分组方式工作的数据终端设备(DTE)和数据电路设备(DCE)之间的接口。X.25 网是一个分组交换网,具有 3 层协议(物理层、数据链路层、网络层),用呼叫建立临时虚电路。X.25 网具有协议转换、速度匹配等功能,适合于不同通信规程、不同速率的用户设备之间的相互通信。

X.25 网的突出优点是可以在一条物理电路上同时开放多条虚电路供多个用户同时使用,网络具有动态路由功能和复杂完备的误码纠错功能,可以满足不同速率和不同型号的终端与计算机、计算机与计算机以及局域网之间的数据通信。X.25 网提供的数据传输率一般为 64kb/s。

帧中继技术是由 X.25 分组交换技术演变而来的。可以把帧中继看作一条虚拟专线。用户可以在两个节点之间租用一条永久虚电路并通过该虚电路发送数据帧,也可以在多个节点之间通过租用多条永久虚电路进行通信。帧中继网和 X.25 网都采用虚电路复用技术,以便充分利用网络带宽资源,降低用户通信费用。

帧中继技术只提供最简单的通信处理功能,如帧开始和帧结束的确定以及帧传输差错检查。当帧中继交换机接收到一个损坏帧时只是将其丢弃,它不提供确认和流量控制机制,因此,帧中继交换机处理数据帧所需的时间大大缩短,端到端用户信息传输时延低于 X.25 网,而帧中继网的吞吐率也高于 X.25 网。帧中继网还提供一套完备的带宽管理和拥塞控制机制,在带宽动态分配上比 X.25 网更具优势。帧中继网可以提供 2～45Mb/s 速率范围的虚拟专线。

交换式多兆位数据服务是由贝尔通信公司开发的,在 1990 年作为连接 FDDI 网络到城域网的一种基于电信的系统。SMDS 是一种基于信元的数据传输技术,其传输速率在 T 载波线路上可以高达 155Mb/s,在欧洲有广泛应用。SMDS 被设计用来连接多个局域网,用于企业间在广域网上交换数据。将 SMDS 当作局域网之间的高速主干网,允许某个局域网通过 SMDS 向其他局域网发送报文。SMDS 支持的数据传输率要高于帧中继网,而且是无连接的。

异步传输模式是以信元为基础的一种分组交换和复用技术。ATM 采用面向连接的传输方式,将数据分割成固定长度的信元,通过虚连接进行交换。ATM 集交换、复用、传输为一体，采用异步时分复用方式，通过信息的首部或标头来区分不同信道。

ATM网由相互连接的ATM交换机构成，存在交换机与终端、交换机与交换机的两种连接。交换机支持两类接口：用户与网络的接口UNI(通用网络接口)和网络节点间的接口NNI。对应两类接口，ATM信元用两种不同的信元头——VP(虚通道)和VC(虚通路)来描述ATM信元单向传输的路由。一条物理链路可以复用多条VP，每条VP又可以复用多条VC，它们独立编号产生VPI(虚拟协议连接，即虚拟的逻辑通道)和VCI(虚拟信道连接)，VPI和VCI一起才能唯一地标识一条虚通路。相邻两个交换节点间信元的VPI/VCI值不变，两节点之间形成一个VP链和VC链。当信元经过交换节点时，VPI和VCI做相应的改变。一个单独的VPI和VCI是没有意义的，只有进行链接，形成一个VP链和VC链，才是一个有意义的链接。在ATM交换机中有一个虚连接表，每一部分都包含物理端口、VPI和VCI值，该表是在建立虚电路的过程中生成的。

ATM协议在带宽上被设计成可扩展的，并能支持实时的多媒体应用。

多协议标签交换是IP和ATM融合的技术，它在IP中引入了ATM的技术和概念，同时拥有IP和ATM的优点和技术特征。MPLS最初是为了提高转发速度而提出的，致力于解决Internet骨干网的路由器瓶颈问题，支持QoS、流量工程、VPN等技术。

MPLS属于第三代网络架构，是新一代的IP高速骨干网交换标准，目前MPLS发展迅猛，很多网络运营商都将其Internet骨干网逐步演进为MPLS，将来所有公司内部的业务也将由基于MPLS的VPN来承担。

MPLS的价值在于其能够在一个无连接的网络中引入连接模式的特性。即先把选路和转发分开，生成一个标记交换表，由标记来规定一个分组通过网络的路径。分组在转发至后面多跳之前被加上标记，所有转发都按标记进行。

与传统IP路由方式相比，MPLS在数据转发时只在网络边缘分析IP报文头，而不用在每一跳都分析IP报文头，从而节约了处理时间。MPLS能提供更好的端到端服务，特别是它可以根据网络的流量特性(如拥塞或服务质量要求)来规定转发路径，因此，它能降低网络复杂性，使网络成本下降50%。

8.1.2 广域网连接类型

广域网物理连接遵循ITU-T标准(国际电信联盟远程通信标准化组织专门制定的远程通信相关国际标准)。

广域网接口类型有RJ-45接口、SC接口、AUI接口、高速同步串口、异步串口、ISDN BRI接口、DSL接口等。

物理层串行协议包括X.21、EIA/TIA-232、EIA/TIA-449、EIA/TIA-530、EIA/TIA-530A、V.24、V.35等。

路由器之间通过配置串行接口卡相互连接，如思科2800、3800系列路由器有WIC-2T、HWIC-4A/S、HWIC-4T、HWIC-8A/S-232、HWIC-16A等接口卡。其HWIC-4A/S接口卡提供了多种串行线缆接口类型，包括V.35 DTE/DCE、EIA/TIA-232 DTE/DCE、EIA/TIA-449 DTE/DCE、X.21 DTE/DCE、EIA/TIA-530 DTE/DCE等。

串行通信的方法有两种：异步传输和同步传输。

异步传输(asynchronous transmission)又称起止式传输，即指发送者和接收者之间不需要合作。也就是说,发送者可以在任何时候发送数据,只要被发送的数据已经处于可以发送的状态即可。接收者则只要数据到达,就可以接收数据。

同步传输(synchronous transmission)要求发送和接收数据的双方进行合作,按照一定的速度向前推进。也就是说,发送者只有收到接收者发来的允许发送的同步信号之后才能发送数据,而接收者也必须收到发送者发来的表示数据发送完毕、允许接收的信号之后才能接收数据。

采用同步通信时,将许多字符组成一个信息组,这样,字符可以一个接一个地传输。但是,在每组信息(通常称为帧)的开始要加上同步字符,在没有信息要传输时,要填上空字符,因为同步传输不允许有间隙。在同步传输过程中,一个字符可以对应5~8位。当然,对同一个传输过程,所有字符对应同样的数位,例如n位。这样,传输时,每n位(即一个字符)为一个时间片,发送端在一个时间片中发送一个字符,接收端则在一个时间片中接收一个字符。

广域网连接分为3种类型:专线、电路交换、分组交换。

专线通常使用同步串行线路,电路交换和分组交换通常使用异步串行线路。

专线连接方式有T1、E1、T3、E3、DDN、光纤接入(包括PDH、SDH、GPON、EPON、GEPON等)和xDSL。

电路交换通常使用电信网络,如PSTN、ISDN、xDSL、Cable Modem、Modem等。

包交换通常使用网络设备,使很多网络设备共享ISP提供的交换网络到达目的网络。常用的连接方式有X.25和帧中继。

广域网数据链路层协议有HDLC、PPP、帧中继、SDLC、SMDS、LAPB、MPLS。目前常用的是PPP(在ADSL中使用PPPoE)和帧中继,仍处于发展中的是MPLS。

8.1.3 HDLC协议

HDLC(High-level Data Link Control,高级数据链路控制)是一个在同步网上传输数据、面向位的数据链路层协议。HDLC在开始建立数据链路时允许选用特定的操作方式(主站方式、从站方式或二者兼备),HDLC是串行链路上的默认封装协议,所以在串行链路上不做任何配置时,就自动以HDLC做二层数据链路的封装。也可以用encapsulation hdlc命令进行封装。

数据帧中包括以下字段:开始标志、地址、控制、数据、帧校验和结束标志。

(1) 开始标志和结束标志字段。HDLC/SDLC协议规定,所有信息传输必须以一个标志字段开始,且以同一个标志字段结束。标志字段值是01111110。从开始标志到结束标志之间构成一个完整的数据帧。所有的数据以帧的形式传输,而标志字段提供了每一帧的边界。接收端可以通过搜索01111110来得知帧的开始和结束,以此建立帧的同步。

(2) 地址字段和控制字段。在标志字段之后,有一个地址字段和一个控制字段。地址字段用来规定与之通信的下一站的地址。控制字段可规定若干个命令。SDLC规定地址字段和控制字段的宽度为8位。HDLC则允许地址字段可为任意长度,控制字段为8位或16位。接收方必须检查每个地址字节的第1位。如果为0,则后边跟着另一个地址字节;如果为1,则该字节就是最后一个地址字节。同理,如果控制字段第1个字节的第一位为0,则控制字段还有第2个字节,否则就只有1个字节。

（3）数据字段。跟在控制字段之后的是数据字段。它包含要传送的数据。并不是每一帧都必须有数据字段。即数据字段可以为 0，当它为 0 时，则此帧主要是控制命令。

（4）帧校验字段。紧跟在数据字段之后的是两字节的帧校验字段。HDLC 和 SDLC 均采用 16 位循环冗余校验码（CRC），生成多项式为 CCITT 多项式 $x^{16}+x^{12}+x^{5}+1$。除了标志字段和自动插入的 0 位外，帧的所有内容都参加 CRC 计算。

8.2　PPP 协议

8.2.1　PPP 协议概述

PPP 协议是目前使用最广泛的广域网协议，是点对点数据链路层协议。和 HDLC 一样，PPP 也是串行链路上（同步电路或者异步电路）的一种帧封装格式，但是 PPP 可以提供对多种网络层协议的支持。PPP 支持认证、多链路捆绑、回拨、压缩等功能。

PPP 具有以下特性：

- 能够控制数据链路的建立。
- 能够对 IP 地址进行分配和使用。
- 允许同时采用多种网络层协议。
- 能够配置和测试数据链路。
- 能够进行错误检测。

目前 PPP 主要应用两种技术，一种是 PPP over Ethernet（PPPoE），另一种是 PPP over ATM（PPPoA）。

PPPoE 就是人们常说的 ADSL、有线通、FTTB 等宽带拨号采用的协议，大部分家庭拨号上网就是通过 PPP 在用户端和运营商的接入服务器之间建立通信链路。PPPoE 既保护了用户方的以太网资源，又完成了宽带的接入要求，是目前家庭宽带接入方式中应用最广泛的技术标准。

PPPoA 是在 ATM 网络上运行 PPP 协议的技术，它的原理和作用与 PPPoE 相同，不同的是它运行在 ATM 网络上而不是以太网上。

PPP 的体系结构如图 8-1 所示，中间由 3 部分组成：①HDLC，PPP 用 HDLC 作为点到点链路上基本的封装方法；②LCP（链路控制协议），建立、配置和测试数据链路的连接，PPP 用 LCP 进行链路的建立与控制；③NCP（网络控制协议），建立和配置不同的网络层协议，PPP 用 NCP 进行多种协议的封装。

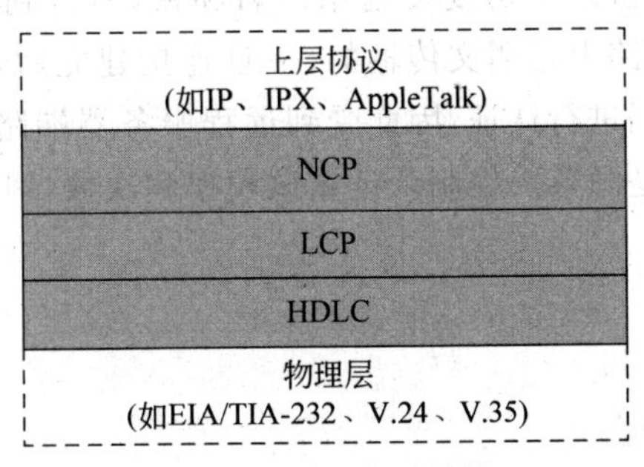

图 8-1　PPP 体系结构

PPP的数据帧结构包括开始标志、地址、控制、协议、数据、帧校验和结束标志6个字段。

PPP经过以下4个过程在一个点到点的链路上建立通信连接,如图8-2所示。

(1)链路的建立和配置协调:通信的发起方发送LCP帧来配置和检测数据链路。

(2)链路质量检测:在链路已经建立、协调之后进行验证,这一阶段是可选的。

(3)网络层协议配置协调:通信的发起方发送NCP帧以选择并配置网络层协议。

(4)关闭链路:通信链路将一直保持到LCP或NCP帧关闭链路或发生一些外部事件。

PPP有两种认证方式:PAP和CHAP。

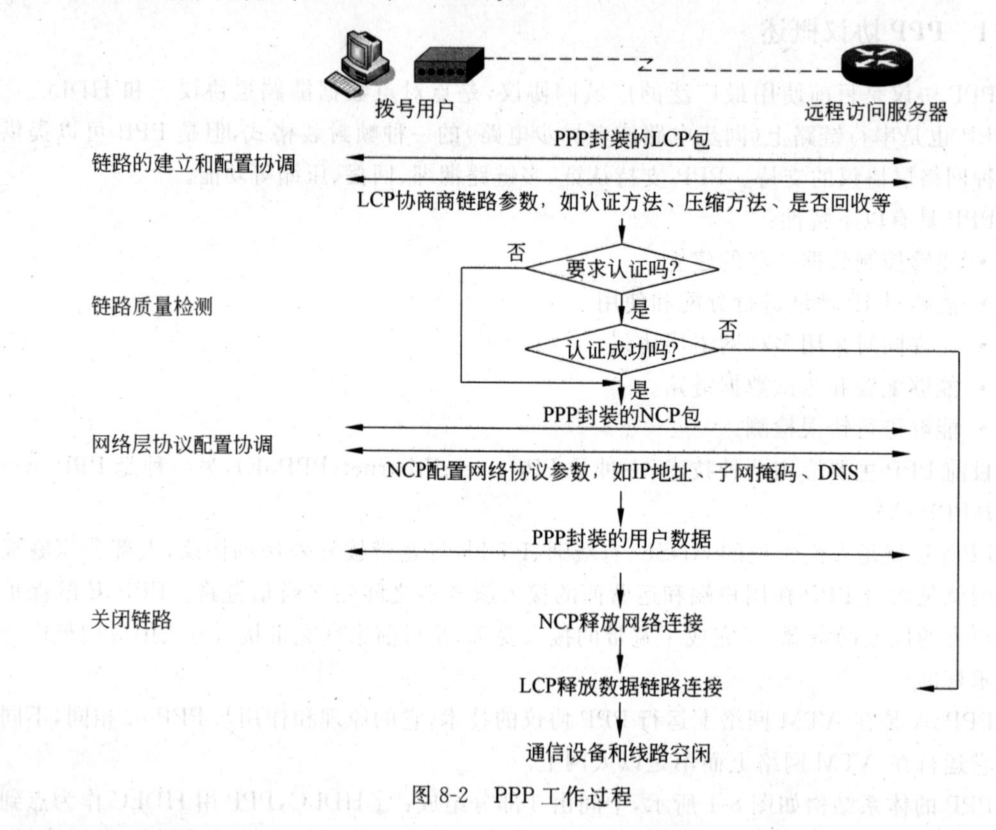

图8-2 PPP工作过程

1. PAP认证

采用PAP(Password Authentication Protocol,密码认证协议)方式时,在PPP链路建立完毕后,源节点不停地在链路上反复发送用户名和密码,直到认证通过。PAP采用两次握手方式,其认证密码在链路上是明文传输的;一旦连接建立后,客户端路由器需要不停地在链路上发送用户名和密码进行认证,因此受到远程服务器端路由器对其进行登录尝试的频率和定时的限制。由于是源节点控制认证重试频率和次数,因此PAP不能防范再生攻击和重复的尝试攻击。

PAP有以下特点:

- 采用两次握手协议。
- 以明文方式进行认证。

首先,服务器端定义好用户名和密码(username SSPU password rapass),并指出采用

PPP 封装和 PAP 认证(encapsulation PPP,ppp authentication pap)。

其次,客户端向服务器端提供用户名和密码(ppp pap sent-username SSPU password rapass)(第 1 次握手)。

最后,由服务器端进行认证(用户名和密码),并通告成功或失败(第 2 次握手)。

PAP 认证过程如图 8-3 所示。

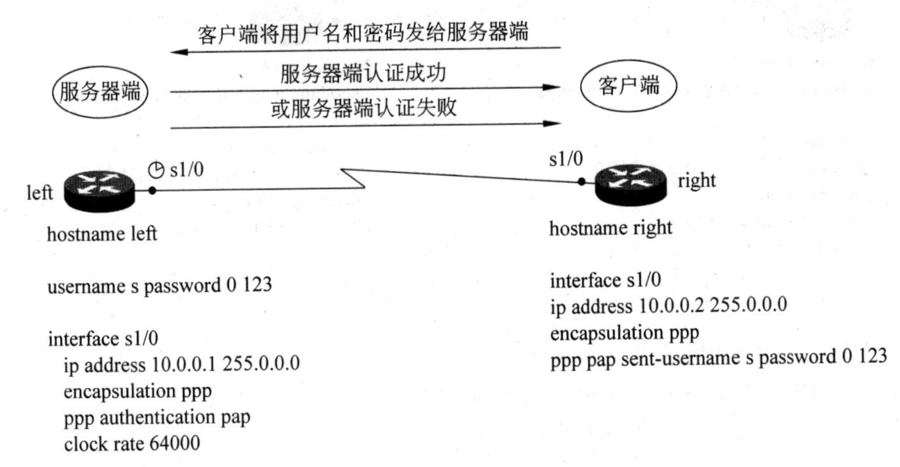

图 8-3　PAP 认证过程

2. CHAP

CHAP(Challenge Handshake Authentication Protocol,挑战握手认证协议)利用 3 次握手周期地认证源端节点的身份。CHAP 认证过程在链路建立之后进行,而且在以后的任何时候都可以再次进行,这使得链路更为安全;CHAP 不允许连接发起方在没有收到询问消息的情况下进行认证尝试。CHAP 每次使用不同的询问消息,每个消息都是不可预测的唯一的值,CHAP 不直接传送密码,只传送一个不可预测的询问消息以及该询问消息与密码经过 MD5 加密运算后的加密值,所以 CHAP 可以防止再生攻击,其安全性比 PAP 要高。

CHAP 有以下特点:

- CHAP 为三次握手协议。
- 只在网络上传输用户名,而并不传输口令。
- 安全性要比 PAP 高,但认证报文耗费带宽。

首先,由服务器端给出对方(客户端)的用户名和挑战密文(第 1 次握手 username RouterA password samepass)。

其次,客户端同样给出对方(服务器端)的用户名和加密密文(第 2 次握手 username RouterB password samepass)。

最后,服务器端进行认证,并向客户端通告认证成功或失败(第 3 次握手)。

CHAP 认证过程如图 8-4 所示。

8.2.2　PPP 协议配置案例

1. 实验目的

(1) 熟悉 PPP 协议的启用方法。

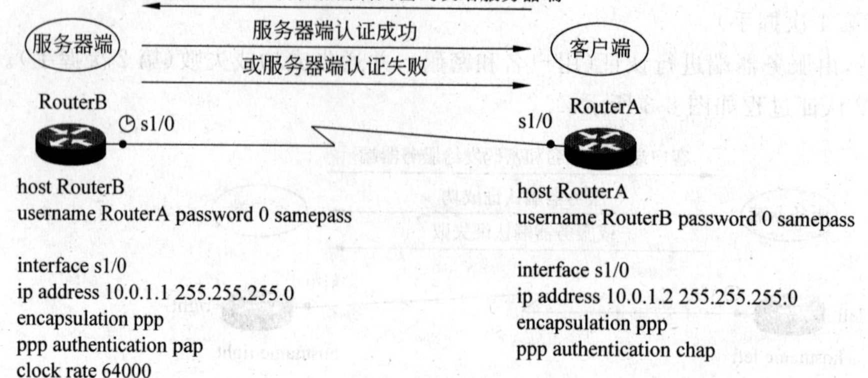

图 8-4　CHAP 认证过程

(2) 掌握指定 PPP 协议的封装方法。

(3) 掌握 PPP 协议两种认证模式的配置方法。

(4) 熟悉 PPP 协议信息的查看与调试方法。

2. 实验拓扑

实验拓扑如图 8-3 和图 8-4 所示。

3. 实验配置步骤

(1) PAP 认证配置。

客户端的配置如下：

```
Router(config)#hostname right
Right(config)#interface s1/0
Right(config-if)#ip address 10.0.0.2 255.0.0.0
Right(config-if)#encapsulation PPP
Right(config-if)#ppp pap sent-username S password 0 123
Right(config-if)#no shut
```

服务器端的配置如下：

```
Router(config)#hostname Left
Left(config)#username S password 0 123
Left(config)#interface s1/0
Left(config-if)#ip address 10.0.0.1 255.0.0.0
Left(config-if)#clock rate 64000
Left(config-if)#encapsulation PPP
Left(config-if)#ppp authentication pap
Left(config-if)#no shut
```

(2) CHAP 认证配置。

服务器端的配置如下：

```
Router(config)#hostname RouterB
```

```
RouterB(config)#username RouterA password samepass
/*互为对方的用户名和密码*/
RouterB(config)#interface s1/0
RouterB(config-if)#ip address 10.0.1.1 255.0.0.0
RouterB(config-if)#clock rate 64000
RouterB(config-if)#encapsulation ppp
RouterB(config-if)#ppp authentication chap
RouterB (config-if)#no shut
```

客户端的配置如下：

```
Router(config)#hostname RouterA
RouterA(config)#username RouterB password samepass
/*互为对方的用户名和密码*/
RouterA(config)#interface s1/2
RouterA(config-if)#ip address 10.0.1.2 255.0.0.0
RouterA(config-if)#encapsulation ppp
RouterA(config-if)#ppp authentication chap
RouterA(config-if)#no shut
```

4. 检测

```
RouterA#ping 10.0.1.1
RouterB#show interfaces s1/2
RouterB#debug ppp authentication
```

8.2.3 PPPoE 协议概述

PPPoE(Point to Point Protocol over Ethernet,以太网上的点对点协议)工作在 OSI 的数据链路层,在共享介质的以太网上提供一条逻辑上的点对点链路,就是在以太网数据帧中承载 PPP 的数据。

家用局域网通过 ADSL 共享上网。ADSL Modem(作为 PPPoE 的服务器)拨号上网,使用的是 PPP 协议。家用局域网内部使用的是以太网协议,以太网内部每台主机(作为 PPPoE 客户机)通过寻找发现 PPPoE 服务器,得到一个唯一的“会话 ID”,确保 PPPoE 客户机与外网能够建立点对点逻辑链路。

PPPoE 协议,是在以太网络中转播 PPP 帧信息的技术。

1. PPPoE 的工作过程

PPPoE 的工作过程分为 3 个阶段：PPPoE 发现(Discovery)阶段、PPPoE 会话(Session)阶段、PPPoE 结束阶段,如图 8-5 所示。

1) PPPoE 发现阶段

该阶段的主要任务是：①寻找可用的 PPPoE 服务器；②得到会话 ID,以便建立点对点链路。它通过发送 4 种类型的 PPPoE 包(PADI、PADO、PADR、PADS)来实现,共分为 4 步(类似 DHCP 工作过程)：

(1) PPPoE 客户端发起一个 PPPoE 发现服务报文(PPPoE Active Discovery Initiation,PADI),以广播的形式(目标 MAC 地址全为 F)向网络中所有节点发送,只有

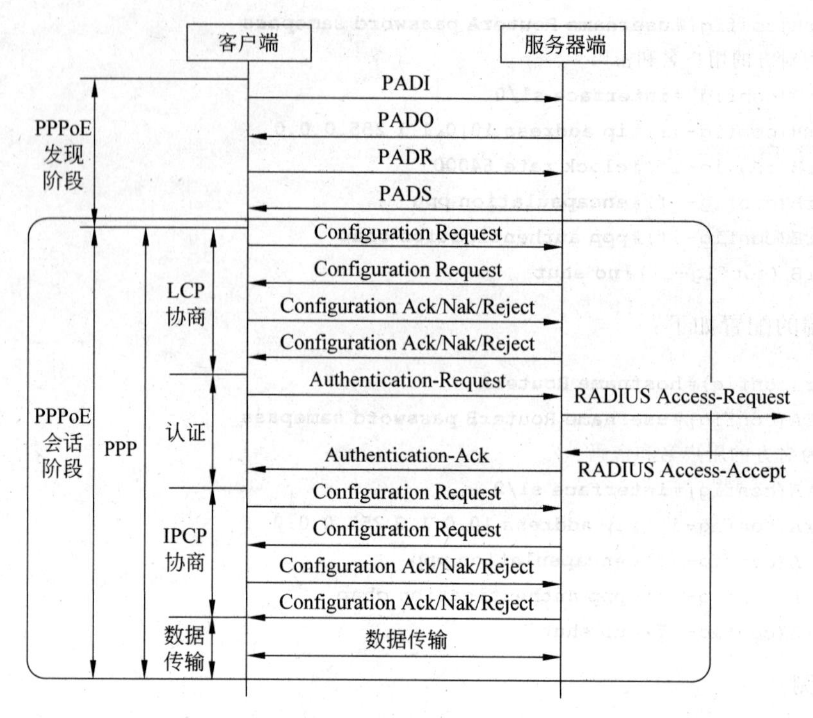

图 8-5　PPPoE 的工作过程

PPPoE 服务器才会应答这个报文。

(2) 所有 PPPoE 服务器都收到这个广播的报文,PPPoE 服务器提取报文中的信息,与自己所能提供的服务进行比较,一旦满足要求,便向 PPPoE 客户端发送 PPPoE 发现提供报文(PPPoE Active Discovery Offer,PADO),告诉 PPPoE 客户端自己能满足要求。这是一个源为 PPPoE 服务器的 MAC 地址、目标为 PPPoE 客户端的 MAC 地址的单播传输。

(3) PPPoE 客户端可能收到多个 PPPoE 服务器发送过来的这种报文,但只选择第一个到达的报文进行应答。PPPoE 客户端向选定的 PPPoE 服务器发送 PPPoE 发现请求报文(PPPoE Active Discovery Request,PADR)来请求服务。

(4) PPPoE 服务器收到来自 PPPoE 客户端的 PPPoE 发现请求报文后,产生唯一的会话 ID,发送 PPPoE 发现会话报文(PPPoE Active Discovery Session-confirmation,PADS)给 PPPoE 客户端,一旦 PPPoE 客户端确认无误,PPPoE 会话阶段开始。

2) PPPoE 会话阶段

开始 PPP 的协商过程,分 3 步: LCP、认证、NCP。协商完毕,开始数据传输。

(1) LCP(链路控制协议)完成建立、配置和检测控制链路的连接。

(2) LCP 完成后,进入认证阶段,由服务器端认证客户端的合法性,认证方式有 CHAP 和 PAP 两种,由 LCP 协商完成。

(3) 认证完成后进入了 NCP 阶段。NCP 是一个协议族,适用于不同的网络类型。PPPoE 使用的是 IPCP 协议,负责为 PPPoE 客户端提供 IP 地址和 DNS 服务器等,以完成三层配置。

协商完成后开始进行数据传输。PPPoE 客户端数据封装过程是: 应用层数据封装于传输层，再被网络层封装，再被 PPP 协议头部封装，再被 PPPoE 协议头部封装，最后是以太网封装。

3）PPPoE 结束阶段

PPPoE 客户端发一个 PPPoE 终止请求报文给 PPPoE 服务器，请求断开链接。PPPoE 服务器给出回复。PPPoE 客户端和服务器端发终止报文（PPPoE Active Discovery Terminate，PADT）。PPPoE 结束过程如图 8-6 所示。

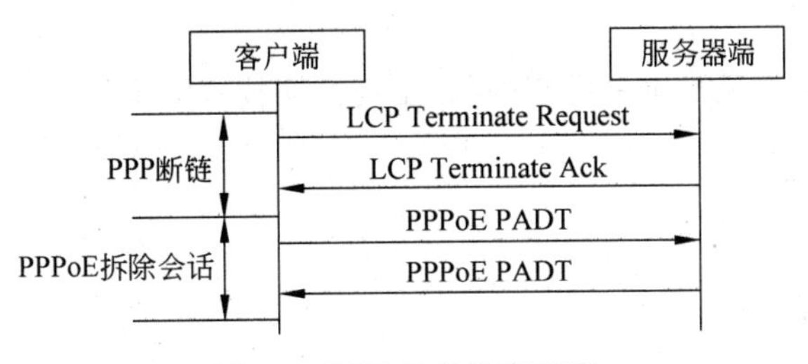

图 8-6　PPPoE 的结束过程

PPPoE 的工作过程中没有出现 ARP 协议，不能通过 ARP 表查看 MAC 地址和 IP 地址的绑定关系，从而避免了 ARP 病毒攻击。

2. ADSL 拨号过程

客户端启动拨号程序，发送 PADI 包，ADSL Modem 回应 PADO 包。客户端再发送 PADR 包，ADSL Modem 回应 PADS 包后，客户端得到了会话 ID，建立了 PPPoE 通道。随后客户端开始普通的 PPP 协议拨号过程，不过 PPP 数据包都是封装在以太网数据帧中的，拨号成功后客户端和远端的服务器之间建立了 PPP 通道，ADSL Modem 起到将以太帧转换为 PPP 包的作用。通信结束后，客户端发送 PADT 断开 PPPoE 通道。

PPPoE 协议的工作流程包含发现和会话两个阶段。发现阶段是无状态的，目的是获得 PPPoE 服务器（家用的 ADSL Modem 设备）的以太网 MAC 地址，并建立一个唯一的 PPPoE 会话 ID。发现阶段结束后，就进入标准的 PPP 会话阶段，此时客户端与自己的因特网目标开始 PPP 连接。

3. PPPoE 的数据报文格式

PPPoE 的数据报文被封装在以太网帧的数据域内。PPPoE 报文分成两大块：一块是 PPPoE 的数据报头，另一块是 PPPoE 的净载荷（数据域），数据域中的内容会随着会话过程的进行而不断改变。图 8-7 给出了 PPPoE 的报文格式。

版本	类型	代码	会话ID
长度域			净载荷(数据域)

图 8-7　PPPoE 数据报格式

- 版本：占 4 位，填 0x1。
- 类型：占 4 位，填 0x1。
- 代码：占 8 位，代表 PPPoE 包的类型。共有 5 种类型的包，对 PPPoE 的不同阶段，其值不同。0x09 代表 PADI 包，0x07 代表 PADO 包，0x019 代表 PADR 包，0x65 代表 PADS 包，0xa7 代表 PADT 包。

- 会话 ID：占 16 位。若 PPPoE 服务器还未分配唯一的会话 ID 给 PPPoE 客户主端，该域内的内容填 0x0000；一旦客户端获取了会话 ID，在后续的所有报文中该域都填充唯一的会话 ID 值。
- 长度：占 16 位，用来指示 PPPoE 数据报文中净载荷(数据域)的长度。
- 净载荷(数据域)：在 PPPoE 的不同阶段该域内的数据内容不同。在 PPPoE 的发现阶段，该域内会填充一些 Tag(标记)；而在 PPPoE 的会话阶段，该域则携带的是 PPP 的报文。

PPPoE 的配置案例见与本书配套的《路由与交换技术实验及案例教程》。

8.3 MPLS

8.3.1 什么是 MPLS

MPLS(Multi-Protocol Label Switch，多协议标签交换)独立于数据链路层和网络层，是 2.5 层协议，采用面向连接的方式进行数据转发。

MPLS 基于标签进行数据转发。在基于 IGP、BGP 等协议实现底层路由互联互通的前提下，为路由附加标签，建立标签转发表。当 MPLS 网络边缘路由器收到 IP 数据包后，通过为数据包附上相应的标签，实现标签和数据包的捆绑，在 MPLS 网络内部，再根据外部标签进行相应的标签处理和数据转发操作。在整个数据传输过程中，只需要处理标签交换，而无须进行路由查找、匹配和转发，从而大大提高了传输效率。

MPLS 支持 IP、IPv6、IPX 等多种网络层协议，而且兼容 ATM、帧中继、以太网、PPP 等多种数据链路层技术。它提供了路由和数据转发的完全分离，使用标签交换技术来加速 IP 数据包转发速度。

在传统 IP 转发机制中，每个路由器分析包含在每个分组头中的信息，然后解析分组头，提取目的地址，查询路由表，决定下一跳地址，计算头校验，递减 TTL 值，完成出口链路层数据帧的封装，最后发送分组。对属于相同处理方式(目的地、转发路径、服务等级均相同)的一组 IP 数据分组，每个路由器都要重复进行以上的操作，即采用逐跳选路转发方式执行一次路由查找，按最长子网掩码匹配原则查找最优路由，然后转发数据包。

MPLS 利用 IGP(内部网关协议)、BGP(外部网关协议)等路由协议收集路由信息，再根据此路由信息建立虚连接——基于标签的转发路径，在面向无连接的 IP 网络中增加了面向连接的属性，从而为 IP 网络提供一定的 QoS 保证，满足不同类型的服务对 QoS 的要求。

MPLS 具有以下优点：

(1) 支持各种链路层协议和网络层协议。MPLS 位于链路层和网络层之间，它可以建立在各种链路层协议(如 PPP、ATM、帧中继、以太网等)之上，为各种网络层(IPv4、IPv6、IPX 等)提供面向连接的服务。

(2) 它不仅支持各种路由协议，还支持基于策略的约束路由，可以满足各种新应用对网络的要求。

(3) 分组转发路径上的各个节点通过分配标签建立分组转发的虚拟通道，从而为网络层提供面向连接的服务。

(4) 利用短而固定长度的标签来封装网络层分组。MPLS网络中的路由器不再根据目的IP地址查找路由，而是根据标签转发分组，加快了转发速度。

(5) 应用广泛。MPLS最初是为提高路由器的转发速度而提出的一个协议，但是它的用途不局限于此，它还可以用来构建VPN网络、实现流量工程、提供QoS保证等，因此在大规模IP网络中广为应用。

8.3.2 MPLS的标签结构

MPLS标签长度为32位，如图8-8中第一行所示。0～19位为标签的数值，数值范围为$0 \sim 2^{20}-1$，即0～1 048 575。20～22位是3位试验用(EXP)比特，专用于服务质量(QoS)。23位是栈底(BoS)位，如果这是栈底的标签，取值为1，如果不是栈底标签，取值为0。标签栈是标签集合，既可以是一个标签也可以是多个标签，数值不唯一。24～31位是生存周期(TTL)，其主要的功能是避免路由环路。在标签转发中每经过一跳，TTL的值就减1，TTL为0时，数据包就会在网络中被丢弃。

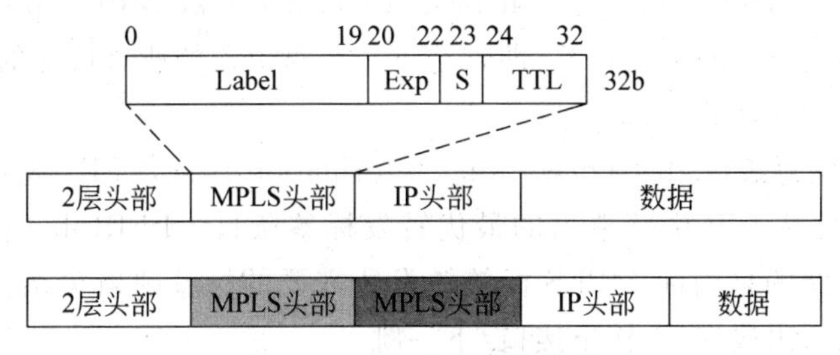

图8-8　MPLS标签结构图

在一个IP数据分组中承载多个MPLS标签(标签栈)，MPLS标签栈在IP数据流中的位置是位于2层数据链路层头部和IP头部之间的多个MPLS标签，如图8-8中最后一行所示。MPLS标签以先进后出的方式形成MPLS标签栈。数据包根据标签栈顶部的标签值进行转发。

MPLS标签按栈的方式进行操作，有插入(insert/impose/push)、交换(swap)、弹出(remove/pop)3种操作。

8.3.3 MPLS中的路由器

LSR(Label Switching Router，标签交换路由器，又称P路由器)是一台在MPLS网络域中支持MPLS功能并启用了MPLS技术的路由器。它在MPLS标签转发中能够实现标签的封装、转发和移除，从而实现数据包的传递。LSR由控制单元和转发单元两部分构成。控制单元负责标签分配、路由选择、标签转发表建立等工作，转发单元则依据标签转发表来转发带有标签的数据分组。

LER(Label Edge Switching Router，标签边界交换路由器，又称PE路由器)是MPLS网络与其他网络相连的边界设备，它实际上是一个LSR，分为入口LSR和出口LSR两种，提供流量分类、标签映射(入口)和标签移除(出口)功能。图8-9给出了MPLS路由器类型和位置的示意。

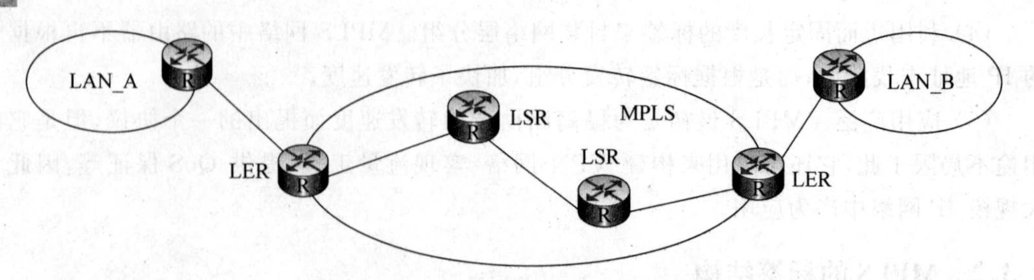

图 8-9 MPLS路由器类型和位置示意

8.3.4 MPLS中的3张表

MPLS使用了3张表：转发信息表、标签信息表和标签转发信息表。

(1) 转发信息表(Forwarding Information Base,FIB)是通过IGP、BGP等路由协议根据收到的路由信息建立的用于IP数据包转发的一张表。

(2) 标签信息表(Label Information Base,LIB)用来存放MPLS节点从邻居接收到的所有远程标签及本地分发的本地标签,即到达下一跳路由器的所有可能的标签条目,其中包括最优标签条目和次优标签条目。

(3) 标签转发信息表(Label Forwarding Information Base,LFIB)是进行标签转发实际查询的表,此表包含从LIB中筛选出的最优转发标签条目。LFIB由FIB和LIB而来,与LIB不同,LFIB存储的是当前MPLS标签转发所需要的标签映射关系。表中的标签条目包括前缀、入栈标签、出栈标签、输出接口/下一跳。

8.3.5 MPLS的架构层次

MPLS的工作内容分为两个层面：控制层面和数据层面。图8-10显示了MPLS的体系结构。

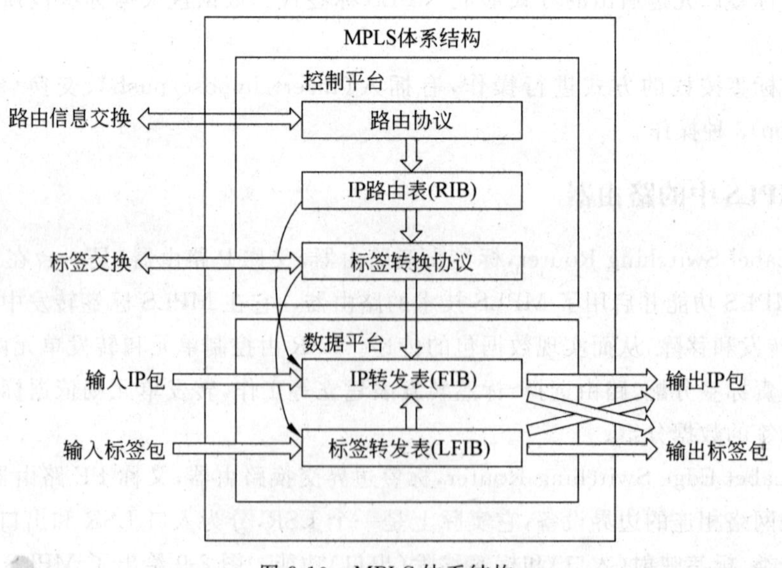

图 8-10 MPLS体系结构

在控制层面(Control Plane),有IGP(如RIP、OSPF、EIGRP)、BGP(如ISIS、BGP等)、路由表和标签转发协议(LDP)。通过路由协议产生FIB,LDP依靠IGP分发标签产生LIB,从LIB中提取最优标签条目放入LFIB,即在控制层通过路由协议和标签转发协议产生3张表。

在数据层面(Data Plane),基于标签进行数据转发,过程如下：

(1) 在MPLS网络边缘(从一个非MPLS网络到一个MPLS网络)的入口LSR(PE路由器)收到IP数据报文后,查询LIB,打上对应的MPLS标签(称为封装),转发出去。

(2) 在MPLS网络中LSR(P路由器)收到一个带标签的报文时,查询LFIB,用新的标签替换标签栈顶部的标签(交换),然后再转发出去。

(3) 在MPLS网络边缘(从一个MPLS网络到一个非MPLS网络)的出口LSR(PE路由器)收到IP数据报文后,弹出标签(移除),查询FIB,转发到非MPLS的网络。

MPLS域中的每个LSR必须在数据转发前建好3张表：FIB、LIB和LFIB。当MPLS域中的LSR收到一个数据帧时,由入口PE路由器进行打标封装,由P路由器进行标签交换,由出口PE路由器移除标签,完成基于标签的数据转发。

8.3.6 标签分发协议

标签分发协议(Label Distribution Protocol,LDP)是MPLS体系中的执行协议,它建立、拆除、保护、变更标签交换信息,是MPLS中的核心。

LDP不仅能独立存在,并且能和IGP一起协同完成MPLS的工作。LDP协议首先为LSR的非BGP(IGP)路由表(FIB)中的每一个路由条目捆绑一条独一无二的标签,产生本地标签信息表。然后,LSR将其本地标签信息表中的信息分发给所有的LDP邻居,收到LDP邻居分发的标签信息,则在本地记录为远程标签(remote label)。

标签交换路径(Label Switching Path,LSP)是一条单向的、由标签序列形成的逻辑路径。通过MPLS协议为数据流建立起来的分组转发路径由源到目的节点的一系列LSR以及它们之间的链路构成。LSP分为静态和动态两种,静态LSP由人工确定,动态LSP则由路由算法计算。

转发等价类(Forwarding Equivalence Class,FEC)是在转发数据包时具有同等被处理方式(目的地、转发路径、服务等级均相同)的一组数据分组,可通过隧道、地址、COS(Class of Service,服务等级)等方式来标识,一个FEC使用相同的标签。

LDP规定了标签分发过程中的各种消息以及相关的处理过程。LSR之间将依据本地转发表中对应一个特定FEC的入口标签、下一跳节点、出口标签等信息联系在一起,从而形成标签交换路径。

LDP主要有4种消息：

(1) 发现(Discovery)消息：发现邻居,通告和维护LSR。

(2) 会话(Session)消息：建立、维护和终止LDP对等体之间的会话连接。

(3) 通告(Advertisement)消息：创建、改变和删除FEC的标签映射。

(4) 通知(Notification)消息：用于提供建议性的消息和差错通知。

LDP报文除发现消息(即Hello报文)是基于UDP的646端口外,其他3种消息都是基于TCP的646端口。

1. LDP发现机制

LSR通过周期性地发送LDP Hello报文实现LDP发现机制，建立本地或远端LDP会话，寻找LDP对等体。

2. LDP会话建立过程

两台LSR之间交换Hello报文触发LDP会话的建立，如图8-11所示。

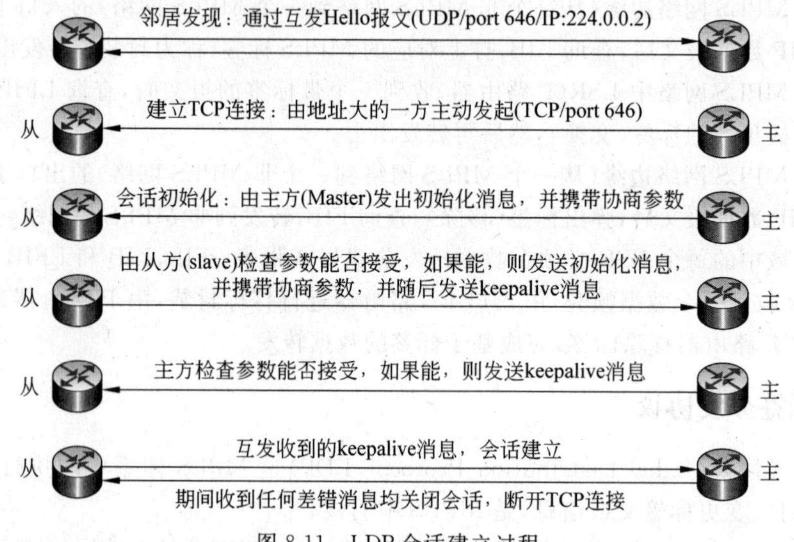

图8-11　LDP会话建立过程

3. 标签的发布和管理

LDP会话建立后，LDP协议开始交换标签映射等消息以建立LSP。通过定义标签发布方式、标签分配控制方式、标签保持方式来决定LSR如何发布和管理标签。

1）标签发布方式

在MPLS体系中，由下游LSR决定将标签分配给特定FEC，再通知上游LSR。即标签由下游指定，标签的分配按从下游到上游的方向分发。

如图8-12所示(Ingress为入口LSR，是PE路由器；Egress为出口LSR，是PE路由器；Transit为LSR，是P路由器)，MPLS中使用的标签发布方式有两种：

(1) 下游自主方式(DU)。对于一个特定的FEC，下游LSR为该FEC分配标签，并主动将标签通告给上游LSR。

(2) 下游按需方式(DoD)。对于一个特定的FEC，上游LSR请求下游LSR为该FEC分配标签，下游LSR收到请求后，为该FEC分配标签并向上游LSR通告该标签。

2）标签分配控制方式

标签分配控制方式分为下列两种：

(1) 独立标签控制方式(Independent)。LSR可以在任意时间向与它连接的LSR通告标签映射。使用这种方式时，LSR可能会在收到下游LSR的标签之前就向上游通告了标签。如图8-13所示，如果标签发布方式是DU，即使没有获得下游的标签，也会直接为上游分配标签；如果标签发布方式是DoD，则接收到标签请求的LSR直接为它的上游LSR分配标签，不必等待来自它的下游的标签。

(2) 有序标签控制方式(Ordered)。LSR只有收到它的下游LSR为某个FEC分配的

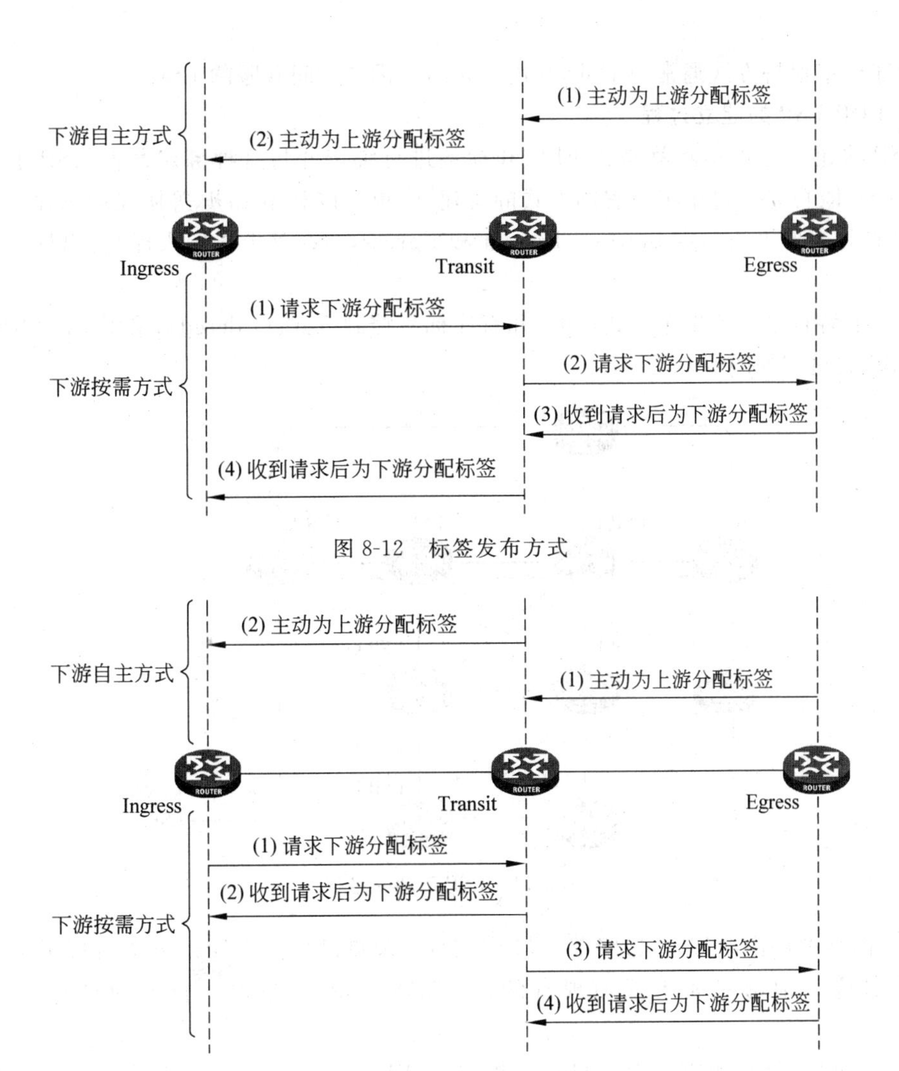

图 8-12　标签发布方式

图 8-13　独立标签控制方式

标签，或该 LSR 是此 FEC 的出口节点时，才会向它的上游 LSR 通告此 FEC 的标签映射。图 8-13 中的标签发布过程采用了有序标签控制方式：如果标签发布方式为 DU，则 LSR 只有收到下游 LSR 分配的标签后，才会向自己的上游 LSR 分配标签；如果标签发布方式为 DoD，则下游 LSR（Transit）收到上游 LSR（Ingress）的标签请求后，继续向它的下游 LSR（Egress）发送标签请求，Transit 收到 Egress 分配的标签后，才会为 Ingress 分配标签。

3）标签保持方式

标签保持方式分为下列两种：

（1）自由标签保持方式（Liberal）。对于从相邻的 LSR 收到的标签映射，无论邻居 LSR 是否指定 FEC 的下一跳都保留。这种方式的优点是 LSR 能够迅速适应网络拓扑的变化，其缺点是浪费内存和标签。

（2）保守标签保持方式（Conservative）。对于从相邻的 LSR 收到的标签映射，只有当邻居 LSR 是指定 FEC 的下一跳时才保留。这种方式的优点是节省内存和标签，但是对拓扑变化的响应较慢。

保守标签保持方式通常与DoD方式一起用于标签空间有限的LSR。

4. LDP LSP的建立过程

LSP的建立过程实际就是将FEC和标签进行绑定并将这种绑定通告LSP上的邻居LSR。LSP既可以通过手工配置的方式静态建立,也可以利用LDP等协议动态建立。建立静态LSP时需要手工指定Ingress、Transit和Egress,并在其上指定入标签、出标签和出接口等。

结合下游自主标签发布方式(DU)和有序标签控制方式(Ordered),采用LDP协议动态建立LSP的过程如图8-14所示。

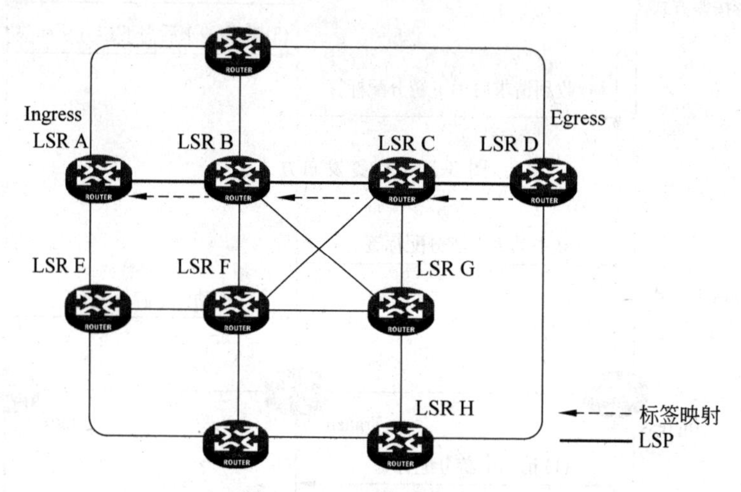

图 8-14　LSP的建立过程

(1) 网络的路由改变时,边缘节点(LSR D)发现自己的路由转发表中出现了新的目的地址,并且这一地址不属于任何现有的FEC,则LSR D为这一目的地址建立一个新的FEC。

(2) 如果LSR D尚有可供分配的标签,则为FEC分配标签,并向上游LSR C通告标签映射。

(3) LSR C收到标签映射后,判断标签映射的发送者(LSR D)是否为该FEC的下一跳。若是,则在其标签转发表中增加相应的条目,为FEC分配标签,并继续向上游LSR B通告标签映射。

(4) 同样地,LSR B收到标签映射后,判断标签映射的发送者(LSR C)是否为该FEC的下一跳。若是,则在其标签转发表中增加相应的条目,为FEC分配标签,并继续向上游LSR A通告标签映射。

(5) 入口LSR(LSR A)收到标签映射后,判断标签映射的发送者(LSR B)是否为该FEC的下一跳。若是,则在其标签转发表中增加相应的条目。

这时就成功地建立了LSR A→LSR B→LSR C→LSR D的LSP。LSR A收到该FEC对应的分组后,就会沿着这条LSP进行标签转发。

5. 倒数第二跳弹出

倒数第二跳弹出(Penultimate Hop Popping,PHP)是对MPLS的一种优化,能够减少MPLS节点对MPLS标签的处理,从而节省开销。

当带有标签的数据包传到出站 LER 时，LER 先查询 LFIB，但此时无须进行标签转换操作，只需进行简单的标签移除，恢复 IP 报文，接着查询路由表，最后按照 IP 转发方式进行数据包的转发。可以看出，由于 LER 同时连接 MPLS 网络和 IP 网络，所以当出站 LER 收到数据包后，最后都是按照 IP 转发方式进行数据转发，此时查找 LFIB 是没必要的。为了使得出站 LER 直接对收到的报文执行 IP 转发，无须进行标签移除操作，只要在出站 LER 的上一跳，即倒数第二跳进行标签移除，以 IP 报文的方式发给出站 LER，这样出站 LER 就可直接查询路由表而无须查询 LFIB，减少了不必要的操作，节省开销。

PHP 通过使用标签 3（为隐式空标签）来实现。标签 3 属于保留标签，专门用来实现 PHP。正常情况下，LER 将起源于自己的路由的本地标签发给邻居，邻居将收到的标签作为该路由的远程标签，当收到要发给 LER 的数据包后，用远程标签替换收到的数据包原本附加的标签，然后再发送给 LER。PHP 不再将路由的本地标签发给邻居，而是将标签 3 发给邻居，邻居可将标签 3 再往下一跳传播，当倒数第二跳收到附有标签 3 的数据包后，就知道无须查询 LFIB 进行标签转换，而是直接将标签移除，恢复 IP 报文后直接发给 LER。此时 LER 收到的即是 IP 报文，可直接查询路由表，执行 IP 转发。

8.3.7　MPLS 的工作过程

下面以图 8-9 的拓扑结构为例，介绍 MPLS 的工作过程。

1. 3 张表的产生过程

首先从控制层面介绍 3 张表的产生过程。

（1）产生路由表。如图 8-15 所示，路由器 R1、R2、R3、R4 之间通过运行 RIP 动态路由协议（或其他 IGP 协议、静态路由协议）学习到 MPLS 域中所有非直连网段的路由信息，产生转发信息表 FIB，确保 MPLS 域中路由互通。

目的网络	接口	跳数
12.1.1.0	g1/0	0
23.1.1.0	g2/0	0
34.1.1.0	g2/0	1
46.1.1.0	g2/0	2

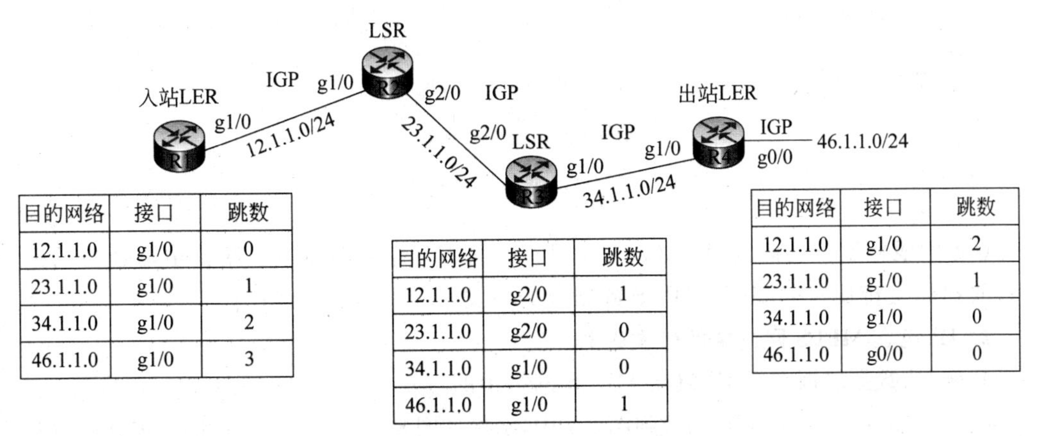

目的网络	接口	跳数
12.1.1.0	g1/0	0
23.1.1.0	g1/0	1
34.1.1.0	g1/0	2
46.1.1.0	g1/0	3

目的网络	接口	跳数
12.1.1.0	g2/0	1
23.1.1.0	g2/0	0
34.1.1.0	g1/0	0
46.1.1.0	g1/0	1

目的网络	接口	跳数
12.1.1.0	g1/0	2
23.1.1.0	g1/0	1
34.1.1.0	g1/0	0
46.1.1.0	g0/0	0

图 8-15　RIP 路由表产生结果

(2) MPLS 域中的路由器为路由条目分配标签。MPLS 域中的路由器为其本地路由表中的每一个路由条目都会分配一个本地标签，进行 FEC 标签绑定，在此只讨论 46.1.1.0 这一条路由的标签情况。

由于标签的分配是随机的，所以不同时间不同的路由所得到的标签可能不同(也可能相同)，为了理解方便，这里给出一个便于记忆的标签号。如图 8-16 所示，R1 为 46.1.1.0 路由分配本地标签 11，R2 为 46.1.1.0 路由分配本地标签 22，R3 为 46.1.1.0 路由分配本地标签 33，R4 为 46.1.1.0 路由分配本地标签 44。

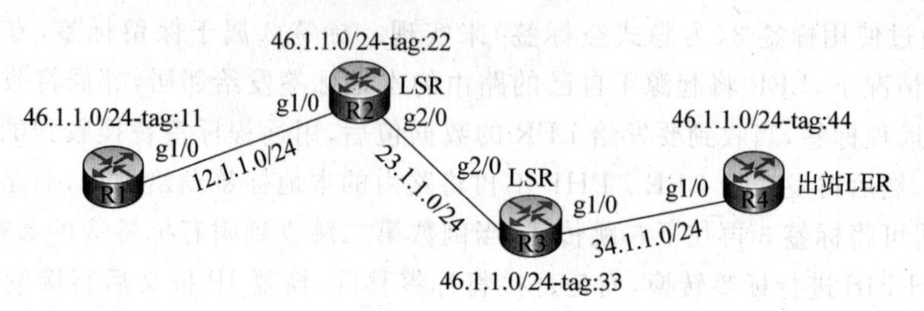

图 8-16 LDP 为本地路由条目分配标签

(3) 通过运行 LDP 协议发现 MPLS 邻居。通过运行 LDP 协议，路由器 R1 知道 R2 为其 MPLS 邻居，路由器 R2 知道 R1、R3 为其 MPLS 邻居，路由器 R3 知道 R2、R4 为其 MPLS 邻居，路由器 R4 知道 R3 为其 MPLS 邻居。

(4) MPLS 路由器将路由条目的本地标签通告给所有邻居。如图 8-17 所示，R1 将 46.1.1.0 路由的本地标签 11 发给了邻居 R2，R2 将 46.1.1.0 路由的本地标签 22 发给了邻居 R1 和 R3、R3 将 46.1.1.0 路由的本地标签 33 发给了邻居 R2 和 R4，R4 将 46.1.1.0 路由的本地标签 44 发给了邻居 R3。交换完标签之后，各个路由器有了关于路由表中每一条目的本地标签和邻居发来的远程标签，从而得到标签信息表。

图 8-17 MPLS 通告本地标签给邻居

(5) 生成标签转发信息表。如图 8-18 所示，MPLS 路由器将下一跳路由器通告的远程标签放到标签转发表中，用于 MPLS 数据包的转发。

2. IP 包在 MPLS 网络中的转发过程

其次，从数据层面介绍 IP 包在 MPLS 网络中的转发过程。

把图 8-18 中产生的 LFIB 加载到图 8-9 中，结果如图 8-19 所示。下面以 R5 发送数据包给 R6 来分析数据转发过程(也就是标签交换过程)，R6 到 R5 的回送数据转发过程与之类似。

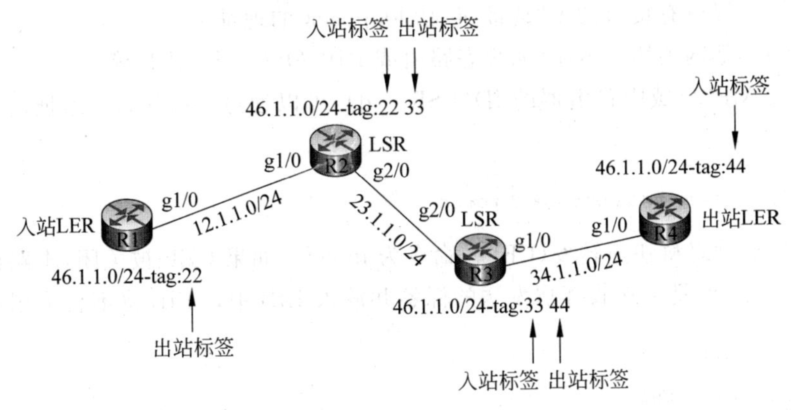

图 8-18　生成标签转发信息表

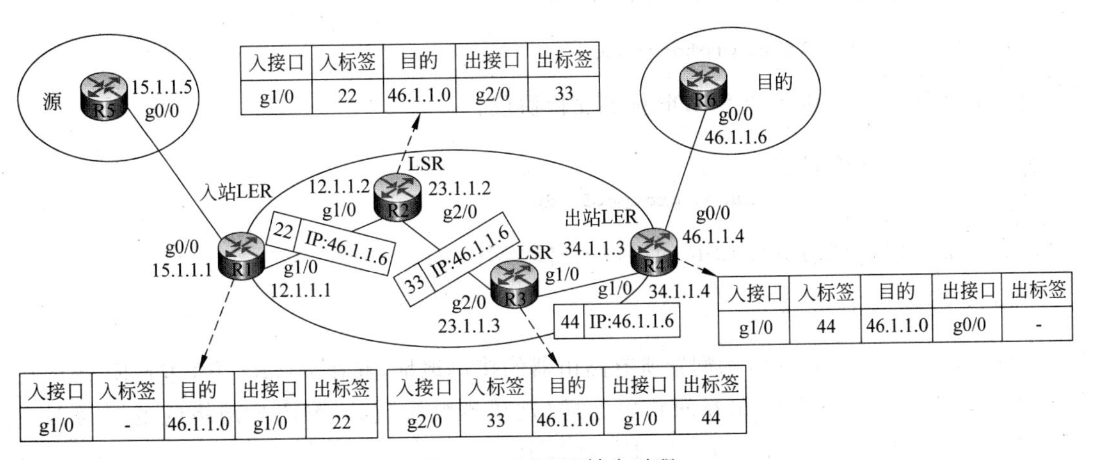

图 8-19　MPLS 转发过程

(1) R5 将数据包通过 IP 选路的方式发给 R1。R1(Ingress)收到不带标签的 IP 包后，根据目的地址判定该数据包所属的 FEC 及对应的标签转发表 LFIB 中的项，为此数据包添加出标签 22，并从对应的出接口(g1/0)将带有标签 22 的数据包转发给下一跳 LSR(R2)。

(2) R2 根据数据包上的标签 22，不再根据目的地址查找路由表，而是根据标签查找标签转发表。查找入标签为 22 所对应的标签转发表项，并用出标签 33 替换原有标签 22，从对应的出接口(g2/0) 将带有标签的数据包转发给下一跳 LSR(R3)。

(3) R3 根据数据包上的标签 33，查找入标签为 33 所对应的标签转发表项，并用出标签 44 替换原有标签 33，从对应的出接口(g1/0) 将带有标签的数据包转发给下一跳 LSR (R4)。

(4) R4(Egress) 接收到标签 44 的数据包后，查找入标签为 44 对应的标签转发表项，删除数据包中的标签，恢复 IP 报文，根据 IP 选路将报文发给 R6。

8.3.8　MPLS 配置举例

1. 配置

MPLS 的主要配置步骤如下：

(1) 规划配置所有接口的IP地址(包括loopback的地址)。

(2) 启动内部网关协议IGP(如静态路由或RIP、OSPF、EIGRP等)。

(3) 定义MPLS域中路由器的ID(LSR id),可以通过loopback0地址定义路由器的ID,命令如下:

```
mpls ldp router-id loopback 0 force
```

(4) 全局启动思科快速转发(CEF),命令为ip cef。如果CEF被关闭,本路由不会为任何前缀分配标签,但是会接收邻居发送的标签并放入LIB中,LFIB将不会采用邻居发送的标签。

```
R1(config)#ip  cef
```

(5) 全局启动MPLS LDP标签交换协议:

```
R1(config)#mpls label protocol ldp
```

或者在接口上启动MPLS LDP标签交换协议:

```
R1(config)#int g1/0
R1(config-if)# mpls label protocol ldp
```

(6) 在MPLS域内所有LSR的接口上启动MPLS:

```
R1(config-if)#mpls ip
```

配置说明:按图8-19所示配置所有路由器的接口地址,并在R1、R2、R3、R4、R5、R6上启动OSPF路由协议,验证相互间路由互通(这里省略配置)。MPLS网络的范围为R1、R2、R3、R4,其中R1、R4为LER,R2、R3为LSR。

MPLS的配置如下:

```
R1(config)#ip cef                           /*开启CEF交换*/
R1(config)#int g1/0
R1(config-if)#mpls label protocol ldp/*在接口上指定标签交换协议LDP*/
R1(config-if)#mpls ip                  /*在接口上启动MPLS,发送Hello包找邻居*/
```

同理配置R2:

```
R2(config)#ip cef
R2(config)#mpls label protocol ldp     /*全局指定标签交换协议LDP*/
R2(config)#int g1/0
R2(config-if)#mpls ip
R2(config)#int g2/0
R2(config-if)#mpls ip
```

同理配置R3:

```
R3(config)#ip cef                           /*开启CEF交换*/
R3(config)#mpls label protocol ldp
R3(config)#int g2/0
```

```
R3(config-if)#mpls ip
R3(config)#int g1/0
R3(config-if)#mpls ip
```

同理配置 R4：

```
R4(config)#ip cef
R4(config)#int g1/0
R4(config-if)#mpls label protocol ldp
R4(config-if)#mpls ip
```

2. 检测

(1) 查看路由表：

```
R1#show ip route
      12.0.0.0/8 is variably subnetted, 2 subnets, 2 masks
C        12.1.1.0/24 is directly connected, GigabitEthernet1/0
L        12.1.1.1/32 is directly connected, GigabitEthernet1/0
      15.0.0.0/8 is variably subnetted, 2 subnets, 2 masks
C        15.1.1.0/24 is directly connected, GigabitEthernet0/0
L        15.1.1.1/32 is directly connected, GigabitEthernet0/0
      23.0.0.0/24 is subnetted, 1 subnets
O        23.1.1.0 [110/2] via 12.1.1.2, 00:08:08, GigabitEthernet1/0
      34.0.0.0/24 is subnetted, 1 subnets
O        34.1.1.0 [110/3] via 12.1.1.2, 00:07:21, GigabitEthernet1/0
      46.0.0.0/24 is subnetted, 1 subnets
O        46.1.1.0 [110/4] via 12.1.1.2, 00:05:20, GigabitEthernet1/0
R2#show ip route
      12.0.0.0/8 is variably subnetted, 2 subnets, 2 masks
C        12.1.1.0/24 is directly connected, GigabitEthernet1/0
L        12.1.1.2/32 is directly connected, GigabitEthernet1/0
      15.0.0.0/24 is subnetted, 1 subnets
O        15.1.1.0 [110/2] via 12.1.1.1, 00:09:56, GigabitEthernet1/0
      23.0.0.0/8 is variably subnetted, 2 subnets, 2 masks
C        23.1.1.0/24 is directly connected, GigabitEthernet2/0
L        23.1.1.2/32 is directly connected, GigabitEthernet2/0
      34.0.0.0/24 is subnetted, 1 subnets
O        34.1.1.0 [110/2] via 23.1.1.3, 00:09:14, GigabitEthernet2/0
      46.0.0.0/24 is subnetted, 1 subnets
O        46.1.1.0 [110/3] via 23.1.1.3, 00:07:13, GigabitEthernet2/0
```

(2) 检测 MPLS 接口情况：

```
R1#show mpls interfaces
Interface              IP           Tunnel   BGP  Static  Operational
GigabitEthernet1/0     Yes (ldp)    No       No   No      Yes
```

```
R2#show mpls interfaces
Interface              IP            Tunnel   BGP  Static  Operational
GigabitEthernet1/0     Yes (ldp)     No       No   No      Yes
GigabitEthernet2/0     Yes (ldp)     No       No   No      Yes
```

R3省略。

```
R4#show mpls interfaces
Interface              IP            Tunnel   BGP  Static  Operational
GigabitEthernet1/0     Yes (ldp)     No       No   No      Yes
```

(3) 查看LDP的参数：

```
R1#show mpls ldp parameters
LDP Feature Set Manager: State Initialized
  LDP features:
    Basic
    IP-over-MPLS
    TDP
    IGP-Sync
    Auto-Configuration
    TCP-MD5-Rollover
Protocol version: 1
Session hold time: 180 sec; keep alive interval: 60 sec
Discovery hello: holdtime: 15 sec; interval: 5 sec
Discovery targeted hello: holdtime: 90 sec; interval: 10 sec
Downstream on Demand max hop count: 255
LDP for targeted sessions
LDP initial/maximum backoff: 15/120 sec
LDP loop detection: off
```

(4) 查看邻居信息：

```
R1#show mpls ldp discovery detail
Local LDP Identifier:
    15.1.1.1:0
    Discovery Sources:
    Interfaces:
        GigabitEthernet1/0 (ldp): xmit/recv
            Enabled: Interface config
            Hello interval: 5000 ms; Transport IP addr: 15.1.1.1
            LDP Id: 23.1.1.2:0; no host route to transport addr
              Src IP addr: 12.1.1.2; Transport IP addr: 23.1.1.2
              Hold time: 15 sec; Proposed local/peer: 15/15 sec
              Reachable via 23.1.1.0/24
              Password: not required, none, in use
            Clients: IPv4
R1#show mpls ldp neighbor
    Peer LDP Ident: 23.1.1.2:0; Local LDP Ident 15.1.1.1:0
        TCP connection: 23.1.1.2.36556 - 15.1.1.1.646
```

```
        State: Oper; Msgs sent/rcvd: 32/32; Downstream
        Up time: 00:22:07
        LDP discovery sources:
          GigabitEthernet1/0, Src IP addr: 12.1.1.2
        Addresses bound to peer LDP Ident:
          12.1.1.2        23.1.1.2
```

以上结果表明 R1 已经和 R2 成功地建立了邻居关系。

```
R2#show mpls ldp neighbor
    Peer LDP Ident: 15.1.1.1:0; Local LDP Ident 23.1.1.2:0
        TCP connection: 15.1.1.1.646 -23.1.1.2.36556
        State: Oper; Msgs sent/rcvd: 33/33; Downstream
        Up time: 00:22:45
        LDP discovery sources:
          GigabitEthernet1/0, Src IP addr: 12.1.1.1
        Addresses bound to peer LDP Ident:
          15.1.1.1        12.1.1.1
    Peer LDP Ident: 34.1.1.3:0; Local LDP Ident 23.1.1.2:0
        TCP connection: 34.1.1.3.60123 -23.1.1.2.646
        State: Oper; Msgs sent/rcvd: 33/34; Downstream
        Up time: 00:22:23
        LDP discovery sources:
          GigabitEthernet2/0, Src IP addr: 23.1.1.3
        Addresses bound to peer LDP Ident:
          34.1.1.3        23.1.1.3
```

以上结果表明 R2 已经和 R1、R3 成功地建立了邻居关系。

(5) 查看 LIB 表。

图 8-20 为 R1 的 LIB，可以看到，R1 给路由 46.1.1.0 分发的入标签为 18(本地标签)，出标签为 19(R1→R2)。

```
R1#show mpls ip binding
  12.1.1.0/24
        in label:     imp-null
        out label:    imp-null   lsr: 23.1.1.2:0
  15.1.1.0/24
        in label:     imp-null
        out label:    20         lsr: 23.1.1.2:0
  23.1.1.0/24
        in label:     17
        out label:    imp-null   lsr: 23.1.1.2:0       inuse
  34.1.1.0/24
        in label:     16
        out label:    18         lsr: 23.1.1.2:0       inuse
  46.1.1.0/24
        in label:     18
        out label:    19         lsr: 23.1.1.2:0       inuse
```

图 8-20　R1 的 LIB

图 8-21 为 R2 的 LIB，可以看到，R2 给路由 46.1.1.0 分发的入标签为 19(本地标签)，出标签为 18(R2→R1) 与 17(R2→R3)。

```
R2#show mpls ip binding
  12.1.1.0/24
        in label:     imp-null
        out label:    16          lsr: 34.1.1.3:0
        out label:    imp-null    lsr: 15.1.1.1:0
  15.1.1.0/24
        in label:     20
        out label:    imp-null    lsr: 15.1.1.1:0        inuse
        out label:    18          lsr: 34.1.1.3:0
  23.1.1.0/24
        in label:     imp-null
        out label:    imp-null    lsr: 34.1.1.3:0
        out label:    17          lsr: 15.1.1.1:0
  34.1.1.0/24
        in label:     18
        out label:    imp-null    lsr: 34.1.1.3:0        inuse
        out label:    16          lsr: 15.1.1.1:0
  46.1.1.0/24
        in label:     19
        out label:    18          lsr: 15.1.1.1:0
        out label:    17          lsr: 34.1.1.3:0        inuse
```

图 8-21　R2 的 LIB

图 8-22 为 R3 的 LIB,可以看到,R3 给路由 46.1.1.0 分发的入标签为 17(本地标签),出标签为 imp-null(R3→R4) 与 19(R3→R2)。

```
R3#show mpls ip binding
  12.1.1.0/24
        in label:     16
        out label:    imp-null    lsr: 23.1.1.2:0        inuse
        out label:    17          lsr: 46.1.1.4:0
  15.1.1.0/24
        in label:     18
        out label:    16          lsr: 46.1.1.4:0
        out label:    20          lsr: 23.1.1.2:0        inuse
  23.1.1.0/24
        in label:     imp-null
        out label:    imp-null    lsr: 23.1.1.2:0
        out label:    18          lsr: 46.1.1.4:0
  34.1.1.0/24
        in label:     imp-null
        out label:    18          lsr: 23.1.1.2:0
        out label:    imp-null    lsr: 46.1.1.4:0
  46.1.1.0/24
        in label:     17
        out label:    imp-null    lsr: 46.1.1.4:0        inuse
        out label:    19          lsr: 23.1.1.2:0
```

图 8-22　R3 的 LIB

图 8-23 为 R4 的 LIB,可以看到,R4 给路由 46.1.1.0 分发的入标签为 imp-null(本地标签),出标签为 17(R4→R3)。

```
R4#show mpls ip binding
  12.1.1.0/24
        in label:     17
        out label:    16          lsr: 34.1.1.3:0        inuse
  15.1.1.0/24
        in label:     16
        out label:    18          lsr: 34.1.1.3:0        inuse
  23.1.1.0/24
        in label:     18
        out label:    imp-null    lsr: 34.1.1.3:0        inuse
  34.1.1.0/24
        in label:     imp-null
        out label:    imp-null    lsr: 34.1.1.3:0
  46.1.1.0/24
        in label:     imp-null
        out label:    17          lsr: 34.1.1.3:0
```

图 8-23　R4 的 LIB

综上所述，对路由表中某一目的路由 46.1.1.0 的网络，MPLS 分配标签的情况如表 8-1 所示。

表 8-1 目的路由 46.1.1.0 的标签分配情况

路由器	本地标签	出标签 1	出标签 2
R1	18	19(R1→R2)	空(R1→R5)
R2	19	18(R2→R1)	17(R2→R3)
R3	17	19(R3→R2)	空(R3→R4)
R4	无	17(R4→R3)	空(R4→R6)

(6) 查看 LFIB。

图 8-24 为 R1 的 LFIB，可以看到，路由 46.1.1.0 在 R1 上的本地标签为 18，远程标签为 19(R1→R2)(最优的)。

```
R1#show mpls forwarding-table
Local      Outgoing    Prefix              Bytes Label   Outgoing     Next Hop
Label      Label       or Tunnel Id        Switched      interface
16         18          34.1.1.0/24         0             Gi1/0        12.1.1.2
17         Pop Label   23.1.1.0/24         0             Gi1/0        12.1.1.2
18         19          46.1.1.0/24         0             Gi1/0        12.1.1.2
```

图 8-24 R1 的 LFIB

图 8-25 为 R2 的 LFIB，可以看到，路由 46.1.1.0 在 R2 上的本地标签为 19，远程标签为 17(R2→R3)(最优的)。

```
R2#show mpls forwarding-table
Local      Outgoing    Prefix              Bytes Label   Outgoing     Next Hop
Label      Label       or Tunnel Id        Switched      interface
18         Pop Label   34.1.1.0/24         0             Gi2/0        23.1.1.3
19         17          46.1.1.0/24         576           Gi2/0        23.1.1.3
20         Pop Label   15.1.1.0/24         1512          Gi1/0        12.1.1.1
```

图 8-25 R2 的 LFIB

图 8-26 为 R3 的 LFIB，可以看到，路由 46.1.1.0 在 R3 上的本地标签为 17，无远程标签(R3→R4)，倒数第二。

```
R3#show mpls forwarding-table
Local      Outgoing    Prefix              Bytes Label   Outgoing     Next Hop
Label      Label       or Tunnel Id        Switched      interface
16         Pop Label   12.1.1.0/24         0             Gi2/0        23.1.1.2
17         Pop Label   46.1.1.0/24         798           Gi1/0        34.1.1.4
18         20          15.1.1.0/24         1002          Gi2/0        23.1.1.2
```

图 8-26 R3 的 LFIB

图 8-27 为 R4 的 LFIB，可以看到，路由 46.1.1.0 在 R4 既无本地标签，也无远程标签。

```
R4#show mpls forwarding-table
Local      Outgoing    Prefix              Bytes Label   Outgoing     Next Hop
Label      Label       or Tunnel Id        Switched      interface
16         18          15.1.1.0/24         0             Gi1/0        34.1.1.3
17         16          12.1.1.0/24         0             Gi1/0        34.1.1.3
18         Pop Label   23.1.1.0/24         0             Gi1/0        34.1.1.3
```

图 8-27 R4 的 LFIB

综上所述,从LIB、LFIB所产生的结果得到图8-28所示的转发标签表。

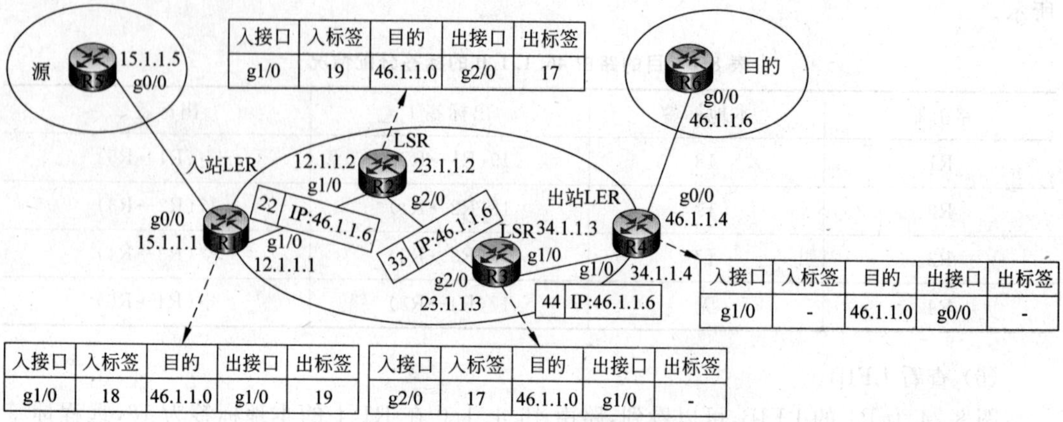

入接口	入标签	目的	出接口	出标签
g1/0	19	46.1.1.0	g2/0	17

入接口	入标签	目的	出接口	出标签
g1/0	-	46.1.1.0	g0/0	-

入接口	入标签	目的	出接口	出标签
g1/0	18	46.1.1.0	g1/0	19

入接口	入标签	目的	出接口	出标签
g2/0	17	46.1.1.0	g1/0	-

图8-28 从R5到R6的转发标签表

(7) 查看数据包标签交换。

下面以图8-28为例,解释从R5发送数据包到R6的过程。

(1) R5将数据包发送给LER R1。

(2) R1收到不带标签的数据包后,按本地标签18查找自己的转发标签表(LFIB)中入标签为18的表项,把出标签19加到数据包中,从出口g1/0转发到下一跳路由器12.1.1.2(R2)。

(3) R2收到数据包后,查找自己的转发标签表中入标签为19的表项,用出标签17替换原标签19,将带有标签17的数据包从出口g1/0转发到下一跳路由器23.1.1.3(R3)。

(4) R3收到数据包后,查找自己的转发标签表项中入标签为17的表项,为空,就将数据包的标签移除,这里称为倒数第二跳弹出(使用显式或隐式空标签),以IP报文的方式发送给R4。

(5) LER R4将数据包发送给目的地R6。

用traceroute 46.1.1.6命令检验数据包的转发过程,如图8-29所示。

```
R5#traceroute 46.1.1.6
Type escape sequence to abort.
Tracing the route to 46.1.1.6
VRF info: (vrf in name/id, vrf out name/id)
  1 15.1.1.1 16 msec 12 msec 16 msec
  2 12.1.1.2 [MPLS: Label 19 Exp 0] 92 msec 84 msec 84 msec
  3 23.1.1.3 [MPLS: Label 17 Exp 0] 88 msec 80 msec 80 msec
  4 34.1.1.4 76 msec 76 msec 76 msec
  5 46.1.1.6 160 msec 136 msec 116 msec
```

图8-29 从R5上追踪发送到46.1.1.6的数据包的转发过程

8.4 帧中继

8.4.1 帧中继协议概述

帧中继是在用户与网络接口之间提供用户信息流的双向传送并保持顺序不变的一种承载业务。帧中继是以帧为单位,在网络上传输,并将流量控制、纠错等功能全部交由智能终端设备处理的一种新型高速网络接口技术。帧中继和分组交换类似，但以比分组容量大的帧为单位而不是以分组为单位进行数据传输，它在网络上的中间节点对数据不进行误码纠错。帧中继技术在保持了分组交换技术的灵活及较低的费用的同时，缩短了传输时延，提高了传输速度。

帧中继是面向连接的第二层传输协议，它是典型的包交换技术。通信费用比DDN专线低，允许用户在帧中继交换网络比较空闲的时候以高于ISP所承诺的速率进行传输。过去它是中小企业常用的广域网线路，目前渐渐被MPLS所取代。

帧中继有以下特点：

- 面向连接的交换技术。
- 可以在一条物理链路上提供多条虚电路。
- 以帧的形式传递数据信息。
- 提供一套合理的带宽管理和防止拥塞的机制。
- 帧中继链路层完成统计复用、帧透明传输和错误检测等功能。

帧中继网络提供的业务有两种：永久虚电路(Permanent Virtual Circuit，PVC)和交换虚电路(Switched Virtual Circuit，SVC)，目前已建成的帧中继网络大多只提供永久虚电路业务。

下面介绍帧中继的重要术语。

1. 永久虚电路

虚电路是永久建立的链路，由ISP通过其帧中继交换机静态配置交换表实现。不管电路两端的设备是否连接上，总是为它保留相应的带宽。

2. 数据链路连接标识符

数据链路连接标识符(Data Link Connection Identifier，DLCI)是一个在路由器和帧中继交换机之间标识PVC或者SVC的数值。实际上就是帧中继网络中的第2层地址。

3. 本地管理接口

本地管理接口(Local Management Interface，LMI)是路由器和帧中继交换机之间的一种信令标准，负责管理设备之间的连接及维护其连接状态。

LMI提供了帧中继交换机和路由器之间的一种简单信令。在帧中继交换机和路由器之间必须采用相同的LMI类型。配置接口LMI类型的命令为encapsulation frame-relay [cisco|ietf]。路由器从帧中继交换机收到LMI信息后，可以得知PVC状态。3种PVC状态如下：

- 激活状态(Active)。本地路由器与帧中继交换机的连接是启动且激活的，可以与帧中继交换机交换数据。
- 非激活状态(Inactive)。本地路由器与帧中继交换机的连接是启动且激活的，但PVC另一端的路由器未能与它的帧中继交换机通信。
- 删除状态(Deleted)。本地路由器没有从帧中继交换机上收到任何LMI，可能线路或网络有问题，或者配置了不存在的PVC。

4. 承诺信息速率

承诺信息速率(Committed Information Rate，CIR)也叫保证速率，是服务提供商承诺将要提供的有保证的速率，一般为一段时间内(承诺速率测量间隔)速率的平均值，其单位为 b/s。

5. 超量突发

超量突发(Excess Brust,EB)是在承诺信息速率之外,帧中继交换机试图发送而未被准许的最大额外数据量,单位为 b。超量突发依赖于服务提供商提供的服务状况,但它通常受到本地接入环路端口速率的限制。

6. 子接口

子接口实际上是一个逻辑接口,并不存在真正物理上的子接口。子接口有两种类型:点到点、点到多点。采用点到点子接口时,每一个子接口用来连接一条 PVC,每条 PVC 的另一端连接到另一路由器的一个子接口或物理接口。这种子接口的连接与通过物理接口连接的点对点连接效果是一样的。每一对点对点的连接都在不同的子网中。

一个点到多点子接口被用来建立多条 PVC,这些 PVC 连接到远端路由器的多个子接口或物理接口。这时,所有加入连接的接口(不管是物理接口还是子接口)都应该在同一个子网中。点到多点子接口和一个没有配置子接口的物理主接口相同,路由更新要受到水平分割的限制。默认时多点子接口水平分割是开启的。

7. 帧中继映射

DLCI 是帧中继网络中的第二层地址。路由器要通过帧中继网络把 IP 数据包发到下一跳路由器时,它必须知道 IP 和 DLCI 的映射才能进行帧的封装。有两种方法可以获得该映射:一种是静态映射,由管理员手工输入;另一种是动态映射。默认时,路由器帧中继接口是开启动态映射的。

1) 静态映射

管理员手工输入的映射就是静态映射,其命令为

```
frame-relay map ip protocol address dlci [broadcast]
```

其中,protocol 为协议类型,address 为网络地址,dlci 为需要交换逆向 ARP 信息的本地接口的 DLCI 号,broadcast 参数表示允许在帧中继线路上传送路由广播或组播信息。例如:

```
R1(config-if)#frame map ip 192.168.123.2 102 broadcast
```

2) 动态映射

IARP(Inverse ARP,逆向 ARP)允许路由器自动建立帧中继映射,其工作原理如图 8-30 所示。

(1) R1 路由器从 DLCI=102 的 PVC 上发送 IARP 包,IARP 包中有 R1 的 IP 地址 192.168.123.1。

(2) 帧中继云对数据包进行交换,最终把 IARP 包通过 DLCI=201 的 PVC 发送给 R2。

(3) 由于 R2 是从 DLCI=201 的 PVC 上接收到该 IARP 包的,R2 就自动建立一个映射:192.168.123.1→201。

(4) 同样,R2 也发送 IARP 数据包,R1 收到该 IARP 包,也会自动建立一个映射:192.168.123.2→102。

下面介绍帧中继的工作过程。

如图 8-30 所示,当路由器 R1 要把数据发向路由器 R2(IP 为 192.168.123.2)时,路由

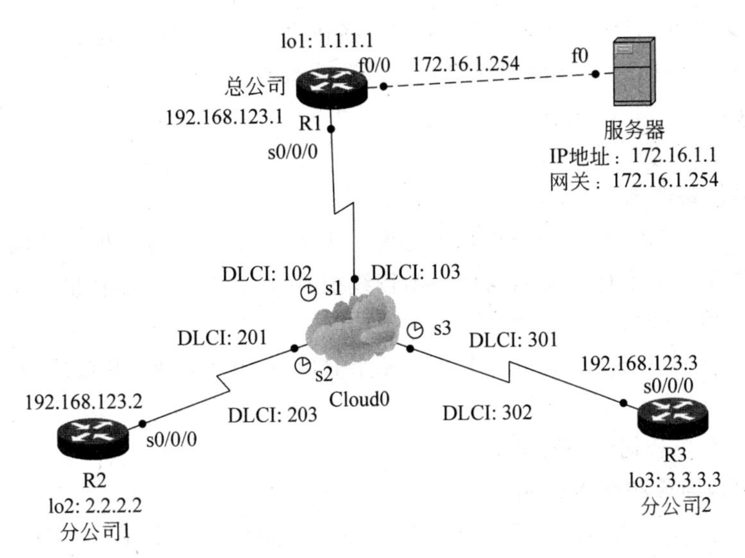

图 8-30　动态映射

器 R1 可以用 DLCI＝102 来对 IP 数据包进行第二层封装。数据帧到了帧中继交换机 R4，帧中继交换机 R4 根据帧中继交换表进行交换：从 s1/2 接口收到一个 DLCI 为 102 的帧时，交换机将把该帧从 s1/3 接口发送出去，并且将该帧的 DLCI 改为 201，这样路由器 R2 就会接收到 R1 发来的数据包。而当路由器 R2 要发送数据给 R1(IP 为 192.168.123.1)时，路由器 R2 可以用 DLCI＝201 来对 IP 数据包进行第二层封装，数据帧到了帧中继交换机 R4，帧中继交换机同样根据帧中继交换表进行交换：从 s1/3 接口收到一个 DLCI 为 201 的帧时，交换机将把帧从 s1/2 接口发送出去，并且将该帧的 DLCI 改为 102，这样路由器 R1 就会接收到 R2 发来的数据包。

图 8-30 中各路由器中的第三层地址(IP 地址)和第二层地址(DLCI)映射如下：

R1：　192.168.123.2→102
　　　192.168.123.3→103
R2：　192.168.123.1→201
　　　192.168.123.3→203
R3：　192.168.123.1→301
　　　192.168.123.2→302

帧中继的一个非常重要的特性是 NBMA(Non-Broadcast Multiple Access，非广播多路访问)。在图 8-30 中，如果路由器在 DLCI 为 102 的 PVC 上发送一个广播，R2 路由器可以收到，然而 R3 是无法收到的。如果 R1 想使发送的广播让 R2 和 R3 都收到，必须分别在 DLCI 为 102 和 103 的 PVC 上各发送一次，这就是非广播的含义。

8.4.2　帧中继配置案例

项目背景：某公司是一个集团公司，总公司在北京，有两个分公司，分别在上海和深圳。为节省成本和提高转发效率，公司通过帧中继网络互联。

1. 实验目的

(1) 掌握帧中继交换机的配置方法，深刻理解帧中继交换机的交换原理。

(2) 掌握帧中继网络中路由器与帧中继交换机之间互连配置方法。

(3) 熟悉帧中继网络中路由器的静态映射和动态映射。

2. 实验拓扑

实验拓扑如图 8-30 所示。

3. 实验的设备清单

(1) 3 台 2811 路由器,每台路由器上加配一个 HWIC-2T 模块(思科 2 端口串行高速广域网接口卡,提供 2 个串行端口),均使用串行线把 s0/0/0 接口与帧中继的 S1、S2、S3 相连,且 DCE 在帧中继端(时钟)。

(2) 添加一个帧中继云 Cloud0,其中有 4 个 PT-CLOUD-NM-1S 模块(有 S0、S1、S2、S3 共 4 个串口)。

(3) 1 台代表总公司的服务器。

4. 拓扑结构连接和配置说明

(1) 双击 Cloud0,选择 Config 选项卡,在左边选择 Serial1,在 DLCI 下输入 102,在 Name 下输入 1-2(名字可自定义,以便于记忆),单击 Add 按钮,如图 8-31 所示。同样输入 103 和 1-3。

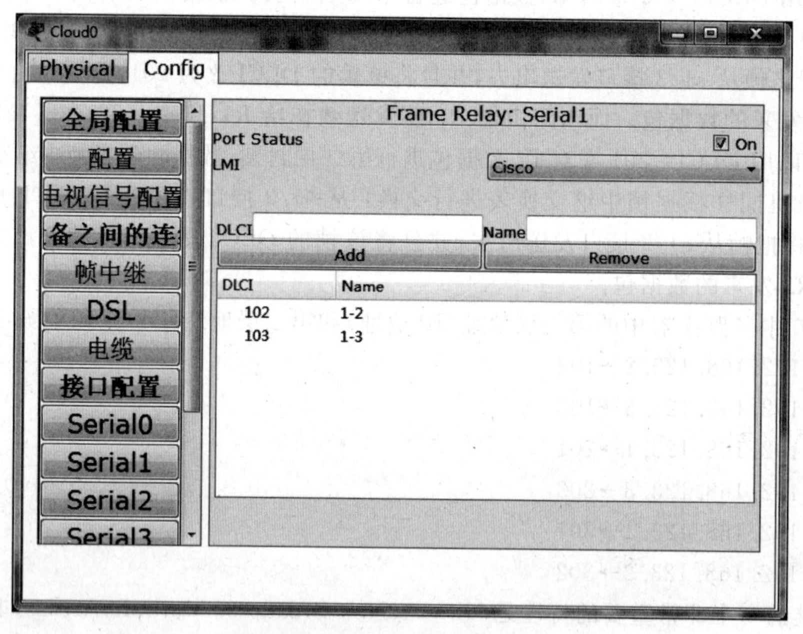

图 8-31 帧中继云的接口配置

在左侧选择 Serial2,同样输入 203、2-3 和 201、2-1。在左侧选择 Serial3,同样输入 301、3-1 和 302、3-2。

在左侧选择"帧中继",在左侧"端口"下拉列表中选择 Serial1,在"子链路"下拉列表中选择 1-2,在右侧"端口"下拉列表中选择 Serial2,在"子链路"下拉列表中选择 2-1,单击"增加"按钮,增加了第 1 行,如图 8-32 所示,同理可增加第 2 行和第 3 行。这个交换矩阵指定了帧中继交换机接口与 DLCI 之间的映射,从而决定哪些接口间进行交换。

(2) 按图 8-32 所示,配置 3 台路由器的接口地址和环回口地址。

（3）按图 8-32 所示，配置服务器的 IP 地址和网关。

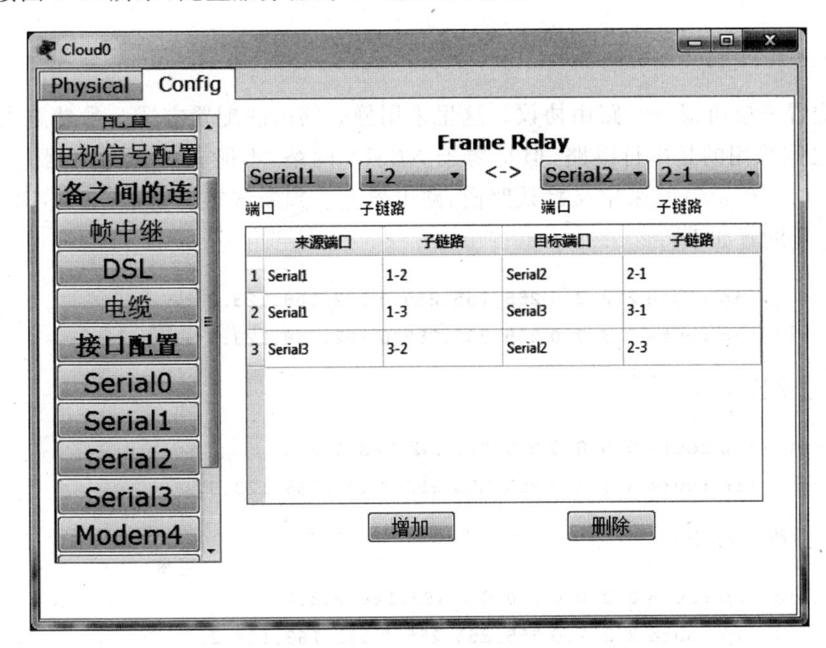

图 8-32　帧中继云交换矩阵的配置

5. 配置 3 台路由器帧中继

（1）配置二层协议——帧中继协议。

在 R1 上输入如下代码：

```
R1(config)#int s0/0/0
R1(config-if)#ip add 192.168.123.1 255.255.255.0
R1(config-if)#no shut
R1(config-if)#encapsulation frame-relay ietf      /* 封装帧中继格式为 ietf */
R1(config-if)#frame-relay lmi-type Cisco  /* 定义帧中继本地接口管理类型为 Cisco */
R1(config-if)#frame-relay inverse-arp
                                  /* 开启反向 ARP,可以动态学习地址和 DLCI 之间的映射 */
```

在 R2、R3 上进行类似的配置，然后用 show frame-relay map、show frame pvc、show frame lmi 及 ping 等命令进行验证测试。

```
R1#show frame-relay map
Serial0/0/0 (up): ip 192.168.123.2 dlci 102, dynamic,
              broadcast,
              IETF, status defined, active
Serial0/0/0 (up): ip 192.168.123.3 dlci 103, dynamic,
              broadcast,
              IETF, status defined, active
R1#ping 192.168.123.2
Type escape sequence to abort.
```

```
Sending 5, 100-byte ICMP Echos to 192.168.123.2, timeout is 2 seconds:
!!!!!
Success rate is 100 percent (5/5), round-trip min/avg/max=2/15/29 ms
```

(2) 配置三层协议——路由协议。这里采用静态路由的配置方式。虽然路由器与帧中继交换机之间采用的是串行链路,但是属于 NBMA 网络,不能在每台路由器上用 ip route 0.0.0.0 0.0.0.0 s0/0/0 来定义默认路由,路由器无法判断该转发给 R2 还是 R3。

在 R1 上配置如下:

```
R1(config)#ip route 2.2.2.0 255.255.255.0 192.168.123.2
R1(config)#ip route 3.3.3.0 255.255.255.0 192.168.123.3
```

在 R2 上配置如下:

```
R2(config)#ip route 0.0.0.0 0.0.0.0 192.168.123.1
R2(config)#ip route 3.3.3.0 255.255.255.0 192.168.123.3
```

在 R3 上配置如下:

```
R3(config)#ip route 0.0.0.0 0.0.0.0 192.168.123.1
R3(config)#ip route 2.2.2.0 255.255.255.0 192.168.123.2
```

6. 检测结果

(1) 在路由器 R1 上,ping 2.2.2.2 通,ping 3.3.3.3 通。

(2) 在路由器 R2 上,ping 172.16.1.1 通,ping 3.3.3.3 通。

(3) 在路由器 R3 上,ping 172.16.1.1 通,ping 2.2.2.2 通。

8.5 本章命令汇总

表 8-2 显示了本章涉及的主要命令。

表 8-2 本章命令汇总

命令	作用
encapsulation ppp	二层封装协议为 PPP
ppp pap sent-username SSPU password rapass	发送用户名 SSPU 和口令 rapass 进行验证
username SSPU password rapass	定义对端的用户名和口令
ppp authentication pap	PPP 认证为 PAP
ppp authentication chap	PPP 认证为 CHAP
encapsulation frame-relay ietf	封装帧中继格式为 IETF
frame-relay lmi-type cisco	定义帧中继本地接口管理类型为 Cisco,而不是 ANSI
frame-relay inverse-arp	开启反向 ARP,可以动态学习地址和 DLCI 之间的映射

续表

命　　令	作　　用
ip cef	开启 CEF 交换 如果 CEF 被关闭，本路由不会为任何前缀分配标签，但是会接受邻居发送的标签并放入 LIB 中，LFIB 将不会采用邻居发送的标签
mpls ip	全局启动 MPLS，发送 Hello 包查找邻居
int f0/0 mpls ip	接口启用 MPLS
mpls lable protocol ldp	指定标签交换协议为 LDP
mpls lable range 100 199	指定标签范围为 100～199
mpls ldp router-id loopback 0 force	指定 loopback 0 为路由器 ID
mpls ldp explicit-null	该配置使 Egress 节点通过 LDP 信令向上游路由器宣告标签时，从默认的 label 3（隐式空标签）改为 label 0（显示空标签）

习题与实验

1. 选择题

（1）网络中经常使用帧中继服务，以下选项中（　　）是帧中继的优点（选 3 项）。

A. 偷占带宽　　　　　　　　B. 提供拥塞管理机制

C. 可以使用任意广域网协议　　D. 灵活的接入方式

（2）下列关于 HDLC 的说法中错误的是（　　）。

A. HDLC 运行于同步串行线路

B. 链路层封装标准 HDLC 协议的单一链路，只能承载单一的网络层协议

C. HDLC 是面向字符的链路层协议，其传输的数据必须是规定字符集

D. HDLC 是面向比特的链路层协议，其传输的数据必须是规定字符集

（3）下列关于 PPP 协议的说法中正确的是（　　）。

A. PPP 协议是一种 NCP 协议

B. PPP 协议与 HDLC 同属于广域网协议

C. PPP 协议只能工作在同步串行链路上

D. PPP 协议是三层协议

（4）以下封装协议中使用 CHAP 或者 PAP 验证方式的是（　　）。

A. HDLC　　B. PPP　　C. SDLC　　D. SLIP

（5）（　　）为两次握手协议，它通过在网络上以明文的方式传递用户名及密码来对用户进行验证。

A. HDLC　　B. PPP　　PAP　　C. SDLC　　D. LIP

（6）在一个串行链路上，（　　）命令开启 CHAP 封装，同时用 PAP 作为后备。

A. (config-if)＃authentication ppp chap fallback ppp

B. (config-if)＃authentication ppp chap pap

C. (config-if)＃ppp authentication chap pap

D. (config-if)＃ppp authentication chap fallback ppp

(7) 下列关于在PPP链路中使用CHAP封装机制的描述中(　　)是正确的(选两项)。

A. CHAP使用双向握手协商方式

B. CHAP封装发生在链路创建链接之后

C. CHAP没有攻击防范保护

D. CHAP封装协议只在链路建立后执行

E. CHAP使用三次握手协商

F. CHAP封装使用明文发送密码

(8) 帧中继网是一种(　　)。

A. 广域网　　B. 局域网　　C. ATM网　　D. 以太网

(9) (　　) will happen if a private IP address is assigned to a public interface connected to an ISP.

A. Addresses in a private range will be not routed on the Internet backbone

B. Only the ISP router will have the capability to access the public network

C. The NAT process will be used to translate this address in a valid IP address

D. Several automated methods will be necessary on the private network

E. A conflict of IP addresses happens, because other public routers can use the same range

(10) Refer to the Fig. 8-33. In the Frame Relay network, the IP address given in(　　) would be assigned to the interfaces with point-to-poin PVCs.

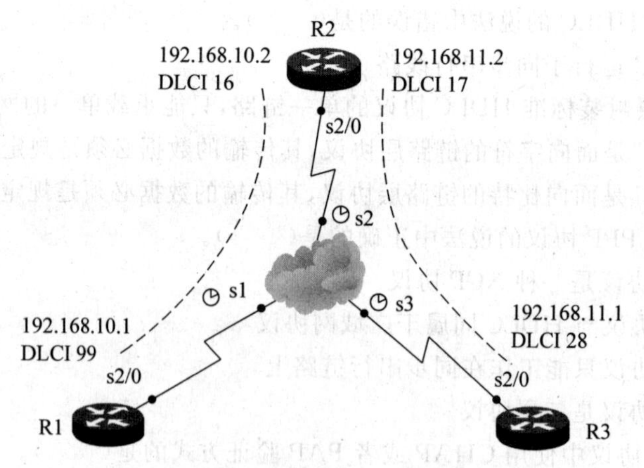

图8-33　点到点的帧中继配置

A. DLCI 16:192.168.10.1/24
   DLCI 17:192.168.10.2/24
   DLCI 99:192.168.10.3/24
   DLCI 28:192.168.10.4/24

B. DLCI 16:192.168.10.1/24

DLCI 17:192.168.11.1/24
DLCI 99:192.168.10.2/24
DLCI 28:192.168.11.2/24

C. DLCI 16:192.168.10.1/24
DLCI 17:192.168.11.1/24
DLCI 99:192.168.12.1/24
DLCI 28:192.168.13.1/24

D. DLCI 16:192.168.10.1/24
DLCI 17:192.168.10.1/24
DLCI 99:192.168.10.2/24
DLCI 28:192.168.10.3/24

2. 问答题

(1) 广域网协议中的 PPP 具有什么特点?

(2) PAP 和 CHAP 各自的特点是什么?

(3) 简述 CHAP 的验证过程。

(4) 什么是帧中继? 它有什么优点?

3. 操作题

图 8-34 中,R1 是园区网出口路由器,ISP 是互联网供应商的接入路由,通过点对点的网络连接(PPP、CHAP)。S1 是园区中核心交换机,下连两个有代表性的局域网 VLAN 2 和 VLAN 3,PC3(11.1.1.1) 代表互联网上的一台主机。ISP 分配给园区的公网地址为 219.220.224.1～219.220.224.7,子网掩码为 255.255.255.248。由于拓扑结构相对简单,采用静态路由配置方法,使内网能访问外网主机。

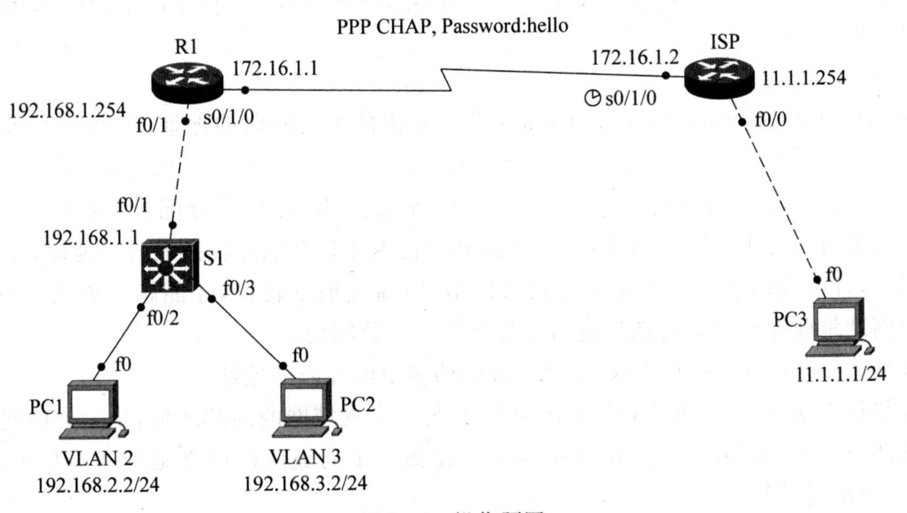

图 8-34　操作题图

第9章　NAT

本章介绍 NAT 的基本概念、配置步骤和园区网中 NAT 的综合应用。

9.1　NAT 概述

9.1.1　NAT 的基本概念

随着网络用户的迅猛增长，IPv4 的地址空间日趋紧张，在将地址空间从 IPv4 转到 IPv6 之前，需要将日益增多的企业内部网接入 Internet，在申请不到足够的公网 IP 地址的情况下，要使企业都能上 Internet，必须使用 NAT 技术。

NAT(Network Address Translation，网络地址转换)是一个 IETF 标准，允许一个机构众多的用户仅用少量的公网地址连接到 Internet。

1. 企业 NAT 的基本应用

在企业内部网应用 NAT 可以实现以下目标：

(1) 解决地址空间不足的问题(IPv4 的空间已经严重不足)。

(2) 私有 IP 地址网络与公网互连(企业内部经常采用私有 IP 地址空间 10.0.0.0/8、172.16.0.0/12 和 192.168.0.0/16)。

(3) 非注册的公网 IP 地址网络与公网互连(企业建网时就使用了公网 IP 地址空间，但此公网 IP 地址并没有注册，为避免更改地址带来的风险和成本，在网络改造中，仍保持原有的地址空间)。

2. NAT 术语

内部私有地址(inside local address)：指定给内部主机使用的地址，局域网内部私有地址通常使用私有保留地址，如 192.168.0.0、172.16.0.0、10.0.0.0 系列地址。

内部公网地址(inside global address)：从 ISP 或 NIC 注册的分配给企业的公网地址。由于内部私有地址无法在公网上传递，因此必须把内部私有地址转换成公网地址，才能把包发送出去；外网数据包也必须先发送到公网地址，通过地址转换，才能转入内网私有地址。内部公网地址就是内部私有地址进行地址转换后的公网地址。

地址池(address pool)：NIC 或 ISP 分配的多个内部公网地址。

外部私有地址(outside local address)：是另一个局域网的内部地址，是一个访问对象。

外部公网地址(outside global address)：是另一个局域网的内部地址所对应的公网地址，是一个访问对象。

3. NAT 的优缺点

NAT 的优点如下：

(1) 局域网内保持私有 IP 地址，无须改变，只要在路由器上做地址转换，就可以上外网。

(2) NAT节省了大量的公网地址空间，解决了地址空间不足的问题。

(3) NAT隐藏了内部网络拓扑结构，增强了安全性。

NAT的缺点如下：

(1) NAT增加了延迟。

(2) NAT隐藏了端到端的地址，不能进行IP地址的跟踪，不能支持一些特定的应用程序。

(3) 需要更多的资源(如内存、CPU)来处理NAT。

4. NAT设备

具有NAT功能的设备有路由器、防火墙、核心三层交换机、各种软件代理服务器(proxy、ISA、ICS、WinGate、SyGate)等，Windows Server 2003及其他网络操作系统都能作为NAT设备。因软件耗时太长，转换效率较低，只适合小型企业。也可以将NAT功能配置在防火墙上，以减少一台路由器的成本。但随着硬件成本的下降，大多数企业都选用路由器。家用的路由器中也有NAT功能。

通常NAT是本地网络与Internet的边界。工作在存根网络的边缘，由边界路由器执行NAT功能，将内部私有地址转换成公网可路由的地址。

5. NAT的工作原理

当内部网络中的一台主机想传输数据到外部网络时，它先将数据包传输到NAT路由器上。路由器检查数据包的报头，获取该数据包的源IP地址，检查该地址是否在允许转换的访问列表中，若是，从NAT映射地址池中找一个内部公网地址(全球唯一的IP地址)来替换内部源IP地址，再转发数据包到目标地址。

当外部网络对内部主机进行应答时，数据包被送到NAT路由器上。路由器接收到目的地址为内部公网地址时，通过NAT映射表查找出对应的内部私有地址，然后将数据包的目的地址替换成内部私有地址，并将数据包转发到内部主机。

9.1.2 NAT的分类

NAT有3种类型：静态NAT(static NAT)、动态地址池NAT(pooled NAT)、网络地址端口转换(Network Address Port Translation，NAPT)。

静态NAT是设置最简单和最容易实现的一种，内部网络中的服务器(私有地址)被永久映射到一个内部公网的IP地址。

动态地址池NAT则是定义了一个或多个内部公网地址池，把全部内部网络地址采用动态分配的方法映射到此地址池内，多用于在存根网络中内网访问外网。

NAPT则是把内部所有地址映射到外部网络的少量IP地址的不同端口上，它是在动态NAT的基础上加上overload选项得到的。

如图9-1所示，静态NAT转换的工作过程总是把内网的私有地址192.168.1.100(服务器)与公网地址212.102.11.100一对一转换，使得外部网络可通过公网地址212.102.11.100访问内部服务器。

动态地址池指的是内部公网地址池，如212.102.11.3～212.102.11.10，可将内部网络

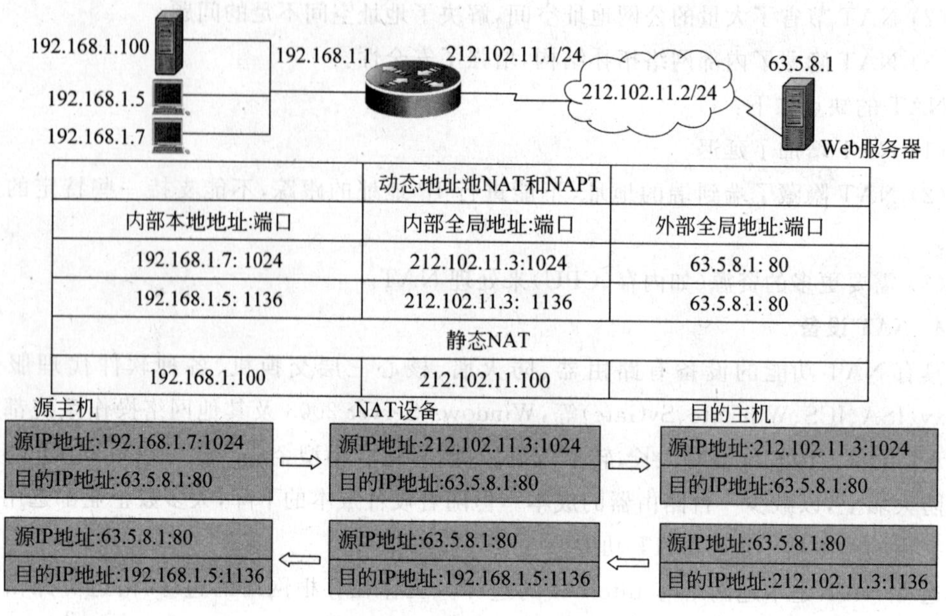

图 9-1 地址转换过程

中所有的私有地址动态地映射到这个地址池内。动态映射有两方面的含义：一方面，从192.168.1.5发出的前后两个包可能分别映射到不同的公网地址上，如第1个包是将192.168.1.5映射到212.102.11.3，第2个包是将192.168.1.5映射到212.102.11.4；另一方面，前面将192.168.1.5映射到212.102.11.3，后面也可将192.168.1.7映射到212.102.11.3。

无论是静态NAT还是动态地址池NAT，其主要作用都是以下两点：

(1) 改变传出包的源地址。

(2) 改变传入包的目的地址。

NAPT是动态建立内部网络中内部地址与公网地址及端口之间的对应关系。就是将多个内部地址映射为一个合法公网地址，但以不同的协议端口号与不同的内部地址相对应，也就是＜内部地址＋内部端口＞与＜公网地址＋内部端口＞之间的转换，例如＜192.168.1.7＋1024＞与＜212.102.11.3＋1024＞、＜192.168.1.5＋1136＞与＜212.102.11.3＋1136＞的对应。

NAPT是将内部多个私有地址映射到一个公网地址的不同端口上，理想状况下，一个单一的IP地址可以使用的端口数为4000个。

NAPT主要用于解决以下问题：

(1) 缺乏公网IP地址，甚至没有申请专门的公网IP地址，只有一个连接ISP的公网IP地址。

(2) 内部网要求上网的主机数很多。

(3) 要提高内网的安全性。

9.2 NAT 的配置

9.2.1 NAT 的配置步骤

(1) 定义内网接口和外网接口：

```
Router(config)#interface s2/0
Router(config-if)#ip addr 212.102.11.1 255.255.255.0
Router(config-if)#ip nat outside
/*定义 s2/0 为 NAT 出口,可以同时定义多个 NAT 出口*/
Router(config)#interface f1/0
Router(config-if)#ip addr 192.168.0.1 255.255.255.0
Router(config-if)#ip nat inside
/*定义 f1/0 为 NAT 入口,可以同时定义多个 NAT 入口。当出口路由器与多个内网的三层交换机相
  连时,内网来自多个子网,此时需要定义多个 NAT 入口。在后面的访问控制列表中把所有子网均
  加入 Permit*/
```

(2) 建立映射关系。

建立静态的 IP 地址映射关系(即建立内外两个地址的一对一的映射关系)：

```
Router(config)#ip nat inside source static 192.168.1.100 212.102.11.100
```

建立静态的 IP 地址和端口之间的映射关系：

```
Router(config)#ip nat inside source static tcp
    192.168.1.7 1024     200.8.7.3 1024
Router(config)#ip nat inside source static udp
    192.168.1.7 1024     200.8.7.3 1024
```

建立动态的 IP 地址映射关系(即建立内网私有地址列表 10 与内部公网地址池 abc 之间的映射关系)：

```
Router(config)#ip nat inside source list 10 pool abc
```

端口转换(在动态地址池 NAT 的基础上加上 overload 选项,即端口复用)：

```
Router(config)#ip nat inside source list 10 pool abc overload
```

(3) 设置默认路由：

```
Router(config)#ip route 0.0.0.0 0.0.0.0 212.102.11.2
```

(4) 对动态地址池 NAT 和 NAPT 来说,还要定义内部私有地址访问控制列表及内部公网地址池。

定义访问控制列表(内部本地地址范围)：

```
Router(config)# access-list 10 permit 192.168.1.0 0.0.0.255
```

定义转换的外网地址池(ISP 提供的公网地址池)：

```
Router(config)# ip nat pool abc 212.102.11.1 212.102.11.10 netmask 255.255.255.0
```

说明：在本案例中把出口路由的出口端口地址和ISP提供的公网地址设在同一网段，即出口端口地址占用了一个公网地址。出口路由的地址也可以是另外指定的地址，这时从ISP的路由器上有一条指向出口路由的静态路由，指定凡是到ISP提供的公网地址池的数据包都将转发到此出口路由上。

9.2.2 NAT的配置案例

1. 实验目的

(1) 掌握静态NAT、动态地址池NAT和NAPT的配置方法。

(2) 掌握查看NAT有关信息和诊断的方法。

(3) 掌握NAT配置后内外网连通性配置的要点。

2. 实验拓扑

实验拓扑如图9-2所示。

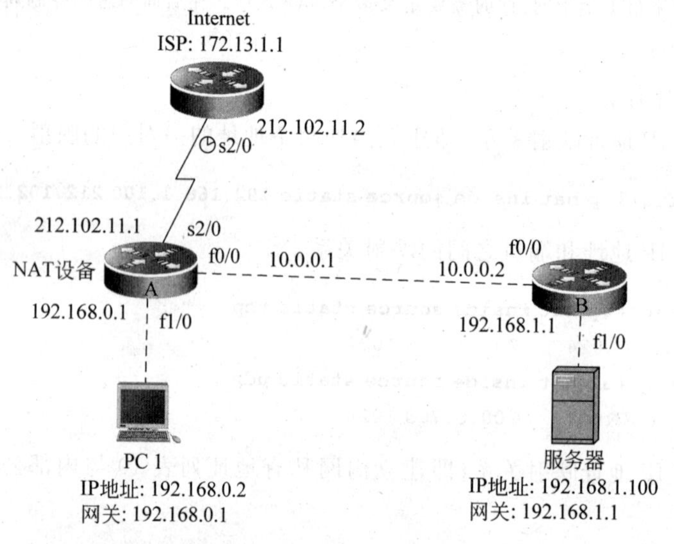

图9-2 NAT配置举例

说明：在本书中多次用到此拓扑图，如第4章图4-4、第5章图5-10、第6章图6-9。这是一个简单的园区网络，A、B是园区网。ISP是电信路由。园区网能使用的公网地址有限，只能用私有地址192.168.0.0，则在出口路由器A处必须使用NAT进行内外地址转换。由于前面的章节中没有涉及NAT，就直接用内网地址访问外网了。

在实际应用中，私有IP地址空间10.0.0.0/8、172.16.0.0/12、192.168.0.0/16在互联网上是无效的，这也是实验环境和实际环境的差别。

3. 实验配置步骤

(1) 在ISP上只配置接口，s2/0：212.102.11.2，lo1：172.13.1.1，具体过程略。

(2) 在B上配置接口及RIPv2：

```
router rip
```

```
  version 2
  network 10.0.0.0
  network 192.168.1.0
```

(3) 在 A 上的主要配置如下：

```
hostname A
/*配置 RIPv2*/
router rip
  version 2
  network 10.0.0.0
  network 192.168.0.0
/*定义两个内网接口*/
interface f0/0
  ip address 10.0.0.1 255.0.0.0
  ip nat inside
interface f1/0
  ip address 192.168.0.1 255.255.255.0
  ip nat inside
/*定义外网接口*/
interface s2/0
  ip address 212.102.11.1 255.255.255.0
  ip nat outside
/*建立映射关系：列表 1 和动态池 dy1 之间*/
ip nat pool dy1 212.102.11.3 212.102.11.10 netmask 255.255.255.0
ip nat inside source list 1 pool dy1 overload
access-list 1 permit 192.168.0.0 0.0.255.255
access-list 1 permit 10.0.0.0 0.0.0.255
/*建立静态映射关系：192.168.1.100 与 212.102.11.100 之间*/
ip nat inside source static 192.168.1.100 212.102.11.100
/*设置默认路由*/
ip route 0.0.0.0 0.0.0.0 212.102.11.2
```

4. 检测结果及说明

(1) 在 A 上显示路由表：

```
C     10.0.0.0/8 is directly connected, FastEthernet0/0
C     192.168.0.0/24 is directly connected, FastEthernet1/0
R     192.168.1.0/24 [120/1] via 10.0.0.2, 00:00:28, FastEthernet0/0
C     212.102.11.0/24 is directly connected, Serial2/0
S*    0.0.0.0/0 [1/0] via 212.102.11.2
```

(2) 在 PC1 上执行 ping -t 172.13.1.1(一直在 ping)，通。

(3) 在 A 上显示 NAT 转换表：

```
A#show ip nat translations
```

```
Pro    Inside global      Inside local      Outside local     Outside global
icmp   212.102.11.3:28    192.168.0.2:28    172.13.1.1:28     172.13.1.1:28
icmp   212.102.11.3:29    192.168.0.2:29    172.13.1.1:29     172.13.1.1:29
icmp   212.102.11.3:30    192.168.0.2:30    172.13.1.1:30     172.13.1.1:30
icmp   212.102.11.3:31    192.168.0.2:31    172.13.1.1:31     172.13.1.1:31
---    212.102.11.100     192.168.1.100     ---               ---
```

注意列表中的内部私有地址、内部公有地址和端口号的变化以及静态NAT转换地址。

(4) 从NAT转换表中清除所有动态表项后,再显示NAT转换表,比较两次显示结果:

```
A#clear ip nat translation *
A#show ip nat translations
```

(5) 显示转换统计信息:

```
A#show ip nat statistics
  Total translations: 57 (1 static, 56 dynamic, 56 extended)
  Outside Interfaces: Serial2/0
  Inside Interfaces: FastEthernet0/0 , FastEthernet1/0
  Hits: 409 Misses: 679
  Expired translations: 270
  Dynamic mappings:
  --Inside Source
  access-list 1 pool dy1 refCount 56
    pool dy1: netmask 255.255.255.0
       start 212.102.11.3 end 212.102.11.10
       type generic, total addresses 8 , allocated 1 (12%), misses 0
```

(6) 检查NAT转换包。

通过在内网PC1上不断发ping包,在路由器A上检测NAT转换情况:

```
A#debug ip nat
  NAT: s=192.168.0.2->212.102.11.3, d=172.13.1.1 [829]
  NAT* : s=172.13.1.1, d=212.102.11.3->192.168.0.2 [854]
  NAT: expiring 212.102.11.3 (192.168.0.2) icmp 773 (773)
```

(7) 取消debug ip nat:

```
A# undebug ip nat
```

5. 其他连通性检测结果及说明

(1) 在B上显示路由表:

```
C    10.0.0.0/8 is directly connected, FastEthernet0/0
R    192.168.0.0/24 [120/1] via 10.0.0.1, 00:00:17, FastEthernet0/0
C    192.168.1.0/24 is directly connected, FastEthernet1/0
R    212.102.11.0/24 [120/1] via 10.0.0.1, 00:00:17, FastEthernet0/0
```

从路由表可知,没有到外部网络172.13.1.1的路由,最多只能到达212.102.11.2的网络。也就是说,B 路由器不知将包发往何处才能到达外部网络 172.13.1.1。

(2) 检测从 B 上能否到达外部网络:

```
B#traceroute 212.102.11.2        /*从路由表中可知转到 f0/0 口发出*/
Type escape sequence to abort.
Tracing the route to 212.102.11.2
  1   10.0.0.1          31 msec   31 msec   31 msec
  2   212.102.11.2      63 msec   63 msec   63 msec
B#traceroute 172.13.1.1        /*从路由表中找不到出口*/
1     *     *     *
2     *     *     *
3     *     *     *
...
```

(3) 在 B 上增加一个默认路由,将目标网络不可知的包都转发到出口路由器 A 上。

```
B(config)#  ip route 0.0.0.0 10.0.0.1
```

在 B 的路由表上将增加一条默认路由:

```
S*   0.0.0.0/0 [1/0] via 10.0.0.1
B#traceroute 172.13.1.1      /*B能到达外网 172.13.1.1*/
Type escape sequence to abort.
Tracing the route to 172.13.1.1
  1   10.0.0.1          31 msec   32 msec   31 msec
  2   172.13.1.1        62 msec   46 msec   62 msec
```

(4) 检测静态 NAT 转换。

在内网服务器上执行 ping -t 172.13.1.1(一直在 ping),通。

在路由器 A 上检测转换包:

```
A#debug ip nat
  NAT: s=192.168.1.100->212.102.11.100, d=172.13.1.1 [39]
  NAT*: s=172.13.1.1, d=212.102.11.100->192.168.1.100 [4489]
  NAT: s=192.168.1.100->212.102.11.100, d=172.13.1.1 [40]
  NAT*: s=172.13.1.1, d=212.102.11.100->192.168.1.100 [4490]
```

6. 外网访问内网

在路由器 A 上,用 debug ip nat 命令检查 NAT 包,再在路由器 ISP 上执行 traceroute 212.102.11.100 命令,结果显示可到达。

```
ISP#traceroute 212.102.11.100
Type escape sequence to abort.
Tracing the route to 212.102.11.100
  1   212.102.11.100  31 msec   31 msec   32 msec
  2   212.102.11.100  62 msec   62 msec   62 msec
  3   212.102.11.100  93 msec   93 msec   94 msec
```

并且在路由器 A 上可以看到相关的 NAT 转换包:

```
NAT: s=212.102.11.2, d=212.102.11.100->192.168.1.100 [6891]
NAT*: s=212.102.11.1->212.102.11.100, d=212.102.11.2 [1648]
NAT*: s=212.102.11.100, d=212.102.11.2->212.102.11.2 [1648]
NAT: s=212.102.11.2, d=212.102.11.100->192.168.1.100 [6892]
NAT*: s=212.102.11.1->212.102.11.100, d=212.102.11.2 [1649]
NAT*: s=212.102.11.100, d=212.102.11.2->212.102.11.2 [1649]
```

反之,在路由器 ISP 上,执行 traceroute 212.102.11.3 命令,结果不可到达:

```
ISP# traceroute 212.102.11.3
Type escape sequence to abort.
Tracing the route to 212.102.11.3
  1   212.102.11.1     31 msec   31 msec   32 msec
  2  *     *     *
  3  *     *     *
  ...
```

路由器 ISP 首先将包发给路由器 A,但路由器 A 中没有静态 NAT,因而无法转换,结果不可到达。在路由器 A 上用 debug ip nat 命令检查 NAT 包,结果没有 NAT 包。

9.2.3 园区网 NAT 综合配置案例

1. 实验目的

掌握小型园区网 OSPF、NAT 的综合配置方法。

2. 实验拓扑

实验拓扑如图 9-3 所示。

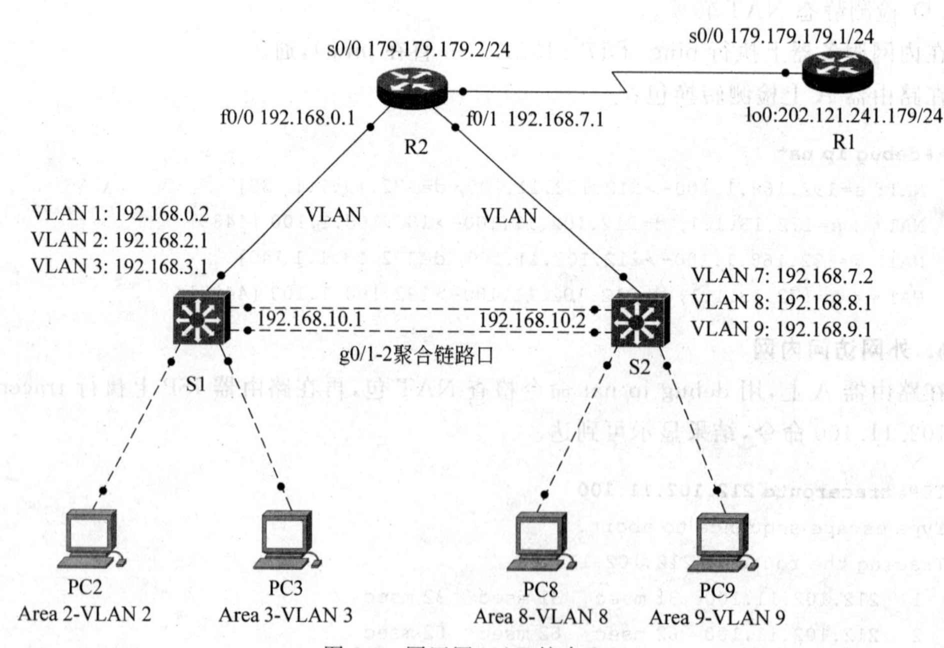

图 9-3　园区网 NAT 综合配置

说明：交换机 S1 和 S2 代表园区中两台核心交换机，之间用千兆链路聚合，聚合口为三层路由口。R2 为出口路由器，R1 为 ISP 的入口路由器，用环回接口 202.121.241.179 代表外网。

3. 实验配置步骤

路由器 R1 的配置：

```
Router(config)#host R1
R1(config)#no ip domain lookup
R1(config)#int lo0
R1(config-if)#ip add 202.121.241.179 255.255.255.0
R1(config-if)#no shu
R1(config)#int s0/0
R1(config-if)#ip add 179.179.179.1 255.255.255.0
R1(config-if)#clock rate 64000
R1(config-if)#no shu
```

路由器 R2 的配置：

```
Router(config)#host R2
R2(config)#no ip domain lookup
R2(config)#int s0/0
R2(config-if)#ip add 179.179.179.2 255.255.255.0
R2(config-if)#ip nat outside
R2(config-if)#no shu
R2(config)#int f0/0
R2(config-if)#ip add 192.168.0.1 255.255.255.0
R2(config-if)#ip nat inside
R2(config-if)#no shu
R2(config)#int f0/1
R2(config-if)#ip add 192.168.7.1 255.255.255.0
R2(config-if)#ip nat inside
R2(config-if)#no shu
R2(config)#router ospf 1
R2(config-router)#net 192.168.0.1 0.0.0.255 area 0
R2(config-router)#net 192.168.7.1 0.0.0.255 area 0
R2(config-router)#default-information originate
R2(config-router)#exit
R2(config)#ip nat pool jzs 179.179.179.5 179.179.179.15 net 255.255.255.0
R2(config)#ip nat inside source list 1 pool jzs
R2(config)#access-list 1 permit 192.168.7.0 0.0.0.255
R2(config)#access-list 1 permit 192.168.8.0 0.0.0.255
R2(config)#access-list 1 permit 192.168.9.0 0.0.0.255
R2(config)#access-list 1 permit 192.168.2.0 0.0.0.255
R2(config)#access-list 1 permit 192.168.3.0 0.0.0.255
R2(config)#ip route 0.0.0.0 0.0.0.0 s0/0
```

左边的三层交换机配置：

```
Switch(config)#host S1
S1(config)#no ip domain lookup
S1(config)#int vlan 1
S1(config-if)#ip add 192.168.0.2 255.255.255.0
S1(config-if)#no shu
S1(config)#int vlan 2
S1(config-if)#ip add 192.168.2.1 255.255.255.0
S1(config)#int f0/2
S1(config-if)#sw acc vlan 2
S1(config-if)#no shu
S1(config)#int vlan 3
S1(config-if)#ip add 192.168.3.1 255.255.255.0
S1(config-if)#no shu
S1(config)#int f0/3
S1(config-if)#sw acc vlan 3
S1(config-if)#no shu
S1(config-if)#exit
S1(config)#int range g0/1-2
S1(config-if-range)#channel-group 1 mode on
S1(config-if-range)#exit
S1(config)#int port-channel 1
S1(config-if)#no sw
S1(config-if)#ip add 192.168.10.1 255.255.255.0
S1(config-if)#no shu
S1(config)#router ospf 1
S1(config-router)#net 192.168.10.0 0.0.0.255 area 0
S1(config-router)#net 192.168.0.0 0.0.0.255 area 0
S1(config-router)#net 192.168.2.0 0.0.0.255 area 2
S1(config-router)#net 192.168.3.0 0.0.0.255 area 3
```

右边的三层交换机配置：

```
Switch(config)#host S2
S2(config)#no ip domain lookup
S2(config)#int vlan 7
S2(config-if)#ip add 192.168.7.2 255.255.255.0
S2(config-if)#no shu
S2(config)#int f0/1
S2(config-if)#sw acc vlan 7
S2(config-if)#no shu
S2(config-if)#exit
S2(config)#int vlan 8
S2(config-if)#ip add 192.168.8.1 255.255.255.0
```

```
S2(config-if)#no shu
S2(config-vlan)#int f0/8
S2(config)#sw acc vlan 8
S2(config-if)#no shu
S2(config)#int f0/9
S2(config-if)#sw acc vlan 9
S2(config-if)#no shu
S2(config)#int vlan 9
S2(config-if)#ip add 192.168.9.1 255.255.255.0
S2(config-if)#no shu
S2(config)#int range g0/1-2
S2(config-if-range)#channel-group 1 mode on
S2(config-if-range)#exit
S2(config)#int port-channel 1
S2(config-if)#ip add 192.168.10.2 255.255.255.0
S2(config-if)#no sw
S2(config-if)#exit
S2(config)#router ospf 1
S2(config-router)#net 192.168.7.0 0.0.0.255 area 0
S2(config-router)#net 192.168.10.0 0.0.0.255 area 0
S2(config-router)#net 192.168.8.0 0.0.0.255 area 8
S2(config-router)#net 192.168.9.0 0.0.0.255 area 9
```

4. 连通性检测

(1) 在两台交换机 S1、S2 和路由器 R2 上显示路由表。

(2) 测试内网中的各 PC 之间的连通性。

(3) 测试内网中的 PC 访问外网(202.121.241.179)及外网访问内网情况,如图 9-4 所示。

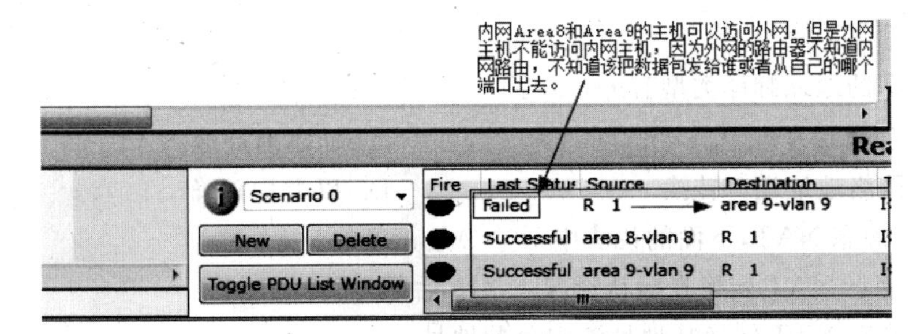

图 9-4　内外网互访测试

(4) 在路由器 R1 上,用 debug ip nat 命令测试 NAT 转换情况。

9.3　本章命令汇总

表 9-1 列出了主要的 NAT 命令。

表 9-1　主要的 NAT 命令的格式及说明

命　令	作　用	注　释
ip nat inside	定义入口	可以定义多个入口
ip nat outside	定义出口	只有一个出口
ip nat inside source static 内部私有地址 内部公网地址	建立私有地址与公网地址之间一对一的静态映射	用 no ip nat inside source static 删除静态映射
ip nat pool 池名 开始内部公网地址 结束内部公网地址 [netmask 子网掩码|prefix-length 前缀长度]	建立一个公网地址池	用 no ip nat pool 删除公网地址池
access-list 号码 permit 内部私有地址 反码	创建内网访问地址列表	用 no access-list 删除内网访问地址列表
ip nat inside source list 号码 pool 池名	配置基于源地址的动态地址池 NAT	用 no ip nat inside source 删除动态映射
ip nat inside source list 号码 pool 池名 overload	配置基于源地址的 NAPT	用 no ip nat inside source 删除动态 NAPT 映射
show ip nat translations	显示 NAT 转换情况，包括 Pro、Inside global、Inside local、Outside local、Outside global 项	
debug ip nat	NAT＊表示转换是在快速交换路径上进行的，一个会话的第一个分组总是通过低速交换路径。当缓存条目存在时，以后的分组通过快速交换路径。s 表示源地址，－>表示源地址转换的地址，d 表示目的地址，方括号中的数字表示 IP 标识号	

习题与实验

1. 选择题

(1) NAT 的地址翻译类型有(　　)。

A. 静态 NAT　　B. 动态地址池 NAT

C. 网络地址端口转换　　D. 以上均正确

(2) 关于静态 NAT，下面的说法中(　　)是正确的。

A. 静态 NAT 转换在默认情况下 24h 后超时

B. 静态 NAT 转换从地址池中分配地址

C. 静态 NAT 将内部地址一对一静态映射到内部公网地址

D. 思科路由器默认使用了静态 NAT

(3) 下列关于地址转换的描述中正确的是(　　)。

A. 地址转换解决了 Internet 地址短缺的问题

B. 地址转换实现了对用户透明的网络外部地址的分配

C. 地址转换为内部主机提供一定的“隐私”保护

D. 以上均正确

(4) 下列有关 NAT 的叙述中不正确的是( )。

A. NAT 是“网络地址转换”的英文缩写

B. 地址转换又称地址翻译,用来实现私有地址和公网地址之间的转换

C. 当内部网络的主机访问外部网络的时候,一定不需要 NAT

D. 地址转换的提出为解决 IP 地址紧张的问题提供了一个有效途径

(5) 下列地址中表示私有地址的是( )。

A. 202.118.56.21　　B. 192.168.1.1

C. 192.118.2.1　　D. 172.16.33.78

E. 10.0.1.2　　F. 1.2.3.4

(6) When( ),it is necessary to use a public IP address on a routing interface.

A. connect a router on a local network

B. connect a router to another router

C. allow distribution of routes between networks

D. translate a private IP address

E. connect a network to the Internet

(7) 以下选项中( )不是 NAT 的功能。

A. 允许一个私有网络使用未配置的 IP 地址访问外部网络

B. 重复使用在 Internet 上已经存在的地址

C. 取代 DHCP 服务器的功能

D. 为两个合并的公司网络提供地址转换

(8) It will happen that( )if a private IP address is assigned to a public interface connected to an ISP.

A. addresses in a private range will be not routed on the Internet backbone

B. only the ISP router will have the capability to access the public network

C. the NAT process will be used to translate this address in a valid IP address

D. several automated methods will be necessary on the private network

E. a conflict of IP addresses happens, because other public routers can use the same range

(9) ( )of the statements below about static NAT translations are true. (choose two)

A. They are always present in the NAT table

B. They allow connection to be initiated from the outside

C. They can be configured with access lists, to allow two or more connections to be initiated from the outside

D. They require no inside or outside interface markings because addresses are statically defined

(10) 以下关于 NAT 的说法中正确的是( )。

A. 只能定义一个入口

B. 访问控制列表的地址必须与入口地址在一个网段

C. 公网地址池必须与出口地址在一个网段

D. 可以定义多个入口,且公网地址池可以与出口地址不在一个网段

2. 问答题

(1) 简述 NAT 技术的基本原理。

(2) NAT 技术有哪几种类型?

(3) 简要说明 NAT 可以解决的问题。

(4) 简述静态地址映射和动态地址映射的区别。

3. 操作题

图 9-5 是一个小型校园网的拓扑结构,请按以下要求完成各项配置。

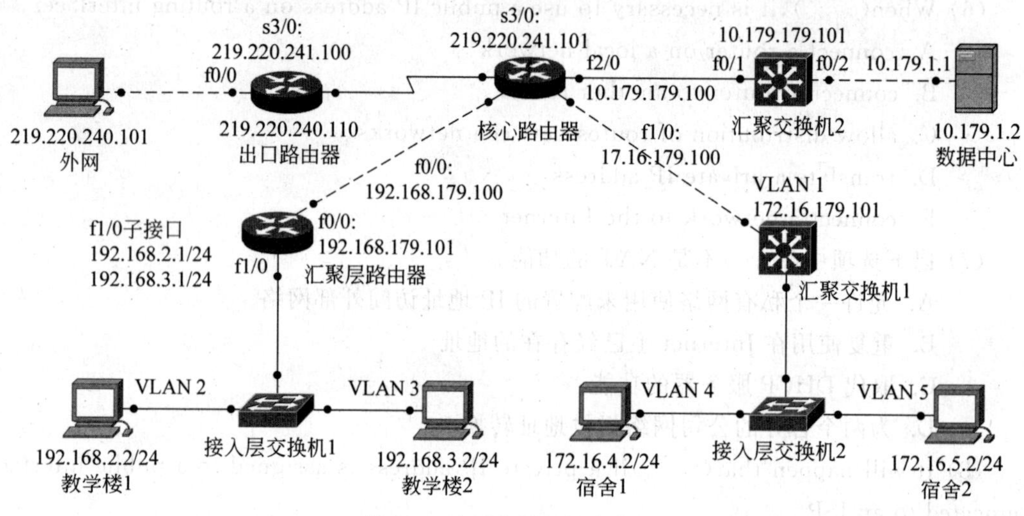

图 9-5 小型校园网综合案例

(1) 设置教学楼 1 和 2 的两台 PC 的 IP 地址和默认网关。同理可设置宿舍 1 和 2 的两台 PC 的 IP 地址和默认网关。

(2) 在接入交换机 1 的 f0/2、f0/3 上配置端口安全,设置安全违例处理方式为 shutdown。在 f0/2 上限制接入主机数量为 3,在 f0/3 上绑定其 MAC 地址。

(3) 对接入交换机 1,划分两个 VLAN——VLAN 2、VLAN 3。f0/2 属于 VLAN 2,f0/3 属于 VLAN 3,f0/1 为 Trunk 口。

(4) 在接入交换机 2 的 f0/2、f0/3 上配置端口安全,设置安全违例处理方式为 restrict。在 f0/2 上绑定其 MAC 地址,在 f0/3 上限制接入主机数量为 3。

(5) 对接入交换机 2,划分两个 VLAN——VLAN 4、VLAN 5。f0/2 属于 VLAN 4,f0/3 属于 VLAN 5,f0/1 为 Trunk 口。

(6) 在汇聚路由器的 f0/0 口做单臂路由,使教学楼 1 和教学楼 2 能互相连通。

(7) 在汇聚交换机 1 上将 f0/1 口划到 VLAN 1,并创建 VLAN 4、VLAN 5,设置它们的 SVI,使得三层交换机使宿舍 1 和宿舍 2 能互相连通。

(8) 在汇聚路由器、核心路由器、汇聚交换机 1、汇聚交换机 2 上运行 OSPF,使得全网互通。

(9) 核心路由器与出口路由器之间用 s3/0 串行连接,采用 PPP 链路协议进行通信,并

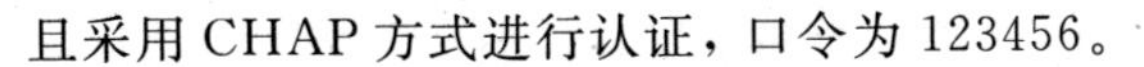
且采用CHAP方式进行认证，口令为123456。

(10) 在核心路由器上配置NAPT，实现校园网访问外网。假定转换地址池为pl：219.220.241.110,219.220.241.120。

(11) 对内网服务器10.179.1.2定义访问控制：

- 内网所有PC能访问10.179.1.2的Web和FTP服务。
- 外网只能访问10.179.1.2的Web服务,不能访问FTP服务。

(12) 进行网络检测：

- 全网互通。
- 内网互通,内网访问外网。
- 在PC上跟踪所有路由。

第10章 ACL

本章重点介绍 ACL 的基础知识、ACL 的分类以及 ACL 的基本配置。

10.1 ACL 概述

随着网络应用与互联网的普及，网络数据安全也越来越重要。网络管理员可以使用 ACL 以实现以下功能：

(1) 限制网络流量，提高网络性能。

(2) 提供对通信流量的控制手段。

(3) 提供网络访问的基本安全手段。

10.1.1 什么是 ACL

ACL 即访问控制列表(Access Control List)，网络中常说的 ACL 是 IOS/NOS 等网络操作系统所提供的一种访问控制技术，初期仅有路由器支持 ACL，现在已经扩展到三层交换机，部分最新的二层交换机也开始提供对 ACL 的支持。

ACL 使用包过滤技术，在路由器上读取第三层及第四层包头中的信息，如源地址、目的地址、源端口、目的端口等，根据预先定义好的规则对包进行过滤，从而达到访问控制的目的，如图 10-1 所示。

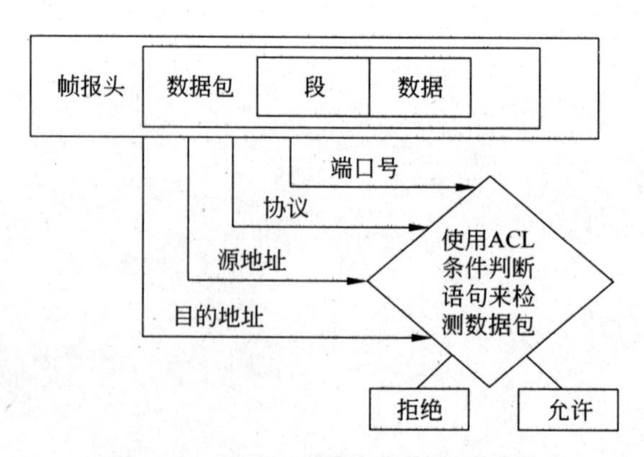

图 10-1 ACL 对数据包进行访问控制

网络中的节点分为资源节点和用户节点两大类，其中资源节点提供服务或数据，而用户节点访问资源节点所提供的服务与数据。ACL 的主要功能有两方面：一方面，保护资源节点，阻止非法用户对资源节点的访问；另一方面，限制特定的用户节点对资源节点的访问权限。

在实施 ACL 的过程中，应当遵循如下两个基本原则：

(1) 最小特权原则。只给受控对象完成任务所必需的最小的权限。

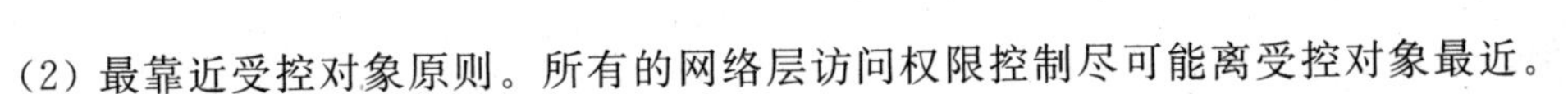
(2) 最靠近受控对象原则。所有的网络层访问权限控制尽可能离受控对象最近。

ACL 是使用包过滤技术来实现的，过滤的依据是第三层和第四层包头中的部分信息，因此这种技术具有一些固有的局限性，如无法识别到具体的人，无法识别到应用内部的权限级别等。要达到端到端(end to end)的权限控制目的，需要将 ACL 和系统级及应用级的访问权限控制结合使用。

具体来说，ACL 是应用在路由器(或三层交换机)接口的指令列表，这些指令应用在路由器(或三层交换机)的接口处，以决定哪种类型的通信流量被转发，哪种类型的通信流量被阻塞。转发和阻塞都基于一定的条件，例如：

- 源 IP 地址。
- 目标 IP 地址。
- 上层应用协议。
- TCP/UDP 的端口号。

图 10-2 显示了 ACL 的工作过程。

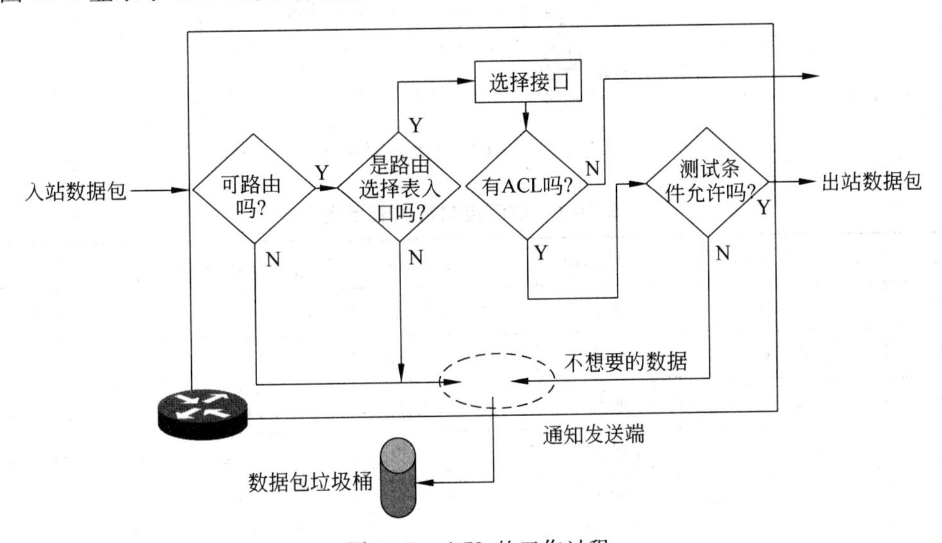

图 10-2　ACL 的工作过程

10.1.2　ACL 的访问顺序

ACL 由一系列访问控制语句组成，按照各访问控制语句在 ACL 中的顺序，根据其判断条件对数据包进行检查。一旦找到了某一匹配条件，就结束比较过程，不再检查以后的其他条件判断语句。

如果所有的条件语句都没有被匹配，则最后将强加一条拒绝全部流量的隐含语句。在默认情况下，虽然看不到最后一行，但最后总是拒绝全部流量。

当一个 ACL 被创建后(标号的非命名的 ACL)，新的语句行总是被加到 ACL 的最后，因此，无法删除某一条 ACL 语句，只能删除整个 ACL 列表。

ACL 的执行顺序如图 10-3 所示。

正因为 ACL 有先后顺序，因而在定义时先确定需求，列出一张需求表，然后再写 ACL 语句，分析其控制效果，最后再选取端口和控制方向。表 10-1 给出了一个访问控制需求表的示例。

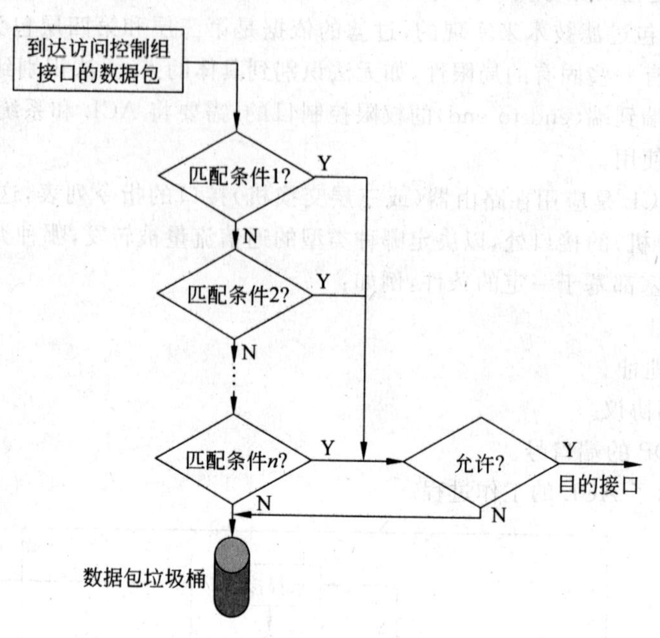

图 10-3　ACL 的执行顺序

表 10-1　访问控制需求表示例

协议	源地址	源端口	目的地址	目的端口	操　作
TCP	10.1/16	所有	10.1.2.20/32	80	允许访问
TCP	10.1/16	所有	10.1.2.22/32	21	允许访问
TCP	10.1/16	所有	10.1.2.21/32	1521	允许访问
TCP	10.1.6/24	所有	10.1.2.21/32	1521	禁止访问
TCP	10.1.6.33/32	所有	10.1.2.21/32	1521	允许访问
IP	10.1/16	N/A	所有	N/A	禁止访问

如果网管按以下定义 ACL 语句执行：

```
ip access-list extend server-protect
permit tcp 10.1.0.0 0.0.255.255 host 10.1.2.20 eq 80
permit tcp 10.1.0.0 0.0.255.255 host 10.1.2.22 eq 21
permit tcp 10.1.0.0 0.0.255.255 host 10.1.2.21 eq 1521
deny tcp 10.1.6.0 0.0.0.255 host 10.1.2.21 eq 1521
permit tcp host 10.1.6.33 host 10.1.2.21 eq 1521
deny ip 10.1.0.0 0.0.255.255 any
```

就会发现 10.1.6.0 网络的主机仍然能访问主机 10.1.2.21 端口为 1521 的数据库服务器，deny tcp 10.1.6.0 0.0.0.255 host 10.1.2.21 eq 1521 语句根本没起作用。其原因是：前面已有 permit tcp 10.1.0.0 0.0.255.255 host 10.1.2.21 eq 1521 语句，已允许了 10.1.0.0 0.0.255.255(包括 10.1.6.0 0.0.0.255) 对数据库服务器的访问，后面就不再检测同一源

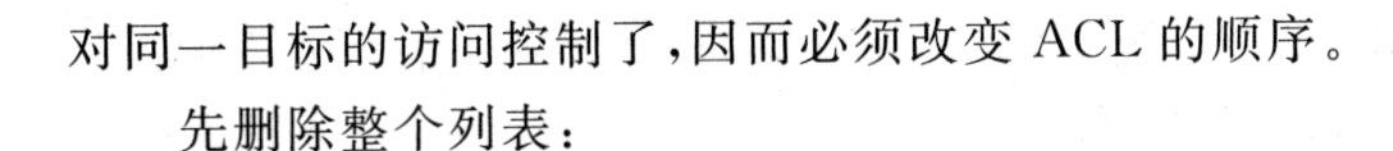

对同一目标的访问控制了，因而必须改变 ACL 的顺序。

先删除整个列表：

```
no access-list extend server-protect
```

再重新定义整个 ACL，必须先小范围精确匹配，再大范围匹配。

```
ip access-list extend server-protect
permit tcp host 10.1.6.33 host 10.1.2.21 eq 1521
deny tcp 10.1.6.0 0.0.0.255 host 10.1.2.21 eq 1521
permit tcp 10.1.0.0 0.0.255.255 host 10.1.2.21 eq 1521
permit tcp 10.1.0.0 0.0.255.255 host 10.1.2.20 eq www
permit tcp 10.1.0.0 0.0.255.255 host 10.1.2.22 eq ftp
```

10.1.3　ACL 的分类

ACL 分为标准 ACL、扩展 ACL 和基于时间的 ACL。

1. 标准 ACL

标准 ACL(Standard ACL)的配置分两步。

1) 定义访问控制列表

其命令格式如下：

```
access-list access-list-number { permit | deny } source [source-wildcard] [log]
```

例如：

```
Router(config)#access-list 1 permit 10.0.0.0 0.255.255.255
```

功能说明：

(1) 为每个 ACL 分配唯一的编号 access-list-number，ACL 编号与协议有关，如表 10-2 所示。IP 协议对应的 ACL 编号为 1～99，这里为 1。

表 10-2　ACL 编号与协议之间的关系

协　议	ACL 编号的取值范围
IP	1～99
扩展 IP(Extended IP)	100～199
AppleTalk	600～699
IPX	800～899
扩展 IPX(Extended IPX)	900～999
IPX 服务通告协议(IPX Service Advertising Protocol)	1000～1099

(2) 检查源地址(checks source address)，由 source 和 source-wildcard 组成，以决定源网络或地址。source-wildcard 为通配符掩码，它是一个 32 位的数字字符串，0 表示检查相应的位，1 表示不检查(忽略)相应的位。这里，网络号为 10.0.0.0，通配符掩码(反码)为 0.255.255.255。

以下是特殊的通配符掩码表示：

- 用 any 表示 0.0.0.0 255.255.255.255。
- 用 host 172.30.16.29 表示 172.30.16.29 0.0.0.0。

(3) 不区分协议(允许或拒绝整个协议族)，这里指 IP 协议。

(4) 确定是允许(permit)还是拒绝(deny)，这里是 permit。

(5) log 表示将有关数据包匹配情况记入日志文件。

(6) 只能删除整个访问控制列表(不能只删除其中一行)，命令格式如下：

```
no access-list access-list-number
```

(7) 按顺序执行 ACL 列表中的语句，一旦有一条满足，就离开此列表，否则再检查下一语句。

(8) 最后总有一条隐含的语句，表示拒绝所有流量。

2) 把标准 ACL 应用到一个具体接口

其命令格式如下：

```
int interface
{ protocol } access-group access-list-number {in | out}
```

例如：

```
Router(config)#int s1/1
Router(config-if)#ip access-group 1 out
```

2. 扩展 ACL

扩展 ACL(Standard ACL)的配置同样分两步。

1) 定义访问控制列表

其命令格式如下：

```
access-list access-list-number { permit | deny } protocol source source-wildcard
[operator operand] destination destination-wildcard [operator operand]
[ established ] [log]
```

例如：

```
Router(config)#access-list 101 deny tcp 172.16.4.0 0.0.0.255 172.16.3.0 0.0.0.255
eq 20
```

表 10-3 说明了各参数的含义。

表 10-3 扩展 ACL 参数说明

参　数	参数描述
access-list-number	访问控制列表编号
permit|deny	如果满足条件，允许或拒绝后面指定特定地址的通信流量
protocol	用来指定协议类型，如 IP、TCP、UDP、ICMP 等
source and destination	分别用来标识源地址和目的地址

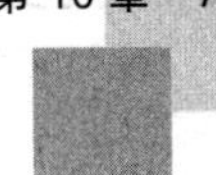

续表

参　　数	参数描述
source-wildcard	通配符掩码，与源地址相对应
destination-wildcard	通配符掩码，与目的地址相对应
operator	为 lt、gt、eq、neq(小于、大于、等于、不等于)
operand	一个端口号或应用名称
established	如果数据包使用一个已建立连接，便可允许 TCP 信息通过
log	将数据包的匹配情况记入日志文件

功能说明：

(1) 检查源和目的地址

(2) 允许或拒绝某个特定的协议(分协议)，对 TCP/IP 协议簇来说，可以指定的协议有 ICMP、IGMP、TCP、UDP、IP 等。

(3) 为扩展 ACL 分配唯一的编号，为 100～199。

(4) 指定操作符。

(5) 给出端口号或应用名称。表 10-4 给出了一些常用的端口及应用程序名。

表 10-4　常用的端口说明

端口号	关键字	说　　明
20	FTP-DATA	文件传输协议(FTP)数据
21	FTP	文件传输协议(FTP)控制
23	TELNET	远程登录(Telnet)
25	SMTP	简单邮件传输协议(SMTP)
53	DOMAIN	域名服务系统(DNS)
69	TFTP	普通文件传输协议(TFTP)
80	WWW	超文本传输协议(HTTP)
161	SNMP	简单网络管理协议(SNMP)

(6) 怎样找到这些应用所使用的端口呢？在以下文件中可以找到大多数应用的端口定义：

- Windows 9x：%windir%\services。
- Windows NT/2000/XP：%windir%\system32\drivers\etc\services。
- Linux：/etc/services。

如果在 services 文件中找不到应用的端口，可以运行 netstat -ap 来找到应用所使用的端口号。

2) 把扩展 ACL 应用到一个具体接口

其命令格式如下：

```
int interface
```

```
{protocol} access-group access-list-number {in | out}
```

例如：

```
Router(config)#int s1/1
Router(config-if)#ip access-group 101 out
```

3. ACL 配置中的注意事项

在 ACL 配置中要注意以下几点：

(1) ACL 的编号指明了它使用何种协议。

(2) 每个端口、每个方向、每个协议只能对应一个 ACL。

(3) ACL 的内容决定了数据的控制顺序。

(4) 具有严格限制条件的语句应放在 ACL 所有语句的最上面。

(5) 在 ACL 的最后有一条隐含声明：deny any。每一个 ACL 都至少应该有一条允许语句。

(6) 先创建 ACL,然后将其应用到端口上。

(7) ACL 不能过滤路由器自己产生的数据。

(8) 只能删除整个 ACL,不能只删除其中一行。

(9) 确定把 ACL 安置在哪个接口以及是入还是出时,最佳做法如下：

- 将标准 ACL 安置在靠近流量的目的 IP 地址的位置。
- 将扩展 ACL 尽量安置在靠近流量的源 IP 地址的位置。
- 在不需要的流量通过低带宽链路之前将其过滤掉。

4. 命名 ACL

在标准 ACL 和扩展 ACL 中,使用名字代替数字来表示 ACL 编号,称为命名 ACL。使用命名 ACL 的好处如下：

(1) 通过一个字母数字串组成的名字直观地表示特定的 ACL。

(2) 不受 99 条标准 ACL 和 100 条扩展 ACL 的限制。

(3) 网络管理员可以方便地对 ACL 进行修改,而无须删除 ACL 后再对其重新配置。

命名 ACL 的配置分 3 步：

(1) 创建一个 ACL 命名,要求名字字符串要唯一。其命令格式如下：

```
ip access-list { standard | extended } name
```

(2) 定义访问控制列表。

标准 ACL 的命令格式如下：

```
{ permit | deny } source  [source-wildcard] [log]
```

扩展 ACL 的命令格式如下：

```
{ permit | deny } protocol source source-wildcard [operator operand] destination
destination-wildcard [operator operand]  [ established ] [log]
```

(3) 把 ACL 应用到一个具体接口上,命令格式如下：

```
int interface
```

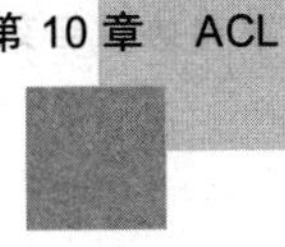

```
{protocol} access-group name {in | out}
```

值得注意的是,可用以下命令行删除 ACL 中的某一行:

```
no { permit | deny } source  [source-wildcard] [log]
```

或

```
no {permit | deny } protocol source source - wildcard [operator operand]
destination destination-wildcard [operator operand]  [ established ] [log]
```

命名 ACL 的主要不足之处在于无法实现在任意位置上加入新的 ACL 条目。任何增加的 ACL 条目都放在 ACL 的最后,因此必须注意 ACL 条目放置的先后次序对整个 ACL 的影响。

配置实例:

```
ip access-list extend server-protect
permit tcp 10.1.0.0 0.0.255.255 host 10.1.2.20 eq www
router(config)#interface serial 1/1
router(config-if)#ip access-group server-protect out
```

5. 基于时间的 ACL

基于时间的 ACL 可以为一天中的不同时间段或者一个星期中的不同日期或者二者的结合制定不同的访问控制策略,从而满足用户对网络访问控制的灵活需求。

基于时间的 ACL 能够应用于编号 ACL 和命名 ACL。实现基于时间的 ACL 需要 3 个步骤:

1) 定义一个时间范围

命令格式为:

```
time-range time-range-name
```

可以定义绝对时间范围和周期性的、重复使用的时间范围。

(1) 定义绝对时间范围:

```
absolute [start start-time start-date] [end end-time end-date]
```

其中,start-time 和 end-time 分别用于指定开始和结束时间,使用 24h 表示,其格式为 hh:mm。

start-date 和 end-date 分别用于指定开始的日期和结束的日期,使用日/月/年格式,而不是通常采用的月/日/年格式。表 10-5 给出了绝对时间范围的实例。

表 10-5 绝对时间范围的实例

定 义	描 述
absolute start 17:00	从配置的当天 17:00 开始直到永远
absolute start 17:00 1 december 2000	从 2000 年 12 月 1 日 17:00 开始直到永远
absolute end 17:00	从配置时开始直到当天的 17:00 结束
absolute end 17:00 1 december 2000	从配置时开始直到 2000 年 12 月 1 日 17:00 结束

续表

定义	描述
absolute start 8:00 end 20:00	从每天 8:00 开始到 20:00 结束
absolute start 17:00 1 december 2000 to end 5:00 31 december 2000	从 2000 年 12 月 1 日开始到 2000 年 12 月 31 日结束

(2) 定义周期、重复使用的时间范围,命令格式如下:

```
periodic days-of-the-week hh:mm to days-of -the-week hh:mm
```

periodic 是以星期为参数来定义时间范围的命令。它可以使用多种形式的参数,其范围可以是一周中的某一天、某几天的结合,或者使用关键字 daily、weekdays、weekend 等。表 10-6 给出了一些周期性时间的实例。

表 10-6　周期性时间的实例

定义	描述
periodic weekend 7:00 to 19:00	星期六 7:00 到周日 19:00
periodic weekdays 8:00 to 17:00	星期一 8:00 到星期五 17:00
periodic daily 7:00 to 17:00	每天 7:00 到 17:00
periodic saturday 17:00 to monday 7:00	星期六 17:00 到星期一 7:00
periodic monday friday 7:00 to 20:00	星期一和星期五的 7:00 到 20:00

2) 在 ACL 中用 time-range 引用时间范围

(1) 基于时间的标准 ACL:

```
access-list access-list-number { permit | deny } source  [source-wildcard] [log]
[time-range time-range-name]
```

(2) 基于时间的扩展 ACL:

```
access-list access-list-number { permit | deny } protocol source source-wildcard
[operator operand] destination destination-wildcard [operator operand]
[established] [log] [time-range time-range-name]
```

3) 把 ACL 应用到一个具体接口

其命令格式如下:

```
int interface
{protocol} access-group access-list-number {in | out}
```

配置实例:

```
router#configure terminal
router(config)#time-range allow-www
router(config - time - range) # asbolute start 7: 00 1 June 2010 end 17: 00 31
december 2010
```

```
router(config-time-range)#periodic weekend 7:00 to 17:00
router(config-time-range)#exit
router(config)#access-list 101 permit tcp 192.168.1.0 0.0.0.255 any eq www time-
range allow-www
router(config)#interface s1/1
router(config-if)#ip access-group 101 out
```

10.2　ACL 的基本配置举例

10.2.1　标准 ACL 配置举例

某公司的经理部、财务部门和销售部门分别属于 3 个不同的网段，3 个部门之间通过路由器进行信息传递。为了安全起见，公司领导要求销售部门不能对财务部门进行访问，但经理部可以对财务部门进行访问。

1. 实验目的

(1) 掌握标准 ACL 的配置方法。

(2) 掌握标准 ACL 的测试方法。

(3) 掌握命名标准 ACL 的配置方法。

2. 实验拓扑

实验拓扑如图 10-4 所示。PC1 代表经理部的主机，PC2 代表销售部门的主机，PC3 代表财务部门的主机。

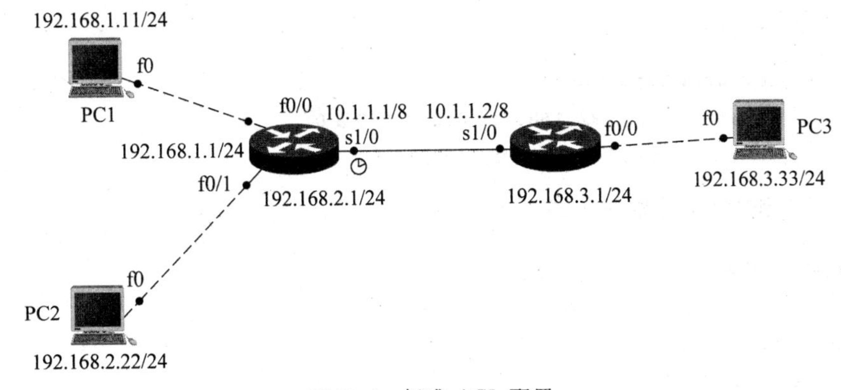

图 10-4　标准 ACL 配置

3. 实验配置步骤

(1) 配置路由器 R1。

配置接口地址：

```
R1>en
R1#conf t
R1(config)#int f0/0
R1(config-if)#ip add 192.168.1.1 255.255.255.0
R1(config-if)#no sh
```

```
R1(config)#int f0/1
R1(config-if)#ip add 192.168.2.1 255.255.255.0
R1(config-if)#no sh
R1(config)#int s1/0
R1(config-if)#ip add 10.1.1.1 255.255.255.0
R1(config-if)#cl ra 64000
R1(config-if)#no sh
```

配置 OSPF：

```
R1(config)#router ospf 100
R1(config-router)#net 192.168.1.0 0.0.0.255 area 0
R1(config-router)#net 192.168.2.0 0.0.0.255 area 0
R1(config-router)#net 10.1.1.0 0.0.0.255 area 0
```

(2) 配置路由器 R2。

配置接口地址：

```
R2(config)#int s1/0
R2(config-if)#ip add 10.1.1.2 255.255.255.0
R2(config-if)#no sh
R2(config)#int f0/0
R2(config-if)#ip add 192.168.3.1 255.255.255.0
R2(config-if)#no sh
```

配置 OSPF：

```
R2(config)#router ospf 100
R2(config-router)#net 192.168.3.0 0.0.0.255 a 0
R2(config-router)#net 10.1.1.0 0.0.0.255 a 0
```

(3) 在 R1 和 R2 上分别显示路由表：

```
R1#sh ip route
Gateway of last resort is not set
     10.0.0.0/24 is subnetted, 1 subnets
C       10.1.1.0 is directly connected, Serial1/0
C    192.168.1.0/24 is directly connected, FastEthernet0/0
C    192.168.2.0/24 is directly connected, FastEthernet0/1
O    192.168.3.0/24 [110/782] via 10.1.1.2, 00:01:21, Serial1/0
R2#sh ip route
Gateway of last resort is not set
     10.0.0.0/24 is subnetted, 1 subnets
C       10.1.1.0 is directly connected, Serial1/0
O    192.168.1.0/24 [110/782] via 10.1.1.1, 00:00:38, Serial1/0
O    192.168.2.0/24 [110/782] via 10.1.1.1, 00:00:38, Serial1/0
C    192.168.3.0/24 is directly connected, FastEthernet0/0
```

(4) 在 PC1 上分别 ping PC2 和 PC3,测试连通性:

```
PC>ping 192.168.2.22
PC>ping 192.168.3.33
```

都能 ping 通。

(5) 在路由器 R2 上配置 ACL:

```
R2(config)#acc 1 deny 192.168.2.0 0.0.0.255
R2(config)#acc 1 perm any
R2(config)#int f0/0
R2(config-if)#ip acc 1 out
```

(6) 连通性测试。

在 PC1 上:

```
PC>ping 192.168.3.33
Pinging 192.168.3.33 with 32 bytes of data:
Reply from 192.168.3.33: bytes=32 time=109ms TTL=126
Reply from 192.168.3.33: bytes=32 time=93ms TTL=126
Reply from 192.168.3.33: bytes=32 time=94ms TTL=126
Reply from 192.168.3.33: bytes=32 time=79ms TTL=126
Ping statistics for 192.168.3.33:
    Packets: Sent=4, Received=4, Lost=0 (0%loss),
Approximate round trip times in milli-seconds:
    Minimum=79ms, Maximum=109ms, Average=93ms
```

在 PC2 上:

```
PC>ping 192.168.3.33
Pinging 192.168.3.33 with 32 bytes of data:
Request timed out.
Request timed out.
Request timed out.
Request timed out.
Ping statistics for 192.168.3.33:
    Packets: Sent=4, Received=0, Lost=4 (100%loss)
```

达到了访问控制的目的,验证了 ACL 的正确性。

(7) 命名标准 ACL 的配置。

首先在路由器 R2 上删除原来的 ACL:

```
R2(config)#no access-list 1
R2(config)#exit
R2#show ip access-list          /*显示 ACL*/
```

再配置命名标准 ACL:

```
R2#conf t
```

```
R2(config)#ip acc stand lj
R2(config-std-nacl)#permit 192.168.1.0 0.0.0.255
R2(config-std-nacl)#deny 192.168.2.0 0.0.0.255
R2(config-std-nacl)#permit any
R2(config-std-nacl)#exit
```

将命名标准 ACL 应用在接口上:

```
R2(config)#int f0/0
R2(config-if)#ip acc lj out
```

检测命名标准 ACL 的效果,同步骤(6)。

10.2.2 扩展 ACL 配置举例

如图 10-5 所示,3 台计算机自左向右分别是 PC1、PC2 和 PC3,3 台路由器自左向右分别是 R1、R2 和 R3。PC2 既是 WWW 服务器也是 FTP 服务器。要求:PC1 所在的网络仅能访问 PC2 的 WWW 服务器,PC3 所在的网络仅能访问 PC2 的 FTP 服务器,其他计算机都不能访问 PC2 的服务器。

1. 实验目的

(1) 掌握扩展 ACL 的配置方法。

(2) 掌握扩展 ACL 的测试方法。

(3) 掌握命名扩展 ACL 的配置方法。

2. 实验拓扑

实验拓扑如图 10-5 所示。

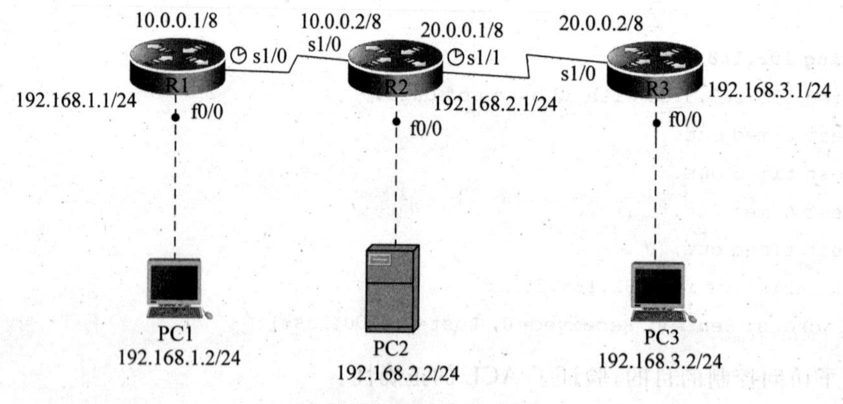

图 10-5 扩展 ACL 配置

3. 实验配置步骤

(1) 分别配置 3 个路由器的主机名和各接口 IP 地址,具体过程略。

(2) 配置动态路由协议 RIP,使得全网互通:

```
R1#conf t
R1 (config)#router rip
R1 (config-router)#ver 2
```

```
R1(config-router)#net 192.168.1.0
R1(config-router)#net 10.0.0.0
R2#conf t
R2(config)#router rip
R2(config-router)#ver 2
R2(config-router)#net 10.0.0.0
R2(config-router)#net 192.168.2.0
R2(config-router)#net 20.0.0.0
R3(config)#router rip
R3(config-router)#ver 2
R3(config-router)#net 20.0.0.0
R3(config-router)#net 192.168.3.0
```

(3) 配置扩展 ACL，并检测控制效果：

```
R2(config)#access-list 100 permit tcp 192.168.1.0 0.0.0.255 host 192.168.2.2
eq www
R2(config)#access-list 100 permit tcp 192.168.3.0 0.0.0.255 host 192.168.2.2 eq 21
R2(config)#access-list 100 permit tcp 192.168.3.0 0.0.0.255 host 192.168.2.2 eq 20
R2(config)#access-list 100 deny tcp any host 192.168.2.2
R2(config)#access-list 100 permit ip any any
R2(config)#exit
```

把扩展 ACL 应用在接口上：

```
R2(config)#int f0/0
R2(config-if)#ip acc 100 out
```

(4) 在 PC2 上启动 Windows 2000 Server 或 Windows 2003 Server，安装 IIS 和 FTP(过程略)。在 Packet Tracer 上只需用 server0 代替 PC2，它将自己启用 WWW、FTP、DNS 等各项网络服务。

(5) 分别在 PC1 及 PC3 上访问 Web 服务器和 FTP 服务器，测试扩展 ACL 设置的有效性。

图 10-6 是 PC1 访问 PC2 的 Web 服务器的截图(访问成功)。

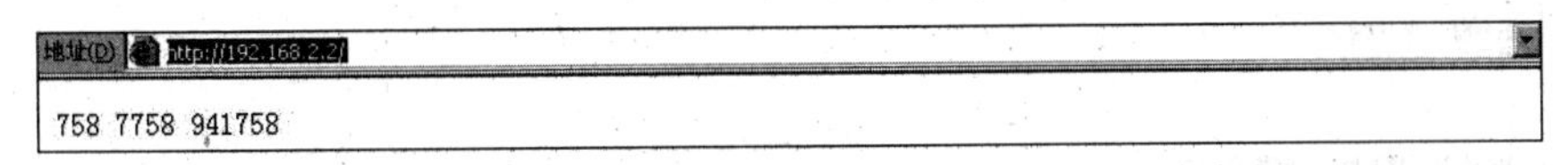

图 10-6　允许 PC1 访问 PC2 的 Web 服务器

图 10-7 是 PC3 访问 PC2 的 FTP 服务器的截图(访问成功)。

图 10-8 是 PC3 访问 PC2 的 Web 服务器的截图(不允许访问)。

图 10-9 是 PC1 访问 PC2 的 FTP 服务器的截图(不允许访问)。

(6) 配置基于命名的扩展 ACL。

首先在路由器 R2 上删除原来的扩展 ACL：

```
R2(config)#no access-list 100
```

```
R2(config)#exit
R2#show ip access-list    /*显示扩展 ACL*/
```

定义命名扩展 ACL：

```
R2(config)#ip access-list extended ext-1
R2(config-ext-nacl)#permit tcp 192.168.1.0 0.0.0.255 host 192.168.2.2 eq www
R2(config-ext-nacl)#permit tcp 192.168.3.0 0.0.0.255 host 192.168.2.2 eq 21
R2(config-ext-nacl)#permit tcp 192.168.3.0 0.0.0.255 host 192.168.2.2 eq 20
R2(config-ext-nacl)#deny tcp any host 192.168.2.2
R2(config-ext-nacl)#permit ip any any
R2(config-ext-nacl)#exit
```

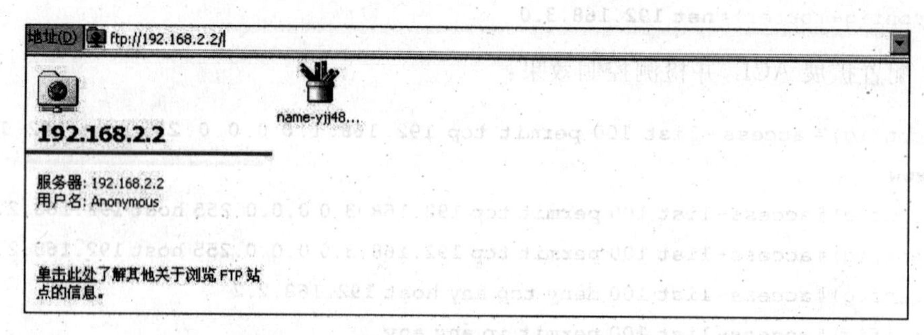

图 10-7　允许 PC3 访问 PC2 的 FTP 服务器

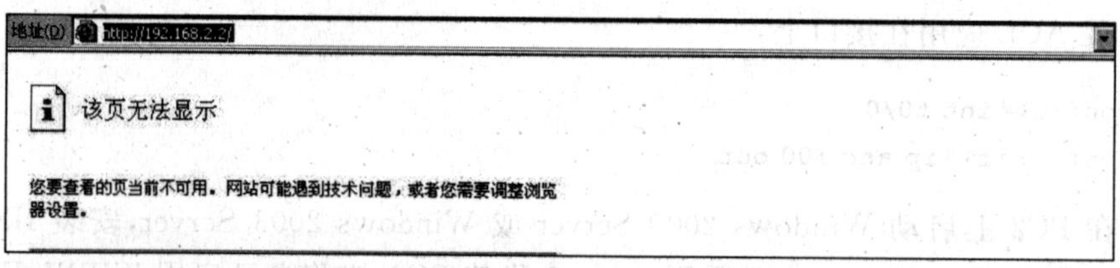

地址(D) http://192.168.2.2/

该页无法显示

您要查看的页当前不可用。网站可能遇到技术问题，或者您需要调整浏览器设置。

图 10-8　不允许 PC3 访问 PC2 的 Web 服务器

图 10-9　不允许 PC1 访问 PC2 的 FTP 服务器

(7) 将命名扩展 ACL 应用在接口上：

```
R2(config)#interface f0/0
R2(config-if)#ip access-group ext-1 out
```

检测命名扩展 ACL 的效果，同步骤(5)。

10.3　本章命令汇总

表 10-7 列出了本章涉及的主要 ACL 命令。

表 10-7　本章命令汇总

命　令	作　用
show ip access-list	查看所定义的 ACL
clear access-list counters	将 ACL 计数器清零
access-list	定义 ACL
ip access-group	在接口下应用 ACL
ip access-list	定义命名 ACL
time-range time-range-name	定义时间范围

习题与实验

1. 选择题

(1) 一个 ACL 如下：

```
access-list 4 deny 202.38.0.0 0.0.0.255
access-list 4 permit 202.38.160.1 0.0.0.255
```

应用于该路由器端口的配置如下：

```
(config)#int s0
(config-if)#ip access-group 4 in
```

该路由器只有两个接口：E0 口接本地局域网，S0 口接到 Internet，以下说法中正确的是(　　)。

A. 禁止源地址为 202.38.0.0/24 的网段对内网的访问

B. 只允许 202.38.160.1 对内网主机的任意访问

C. 只允许 202.38.160.0/24 的网段对内网主机的任意访问

D. 无法禁止外网对内网的任何访问，因为接口用错了

(2) 一个 ACL 如下：

```
access-list 4 deny 202.38.0.0 0.0.255.255
access-list 4 permit 202.38.160.1 0.0.0.255
```

应用于该路由器端口的配置如下：

```
(config)#int s0
(config-if)#ip access-group 4 in
```

该路由器只有两个接口：E0口接本地局域网，S0口接到Internet。以下说法中正确的是(　　)。

A. 第一条语句包含了第二条，外加隐含语句，所以禁止了所有外网主机访问内网

B. 允许202.38.160.0/24的外网主机访问内网主机

C. 允许202.38.160.1的外网主机访问内网主机

D. 两条访问控制语句有矛盾，所以结果是外网主机都可以任意访问内网主机

(3) 一个ACL如下：

```
access-list 4 deny 202.38.0.0 0.0.255.255
access-list 4 permit 202.38.160.1 0.0.0.255
```

应用于该路由器端口的配置如下：

```
(config)#int s0
(config-if)#ip access-group 4 in
```

该路由器只有两个接口：E0口接本地局域网，S0口接到Internet。以下说法中正确的是(　　)。

A. 第二条访问控制语句包含了第一条，外加隐含语句，所以禁止了所有外网主机访问内网

B. 内网主机可以被202.38.160.0/24外网网段的主机访问

C. 内网主机可以被202.38.0.0/16外网网段的主机访问

D. 内网主机可以任意访问外网任何地址的主机

(4) 某单位路由器防火墙作了如下配置：

```
access-list 101 permit ip 202.38.0.0 0.0.0.255 10.10.10.10 0.0.0.255
access-list 101 deny tcp 202.38.0.0 0.0.0.255 10.10.10.10 0.0.0.255 gt 1024
access-list 101 deny ip any any
```

端口配置如下：

```
interface Serial0
ip address 202.38.111.25 255.255.255.0
encapsulation ppp
ip access-group 101 in
interface Ethernet0
ip address 10.10.10.1 255.255.255.0
```

内部局域网主机均为10.10.10.0 255.255.255.0网段。以下说法中正确的是(　　)。(本题假设其他网络均没有使用ACL。)

A. 外网主机202.38.0.50可以ping通任何内网主机

B. 内网主机10.10.10.5可任意访问外网资源

C. 内网任意主机都可以与外网任意主机建立TCP连接

D. 外网202.38.5.0/24网段主机可以与此内网主机建立TCP连接

(5) 一个 ACL 如下：

```
access-list 6 deny 202.38.0.0 0.0.255.255
access-list 6 permit 202.38.160.1 0.0.0.255
```

应用于该路由器端口的配置如下：

```
(config)#int s0
(config-if-Serial0)#ip access-group 6 in
```

该路由器 E0 口接本地局域网，S0 口接到 Internet。以下说法中正确的是(　　)。

A. 所有外网数据包都可以通过 S 口自由出入本地局域网

B. 内网主机可以任意访问外网任何地址的主机

C. 内网主机不可以访问本列表禁止的外网主机

D. 以上都不正确

(6) 标准 ACL 以(　　)作为判别条件。

A. 数据包的大小　　B. 数据包的源地址

C. 数据包的端口号　　D. 数据包的目的地址

(7) 对防火墙作如下配置：

```
interface serial0
ip address 202.10.10.1 255.255.255.0
encapsulation ppp
interface ethernet0
ip address 10.110.10.1 255.255.255.0
```

公司的内网接在 ethernet0，在 serial0 通过 NAT 访问 Internet。如果想禁止公司内部所有主机访问 202.38.160.1/16 的网段，但是可以访问其他站点，以下的配置可以达到要求的是(　　)。

A. access-list 1 deny 202.38.160.1 0.0.0.255
   access-list 1 permit ip any any
   在 serial0 口：access-group 1 in

B. access-list 1 deny 202.38.160.1 0.0.255.255
   access-list 1 permit ip any any
   在 serial0 口：access-group 1 out

C. access-list 101 deny ip any 202.38.160.1 0.0.255.255
   在 ethernet0 口：access-group 101 in

D. access-list 101 deny ip any 202.38.160.1 0.0.255.255
   access-list 101 permit ip any any
   在 ethernet0 口：access-group 101 out

(8) 以下访问控制列表的含义是(　　)。

```
access-list 102 deny udp 129.9.8.10 0.0.0.255 202.38.160.10 0.0.0.255 gt 128
```

A. 规则序列号是 102,禁止从 202.38.160.0/24 网段的主机到 129.9.8.0/24 网段的主机使用端口大于 128 的 UDP 进行连接
B. 规则序列号是 102,禁止从 202.38.160.0/24 网段的主机到 129.9.8.0/24 网段的主机使用端口小于 128 的 UDP 进行连接
C. 规则序列号是 102,禁止 129.9.8.0/24 网段的主机使用端口大于 128 的 UDP 与 202.38.160.0/24 网段的主机进行连接
D. 规则序列号是 102,禁止 129.9.8.0/24 网段的主机访问 202.38.160.0/24 网段的 UDP 端口号大于 128 的应用和服务

(9) 以下访问控制列表的含义是(　　)。

```
access-list 100 deny icmp 10.1.10.10 0.0.255.255 any
```

A. 规则序列号是 100,禁止到 10.1.10.10 主机的所有主机不可达报文
B. 规则序列号是 100,禁止到 10.1.0.0/16 网段的所有主机不可达报文
C. 规则序列号是 100,禁止从 10.1.0.0/16 网段来的所有主机不可达报文
D. 规则序列号是 100,禁止从 10.1.10.10 主机来的所有主机不可达报文

(10) 配置如下两个 ACL:

```
access-list 1 permit 10.110.10.1 0.0.255.255
access-list 2 permit 10.110.100.100. 0.0.255.255
```

ACL 1 和 ACL 2 所控制的地址范围关系是(　　)。

A. ACL 1 和 ACL 2 的范围相同
B. ACL 1 的范围在 ACL 2 的范围内
C. ACL 2 的范围在 ACL 1 的范围内
D. ACL 1 和 ACL 2 的范围没有包含关系

2. 问答题

(1) 在实施 ACL 的过程中应当遵循的基本原则是什么?
(2) 扩展 ACL 在一个端口上的入和出的作用有什么不同?
(3) 通常安置 ACL 的最佳做法有哪些?

3. 操作题

拓扑结构如图 10-10 所示。

某学员在做 ACL 实验时,VLAN 1～VLAN 2 连接客户端(192.168.1.0～192.168.2.0/24),VLAN 100 连接外网(其中有一台 Web 服务器为 192.168.100.5)。

- 不配置 ACL 时,两台 PC 都可以访问 VLAN 100 中的服务器(分别用 ping 和 Web 访问测试)。
- 在交换机 A 上配置了以下规则:

```
ip access-list extended abc
permit tcp any 192.168.100.5 0.0.0.0 eq 80
interface vlan 100
ip access-group abc in
```

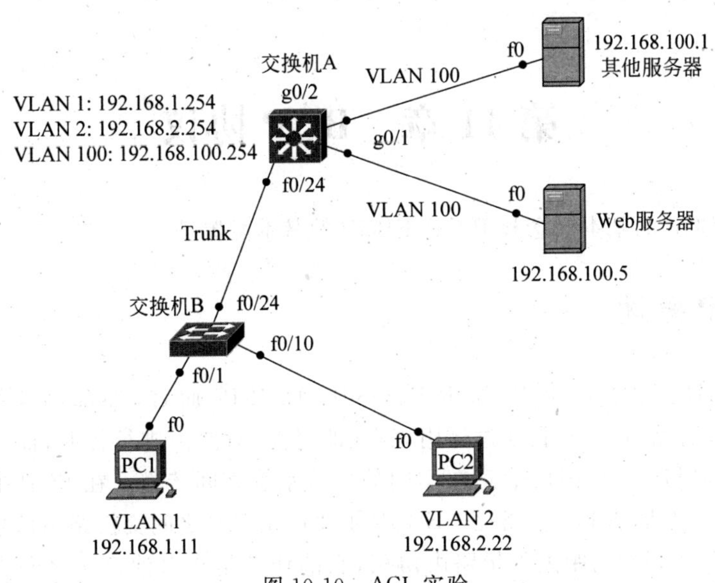

图 10-10　ACL 实验

通过验证来分析此 ACL 的效果，禁止了哪些访问，允许了哪些访问。如果需要内网访问外网其他主机的服务，怎么修改配置？

第 11 章　BGP 协议

本章介绍 BGP 的基本概念和 IBGP、EBGP 的基本配置。

11.1　BGP 概述

相对于内部网关协议（IGP，如 RIP、OSPF、EIGRP）而言，外部网关协议（BGP，如 IBGP、EBGP）没有路由算法，它通过运用规则（即属性）对路由进行控制，而不是学习路由。BGP 把 IGP 学习和产生的路由信息在不同的自治系统之间传递。在 BGP 中，路由的选择是基于策略的，而不是基于最优路径。EBGP 主要用于 ISP 之间交换路由信息。

BGP 是一种增强型的距离矢量路由协议，它的任务是在自治系统之间交换路由信息，同时确保没有路由环路，其主要特点如下：

- 为路由附带属性信息，用属性（attribute）而不是度量值描述路由。
- 使用 TCP（端口 179）传输协议，面向连接并确保可靠性。
- 支持 CIDR（无类别域间选路）和 VLSM（可变长子网掩码）。
- 无须周期性更新，而是通过 keepalive 信息来检验 TCP 的连通性。
- 路由更新时只发送增量路由。
- 丰富的路由过滤和路由策略。

11.1.1　BGP 术语

对等体（peer）：当两台 BGP 路由器之间建立了一条基于 TCP 的链接后，就称它们为邻居或对等体；

自治系统（AS）：由同一个技术管理机构管理，使用统一管理控制和选路策略的一些路由器的集合。AS 编号由因特网注册机构统一管理分配，范围是 1～65 535，其中 1～64 511 是注册的因特网编号，64 512～65 535 是私有网络编号。

BGP 中有两种对等体：IBGP 和 EBGP。

如果两个交换 BGP 报文的对等体属于同一个自治系统，那么这两个对等体就是 IBGP（Internal BGP）对等体，AD 为 200。

如果两个交换 BGP 报文的对等体属于不同的自治系统，那么这两个对等体就是 EBGP（External BGP）对等体，AD 为 20。

同步：在 BGP 通告路由之前，该路由必须存在于当前的 IP 路由表中，即必须在网络能被通告前同步。也就是说，BGP 不产生路由，由 IGP 产生路由放在路由表中，BGP 只是对已有的路由进行决策，选出其中的策略路由。Cisco 允许通过命令 no synchronization 来关闭同步。

IBGP 水平分割：通过 IBGP 学到的路由不能通告给其他的 IBGP 邻居。

11.1.2 BGP 消息类型

BGP 有 4 种消息类型：open、keepalive、update、notificaiton。

TCP 连接建立后，发送的第一条消息是 open（相当于打招呼），如果 open 消息被接收，接收路由器会发送 keepalive 来确认 open 消息。接收方确认后即建立 BGP 连接，BGP 路由器可交换任何 update、keepalive 和 notification 消息。

open 消息包括下面的信息：版本号、发送路由器的 AS 号、路由器 ID、holdtime、发送路由器下一条消息的最晚发送时间等参数。

keepalive 消息（生存通知）仅包含消息头，3 倍于 holdtime。

update 消息（有 BGP 最优路由时发送更新消息）仅允许包含一条路由信息，多条路由需要多条 update 消息，所有的 update 消息参数都针对那条特定的路由，包含的网络也是该路由所穿越的。update 消息包括撤销路由、路由属性（AS 路由、源、本地优先级、长度和值）、网络层可达性信息，通过该条路由可达的 IP 地址前缀列表等。

notification（准备关闭）消息在检测到 BGP 路由出错时发送。发出该消息后 BGP 连接被立即关闭。

11.1.3 BGP 的 3 张表

BGP 路由器维护 3 张表：邻居表、BGP 表（也叫转发数据库或拓扑数据库）和 IP 路由表。

BGP 必须显式地配置邻居关系，BGP 与每个配置的邻居建立 TCP 关系，周期性地用 keepalive 消息来跟踪这些关系。

建立起邻居关系后，邻居路由器交换它们 IP 路由表里的 BGP 路由。每个路由器都从每个邻居那里收集路由，放到 BGP 拓扑数据库中。对同一目标可以有多条路由，每条路由都包含 BGP 属性。

使用 BGP 路由选择算法选到每个网络的最佳路由，放到 IP 路由表中。

11.1.4 与 BGP 邻居关系建立有关的状态

在建立 BGP 邻居关系的过程中，路由器有以下 5 种状态：

(1) Idle。查找路由表，路由器执行资源初始化，复位一个连接重试计时器，发起一个 TCP 连接，并且倾听远程 BGP 所发起的连接。

(2) Connect。找到路由表后进行 TCP 的三次握手。如果 TCP 连接成功，则转到 OpenSent 状态；如果失败，转到 active 状态，将尝试再次连接。

(3) OpenSent。三次握手后发送 Open message 消息，等待对等体发送 Open 消息。如果出错，则发送一条出错消息并退回 Idle 状态；如果无错，则开始发送 keepalive 消息并复位 keepalive 计时器。

(4) OpenConfirm。收到对方发来的 Open 消息。如果收到 keepalive 消息，BGP 就进入 Established 状态，邻居关系协商完成；如果系统收到一条 update 消息，BGP 将重新启动保持计时器；如果收到 notification 消息，BGP 就退回到空闲状态。

(5) Established。邻居关系协商过程的最终状态，这时 BGP 将开始与它的对等体交换路由更新数据包。

11.1.5 BGP的属性

BGP更新消息中包括BGP路由属性,包括属性类型、属性长度、属性值。路由属性分为4类:公认必决、公认自决、可选可传递、可选非传递。

1. 公认必决

公认必决是更新报文中必须包含的,且能被所有BGP厂商识别,在整个BGP网络中传播的路由属性。

(1) ORIGIN(起源):说明了源路由是怎样放入BGP表中的,分为"I""E""?",分别对应来源于IGP、EGP、重分布,优先级为"I">"E">"?"。

(2) AS_PATH(AS路径):指出包含在UPDATE报文中的路由信息所经过的自治系统的序列,即每经过一个AS,都会在AS_PATH属性加上此AS号,AS号越短,越优先。AS号只能向EBGP邻居通告,而向IBGP邻居通告路由的路由器不改变AS_PATH属性。如果发现在AS_PATH中有本设备的AS号则丢弃此网络地址,以避免环路。

注意:*在IBGP中不能修改AS_PATH属性,只能在EBGP中修改。*

(3) NEXT_HOP(下一跳): 声明路由器所获得的BGP路由的下一跳。对于EBGP会话,下一跳就是通告该路由的邻居路由器的源IP地址。对于IBGP会话,有两种情况,一是起源于AS内部的路由的下一跳就是通告该路由的邻居路由器的源IP地址;二是由EBGP注入AS的路由的下一跳会不变地带入IBGP中,就是原EBGP路由中的下一跳。

2. 公认自决

公认自决是必须能被所有BGP厂商识别,但是可以选择是否包括在更新报文中的路由属性。

(1) LOCAL_PREF(本地优先级):本地指的是只发送给IBGP邻居,而不发送给EBGP的对等体。为AS中的路由器提供一个指示,表明哪条路由被优先选择为此AS的出口。从本地AS到其他AS的多条路由中优先选一条路由,默认本地优先级值为100,值越大,优先级越高,只在AS内部传输。

(2) ATOMIC_AGGREGATE(原子聚合):指明了已被丢失了的信息。当路由聚合时将会导致信息的丢失,因为聚合来自具有不同属性的不同源。如果一个路由器发送了导致信息丢失的聚合,路由器被要求将原子聚合属性附加到该路由上。

3. 可选可传递

可选可传递属性并不要求所有BGP设备支持,如果该属性不能被BGP进程识别,则要看过渡标志,如果过渡标志被设置,则接受这个属性并且照原样传输。

(1) AGGREGATOR(聚合者):表明了实施BGP路由聚合的路由ID和AS号。

(2) COMMUNITY(团体):指共享一个公共属性的一组路由器。

4. 可选非传递

可选非传递属性如果不能被BGP进程识别,则会被丢弃,不能传播给BGP邻居。

(1) MED(多出口鉴别属性):用于向外部邻居指出进入AS的首选路由。默认情况下,路由器只为来自相同AS的不同邻居的路由比较MED属性值。当入口有多个时,AS可以使用MED来动态地影响其他AS如何选择进入路由,MED是唯一一个可影响数据如何进入 AS 的属性，MED 只在 EBGP 上传递，MED 值越小，路由就越优；MED 值可以在 AS 间交换；但是它不会被传到下一个 AS。当同一个更新被传递到下一个 AS 时，度量值将被设置回默认值 0。

注意：MED 影响进入 AS 的数据流，而本地优先级影响离开 AS 的数据流。

(2) ORIGINATOR_ID(起源 ID)：路由反射器会附加上这个属性，它携带了本 AS 源路由器的路由 ID，用于防止环路。

(3) CLUSTER_LIST(簇列表)：此属性显示了采用的反射路由。

11.1.6　BGP 的路由决策

如上所述，BGP 使用了描述路由特性的很多属性。这些属性和每一个路由一起在 BGP 更新报文中被发送。路由器使用这些属性去选择到目的地的最佳路由。那么这么多属性，其优先顺序是怎样的？即，BGP 在路由选择中是如何判定最佳路由的？

(1) 如果下一跳不可达，则不考虑该路由。

(2) 优先选取具有最大权重(weight)值的路径(本地默认为 32 768，邻居学来的默认为 0)，权重是思科专有属性。

(3) 如果多条路由权重相同，优先选取具有最高本地优先级(默认为 100)的路由。

(4) 如果本地优先级相同，优先选取源自本路由器(即下一跳为 0.0.0.0)上 BGP 的路由。

(5) 如果本地优先级相同，并且没有源自本路由器的路由，优先选取具有最短 AS 路径的路由。

(6) 如果具有相同的 AS 路径长度，则优先选取有最低起源代码(IGP＜EGP＜INCOMPLETE)的路由。

(7) 如果起源代码相同，则优先选取具有最低 MED 值的路由。

(8) 如果 MED 值相同，则 EBGP 优先于 IBGP。

(9) 如果前面所有属性都相同，优先选取离 IGP 邻居最近的路由。

(10) 如果内部路径也相同，优先选取具有最低 BGP 路由器 ID 的路由。

11.2　BGP 的基本配置

1. 实验目的

(1) 启动 BGP 路由进程。

(2) 在 BGP 进程中通告网络。

(3) IBGP 邻居配置。

(4) EBGP 邻居配置。

(5) BGP 路由更新源配置。

(6) next-hop-self 配置。

(7) BGP 路由汇总配置。

(8) BGP 路由调试。

2. 实验拓扑

实验拓扑如图 11-1 所示。

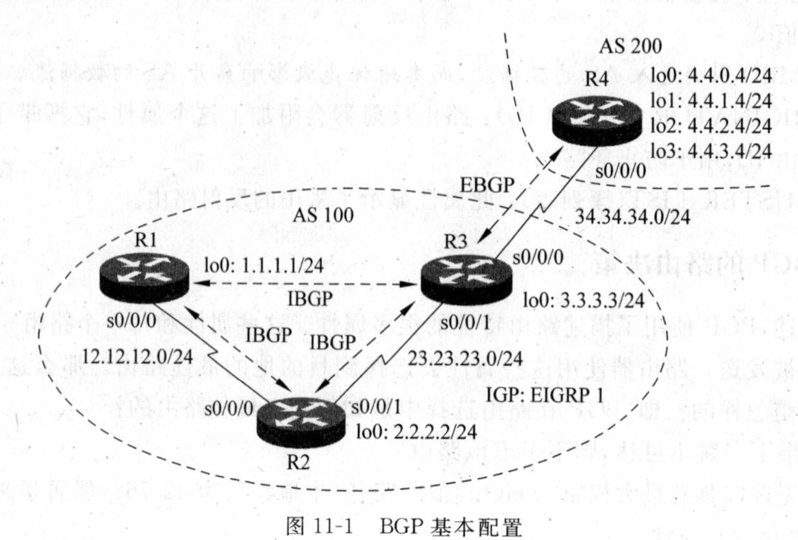

图 11-1　BGP 基本配置

3. 实验配置步骤

(1) 配置路由器 R1：

```
R1(config)#router eigrp 1
R1(config-router)#network 1.1.1.0 255.255.255.0
R1(config-router)#network 12.12.12.0 255.255.255.0
R1(config-router)#no auto-summary
R1(config)#router bgp 100                                    /*启动 BGP 进程*/
R1(config-router)#no synchronization                         /*关闭同步*/
R1(config-router)#bgp router-id 1.1.1.1                      /*配置 BGP 路由器 ID*/
R1(config-router)#neighbor 2.2.2.2 remote-as 100             /*指定邻居路由器及所在的 AS*/
R1(config-router)#neighbor 2.2.2.2 update-source lo0         /*指定更新源*/
R1(config-router)#neighbor 3.3.3.3 remote-as 100
R1(config-router)#neighbor 3.3.3.3 update-source lo0
R1(config-router)#network 1.1.1.0 mask 255.255.255.0         /*通告网络*/
R1(config-router)#no auto-summary                            /*关闭自动汇总*/
```

(2) 配置路由器 R2：

```
R2(config)#router eigrp 1
R2(config-router)#network 2.2.2.0 255.255.255.0
R2(config-router)#network 12.12.12.0 255.255.255.0
R2(config-router)#network 23.23.23.0 255.255.255.0
R2(config-router)#no auto-summary
R2(config)#router bgp 100
R2(config-router)#no synchronization
R2(config-router)#bgp router-id 2.2.2.2
R2(config-router)#neighbor 1.1.1.1 remote-as 100
```

```
R2(config-router)#neighbor 1.1.1.1 update-source lo0
R2(config-router)#neighbor 3.3.3.3 remote-as 100
R2(config-router)#neighbor 3.3.3.3 update-source lo0
R2(config-router)#no auto-summary
```

(3) 配置路由器 R3:

```
R3(config)#router eigrp 1
R3(config-router)#network 3.3.3.0 255.255.255.0
R3(config-router)#network 23.23.23.0 255.255.255.0
R3(config-router)#no auto-summary
R3(config)#router bgp 100
R3(config-router)#no synchronization
R3(config-router)#bgp router-id 3.3.3.3
R3(config-router)#neighbor 1.1.1.1 remote-as 100
R3(config-router)#neighbor 1.1.1.1 update-source lo0
R3(config-router)#neighbor 1.1.1.1 next-hop-self
/*配置下一跳为自己,即对从 EBGP 邻居传入的路由,在通告给 IBGP 邻居时,强迫路由器通告自己
  是发送 BGP 更新的下一跳,而不是 EBGP 邻居*/
R3(config-router)#neighbor 2.2.2.2 remote-as 100
R3(config-router)#neighbor 2.2.2.2 update-source lo0
R3(config-router)#neighbor 2.2.2.2 next-hop-self
R3(config-router)#neighbor 34.34.34.4 remote-as 200
R3(config-router)#no auto-summary
```

(4) 配置路由器 R4:

```
R4(config)#router bgp 200
R4(config-router)#no synchronization
R4(config-router)#bgp router-id 4.4.4.4
R4(config-router)#neighbor 34.34.34.3 remote-as 100
R4(config-router)#no auto-summary
R4(config-router)#network 4.4.0.0 mask 255.255.255.0
R4(config-router)#network 4.4.1.0 mask 255.255.255.0
R4(config-router)#network 4.4.2.0 mask 255.255.255.0
R4(config-router)#network 4.4.3.0 mask 255.255.255.0
R4(config-router)#network 4.4.0.0 mask 255.255.252.0
/*用 network 作路由汇总通告*/
R4(config)#ip route 4.4.0.0 255.255.252.0 null0
/*在 IGP 表中构造该汇总路由,否则不能用 network 通告*/
```

配置说明:

- 一台路由器只能启动一个 BGP 进程。
- 命令 neighbor 后边跟的是邻居路由器 BGP 路由更新源的地址。
- BGP 中的 network 命令与 IGP 不同,它只是将 IGP 中存在的路由条目(可以是直连、静态路由或动态路由)在 BGP 中通告。同时 network 命令使用参数 mask 来通告单独的子网。如果 BGP 的自动汇总功能没有关闭,而且在 IGP 路由表中存在子

网路由，在 BGP 中可以用 network 命令通告主类网络。如果 BGP 的自动汇总功能关闭，则通告必须严格匹配掩码长度。

- 在命令 neighbor 后边跟 update-source 参数，用来指定更新源。如果网络中有多条路径，那么用环回接口建立 TCP 连接，并作为 BGP 路由的更新源，会增加 BGP 的稳健性。
- 在命令 neighbor 后边跟 next-hop-self 参数是为了解决下一跳可达的问题，因为当路由通过 EBGP 注入到 AS 时，从 EBGP 获得的下一跳会不变地在 IBGP 中传递，next-hop-self 参数使得路由器会把自己作为发送 BGP 更新的下一跳来通告给 IBGP 邻居。
- BGP 的下一跳是指 BGP 路由表中路由条目的下一跳，也就是相应的 neighbor 命令所指的地址。

4. 检测结果及说明

(1) 查看 TCP 连接信息摘要：

```
R3#show tcp brief
TCB Local Address Foreign Address (state)
64752BAC 3.3.3.3.11002 1.1.1.1.179 ESTAB
64753B5C 3.3.3.3.11000 2.2.2.2.179 ESTAB
6472708 34.34.34.3.11001 34.34.34.4.179 ESTAB
```

以上输出标明路由器 R3 和路由器 R1、R2 和 R4 的 179 端口建立了 TCP 连接。只要两台路由器之间建立了一条 TCP 连接，就可以形成 BGP 邻居关系。

(2) 查看邻居的 TCP 和 BGP 连接的详细信息：

```
R3#show ip bgp neighbors 34.34.34.4
BGP neighbor is 34.34.34.4, remote AS 200, external link
BGP version 4, remote router ID 4.4.4.4
BGP state=Established, up for 00:50:29
Last read 00:00:21, hold time is 180, keepalive interval is 60 seconds
Neighbor capabilities:
Route refresh: advertised and received(old & new)
Address family IPv4 Unicast: advertised and received
...
```

以上输出表明路由器有一个外部 BGP 邻居路由器 R4(34.34.34.4)在 AS 200，其路由器 ID 号为 4.4.4.4。“BGP state=”给出了 BGP 连接的状态。Established 状态表明 BGP 对等体间的会话打开并正在运行。其他状态，如 Idle、Connect、Active、OpenSent 或 OpenConfirm，那说明可能存在问题。

(3) 查看 BGP 连接的摘要信息：

```
R3#show ip bgp summary
BGP router identifier 3.3.3.3, local AS number 100  /*路由器 ID 及本地 AS 号*/
BGP table version is 11, main routing table version 11
/*BGP 表的内部版本号(BGP 表变化时号码会逐次加 1)和注入到主路由表的最后版本号*/
```

```
5 network entries using 505 bytes of memory   /* 网络条目和使用的 memory */
5 path entries using 240 bytes of memory      /* 路径条目和使用的 memory */
2 BGP path attribute entries using 120 bytes of memory
1 BGP AS-PATH entries using 24 bytes of memory
0 BGP route-map cache entries using 0 bytes of memory
0 BGP filter-list cache entries using 0 bytes of memory
BGP using 889 total bytes of memory
BGP activity 5/0 prefixes, 6/1 paths, scan interval 60 secs
Neighbor     V  AS   MsgRcvd  MsgSent  TblVer  InQ  OutQ  Up/Down   State/PfxRcd
1.1.1.1      4  100  80       81       11      0    0     00:38:29  1
2.2.2.2      4  100  74       77       11      0    0     01:12:46  0
34.34.34.4   4  200  71       74       11      0    0     01:07:47  4
```

以上输出各个字段的含义如下。Neighbor：BGP邻居的ID；V：BGP的版本，为4；AS：邻居所在的AS号；MsgRcvd：接收的信息；MsgSent：发送的信息；TblVer：BGP表的内部版本号；Up/Down：邻居关系建立的时间；State/PfxRcd：BGP连接的状态或者通告的路由前缀。

(4) 查看BGP表的信息：

```
R3#show ip bgp
BGP table version is 11, local router ID is 3.3.3.3
/* BGP表的内部版本号和本路由器的 BGP 路由器 ID */
Status codes: s suppressed, d damped, h history, * valid, >best, i -internal,r RIB
-failure, S Stale
/* s 表示路由条目被抑制；d 表示路由条目由于被惩罚而受到抑制，从而阻止了不稳定路由的发布；
  h 表示该路由正在被惩罚，但还未达到抑制阈值而使它被抑制；* 表示该路由条目有效；>表示该
  路由条目最优，可以被传递；i 表示该路由条目是从 IBGP 邻居学到的；r 表示将 BGP 表中的路由
  条目放入 IP 路由表时失败；S Stale 表示该路由条目是陈旧的 */
Origin codes: i -IGP, e -EGP, ? -incomplete
/* i 表示路由条目来源为 IGP；e 表示路由条目来源为 EGP；? 表示路由条目来源不清楚，通常是从
  IGP 重分布到 BGP 的路由条目 */
      Network        Next Hop       Metric     LocPrf     Weight     Path
r>i   1.1.1.0/24     1.1.1.1        0          100        0          i
*>    4.4.0.0/24     34.34.34.4     0          0          200        i
*>    4.4.0.0/22     34.34.34.4     0          0          200        i
*>    4.4.1.0/24     34.34.34.4     0          0          200        i
*>    4.4.2.0/24     34.34.34.4     0          0          200        i
*>    4.4.3.0/24     34.34.34.4     0          0          200        i
```

路由条目行“r>i　1.1.1.0/24　1.1.1.1　0　100　0　i”的含义如下：

① r表示将BGP表中的路由条目放入IP路由表时失败。因为路由器R3通过EIGRP学到1.1.1.0/24路由条目，其管理距离为90，而通过IBGP学到的1.1.1.0/24路由条目的管理距离是200，而且关闭了同步，所以BGP表中的路由条目放入IP路由表时失败。

② >表示该路由条目最优，可以被传递。达到最优的重要前提是下一跳可达。

③ i表示该路由条目是从IBGP邻居学到的。

④ 1.1.1.1 表示该 BGP 路由的下一跳。

⑤ 0(Metric 栏)表示该路由外部度量值(即 MED 值)为 0。

⑥ 100(LocPrf 栏)表示该路由本地优先级为 100。

⑦ 0(Weight 栏)表示该路由的权重值为 0。如果是本地产生的,默认权重值为 32 768;如果是从邻居学来的,默认权重值为 0。

⑧ 由于该路由是通过相同 AS 的 IBGP 邻居传递来的,所以 PATH 字段为空。

⑨ i 表示路由条目来源为 IGP,它是路由器 R1 用 network 命令通告的。

(5) 查路由表:

```
R3#show ip route
34.0.0.0/24 is subnetted, 1 subnets
C 34.34.34.0 is directly connected, Serial0/0/0
1.0.0.0/24 is subnetted, 1 subnets
D 1.1.1.0 [90/2809856] via 23.23.23.2, 02:17:48, Serial0/0/1
2.0.0.0/24 is subnetted, 1 subnets
D 2.2.2.0 [90/2297856] via 23.23.23.2, 02:51:36, Serial0/0/1
3.0.0.0/24 is subnetted, 1 subnets
C 3.3.3.0 is directly connected, Loopback0
4.0.0.0/8 is variably subnetted, 5 subnets, 2 masks
B 4.4.0.0/24 [20/0] via 34.34.34.4, 02:45:33
B 4.4.0.0/22 [20/0] via 34.34.34.4, 00:51:20
B 4.4.1.0/24 [20/0] via 34.34.34.4, 02:45:33
B 4.4.2.0/24 [20/0] via 34.34.34.4, 02:45:33
B 4.4.3.0/24 [20/0] via 34.34.34.4, 02:45:34
23.0.0.0/24 is subnetted, 1 subnets
C 23.23.23.0 is directly connected, Serial0/0/1
12.0.0.0/24 is subnetted, 1 subnets
D 12.12.12.0 [90/2681856] via 23.23.23.2, 02:17:53, Serial0/0/1
```

以上输出表明 IBGP 的管理距离是 200,EBGP 的管理距离是 20。

(6) 测试连通性。

在路由器 R1 上执行 ping 4.4.0.4 命令,结果是不通的,原因很简单,就是路由器 R1 和 R2 的路由表中没有 34.34.34.0 的路由,此时如果执行扩展 ping,就是通的:

```
R1#ping
Protocol [ip]:
Target IP address: 4.4.0.4
Repeat count [5]: 2
Datagram size [100]:
Timeout in seconds [2]:
Extended commands [n]: y
Source address or interface: 1.1.1.1
Type of service [0]:
Set DF bit in IP header? [no]:
Validate reply data? [no]:
```

```
Data pattern [0xABCD]:
Loose, Strict, Record, Timestamp, Verbose[none]:
Sweep range of sizes [n]:
Type escape sequence to abort.
Sending 2, 100-byte ICMP Echos to 4.4.0.4, timeout is 2 seconds:
Packet sent with a source address of 1.1.1.1
!!
```

如果一定要执行标准 ping，路由器 R1 和 R2 就必须学到 34.34.34.0 的路由，方法有很多，例如在路由器 R3 上重分布直连。

(7) 在 R1 上打开 BGP 同步，然后查看 BGP 表：

```
R1(config)#router bgp 100
R1(config-router)#synchronization          /* 打开同步 */
R1#clear ip bgp *                           /* 重置 BGP 连接 */
R1#show ip bgp
       Network        Next Hop     Metric     LocPrf     Weight     Path
 *i    4.4.0.0/24     3.3.3.3      0          100        0          200 i
 *i    4.4.0.0/22     3.3.3.3      0          100        0          200 i
 *i    4.4.1.0/24     3.3.3.3      0          100        0          200 i
 *i    4.4.2.0/24     3.3.3.3      0          100        0          200 i
 *i    4.4.3.0/24     3.3.3.3      0          100        0          200 i
```

以上输出表明 BGP 路由不是被优化的，因为 IGP 的路由表中并没有这些路由条目。

(8) 删除路由器 R1 和 R3 之间的邻居关系，保持路由器 R1 和 R2 已建立的邻居关系，路由器 R2 和 R3 建立邻居关系，操作如下：

```
R1(config)#router bgp 100
R1(config-router)#no synchronization
R1(config-router)#no neighbor 3.3.3.3
R3(config)#router bgp 100
R3(config-router)#no neighbor 1.1.1.1
```

在路由器 R1 和 R2 上查看 BGP 表：

```
R1#show ip bgp
       Network        Next Hop     Metric     LocPrf     Weight     Path
 *>    1.1.1.0/24     0.0.0.0      0                     32768         i
R2#show ip bgp
       Network        Next Hop     Metric     LocPrf     Weight     Path
 r>i   1.1.1.0/24     1.1.1.1      0          100        0             i
 *>i   4.4.0.0/24     3.3.3.3      0          100        0          200 i
 *>i   4.4.0.0/22     3.3.3.3      0          100        0          200 i
 *>i   4.4.1.0/24     3.3.3.3      0          100        0          200 i
 *>i   4.4.2.0/24     3.3.3.3      0          100        0          200 i
 *>i   4.4.3.0/24     3.3.3.3      0          100        0          200 i
```

以上输出表明路由器 R2 并没有将路由器 R3 通告的路由通告给路由器 R1,这也进一步验证了 IBGP 水平分割的基本原理:通过 IBGP 学到的路由不能通告给相同 AS 内的其他的 IBGP 邻居。通常的解决办法有两个:IBGP 形成全互连邻居关系和使用路由反射器。

11.3 本章命令汇总

表 11-1 列出了本章涉及的主要命令。相关配置及效果在本书中没有涉及。

表 11-1 本章命令汇总

命　　令	作　　用
show tcp brief	查看 TCP 连接信息摘要
show ip bgp neighbors	查看邻居的 TCP 和 BGP 连接的详细信息
show ip bgp summary	查看 BGP 连接的摘要信息
show ip bgp	查看 BGP 表的信息
show ip bgp community	查看 BGP 团体属性
clear ip bgp *	重置 BGP 连接
router bgp	启动 BGP 进程
no synchronization	关闭同步
synchronization	打开同步
bgp router-id	配置 BGP 路由器 ID
neighbor ip-address remote-as	配置邻居路由器及所在的 AS
neighbor ip-address update-source	指定更新源
neighbor ip-address next-hop-self	配置下一跳为自己
neighbor ip-address route-reflector-client	配置 RR 客户端
network	通告网络
aggregate-address	配置地址聚合
ip prefix-list	配置前缀列表
set origin egp	设置起源代码为 EGP
set as-path prepend	配置追加 AS-PATH
set local-preference	设置本地优先级属性值
bgp default local-preference	设置默认本地优先级属性值
bgp confederation identifier	配置联邦 ID
bgp confederation peers	配置联邦 EBGP 对等的成员
set community local-as	设置团体属性
neighbor ip-address send-community	开启发送团体属性的能力

习题与实验

1. 选择题

(1) 下面有关 BGP 协议的描述中错误的是( )。

A. BGP 是一个很健壮的路由协议
B. BGP 可以用来检测路由环路
C. BGP 无法聚合同类路由
D. BGP 是由 EGP 继承而来的

(2) The acronym BGP stands for( )。

A. Backgroud Gateway Protocol
B. Backdoor Gateway Protocol
C. Border Gateway Protocol
D. Basic Gateway Protocol

(3) 以下关于本地优先属性的说法中正确的是( )。

A. 路由在传播过程中,本地优先属性值是可以改变的
B. 本地优先属性属于过渡属性
C. 本地优先属性用于优选从不同内部伙伴得到的,到达同一目的地但是下一跳不同的路由
D. 以上说法都不对

(4) RTA 向 RTB 通告一条从 EBGP 对等体学习到的路由 1.1.1.0/24,其属性为

```
Local preference :100
MED:100
AS_PATH:200
Origine:EGP
Next_hop:88.8.8.1/16
```

RTB 接收到的路由 1.1.1.0/24 的属性为( )。

A. Local preference:空
MED:100
AS_PATH:200 100
Origine:EGP
Next_hop:10.110.20.1/16

B. Local preference:100
MED:100
AS_PATH:200
Origine:EGP
Next_hop:88.8.8.1/16

C. Local preference:100
MED: 空
AS_PATH: EGP
Origine:EGP
Next_hop:10.110.20.1/16

D. Local preference: 空

MED:0

AS_PATH: 100 200

Origine:EGP

Next_hop:88.8.8.1/16

(5) RTA 向 RTB 通告一条从 EBGP 对等体学习到的路由 1.1.1.0/24,其属性为

```
local preference: 100
MED: 100
AS_PATH: 300
Origin: incomplete
Next_hop: 10.10.10.1/24
```

RTB 接收到的路由 10.10.10.1/24 的属性为(　　)。

A. Local preference: 100

MED: 100

AS_PATH: 100 300

Origin:EGP

Next_hop:10.110.10.1/16

B. Local preference: 空

MED: 0

AS_PATH: 100 300

Origin:incomplete

Next_hop:10.110.20.1/16

C. Local preference: 100

MED: 空

AS_PATH: 300 100

Origin:IGP

Next_hop:10.110.20.1/16

D. Local preference: 空

MED: 0

AS_PATH: 300 100

Origin: incomplete

Next_hop:10.10.10.1/24

(6) 成为 BGP 路由的 3 种途径包括(　　)。

A. 使用 redistribute 命令把 IGP 发现的路由纯动态注入 BGP 的路由表中

B. 使用 network 命令把 IGP 发现的路由半动态注入 BGP 的路由表中

C. 把人为规定的静态路由注入 BGP 的路由表中

D. 将从 IBGP 学到的路由注入 BGP 的路由表中

E. 将从 EBGP 学到的路由注入 BGP 的路由表中

(7) 一个 BGP 路由器对路由的处理过程包括以下 6 个步骤:

a. 路由聚合,合并具体路由　　　　b. 决策过程,选择最佳路由

c. 从对等体接收路由　　　　　　　　　　d. 输入策略机，过滤和设置属性
e. 输出策略机，发送路由给其他对等体　　　f. 加入路由表

以上步骤的正确顺序是(　　)。

A. c-d-b-a-f-e　　　　　　　　　　B. c-d-b-f-a-e
C. c-d-a-b-f-e　　　　　　　　　　D. c-d-a-f-b-e

(8) 以下关于 BGP 路由反射器属性的描述中(　　)是正确的(选两个)。

A. 在任何规模的内部 BGP 闭合网中，都建议使用 BGP 的路由反射器以减少 IBGP 连接数量
B. 一个路由反射器和它的各客户机构成了一个群(cluster)，路由反射器属于这个群的所有同伴就是非客户机
C. 非客户机必须与路由反射器组成全连接网
D. 反射器功能只在路由反射器上完成，该路由器不处理不需要反射的路由

2. 问答题

(1) BGP 有哪 4 种消息类型？
(2) 与 BGP 邻居关系建立有关的状态有哪些？
(3) BGP 有哪些属性？
(4) 什么是 BGP 的路由决策？
(5) 简述 BGP 的主要特点。

3. 操作题

如图 11-2 所示，有两个自治系统——AS 12 和 AS 3，配置 BGP，使两个自治系统互连互通。

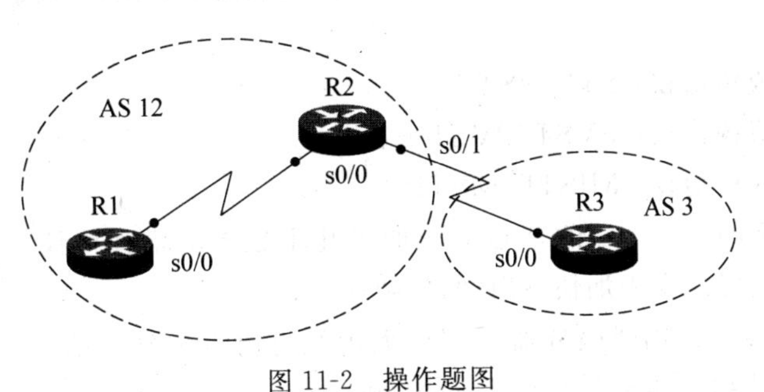

图 11-2　操作题图

第 12 章　生成树协议与冗余网关协议

本章介绍生成树协议、网关冗余协议的基本概念，重点介绍 MSTP、VRRP 的应用和基本配置。

12.1　生成树协议概述

为了确保网络的安全性，对网络中的关键设备和链路要进行冗余备份，如双核心交换机，核心层交换机与汇聚层交换机之间的备份链路等。但冗余设备和备份链路容易构成环路，将产生广播风暴、单帧的多次递交、MAC 地址表的不稳定等诸多不利影响。

为防止二层冗余所产生的二层环路，产生了生成树协议。

生成树协议（Spanning-Tree Protocol，STP）起源于 DEC 公司的网桥到网桥协议，后来，IEEE 802 委员会制定了生成树协议的规范 IEEE 802.1d。生成树协议通过生成树算法（SPA）生成一个没有环路的网络，当主要链路出现故障时，自动切换到备份链路，以保证网络的正常通信。

生成树协议通过软件修改网络物理拓扑结构，构建一个无环路的逻辑转发拓扑结构，以提高网络的稳定性和减少网络故障发生率。

生成树协议同其他协议一样，随着网络的不断发展而不断更新换代，生成树协议的发展过程分为三代：

- 第一代生成树协议：STP/RSTP。
- 第二代生成树协议：PVST/PVST＋。
- 第三代生成树协议：MISTP/MSTP。

思科公司在 IEEE 802.1d 的基础上增加了几个私有的增强协议：portfast、uplinkfast 和 backbonefast，其目的在于加快 STP 的收敛速度。

portfast 使连接工作站或服务器的端口无须经过监听和学习状态，直接从阻塞状态进入转发状态，从而节约了 30s（转发延迟）的时间。

uplinkfast 用在接入层有阻塞端口的交换机上，当它连接到主干交换机上的主链路有故障时能立即切换到备份链路上，而不需要 30s 或 50s（转发延迟）的时间。

backbonefast 用在主干交换机之间，并要求所有交换机都启动 backbonefast。当主干交换机之间的链路发生故障时，只需 20s（节约了 30s）就可以切换到备份链路上。

12.2　生成树协议的发展

1. STP

STP（生成树协议）的协议规范为 IEEE 802.1d，STP 的基本思路是阻塞一些交换机端口，构建一棵没有环路的转发树。

STP 利用 BPDU(Bridge Protocol Data Unit)和其他交换机进行通信,BPDU 中有根桥 ID、路径代价、端口 ID 等几个关键的字段。

为了在网络中形成一个没有环路的拓扑,网络中的交换机要进行 3 种选举:选举根桥,选取根端口,选取指定端口。交换机中的端口只有根端口或指定端口才能转发数据,其他端口都处于阻塞状态。

当网络的拓扑发生变化时,网络会从一个状态向另一个状态过渡,重新打开或阻塞某些接口。交换机的端口要经过几种状态:禁用(Disable)、阻塞(Blocking)、监听(Listening)、学习(Learning)、转发(Forwarding)。

STP 最大的缺点是收敛时间过长,达 50s。

2. RSTP

RSTP(快速生成树协议)的协议规范为 IEEE 802.1w,它是为了减少 STP 收敛时间而修订的协议,使得收敛速度最快在 1s 以内,但是仍然不能有效利用冗余链路做负载均衡(总是要阻塞一条冗余链路)。IEEE 802.1w RSTP 除了从 IEEE 802.1d 沿袭下来的根端口和指定端口外,还定义了两种新的端口:备份端口和替代端口。

备份端口是指定端口的备份,当一个交换机有两个端口都连接在一个 LAN 上时,高优先级的端口为指定端口,低优先级的端口为备份端口。

替代端口是根端口的替代,一旦根端口失效,替代端口就立刻变为根端口,它提供了当前根端口所提供的路径和到根网桥的路径的替代路径。

这些 RSTP 中的新端口实现了在根端口发生故障时替代端口到转发端口的快速转换。

与 IEEE 802.1d STP 不同的是,IEEE 802.1w RSTP 只定义了 3 种状态:放弃、学习和转发。

实际上,直接连接 PC 的交换机端口不需要阻塞和侦听状态,这是因为交换机的阻塞和侦听时间往往使 PC 不能正常工作。例如,自动获取 IP 地址的 DHCP 客户机一旦启动就要发出 DHCP 请求,而此请求可能会在交换机 50s 的延时时间内超时;同时微软的客户机在向域服务器请求登录时也会因为交换机 50s 的延时时间而宣告登录失败。直接与终端相连的交换机端口称为边缘端口,将其设置为快速端口,当交换机加电启动或有一台终端 PC 接入时,快速端口将会直接进入转达发状态,而不必经历阻塞、侦听状态。

根端口或指定端口在拓扑结构中发挥着积极作用,而替代端口或备份端口不参与主动拓扑结构。因此在收敛的稳定网络中,根端口和指定端口处于转发状态,替代端口和备份端口则处于放弃状态。

综上所述,快速生成树协议对生成树协议主要做了以下几点改进:

(1) 具有更加优化的 BPDU 结构。

(2) 在接入层交换机(非根交换机)中,为根端口和指定端口设置了快速切换用的替代端口和备份端口两种端口角色,当根端口或指定端口失效的时候,替代端口或备份端口就会无时延地进入转发状态。

(3) 自动监测链路状态:点到点链路为全双工,共享式链路为半双工。

(4) 在只连接了两个交换端口的点到点链路中(全双工),指定端口只需与下游网桥进行一次握手就可以无时延地进入转发状态。

(5) 直接与终端相连而不是与其他网桥相连的端口为边缘端口。边缘端口可以直接进入转发状态,不需要任何延时。边缘端口必须是 Access 端口,在交换机的生成树配置中必须人工设置。

当交换机从邻居交换机收到一个劣等 BPDU(宣称自己是根交换机的 BPDU),意味着原有链路发生了故障。则此交换机通过其他可用链路向根交换机发送根链路查询 BPDU,此时如果根交换机可达,根交换机就会向网络中的交换机宣告自己的存在,使首先接收到劣等 BPDU 的端口很快就转变为转发状态,其间省略了 max age 阻塞时间。

RSTP 和 STP 都属于单生成树 SST(Single Spanning Tree)协议,同样有一些局限性:

(1) 整个交换网络只有一棵生成树,当网络规模较大时,收敛时间较长,拓扑改变的影响范围也较大。

(2) 在网络结构不对称的情况下,单生成树会影响网络的连通性。

(3) 当链路被阻塞后将不承载任何流量,造成了冗余链路带宽的浪费,这在环状城域网中更为明显。

3. PVST/ PVST+

当网络上有多个 VLAN 时,PVST(Per VLAN ST)协议会为每个 VLAN 构建一棵生成树。这样的好处是可以独立地为每个 VLAN 控制哪些接口要转发数据,从而实现负载平衡。

由于思科公司的 PVST 协议并不兼容 STP/RSTP,思科公司很快又推出了经过改进的 PVST+协议,使得在 VLAN 1 上运行的是普通 STP 协议,在其他 VLAN 上运行的是 PVST 协议。

PVST/PVST+协议实现了 VLAN 认知能力和负载均衡能力,但 PVST 和 PVST+也有以下局限性:

(1) 如果 VLAN 数量很多,每个 VLAN 都需要构建一棵生成树,维护多棵生成树的计算量和资源占用量将急剧增长,会给交换机带来沉重的负担。

(2) 思科专有协议不能像 STP/RSTP 一样得到不同厂家设备的广泛支持。

4. MSTP

MSTP(Multiple Spanning Tree Protocol,多生成树协议)是 IEEE 802.1s 中定义的一种新型多实例化生成树协议。这个协议目前仍然在不断优化中。

MSTP 是把多个 VLAN 映射到一个 STP 实例上,实例就是多个 VLAN 的集合,把多个 VLAN 捆绑到一个实例中。为每个实例建立一棵生成树,从而减少了生成树的数量。

MSTP 把支持 MSTP 的交换机和不支持 MSTP 交换机划分成不同的区域,分别称作 MST 域和 SST 域。在 MST 域内部运行多实例化的生成树,在 MST 域的边缘运行 RSTP 兼容的内部生成树(Internal Spanning Tree,IST)。

MST 域内的交换机间使用 MSTP BPDU 交换拓扑信息,SST 域内的交换机使用 STP/RSTP/PVST+BPDU 交换拓扑信息。在 MST 域与 SST 域之间的边缘上,SST 设备会认为对接的设备也是一台 RSTP 设备。而 MST 设备在边缘端口上的状态将取决于内部生成树的状态,也就是说端口上所有 VLAN 的生成树状态将保持一致。

MSTP 设备内部需要维护的生成树包括若干棵内部生成树,其数量和连接了多少个 SST 域有关。另外,还有若干个多生成树实例(Multiple Spanning Tree Instance,MSTI)确定的 MSTP 生成树,其数量由配置了多少个实例决定。

MSTP通过干道(trunk)建立多棵生成树,关联VLAN到相关的生成树进程,每棵生成树进程具备独立于其他进程的拓扑结构。MST提供了多个数据转发路径和负载均衡,提高了网络容错能力,这是因为一个进程(转发路径)的故障不会影响其他进程(转发路径)。一个生成树进程只能存在于具备一致的VLAN进程分配的桥中,必须用同样的MST配置信息来配置一组桥,这使得这些桥能参与到一组生成树进程中,具备同样的MST配置信息的互连的桥构成多生成树区。

MSTP将环路网络修剪成为一个无环的树形网络,避免报文在环路网络中的增生和无限循环,同时还提供了数据转发的多个冗余路径,在数据转发过程中实现VLAN数据的负载均衡。MSTP兼容STP和RSTP,并且可以弥补STP和RSTP的缺陷。它既可以快速收敛,也可以使不同VLAN的流量沿各自的路径分发,从而为冗余链路提供了更好的负载分担机制。

MSTP的特点如下:

(1) MSTP设置VLAN映射表(即VLAN和生成树的对应关系表),把VLAN和生成树联系起来;通过增加"实例"(将多个VLAN整合到一个集合中)这个概念,将多个VLAN捆绑到一个实例中,以节省通信开销和资源占用率。

(2) MSTP把一个交换网络划分成多个域,每个域内形成多棵生成树,生成树之间彼此独立。

(3) MSTP将环路网络修剪成为一个无环的树形网络,避免报文在环路网络中的增生和无限循环,同时还提供了数据转发的多个冗余路径,在数据转发过程中实现VLAN数据的负载分担。

(4) MSTP兼容STP和RSTP,是IEEE标准协议,受到各厂家的支持。目前有些厂家(如锐捷)已直接指定默认的生成树协议就是MSTP。

5. 生成树协议的未来之路

第1代生成树协议STP/RSTP是基于端口的,第2代生成树协议PVST/PVST+是基于VLAN的,第3代生成树协议MSTP是基于实例的。

任何技术的发展都不会因为某项"理想"技术的出现而停滞,生成树协议的发展历程本身就说明了这一点。随着应用的深入,各种新的二层隧道技术不断涌现,例如思科的IEEE 802.1q Tunneling、华为QuidwayS8016中的QinQ以及基于MPLS的二层VPN技术等。在这种新形势下,用户和服务提供商对生成树协议又有新的需求。目前各厂商已经开始了这方面的积极探索,也许不久的将来,支持二层隧道技术的生成树协议将成为交换机的标准协议。

12.3　基本的生成树协议——STP

所有生成树协议的基础是STP,其概念和工作原理是了解生成树协议的基础。但由于该协议基本已被淘汰,因此本节也可以跳过。

12.3.1　STP的基本术语

STP有以下基本术语。

1. 网桥协议数据单元

网桥协议数据单元(BPDU)是生成树协议中的“Hello 数据包”,每隔一定的时间间隔(2s,可配置)发送,它在网桥之间交换信息。生成树协议就是通过在交换机之间周期发送网桥协议数据单元来发现网络上的环路,并通过阻塞有关端口来断开环路的。

网桥协议数据单元主要包括以下字段:Protocol ID、Version、Message Type、Flag、Root ID、Cost of Path、Bridge ID、Port ID。Protocol ID(2B)和 Version(1B)是生成树协议相关的信息和版本号,通常固定为0。Message Type(1B)分为两种类型,配置 BPDU 和拓扑变更通告 BPDU。Flag(1B)是与拓扑变更通告相关的状态和信息。Root ID(8B):由2B优先级和6B的 MAC 组成。Cost of Path 是从交换机到根网桥的方向累计的开销值。Bridge ID 是发送该 BPDU 的交换机自己的网桥 ID。Port ID 是发送该 BPDU 的交换机自己的端口 ID,由1B端口优先级和1B端口 ID 组成。计时器包括 Message Age、Maximum Time、Hello Time、Forward Delay。Message Type 为报文老化时间。Maximum Time 为最长等待时间,当一段时间未收到任何 BPDU,生存期达到 Max Age 时,网桥则认为该端口连接的链路发生故障,默认为20s。Hello Time 为发送 BPDU 的周期,默认为2s,Forward Delay 为 BPDU 全网传输延迟,默认为15s。

2. 网桥号

网桥号(bridge ID)用于标识网络中的每一台交换机,它由两部分组成,2B的优先级和6B的 MAC 地址。优先级为0~65535,默认值为32768。对不同的 VLAN,通常有一个累加值,如 VALN 1为32769,VALN 2为32770等,可通过改变优先级设置来改变网桥号。

3. 根网桥

具有最小网桥号的交换机将被选举为根网桥(root bridge),根网桥的所有端口都不会阻塞,并都处于转发状态。

4. 指定网桥

对交换机连接的每一个网段都要选出一个指定网桥(designated bridge),指定网桥到根网桥的累计路径开销最小,由指定网桥收发本网段的数据包。

5. 根端口

整个网络中只有一个根网桥,其他的网桥为非根网桥。根网桥上的端口都是指定端口,而不是根端口(root port),而在非根网桥上需要选择一个根端口。根端口是指从交换机到根网桥累计路径开销最小的端口,交换机通过根端口与根网桥通信。根端口设为转发状态。

6. 指定端口

每个非根网桥为每个连接的网段选出一个指定端口(designated port),一个网段的指定端口指该网段到根网桥累计路径开销最小的端口,根网桥上的端口都是指定端口。指定端口设为转发状态。

7. 非指定端口

除了根端口和指定端口之外的其他端口称为非指定端口(non-designated prot),非指定端口处于阻塞状态,不转发任何用户数据。

12.3.2 SPT 中的选择原则

1. 根网桥的选举原则

在全网范围内选举网桥号最小的交换机为根网桥。网桥号由交换机优先级和 MAC 地址组合而成,因此可通过改变交换机的优先级来改变根网桥的选举。

选举步骤如下:

(1) 所有交换机首先都认为自己是根。

(2) 从自己的所有可用端口发送“配置 BPDU”,其中包含自己的网桥号,并作为根。

(3) 当收到其他网桥发来的“配置 BPDU”时,检查对方交换机的网桥号,若比自己小,则不再声称自己是根了(不再发送 BPDU 了)。

(4) 当所有交换机都这样操作后,只有网络中网桥号最小的交换机还在继续发送 BPDU,因此它就成为根网桥了。

2. 最短路径的选择

(1) 比较本交换机到达根网桥的路径开销,选择开销最小的路径。

(2) 如果路径开销相同,则比较发送 BPDU 的交换机的网桥号。

(3) 如果发送者的网桥号相同(即同一台交换机),则比较发送者的端口号。端口号由 1B 的端口优先级和 1B 的端口 ID 组成。端口默认的优先级为 128。

(4) 如不同链路发送者的端口号一致(即同一台交换机的同一端口),那么比较接收者的端口号。

3. 选举根端口和指定端口

如图 12-1 所示,一旦选好了最短路径,就选好了根端口和指定端口。

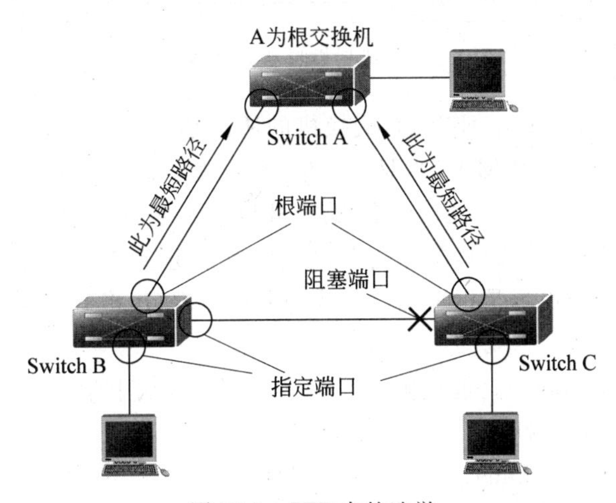

图 12-1 STP 中的选举

4. 生成树的工作过程

(1) 首先进行根桥的选举。每台交换机通过向邻居发送 BPDU,选出网桥号最小的网桥作为网络中的根桥。

(2) 确定根端口和指定端口。计算出非根桥的交换机到根桥的最小路径开销,找出根端口(最小的发送方网桥号)和指定端口(最小的端口号)。

(3) 阻塞非根网桥上的非指定端口,以裁剪冗余的环路,构造一个无环的拓扑结构。这个无环的拓扑结构是一棵树,根网桥为树干,未被裁剪的活动链路为向外辐射的树枝。在处于稳定状态的网络中,BPDU 从根网桥沿着无环的树枝传送到网络的各个网段。

12.3.3 STP端口的状态

生成树经过一段时间(默认值是50s)稳定之后,所有端口要么进入转发状态,要么进入阻塞状态。

图12-2显示了生成树端口状态的转换过程。网络中的每台交换机在刚加电启动时,每个端口都要经历生成树的4个状态:阻塞、侦听、学习、转发。在能够转发用户的数据包之前,端口最多要等50s时间,其中包括20s阻塞时间(即生存期)、15s侦听延时和15s学习延时。

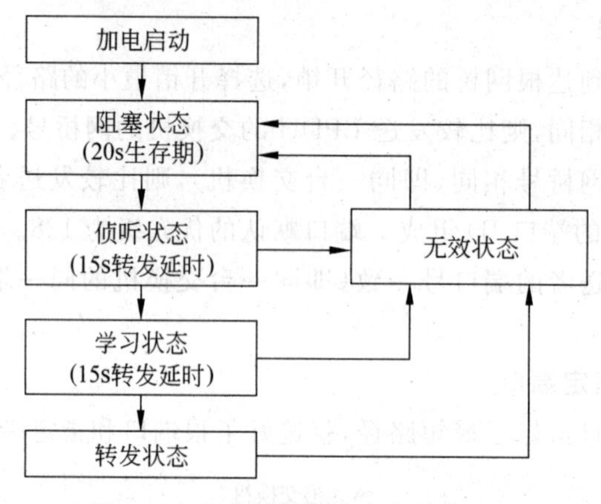

图12-2 生成树端口状态的转换过程

(1) 阻塞状态(Blocking)。刚开始,交换机的所有端口均处于阻塞状态。在阻塞状态,能接收和发送BPDU,不学习MAC地址,不转发数据帧。此状态最长时间为20s。

(2) 侦听状态(Listening)。能接收和发送BPDU,不学习MAC地址,不转发数据帧,但交换机向其他交换机通告该端口,参与选举根端口或指定端口。根端口和指定端口将转入学习状态;既不是根端口也不是指定端口的成为非指定端口,将退回到阻塞状态。侦听状态最长持续时间为15s。

(3) 学习状态(Learning)。能接收BPDU和数据帧,从中学习MAC地址,建立MAC地址表,但仍不能转发数据帧。

(4) 转发状态(Forwarding)。能正常转发数据帧。

(5) 无效状态。该状态不是正常的生成树协议状态,当一个接口处于无外接链路、被管理性关闭时,暂时处于无效状态,并向阻塞状态过渡。

通常,在一个大中型网络中,整个网络拓扑稳定为一个树形结构大约需要50s,因而STP的收敛时间过长。

12.3.4 STP的重新计算

在Switch A和Switch C之间的连线没有断开时,Switch A的f0/24、f0/1端口为指定端口;Switch C的f0/1端口为根端口,f0/2端口为非指定端口,处于阻塞状态。当Switch A和Switch C之间的连线断开后,拓扑结构发生改变,生成树重新开始计算,如图12-3所示,Switch C的f0/2端口从非指定端口改变为根端口,生成树为Switch A→Switch B→

Switch C。

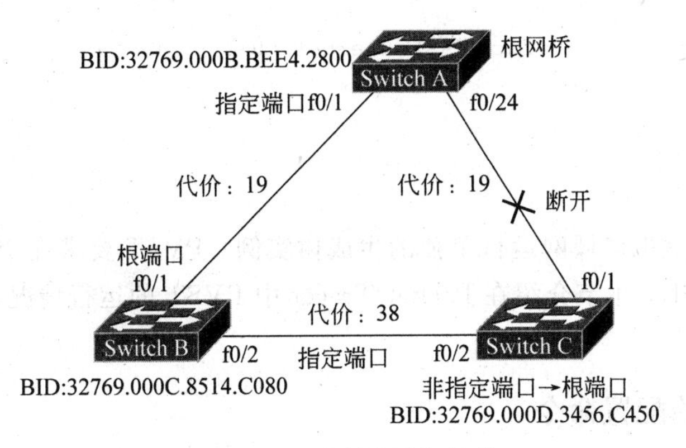

图 12-3　生成树的重新计算

12.3.5　生成树的配置命令汇总

(1) 启动生成树协议：

```
spanning-tree
```

(2) 关闭生成树协议：

```
no spanning-tree
```

(3) 配置生成树协议的类型：

```
spanning-tree mode stp/rstp/mstp
```

思科系列交换机默认使用 STP 且已开启；锐捷系列交换机默认使用 MSTP，但没有开启。

(4) 配置交换机优先级：

```
spanning-tree priority <0~61440>
```

优先级值必须是 4096 的倍数，共 16 个，默认为 32768。

(5) 优先级恢复到默认值：

```
no spanning-tree priority
```

(6) 配置交换机端口的优先级：

```
interface interface-type interface-number
spanning-tree port-priority number
```

(7) 恢复参数到默认配置：

```
spanning-tree reset
```

(8) 显示生成树状态：

```
show spanning-tree
```

(9) 显示端口生成树协议的状态：

```
show spanning-tree interface fastethernet <0~2/1~24>
```

12.4 PVST

PVST 为每个虚拟局域网运行单独的生成树实例。PVST 要求在交换机之间的中继链路上运行思科的 ISL。本节介绍在 Packet Tracer 中 PVST 的运行情况，为后面更好地理解 MSTP 打下基础。

12.4.1 PVST 的配置命令

PVST 的配置命令如下。

启动 PVST 生成树：

```
spanning-tree mode pvst
```

启用某些 VLAN 的生成树：

```
spanning-tree vlan vlan-list
```

配置交换机为根网桥：

```
spanning-tree vlan vlan-list root primary|secondary
```

修改交换机优先级：

```
spanning-tree vlan vlan-list  priority bridge-priority
```

例如：

```
Switch(config)#spanning-tree vlan 10,20 priority 4096
```

修改端口路径开销：

```
spanning-tree vlan vlan-list cost cost
```

修改端口优先级：

```
spanning-tree vlan vlan-list port-priority priority
```

例如：

```
Switch(config)#int f0/5
Switch(config-if)#spanning-tree vlan 30,40,50 port-priority 16
```

配置上行链路：

```
spanning-tree uplinkfast
```

配置端口链路：

```
spanning-tree portfast
```

查看 PVST 的配置信息：

```
show spanning-tree
```

查看某个 VLAN 的生成树详细信息：

```
show spanning-tree vlan vlan-id detail
```

在上面的命令中，vlan-list 表示 VLAN 号的列表，如"1，10，20，30"等。

12.4.2　PVST 的配置举例

1. 实验目的

(1) 理解 STP 的工作原理。

(2) 掌握生成树的控制。

(3) 利用 PVST 进行负载平衡。

2. 实验拓扑

实验拓扑如图 12-4 所示。

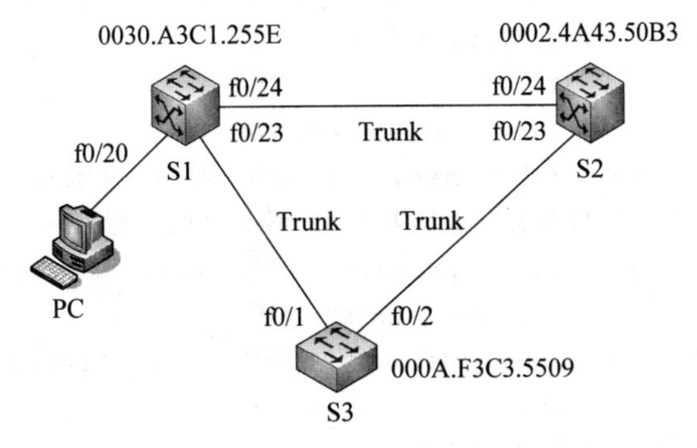

图 12-4　PVST 实验拓扑

3. 实验环境

(1) 分别在 S1、S2、S3 上创建 VLAN 2，使每台交换机上有两个 VLAN。

(2) S1、S2 为三层交换机，S2 为二层交换机。3 台交换机之间的连接都是 Trunk 链路，其接口如图 12-4 所示。注意定义三层交换机的 Trunk 链路的封装协议为 ISL。

(3) 每台交换机的 MAC 地址如图 12-4 所示。通常实验中的 MAC 地址随交换机而不同。

4. 实验配置

省略 VLAN、接口和 Trunk 的配置过程。

(1) 在 S1、S2、S3 上分别显示生成树协议：

```
S1#show spanning-tree
VLAN0001  /* 显示 VLAN 1 的 STP 参数 */
  Spanning tree enabled protocol ieee
  Root ID    Priority    32769
             Address     0002.4A43.50B3
             Cost        19
```

```
            Port          24(FastEthernet0/24)
            Hello Time    2 sec  Max Age 20 sec  Forward Delay 15 sec
/*以上说明 VLAN 1 的根网桥的 MAC 地址为 0002.4A43.50B3,即 S2*/
  Bridge ID Priority      32769(priority 32768 sys-id-ext 1)
            Address       0030.A3C1.255E
            Hello Time    2 sec  Max Age 20 sec  Forward Delay 15 sec
            Aging Time    20
/*以上说明 VLAN 1 中 S1 的桥 ID 情况*/
Interface        Role    Sts    Cost     Prio.Nbr    Type
---------        -----   -----  ----     ------      ------
Fa0/20           Desg    FWD    19       128.20      P2p
Fa0/23           Altn    BLK    19       128.23      P2p
Fa0/24           Root    FWD    19       128.24      P2p
/*以上说明 VLAN 1 中 S1 与生成树相关的接口状态,F0/23 阻塞*/
VLAN0002 /*显示 VLAN 2 的 STP 参数*/
  Spanning tree enabled protocol ieee
  Root ID   Priority      32770
            Address       0002.4A43.50B3
            Cost          19
            Port          24(FastEthernet0/24)
            Hello Time    2 sec  Max Age 20 sec  Forward Delay 15 sec
/*以上说明 VLAN 2 的根网桥的 MAC 地址为 0002.4A43.50B3,即 S2*/
  Bridge ID Priority      32770 (priority 32768 sys-id-ext 2)
            Address       0030.A3C1.255E
            Hello Time    2 sec  Max Age 20 sec  Forward Delay 15 sec
            Aging Time    20
/*以上说明 VLAN 2 中 S1 的桥 ID 情况*/
Interface        Role    Sts    Cost     Prio.Nbr    Type
---------        -----   -----  ----     ------      ------
Fa0/23           Altn    BLK    19       128.23      P2p
Fa0/24           Root    FWD    19       128.24      P2p
/*以上说明 VLAN 2 中 S1 与生成树相关的接口状态,f0/23 阻塞*/
```

S2 和 S3 的相关信息略。

结合图 12-4 中的 MAC 地址,从上面的信息可以看出,VLAN 1 和 VLAN 2 中,根网桥 Root ID 都是 S2(MAC 地址为 0002.4A43.50B3)。在 VLAN 1 中,S1 的两个端口 f0/20、f0/24 均处于转发状态,f0/23 阻塞。在 VLAN 2 中,f0/24 处于转发状态,f0/23 阻塞。f0/20 仅属于 VLAN 1。

在 VLAN1 和 VLAN 2 中,S1 和 S3 之间的链路因 f0/23 BLK 而阻塞,树根为 S2,通过树枝为 S2-S1、S2-S3 两条链路转发数据。

由于 VLAN 1 中各交换机的 Priority 都为 32769,VLAN 2 中,各交换机的 Priority 都为 32770,所以根网桥是 MAC 地址最小(0002.4A43.50B3)的 S2。

(2) 为减小 S2 的压力,做到负载均衡,使 VLAN 1 以 S1 为根网桥,VLAN 2 以 S2 为根网桥。通过改变两台交换机 S1 和 S2 的优先级来改变两个 VLAN 的转发路径。

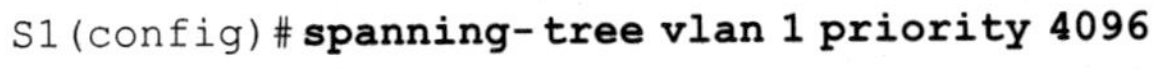

```
S1(config)#spanning-tree vlan 1 priority 4096
S2(config)#spanning-tree vlan 2 priority 4096
S1#show spanning-tree
VLAN0001
  Spanning tree enabled protocol ieee
  Root ID    Priority    4097
             Address     0030.A3C1.255E
             This bridge is the root
             Hello Time  2 sec  Max Age 20 sec  Forward Delay 15 sec

  Bridge ID  Priority    4097 (priority 4096 sys-id-ext 1)
             Address     0030.A3C1.255E
             Hello Time  2 sec  Max Age 20 sec  Forward Delay 15 sec
             Aging Time  20

Interface        Role   Sts   Cost    Prio.Nbr   Type
---------        -----  ----- ----    ------     ------
Fa0/20           Desg   FWD   19      128.20     P2p
Fa0/23           Desg   FWD   19      128.23     P2p
Fa0/24           Desg   FWD   19      128.24     P2p

VLAN0002
  Spanning tree enabled protocol ieee
  Root ID    Priority    4098
             Address     0002.4A43.50B3
             Cost        19
             Port        24(FastEthernet0/24)
             Hello Time  2 sec  Max Age 20 sec  Forward Delay 15 sec

  Bridge ID  Priority    32770 (priority 32768 sys-id-ext 2)
             Address     0030.A3C1.255E
             Hello Time  2 sec  Max Age 20 sec  Forward Delay 15 sec
             Aging Time  20

Interface        Role   Sts   Cost    Prio.Nbr   Type
---------        -----  ----- ----    ------     ------
Fa0/23           Altn   BLK   19      128.23     P2p
Fa0/24           Root   FWD   19      128.24     P2p
```

从上面可以看出，在 VLAN 1 中，S1 为根网桥，S1 的 3 个口 f0/20、f0/23、f0/24 均处于转发状态，树枝 S2-S3 阻塞，S1-S2、S1-S3 转发。在 VLAN 2 中，S2 为根网桥，S2 的 f0/23、f0/24 都处于转发状态，但 S1 的 f0/23 阻塞，f0/24 处于转发状态，树枝 S1-S3 阻塞，S2-S1、S2-S3 转发。这样就达到负载均衡。

同理可以显示 S2 的生成树状态信息。

12.5 MSTP的配置

12.5.1 MSTP配置命令详解

1. 启动相关的生成树协议

```
spanning-tree mode {mstp|stp|rstp }
```

mstp为IEEE 802.1s的MSTP模式，stp为IEEE 802.1d的STP模式，rstp为IEEE 802.1w的RSTP模式。

2. 进入或退出交换机的MST配置模式

```
spanning-tree mst configuration
exit
```

启动交换机有关MSTP域的参数配置，如实例与VLAN之间的对应关系和MST域名。无论交换机是否启动了MSTP协议，都可以进入MSTP域配置模式，并在配置后保存当前配置。当交换机运行MSTP模式时，系统会根据配置的MSTP域参数计算出本交换机的MST配置标识(MST Configuration Identifier)，只有MSTP域配置标识相同的交换机才会被认为是在同一个MSTP域中，且能进行MSTI的计算。

MSTP域的参数默认情况如下：

(1) MSTP域名为本交换机网桥MAC地址。

(2) 只有实例0存在，且VLAN 1～VLAN 4094均映射在实例0中。

例如：

```
Switch(config)#spanning-tree mst configuration      /*启动配置MSTP域参数*/
Switch(Config-Mstp-Region)#instance 1 vlan 1-10;100-110
/*建立实例1与VLAN 1~VLAN 10、VLAN 100~VLAN 110之间的对应关系*/
Switch(Config-Mstp-Region)#name abc            /*定义MSTP的域名为abc*/
Switch(Config-Mstp-Region)#exit
```

3. 设置当前以太网端口在指定实例的端口路径开销

```
spanning-tree mst instance-id cost cost
```

或

```
no spanning-tree mst instance-id cost
```

通过配置端口路径开销可以控制该实例端口到根网桥的根路径开销，从而控制该实例根端口、指定端口等的选举。cost为路径开销值，取值范围为1～200 000 000。端口的路径开销与端口的带宽相关。表12-1显示了端口的默认路径开销。

对汇聚端口(在允许汇聚的个数范围内，汇聚端口个数为N)，端口默认路径代价如表12-2所示。

表 12-1　不同带宽的端口默认路径开销

端口类型	默认路径开销	建议取值范围
10Mb/s	2 000 000	2 000 000～20 000 000
100Mb/s	200 000	200 000～2 000 000
1Gb/s	20 000	20 000～200 000
10Gb/s	2000	2000～20 000

表 12-2　N 个汇聚端口的默认路径开销

端口类型	默认路径开销	端口类型	默认路径开销
10Mb/s	2 000 000/N	1Gb/s	20 000/N
100Mb/s	200 000/N	10Gb/s	2000/N

4. 设置交换机在指定实例的网桥优先级

```
spanning-tree mst instance-id priority bridge-priority
no spanning-tree mst instance-id priority
```

bridge-priority 为交换机的优先级，取值范围为 0～61 440 中 4096 的倍数，即取值范围为 0,4096,8192,…,61 440。默认的优先级为 32 768。

5. 设置当前端口在指定实例的优先级

```
spanning-tree mst instance-id port-priority port-priority
no spanning-tree mst instance-id port-priority
```

通过配置端口优先级可以控制指定实例的端口 ID，进而影响该实例的根端口、指定端口等选举。端口优先级值越小，优先级越高。port-priority 为端口优先级，取值范围为 0～240 中 16 的倍数，即取值范围为 0,16,32,48,…,240。端口默认优先级为 128。

6. 设置或恢复生成树几个时间值

设置交换机转发延时的时间值默认为 15s，取值范围为 4～30：

```
spanning-tree forward-time time
```

设置交换机 Hello 时间值默认为 2s，取值范围为 1～10：

```
spanning-tree hello-time time
```

设置交换机 BPDU 信息的最大老化时间值默认为 20s，取值范围为 6～40：

```
spanning-tree maxage time
```

设置 BPDU 支持在 MSTP 域中传输的最大跳数默认为 20，取值范围为 1～40：

```
spanning-tree max-hop hop-count
```

恢复生成树所有参数到默认值：

```
spanning-tree reset
```

在设置转发延时 Bridge_Forward_Delay、Hello 时间 Bridge_Hello_Time、最大老化时间值 Bridge_Max_Age 时必须满足以下两个不等式(单位均为 s)：

$$2\times(Bridge\_Forward\_Delay-1)\geqslant Bridge\_Max\_Age$$
$$Bridge\_Max\_Age\geqslant 2\times(Bridge\_Hello\_Time+1)$$

7. 显示 MSTP 协议及各实例信息

```
show spanning-tree [mst [instance-id]] [interface interface-list] [detail]
```

查看该网桥及各实例的 MSTP 信息，域配置信息以及端口的 MSTP 信息等。instance-id 为实例的值，interface-list 为端口列表，detail 参数表示显示详细的生成树信息。

8. 显示生效的 MSTP 域的参数配置情况

```
show spanning-tree mst config
```

查看 MSTP 域生效的当前参数，如 MSTP 域名、修正数值、VLAN 和实例的映射情况等。

9. 打开或关闭 MSTP 的调试信息

```
debug spanning-tree
```

或

```
no debug spanning-tree
```

上面的命令是 MSTP debug 功能的总开关，各级 debug 开关的功能包括：查看 MSTP 协议运行中 BPDU 报文的发送和接收、事件的处理、状态机、计时器等。这些调试信息供给技术人员调试时使用。

12.5.2 MSTP 的应用说明

MSTP 目前广泛用于实际工程应用中。MSTP 把多个具有相同拓扑结构的 VLAN 映射到一个实例里，这些 VLAN 在端口上的转发状态取决于对应实例在 MSTP 中的状态。一个实例就是一个生成树进程，在同一网络中有很多实例，就有很多生成树进程。利用 Trunk 链路可建立多棵生成树，每棵生成树进程具有独立于其他进程的拓扑结构，从而提供了多个数据转发的路径和负载均衡，提高了网络容错能力。MSTP 能够使用实例关联 VLAN 的方式来实现多链路负载均衡。

图 12-5 描述了 MSTP 的实现过程。

(1) 3 台交换机上都有 VLAN 10 和 VLAN 20，在 3 台交换机上全部启用 MST。建立 VLAN 10 到 Instance 10 和 VLAN 20 到 Instance 20 的映射，从而把原来的一个物理拓扑通过实例到 VLAN 的映射关系划分成两个逻辑拓扑，分别对应 Instance 10 和 Instance 20。

(2) 改变 S3550-1 在 VLAN 10 中的网网桥优先级为 4096，保证其在 VLAN 10 的逻辑拓扑中被选举为根网桥。同时调整 S3550-1 在 VLAN 20 中网桥优先级为 8192，保证其在 VLAN 20 的逻辑拓扑中成为备用根网桥。

(3) 同理，保证 S3550-2 在 VLAN 20 中成为根网桥，在 VLAN 10 中成为备用根网桥。

其效果是，Instance 10 和 Instance 20 分别对应一个生成树进程，共有两个生成树进程

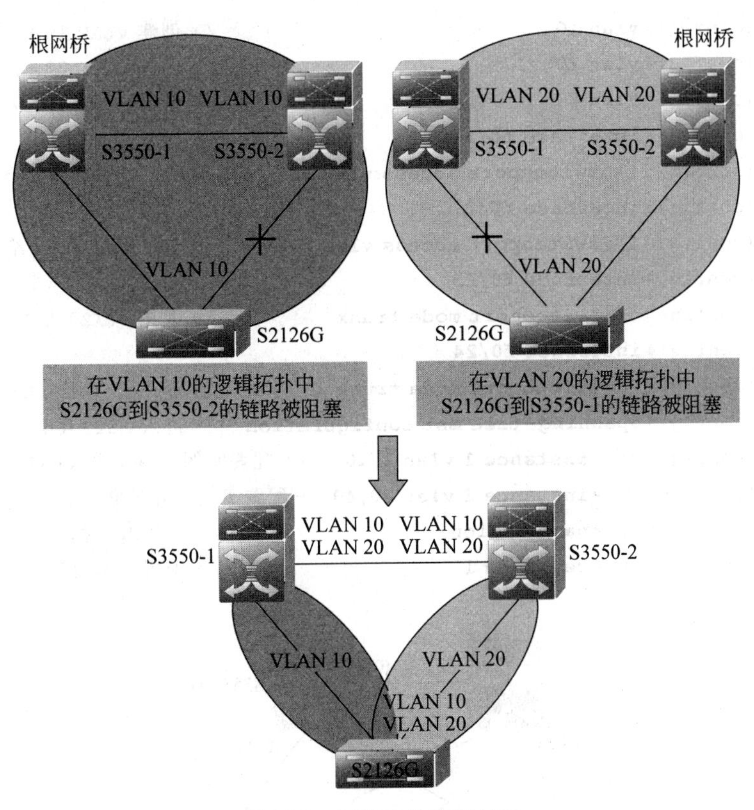

图 12-5　MSTP 的实现过程

存在，它们独立地工作，在 Instance 10 的逻辑拓扑中 S2126G 到 S3550-2 的链路被阻塞，在 Instance 20 的逻辑拓扑中 S2126G 到 S3550-1 的链路被阻塞，它们各自使用自己的链路，从而使整个网络中的冗余链路得到充分利用。

12.5.3　MSTP 的配置举例

1. 实验目的

(1) 理解生成树协议的应用。

(2) 掌握 MSTP 的配置方法。

(3) 了解 MSTP 的调试过程。

2. 实验拓扑

实验拓扑如图 12-6 所示。

3. 实验配置步骤

大多数模拟器中的交换机功能较弱，在 Packet Tracer 中也不能实现 MSTP 功能，因此本实验在锐捷交换机上实现。

(1) 配置接入层交换机 S2126-A。

配置生成树及实例：

```
S2126-A (config)#spanning-tree                    /*开启生成树*/
S2126-A (config)#spanning-tree mode mstp          /*配置生成树模式为 MSTP*/
```

```
S2126-A(config)#vlan 10                                    /*创建 VLAN 10*/
S2126-A(config)#vlan 20                                    /*创建 VLAN 20*/
S2126-A(config)#vlan 40                                    /*创建 VLAN 40*/
S2126-A(config)#interface f0/1
S2126-A(config-if)#switchport access vlan 10               /*分配端口 f0/1 给 VLAN 10*/
S2126-A(config)#interface f0/2
S2126-A(config-if)#switchport access vlan 20               /*分配端口 f0/2 给 VLAN 20*/
S2126-A(config)#interface f0/23
S2126-A(config-if)#switchport mode trunk                   /*定义 f0/23 为 Trunk 端口*/
S2126-A(config)#interface f0/24
S2126-A(config-if)#switchport mode trunk                   /*定义 f0/24 为 Trunk 端口*/
S2126-A(config)#spanning-tree mst configuration            /*进入 MSTP 配置模式*/
S2126-A(config-mst)#instance 1 vlan 1,10      /*配置实例 1 并关联 VLAN 1 和 VLAN 10*/
S2126-A(config-mst)#instance 2 vlan 20,40 /*配置实例 2 并关联 VLAN 20 和 VLAN40*/
S2126-A(config-mst)#name region1                           /*配置域名称*/
S2126-A(config-mst)#revision 1                             /*配置版本(修订号)*/
```

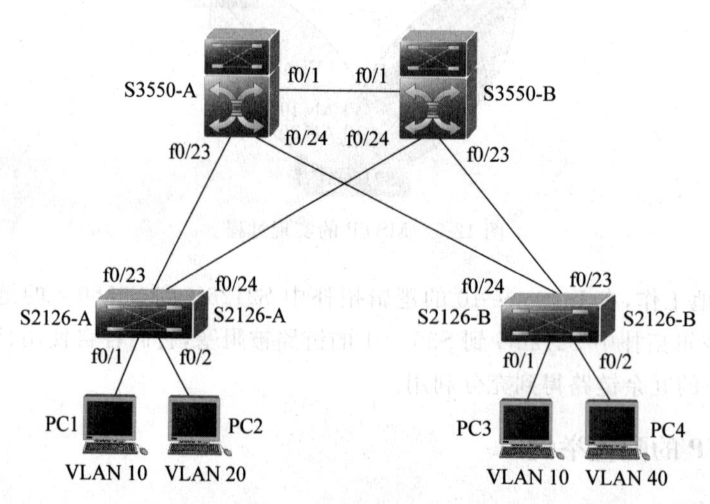

图 12-6　MSTP 配置

验证 MSTP 配置：

```
S2126-A#show spanning-tree mst configuration               /*显示 MSTP 全局配置*/
Multi spanning tree protocol : Enabled
Name : region1
Revision : 1
Instance Vlans Mapped
-------- ---------------------------------------------------
0 2-9,11-19,21-39,41-4094
1 1,10
2 20,40
```

(2) 配置接入层交换机 S2126-B。

配置生成树及实例：

```
S2126-B (config)#spanning-tree
S2126-B (config)#spanning-tree mode mstp
S2126-B(config)#vlan 10
S2126-B(config)#vlan 20
S2126-B(config)#vlan 40
S2126-B(config)#interface f0/1
S2126-B(config-if)#switchport access vlan 10
S2126-B(config)#interface f0/2
S2126-B(config-if)#switchport access vlan 40
S2126-B(config)#interface f0/23
S2126-B(config-if)#switchport mode trunk
S2126-B(config)#interface f0/24
S2126-B(config-if)#switchport mode trunk
S2126-B(config)#spanning-tree mst configuration
S2126-B(config-mst)#instance 1 vlan 1,10
S2126-B(config-mst)#instance 2 vlan 20,40
S2126-B(config-mst)#name region1
S2126-B(config-mst)#revision 1
```

验证 MSTP 配置：

```
S2126-B#show spanning-tree mst configuration
Multi spanning tree protocol : Enabled
Name : region1
Revision : 1
Instance Vlans Mapped
--------  ------------------------------------------------
0 2-9,11-19,21-39,41-4094
1 1,10
2 20,40
```

(3) 配置分布层交换机 S3550-A。

配置生成树及实例：

```
S3550-A(config)#spanning-tree
S3550-A (config)#spanning-tree mode mstp
S3550-A(config)#vlan 10
S3550-A(config)#vlan 20
S3550-A(config)#vlan 40
S3550-A(config)#interface f0/1
S3550-A(config-if)#switchport mode trunk
S3550-A(config)#interface f0/23
S3550-A(config-if)#switchport mode trunk
S3550-A(config)#interface f0/24
S3550-A(config-if)#switchport mode trunk
S3550-A (config)#spanning-tree mst 1 priority 4096
/*配置交换机 S3550-A 在实例 1 中的优先级为 4096,默认是 32768,值越小越优先。值最小的成
```

```
为该实例中的根交换机 * /
S3550-A (config)#spanning-tree mst configuration
S3550-A (config-mst)#instance 1 vlan 1,10
S3550-A (config-mst)#instance 2 vlan 20,40
S3550-A (config-mst)#name region1
S3550-A (config-mst)#revision 1 #
```

验证 MSTP 配置：

```
S3550-A#show spanning-tree mst configuration
Multi spanning tree protocol : Enabled
Name : region1
Revision : 1
Instance Vlans Mapped
--------  ----------------------------------------
0 2-9,11-19,21-39,41-4094
1 1,10
2 20,40
```

(4) 配置分布层交换机 S3550-B。

配置生成树及实例：

```
S3550-B(config)#spanning-tree
S3550-B (config)#spanning-tree mode mstp
S3550-B(config)#vlan 10
S3550-B(config)#vlan 20
S3550-B(config)#vlan 40
S3550-B(config)#interface f0/1
S3550-B(config-if)#switchport mode trunk
S3550-B(config)#interface f0/23
S3550-B(config-if)#switchport mode trunk
S3550-B(config)#interface f0/24
S3550-B(config-if)#switchport mode trunk
S3550-B (config)#spanning-tree mst 2 priority 4096
S3550-B (config)#spanning-tree mst configuration
S3550-B (config-mst)#instance 1 vlan 1,10
S3550-B (config-mst)#instance 2 vlan 20,40
S3550-B (config-mst)#name region1
S3550-B (config-mst)#revision 1
```

验证 MSTP 配置：

```
S3550-B#show spanning-tree
Multi spanning tree protocol : Enabled
Name : region1
Revision : 1
Instance Vlans Mapped
--------------------------------------------------------------------------
```

```
0 2-9,11-19,21-39,41-4094
1 1,10
2 20,40
```

(5) 验证交换机配置:

```
S3550-A#show spanning-tree mst 1              /*显示交换机 S3550-A 上实例 1 的特性*/
######MST 1 vlans mapped : 1,10
BridgeAddr : 00d0.f8ff.4e3f                   /*交换机 S3550-A 的 MAC 地址*/
Priority : 4096                               /*优先级*/
TimeSinceTopologyChange : 0d:7h:21m:17s
TopologyChanges : 0
DesignatedRoot : 100100D0F8FF4E3F
/*后 12 位是 MAC 地址,此处显示的是 S3550-A 自身的 MAC 地址,这说明 S3550-A 是实例 1 的生
   成树的根交换机*/
RootCost : 0
RootPort : 0
S3550-B#show spanning-tree mst 2              /*显示交换机 S3550-B 上实例 2 的特性*/
######MST 2 vlans mapped : 20,40
BridgeAddr : 00d0.f8fe.1e49
Priority : 32768
TimeSinceTopologyChange : 7d:3h:19m:31s
TopologyChanges : 0
DesignatedRoot : 100200D0F8FF4662             /*实例 2 的生成树的根交换机是 S3550-B*/
RootCost : 200000
RootPort : Fa0/24                             /*对实例 2 而言,S2126-A 的根端口是 f0/24*/
```

类似地可以验证其他交换机上的配置。

4. 检测结果及说明

(1) 分别在 PC1、PC2、PC3、PC4 上互 ping,测试连通性。

(2) 分别在 4 台交换机上执行 show spanning-tree 及 show vlan 命令,记录每个实例的根交换机、优先级及其他参数。

5. 注意事项

(1) 一定要选择 spanning-tree 的模式。

(2) 应使各个交换机的实例映射关系保持一致,否则将导致交换机间的链路被错误阻塞。

(3) 通过配置优先级,有目的地选择性能较高的交换机作为根交换机,避免使用性能差的交换机作为根交换机而使整个网络性能下降。

(4) 必须在配置完 MST 的参数后再打开生成树协议,否则可能出现 MST 工作异常。

(5) 所有没有指定关联到实例的 VLAN 都被归并到 Instance 0,在实际工程中需要注意 Instance 0 的根桥指定。

(6) 将整个生成树恢复为默认状态用命令 spanning-tree reset。

(7) 规模很大的交换网络可以划分多个域(region),在每个域里可以创建多个实例。

(8) 划分在同一个域里的各台交换机须配置相同的域名(name)、相同的修订号

(revision number)和相同的实例与VLAN对应表。

(9) 交换机可以支持65个MSTP实例,其中Instance 0是默认实例,是强制存在的,而其他实例可以被创建和删除。

12.6 三层冗余网关协议

在网络结构上,通过冗余链路技术保证了园区网络级别的冗余。对使用网络的终端用户来说,也需要一种机制来保证其与园区网络的可靠连接。当通过多条链路连接到不同的核心交换机时,实现了网关级设备的冗余。但对终端PC用户,只能指定一个默认网关,因此采用虚拟网关冗余协议,对共享多存取访问介质(如以太网)上终端IP设备的默认网关(Default Gateway)进行冗余备份,从而在其中一台三层交换机宕机时,备份三层交换机能及时接管转发工作,向用户提供透明的切换,提高了网络服务质量。这就是三层网关级冗余技术。

HSRP和VRRP是最常用的冗余网关协议,HSRP是思科专有协议,VRRP是由IETF提出的标准协议,都是由多个路由器共同组成一个组,形成一个虚拟网关,其中的一台路由器处于活动状态,当它出现故障时由备份路由器接替它的工作,从而实现对用户透明的切换。

12.6.1 HSRP

1. HSRP概述

HSRP是思科的专有协议。HSRP(Hot Standby Router Protocol,热备份路由器协议)把多台路由器组成一个热备份组,形成一个虚拟路由器。这个组内只有一个路由器是活动的(Active),并由它来转发数据包,如果活动路由器发生了故障,备份路由器将成为活动路由器。从网络内的主机来看,虚拟路由器没有改变,即网关没有改变,主机仍然保持连接,不受故障影响,从而较好地解决了路由器备份切换的问题。

在实际的局域网中,可能有多个热备份组并存或重叠。每个热备份组模拟一台虚拟路由器工作,对应一个著名MAC地址和一个IP地址。该IP地址、组内路由器的接口地址、主机在同一个子网内,不同的热备份组对应完全不同的著名MAC地址和一个IP地址,其子网也不相同。把HSRP和MSTP合并使用,使得冗余的网关及链路同时工作,流量负载均衡,又能保证互为备份。

2. HSRP的工作过程

HSRP利用优先级决定哪个路由器成为活动路由器。如果一个路由器的优先级比其他路由器的优先级高,则该路由器成为活动路由器。HSRP路由器利用Hello包来互相监听各自的存在。当路由器长时间没有接收到Hello包,就认为活动路由器出现故障,备份路由器就会成为活动路由器。路由器的默认优先级是100。一个组中最多有一个活动路由器和一个备份路由器。

3. HSRP路由器发送的多播消息

HSRP路由器发送的多播消息有以下3种:

(1) Hello:通知其他路由器发送路由器的HSRP优先级和状态信息,HSRP路由器默认为每 3s 发送一个 Hello 消息。

(2) Coup：当一个备用路由器变为一个活动路由器时发送一个 Coup 消息。

(3) Resign：当活动路由器要宕机或者当有优先级更高的路由器发送 Hello 消息时，活动路由器主动发送一个 Resign 消息。

4. HSRP 路由器的 6 种状态

HSRP 路由器有 6 种状态：

(1) Initial：HSRP 启动时的状态，HSRP 还没有运行，一般是在改变配置或接口刚刚启动时进入该状态。

(2) Learn：路由器已经得到了虚拟 IP 地址，但是它既不是活动路由器也不是备份路由器。它一直监听从活动路由器和备份路由器发来的 Hello 报文。

(3) Listen：路由器正在监听 Hello 消息。

(4) Speak：在该状态下，路由器定期发送 Hello 报文，并且积极参加活动路由器或备份路由器的竞选。

(5) Standby：当活动路由器失效时路由器准备接管数据传输功能。

(6) Active：路由器执行数据传输功能。

5. HSRP 的术语

以下是 HSRP 的主要术语。

活动路由器：代表虚拟路由器转发数据包的路由器。

备份路由器：第一备份路由器。

备份组：参与到 HSRP 中，用以仿效虚拟路由器的一组路由器。

Hello time：一个给定路由器成功地发出两个 HSRP Hello 消息包之间的间隔。

Hold time：在发送路由器失败的情况下收到两个 Hello 消息包之间的间隔。

6. HSRP 的配置

以下是 HSRP 的配置过程示例：

```
R1(config)#interface f1/0
R1(config-if)#standby 100 ip 192.168.30.254
/* 启用 HSRP。定义备份组号为 100，设置虚拟网关的 IP 地址为 192.168.30.254。相同组号的路
   由器属于同一个 HSRP 备份组，拥有同一个虚拟地址 */
R1(config-if)#standby 100 priority 180
/* 设定 HSRP 的优先级为 180，默认为 100。这个值越大，抢占为活动路由器的优先权就越高 */
R1(config-if)#standby 100 preempt
/* 设置允许该路由器在优先级最高时成为活动路由器。如果没有此设置，路由器的值再高也不会
   自动成为活动路由器 */
R1(config-if)#standby 100 timers 3 10
/* 3 表示 Hello time，指路由器每间隔多长时间发送 Hello 信息。10 为 Hold time，指在多长时
   间内同组其他路由器没有收到活动路由的信息，则认为活动路由出故障了。默认值就是 3s 和
   10s。如果要更改的话，同一个 HSRP 备份组的路由器必须相同 */
R1(config-if)#standby 100 authentication md5 key-string xxxx
/* 配置认证密码为 xxxx，阻止非法设备加入 HSRP 备份组，同组的密码必须一致 */
R1(config-if)#standby 100 track s0/0 80
/* 配置跟踪端口 s0/0，如果该接口出现故障，自动将优先级降低为 80。降低的值应该选合适的
```

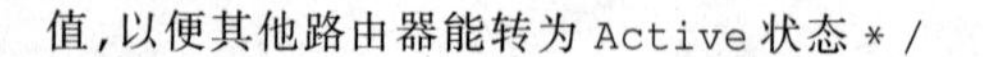
值,以便其他路由器能转为 Active 状态 * /

12.6.2 VRRP

VRRP(Virtual Router Redundancy Protocol,虚拟路由冗余协议)是由 IETF 提出的冗余网关协议,VRRP 的工作原理和 HSRP 非常类似,只不过 VRRP 是国际标准,允许在不同厂商的设备上运行。

1. VRRP 的术语

在 VRRP 协议中,有两组重要的概念:VRRP 路由器和虚拟路由器,主控路由器和备份路由器。

VRRP 路由器是指运行 VRRP 的路由器,是物理实体。虚拟路由器是由 VRRP 创建的,是逻辑概念。一组 VRRP 路由器协同工作,共同构成一个虚拟路由器。该虚拟路由器对外表现为一个具有固定 IP 地址和 MAC 地址的逻辑路由器。

处于同一个 VRRP 组中的路由器具有两种互斥的角色:主控路由器和备份路由器,一个 VRRP 组中有且只有一个处于主控角色的路由器,可以有一个或者多个处于备份角色的路由器。

一个 VRRP 路由器有唯一的标识:VRID,范围为 0~255。该路由器对外表现为唯一的虚拟 MAC 地址,地址的格式为 00-00-5E-00-01-[VRID]。主控路由器负责对 ARP 请求用该 MAC 地址应答。这样,无论如何切换,都能保证给终端设备的是固定的 IP 地址和 MAC 地址,避免了切换对终端设备的影响。

为了保证 VRRP 的安全性,提供了两种安全认证措施:明文认证和 IP 头认证。明文认证方式要求:在加入一个 VRRP 路由器组时,必须同时提供相同的 VRID 和明文密码。这种认证方式可以避免在局域网内的配置错误,但不能防止攻击者通过网络监听方式获得密码。IP 头认证的方式提供了更高的安全性,能够防止报文重放和修改等攻击。

2. VRRP 的工作过程

VRRP 的工作过程如下:

(1) 路由器开启 VRRP 功能后,会根据优先级确定自己在备份组中的角色。优先级高的路由器成为主控路由器,优先级低的成为备份路由器。主控路由器定期发送 VRRP 通告报文,通知备份组内的其他路由器自己工作正常;备份路由器则启动定时器等待通告报文的到来。

(2) 在不同的主控抢占方式下,主控角色的替换方式不同:

- 在抢占方式下,当路由器收到 VRRP 通告报文后,会将自己的优先级与通告报文中的优先级进行比较。如果大于通告报文中的优先级,则成为主控路由器;否则将保持备用状态。
- 在非抢占方式下,只要主控路由器没有出现故障,备份组中的路由器始终保持备用状态,备份组中的路由器即使随后被配置了更高的优先级也不会成为主控路由器。

(3) 如果备份路由器的定时器超时后仍未收到主控路由器发送的 VRRP 通告报文,则认为主控路由器已经无法正常工作,此时备份路由器会认为自己是主控路由器,并对外发送 VRRP 通告报文。备份组内的路由器根据优先级选举出主控路由器,由其承担报文的转发功能。

VRRP 中优先级范围是 0～255。若 VRRP 路由器的 IP 地址和虚拟路由器的接口 IP 地址相同，则称该虚拟路由器为 VRRP 组中的 IP 地址所有者，它自动具有最高优先级 255。优先级 0 一般在 IP 地址所有者主动放弃主控者角色时使用。可配置的优先级范围为 1～254。优先级的配置原则可以依据链路的速度和成本、路由器性能和可靠性以及其他管理策略设定。对于相同优先级的候选路由器，按照 IP 地址大小顺序选举。

3. VRRP 控制报文

VRRP 控制报文只有一种：VRRP 通告(advertisement)。它使用 IP 多播数据包进行封装，组地址为 224.0.0.18，发布范围只限于同一局域网内。这保证了 VRID 在不同网络中可以重复使用。为了减少网络带宽消耗，只有主控路由器才可以周期性地发送 VRRP 通告报文。备份路由器在连续 3 个通告间隔内收不到 VRRP 或收到优先级为 0 的通告后启动新的一轮 VRRP 选举。

4. VRRP 接口状态

VRRP 中虚拟网关的地址可以和接口上的地址相同，VRRP 中的接口只有 3 个状态：初始状态(Initialize)、主状态(Master)、备份状态(Backup)。

5. VRRP 的配置

以下是 VRRP 的配置示例：

```
R1(config)#interface f1/0
R1(config-if)#vrrp 200 ip 192.168.30.254
/* 设置 VRRP 组号 200 及虚拟地址 192.168.30.254 */
R1(config-if)#vrrp 200 priority 120
/* 配置 VRRP 的优先级为 120 */
R1(config-if)#vrrp 200 preempt
/* 设置允许该路由器优先级最高时自动成为活动路由器，否则优先级再高也不会自动成为活动路
   由器 */
R1(config-if)#vrrp 200 authentication md5 key-string xxxx
/* 设置认证密码为 xxxx */
R1(config-if)#vrrp 200 track s0/0 decrement 30
/* 跟踪接口后，如该接口产生故障，自动把优先级降低 30，以使其他路由器能成为活动路由器 */
```

12.6.3　单 VLAN 的 VRRP 应用

1. 实验目的

(1) 掌握 VRRP 的基本配置方法。

(2) 了解 VRRP 的调试方法。

2. 实验拓扑

实验拓扑如图 12-7 所示。

3. 实验配置步骤

(1) 按照图 12-7 所示的拓扑结构，使网络互通。

(2) 在 PC1 和 PC2 上使用 ping 和 tracert 命令，确认网络是否可达。

(3) 将 R1 路由器的 f0/0 接口置为 down 状态。

(4) 再次在 R1 和 R2 上使用 ping 和 tracert 命令测试网络。

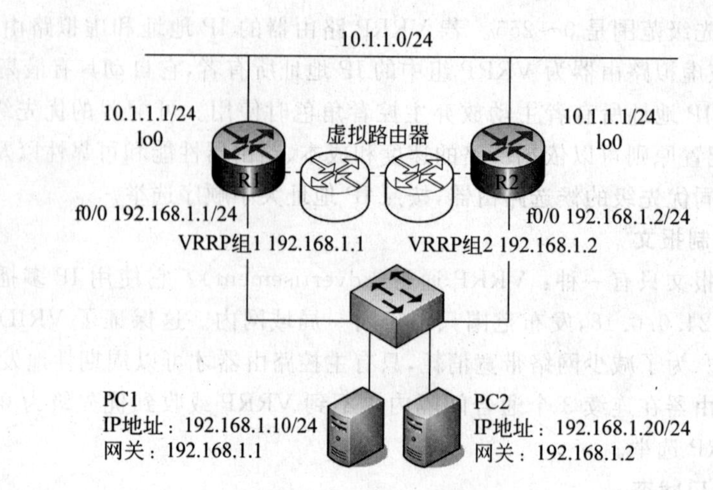

图 12-7　VRRP 配置图

(5) 虽然两台路由器都可以到达目标网络，但是默认情况下，并没有充分利用冗余设备，因此当网络单点出错时，必然会引起部分用户无法访问网络。为了解决这一问题，在 R1 和 R2 上配置 VRRP 协议。

在 R1 上配置如下：

```
R1(config)#interface f0/0
/* 以下配置 VRRP 组 1,其虚拟地址为 192.168.1.1,设定其优先级为 200,同时开启抢占特性 */
R1(config-if)#vrrp 1 ip 192.168.1.1
R1(config-if)#vrrp 1 priority 200
R1(config-if)#vrrp 1 preempt
/* 以下为 R1 配置 VRRP 组 2,其虚拟 IP 地址为 192.168.1.2,优先级为 100,开启抢占特性 */
R1(config-if)#vrrp 2 ip 192.168.1.2
R1(config-if)#vrrp 2 priority 100
R1(config-if)#vrrp 2 preempt
```

在 R2 上配置如下：

```
R2(config)#  interface f0/0
R2(config-if)#vrrp 1 ip 192.168.1.1
R2(config-if)#vrrp 1 priority 100
/* 由于 R2 的 VRRP 组 1 的优先级为 100,因此 R1 会作为 VRRP 组 1 的主控路由器 */
R2(config-if)#vrrp 1 preempt
R2(config-if)#vrrp 2 ip 192.168.1.2
/* 由于 R2 的 VRRP 组 2 拥有较高的优先级 200,因此 R2 会作为 VRRP 组 2 的主控路由器 */
R2(config-if)#vrrp 2 priority 200
R2(config-if)#vrrp 2 preempt
```

(6) 通过查看两台路由器的 VRRP 组汇总信息，确认不同路由器的组身份：

```
R1#show vrrp
FastEthernet0/0 -Group 1
  State is Master   /* 主控路由器负责组的路由 */
```

```
  Virtual IP address is 192.168.1.1
  Virtual MAC address is 0000.5e00.0101
  Advertisement interval is 1.000 sec
  Preemption enabled
  Priority is 255 (cfgd 200)
  Master Router is 192.168.1.1 (local), priority is 255
  Master Advertisement interval is 1.000 sec
  Master Down interval is 3.003 sec

FastEthernet0/0 -Group 2
  State is Backup
  Virtual IP address is 192.168.1.2
  Virtual MAC address is 0000.5e00.0102
  Advertisement interval is 1.000 sec
  Preemption enabled
  Priority is 100
  Master Router is 192.168.1.2, priority is 255
  Master Advertisement interval is 1.000 sec
  Master Down interval is 3.609 sec (expires in 3.349 sec)

R2#show vrrp
FastEthernet0/0 -Group 1
  State is Backup
  Virtual IP address is 192.168.1.1
  Virtual MAC address is 0000.5e00.0101
  Advertisement interval is 1.000 sec
  Preemption enabled
  Priority is 100
  Master Router is 192.168.1.1, priority is 255
  Master Advertisement interval is 1.000 sec
  Master Down interval is 3.609 sec (expires in 2.773 sec)
FastEthernet0/0 -Group 2
  State is Master          /* R2 负责组 2 的路由 */
  Virtual IP address is 192.168.1.2
  Virtual MAC address is 0000.5e00.0102
  Advertisement interval is 1.000 sec
  Preemption enabled
  Priority is 255 (cfgd 200)
  Master Router is 192.168.1.2 (local), priority is 255
  Master Advertisement interval is 1.000 sec
  Master Down interval is 3.003 sec
```

(7) 再次把 R1 的 f0/0 接口置为 down 状态，两台路由器将会出现如下信息：

```
R1(config)#interface f0/0
R1(config-if)#shutdown
```

```
/*R1进入Init状态,并且丢失主控身份*/
*Jul  8 21:49:59.131: %VRRP-6-STATECHANGE: Fa0/0 Grp 1 state Master ->Init
*Jul  8 21:49:59.135: %VRRP-6-STATECHANGE: Fa0/0 Grp 2 state Backup ->Init
R2#
/*R2的f0/0接口进入主控状态,表明R2已发现R1出错,接替R1的组1路由工作*/
*Jul  8 21:50:03.191: %VRRP-6-STATECHANGE: Fa0/0 Grp 1 state Backup ->Master
R2#
```

(8) 再次在PC1和PC2上使用ping和tracert确认网络是否可达。

(9) 由于在网络中启用了两个不同的VRRP组,所以最大限度上确保了网络冗余。同时为了更好地观察VRRP的工作过程,建议在R1和R2上使用扩展的ping命令持续向目标网络发送数据包,同时在R1和R2上使用如下命令进行调试:

```
debug vrrp events
debug vrrp packets
```

12.6.4 多VLAN的VRRP应用

在实际的工程项目中,绝大多数情况都是处于多VLAN的环境。在多VLAN的情况下,如果使用S3550-1作为主网关,S3550-2仅仅用做冗余的话,将是对网络资源的极大浪费。多VLAN中的VRRP路由器负载分担模式本质上是单VLAN中VRRP应用模型的拓展。如图12-8所示,可针对不同的VLAN建立相应的VRRP组,通过优先级调整来使得路由器在多个VLAN中充当不同的角色,这样可以让流量均匀分布到链路和设备上,从而实现冗余和流量分担的目的。这种应用思想和MST的多VLAN流量分担相似,也是基于VLAN实现逻辑拓扑的划分。

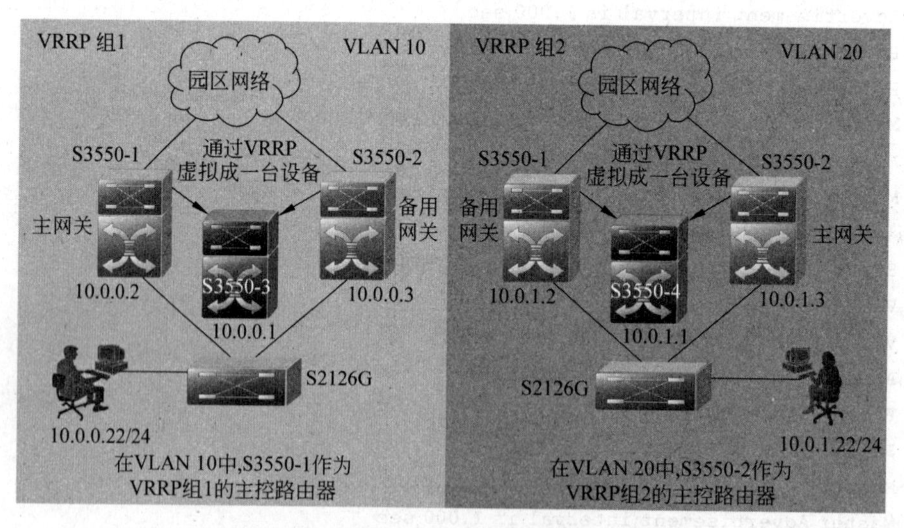

图12-8 多VLAN环境下的VRRP应用

在多VLAN环境下,实现VRRP路由器负载分担的基本配置如下。

(1) S3550-1的配置:

```
S3550-1(config)#interface vlan 10          /*进入S3550-1在VLAN 10的SVI接口*/
```

```
S3550-1(config-if)#ip add 10.0.0.2 255.255.255.0        /*设置 IP 地址为 10.0.0.2*/
S3550-1(config-if)#standby 1 ip 10.0.0.1
/*将 S3550-1 的 VLAN 10 接口放入 VRRP 组 1,并设置组 1 的虚拟 IP 地址为 10.0.0.1*/
S3550-1(config-if)#standby 1 priority 101
/*调整 S3550-1 在 VRRP 组 1 中的优先级,使其成为 VRRP 组 1 的主网关,默认值为 100*/
S3550-1(config)#interface vlan 20      /*进入 S3550-1 在 VLAN 20 的 SVI 接口*/
S3550-1(config-if)#ip add 10.0.1.2 255.255.255.0        /*设置 IP 地址为 10.0.0.2*/
S3550-1(config-if)#standby 2 ip 10.0.1.1
/*将 S3550-1 的 VLAN 20 接口放入 VRRP 组 2,并设置组 2 的虚拟 IP 地址为 10.0.1.1*/
```

(2) S3550-2 的配置：

```
S3550-2(config)#interface Vlan 10                /*进入 S3550-2 在 VLAN 10 的 SVI 接口*/
S3550-2(config-if)#ip add 10.0.0.3 255.255.255.0        /*设置 IP 地址为 10.0.0.3*/
S3550-2(config-if)#standby 1 ip 10.0.0.1
/*将 S3550-2 的 VLAN 10 接口放入 VRRP 组 1,并设置组 1 的虚拟 IP 地址为 10.0.0.1*/
S3550-2(config)#interface vlan 20                /*进入 S3550-2 在 VLAN 20 的 SVI 接口*/
S3550-2(config-if)#ip add 10.0.1.2 255.255.255.0        /*设置 IP 地址为 10.0.1.2*/
S3550-2(config-if)#standby 2 ip 10.0.1.1
/*将 S3550-2 的 VLAN 20 接口放入 VRRP 组 2,并设置组 2 的虚拟 IP 地址为 10.0.1.1*/
S3550-2(config-if)#standby 2 priority 101
/*调整 S3550-2 在 VRRP 组 2 中的优先级,使其成为 VRRP 组 2 的主网关,默认值为 100*/
```

经过以上配置后，最终在 VLAN 10 中建立 VRRP 组 1，S3550-1 被选为主网关，S3550-2 成为备用网关；在 VLAN 20 中建立 VRRP 组 2，S3550-2 被选为主网关，S3550-1 成为备用网关。

12.6.5　冗余技术的综合使用案例 MSTP＋VRRP

由于每种冗余技术都工作在特定的层面上，所以在实际网络应用中需要多种冗余技术结合起来才能保证网络的可靠性。这里同时使用 MSTP 和 VRRP 技术来实现基于 VLAN 的链路冗余和网关冗余。

图 12-9 是一个大型园区网络的某个汇聚节点的拓扑结构，共有两个 VLAN：VLAN 10 和 VLAN 20，接入层交换机 S2126G 到汇聚层交换机 S3550 使用了双核心 S3550-1、S3550-2 的双链路备份，其目的是提高安全性和合理的流量分担。为了实现这个目的，必须把 MSTP 和 VRRP 结合起来使用，如图 12-10 所示。

在这个案例中，通过调整网桥优先级选出各个 VLAN 的根桥，再调整 VRRP 的优先级，使得这台根桥同时成为对应 VRRP 组的主网关(要注意在一个 VLAN 中根桥的位置和 VRRP 主网关的位置必须保持一致，否则会造成网络故障)。主要步骤如下：

(1) 建立 VLAN 10 到 Instance 10、VLAN 20 到 Instance 20 的映射。

(2) 改变 S3550-1 在 VLAN 10 中的网桥优先级为 4096，保证其在 VLAN 10 的逻辑拓扑中被选举为根桥。同时在 VLAN 20 中的网桥优先级为 8192，保证其在 VLAN 20 的逻辑拓扑中的备用根桥位置。

(3) 将 S3550-1 的 VLAN 10 接口放入 VRRP 组 1，并设置组 1 的虚拟 IP 地址为 10.0.

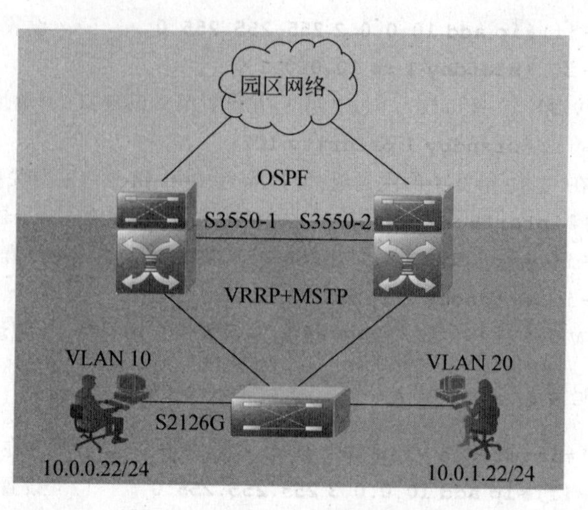

图 12-9　冗余技术的综合应用

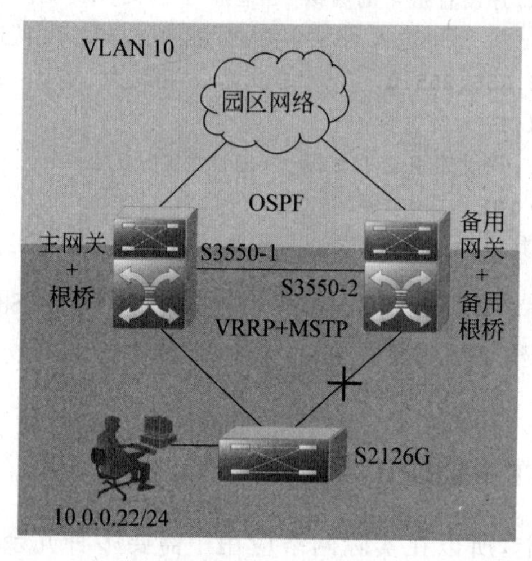

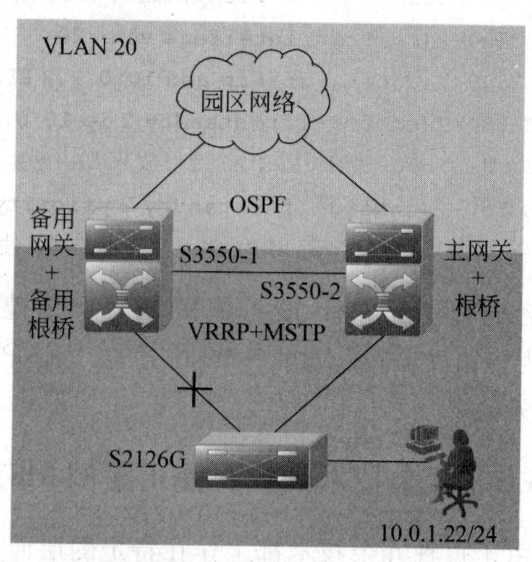

图 12-10　VRRP＋MSTP 示意图

0.1。调整 S3550-1 在 VRRP 组 1 中的优先级,使其成为 VRRP 组 1 的主网关。将 S3550-1 的 VLAN 20 接口放入 VRRP 组 2,并设置 VRRP 组 2 的虚拟 IP 地址为 10.0.1.1,使其成为 VRRP 组 2 的备用网关。

(4) 同理,保证 S3550-2 成为 VLAN 20 的根桥和 VRRP 组 2 的主网关,并且成为 VLAN 10 中的备用根桥和 VRRP 组 1 的备用网关。

正常情况下,两个 VLAN 用户的数据流量分别通过不同的上行链路和网关进入园区网络,实现了链路和网关的负载均衡。当故障发生时,MSTP 保证二层冗余链路的切换功能,而 VRRP 保证备用网关的切换,两种技术有机地结合,实现了网络的冗余备份。

具体配置如下。

(1) S3550-1 在 VLAN 10 和 VLAN 20 中的配置:

```
S3550-1(config)#spanning-tree mode mst          /*选择生成树模式为 MST*/
S3550-1 (config)#spanning-tree mst configuration     /*进入 MST 配置模式*/
```

```
S3550-1 (config-mst)#instance 10 vlan 10      /*将 VLAN 10 映射到 Instance 10*/
S3550-1 (config-mst)#instance 20 vlan 20      /*将 VLAN 20 映射到 Instance 20*/
S3550-1 (config)#spanning-tree mst 10 priority 4096
/*将 S3550-1 设置成 VLAN 10 的根桥*/
S3550-1 (config)#spanning-tree mst 20 priority 8192
/*将 S3550-1 设置成 VLAN 20 的备用根桥*/
S3550-1(config)#interface vlan 10      /*进入 S3550-1 在 VLAN 10 的 SVI 接口*/
S3550-1(config-if)#ip add 10.0.0.2 255.255.255.0      /*设置 IP 地址为 10.0.0.2*/
S3550-1(config-if)#standby 1 ip 10.0.0.1
/*将 S3550-1 的 VLAN 10 接口放入 VRRP 组 1,并设置组 1 的虚拟 IP 地址为 10.0.0.1*/
S3550-1(config-if)#standby 1 priority 101
/*调整 S3550-1 在 VRRP 组 1 中的优先级,使其成为 VRRP 组 1 的主网关*/
S3550-1(config)#interface vlan 20      /*进入 S3550-1 在 VLAN 20 的 SVI 接口*/
S3550-1(config-if)#ip add 10.0.1.2 255.255.255.0      /*设置 IP 地址为 10.0.0.2*/
S3550-1(config-if)#standby 2 ip 10.0.1.1
/*将 S3550-1 的 VLAN 20 接口放入 VRRP 组 2,并设置组 2 的虚拟 IP 地址为 10.0.1.1*/
S3550-1 (config)#spanning-tree      /*开启生成树*/
```

(2) S3550-2 在 VLAN 10 和 VLAN 20 中的配置：

```
S3550-2(config)#spanning-tree mode mst      /*选择生成树模式为 MST*/
S3550-2 (config)#spanning-tree mst configuration      /*进入 MST 配置模式*/
S3550-2 (config-mst)#instance 10 vlan 10      /*将 VLAN 10 映射到 Instance 10*/
S3550-2 (config-mst)#instance 20 vlan 20      /*将 VLAN 20 映射到 Instance 20*/
S3550-2 (config)#spanning-tree mst 20 priority 4096
/*将 S3550-2 设置为 VLAN 20 的根桥*/
S3550-2 (config)#spanning-tree mst 10 priority 8192
/*将 S3550-2 设置为 VLAN 10 的备用根桥*/
S3550-2 (config)#spanning-tree      /*开启生成树*/
S3550-2(config)#interface vlan 10      /*进入 S3550-2 在 VLAN 10 的 SVI 接口*/
S3550-2(config-if)#ip add 10.0.0.3 255.255.255.0      /*设置 IP 地址为 10.0.0.3*/
S3550-2(config-if)#standby 1 ip 10.0.0.1
/*将 S3550-2 的 VLAN 10 接口放入 VRRP 组 1,并设置组 1 的虚拟 IP 地址为 10.0.0.1*/
S3550-2(config)#interface vlan 20      /*进入 S3550-2 在 VLAN 20 的 SVI 接口*/
S3550-2(config-if)#ip add 10.0.1.2 255.255.255.0      /*设置 IP 地址为 10.0.1.2*/
S3550-2(config-if)#standby 2 ip 10.0.1.1
/*将 S3550-2 的 VLAN 20 接口放入 VRRP 组 2,并设置 VRRP 组 2 的虚拟 IP 地址为 10.0.1.1*/
S3550-2(config-if)#standby 2 priority 101
/*调整 S3550-2 在 VRRP 组 2 中的优先级,使其成为 VRRP 组 2 的主网关*/
```

12.7 本章命令汇总

表 12-3 列出了本章涉及的主要命令。

表 12-3 本章命令汇总

<table>
<tr><th>命 令</th><th>作 用</th></tr>
<tr><td>spanning-tree mode stp/rstp/mstp</td><td>启动相关的生成树协议,stp 为 IEEE 802.1d 的 STP 模式,rstp 为 IEEE 802.1w 的 RSTP 模式,mstp 为 IEEE 802.1s 的 MSTP 模式</td></tr>
<tr><td>no spanning-tree mode stp/rstp/mstp</td><td>关闭生成树协议</td></tr>
<tr><td>spanning-tree priority ＜0～61440＞</td><td>4096 的倍数,默认为 32768</td></tr>
<tr><td>no spanning-tree priority</td><td>恢复优先级到默认值 32768</td></tr>
<tr><td>int f0/1
spanning-tree port-priority number</td><td>number 的值是 1～128,默认为 128</td></tr>
<tr><td>spanning-tree reset</td><td>恢复生成树所有参数到默认值</td></tr>
<tr><td>show spanning-tree</td><td>显示生成树状态</td></tr>
<tr><td>show spanning-tree interface f＜0～2/1～24＞</td><td>显示生成树的接口状态</td></tr>
<tr><td>spanning-tree vlan vlan-list</td><td>启用指定 VLAN 的生成树协议</td></tr>
<tr><td>spanning-tree vlan vlan-list root primary|secondary</td><td>配置本交换机为指定 VLAN 的根网桥</td></tr>
<tr><td>spanning-tree vlan vlan-list priority ＜0～61440＞</td><td>优先级以 4096 的倍数增加,默认为 32768。修改交换机指定 VLAN 的优先级</td></tr>
<tr><td>int port-id spanning-tree vlan vlan-list port-priority ＜0～240＞</td><td>优先级是 16 的倍数</td></tr>
<tr><td>show spanning-tree vlan vlan-id detail</td><td>查看指定 VLAN 的生成树详细信息</td></tr>
<tr><td>instance instance-id vlan vlan-list
no instance instance-id [vlan vlan-list]</td><td>建立 Instance 与 VLAN 之间的映射关系。instance-id 为 Instance 号,取值范围为 0～48;vlan-list 为连续的或不连续的 VLAN 号,连续的用“-”符号连接起止 VLAN 号表示,不连续的用“;”符号分隔</td></tr>
<tr><td>int port-id|vlan-id standby priority ip ip-address</td><td>启用 HSRP,定义备份组号,设置虚拟网关 IP 地址</td></tr>
<tr><td>standby version 2</td><td>设置启用的 HSRP 版本号</td></tr>
<tr><td>standby group-id priority priority</td><td>设置优先级(默认为 100)</td></tr>
<tr><td>standby group-id preempt</td><td>开启抢占功能</td></tr>
</table>

习题与实验

1. 选择题

(1) 使用全局配置命令 spanning-tree vlan *vlan-id* root primary 可以改变网桥的优先级。使用该命令后,一般情况下网桥的优先级为(　　)。

A. 0　　B. 比最低的网桥优先级小 1　　C. 32767　　D. 32768

(2) IEEE 制定的用于实现 STP 的标准是(　　)。

A. IEEE 802.1w　　B. IEEE 802.3ad　　C. IEEE 802.1d　　D. IEEE 802.1x

(3) (　　)状态属于 RSTP 稳定下的端口。

A. Blocking　　B. Disable　　C. Listening　　D. backup

(4) 如果交换机的端口处于 STP 模式,该端口在(　　)状态下接收和发送 BPDU 报文,但是不能接收和发送数据,也不进行地址学习。

A. Blocking　　B. Disable　　C. Listening　　D. backup

(5) STP 通过(　　)交换交换机之间的信息。

A. PDU　　B. BPDU　　C. Frame　　D. Segment

(6) 不属于生成树协议目前常见版本的是(　　)。

A. STP(IEEE 802.1d)　　B. RSTP(IEEE 802.1w)

C. MSTP(IEEE 802.1s)　　D. VSTP(IEEE 802.1k)

(7) 当二层交换网络中出现冗余路径时,用(　　)方法可以阻止环路的产生,提高网络的可靠性。

A. 生成树协议　　B. 水平分割　　C. 毒性逆转　　D. 最短路径树

(8) 在 STP 中,收敛是指(　　)。

A. 所有端口都转换到阻塞状态

B. 所有端口都转换到转发状态

C. 所有端口都处于转发状态或侦听状态

D. 所有端口都处于转发状态或阻塞状态

(9) 在运行 RSTP 的网络中,在拓扑变化期间,交换机的非根端口和非指定端口将立即进入(　　)状态 。

A. Forwarding　　B. Learning　　C. Listening　　D. Discarding

(10) Statements(　　)about RSTP are true(choose three).

A. RSTP significantly reduces topology reconverting time after a link failure

B. RSTP expends the STP port roles by adding the alternate and backup roles

C. RSTP port states are blocking, discarding, learning, or forwarding

D. RSTP also uses the STP proposal-agreement sequence

E. RSTP use the same timer-based process as STP on point-to-point links

F. RSTP provides a faster transition to the forwarding state on point-to-point links than STP does

2. 问答题

(1) RSTP 和 STP 各有几种端口状态?

(2) 简述 STP 中最短路径的选择过程。

(3) 简述 STP、RSTP、MSTP 这 3 种生成树协议的主要不同之处。

(4) 上网查询 RSTP 更详细的信息,了解其端口的种类,有哪些状态,以及它是如何工作的。

(5) 上网查询 MSTP 的工作过程。

3. 操作题

按图 12-11 搭建网络拓扑,配置各个交换机的接口,启动 MSTP 和 VRRP(在锐捷交换机上),或启动 PVST 和 HSRP(在 Packet Tracer 上)。

(1) 连通网络,查看各个设备中的生成树状态、网关信息、网络路径。

(2) 切断部分链路(如二层交换机 A 与三层交换机 D 的链路,二层交换机 B 与三层交换机 D 的链路),再查看各个设备中的生成树状态、网关信息、网络路径等。

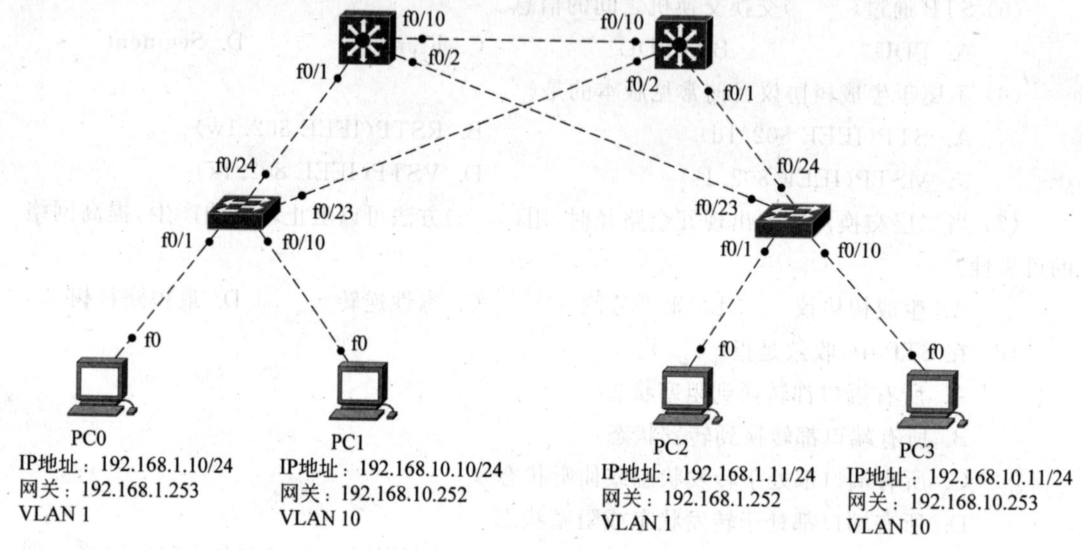

图 12-11　操作题图

第13章 VPN

本章主要从 VPN 架构和配置入手，介绍 VPN 的应用，通过配置命令介绍与协议相关知识点，更深、更多的理论知识需要课后自学补充。本章内容不能在 Packet Tracer 中实现，只能在 GNS3 等运行 IOS 环境的模拟器上运行。

13.1 VPN 概述

VPN(Virtual Private Network，虚拟专用网)是利用密码技术和访问控制技术在互联网中建立专用网络。"虚拟"指两个网络间没有物理的连接，通过 Internet 路由完成；"专用"指传输的数据通过加密和安全隧道确保安全；"网络"指各种网络(主要是企业网络)。VPN 使通过 Internet 互联的企业网络像使用专线一样进行通信。

VPN 实现的技术有隧道技术、加密技术、身份认证技术等。

隧道(Tunnel)技术是 VPN 的核心技术，利用 Internet 的数据传输方式，在隧道的一端对数据进行封装，通过已建立的虚拟通道进行传输，在隧道的另一端进行解封装，将得到的原数据发送给目标。PPTP、L2TP、GRE 都属于隧道技术。

加密技术主要通过 IPSec 技术实现，通过多种加密算法来保证数据的安全性。例如对称加密算法有 DES、3DES、AES，非对称加密算法有 RSA、DH。

认证技术用于保证数据在传输中的安全性。在数据链路层主要是基于 PPP 协议和 AAA 的认证功能，有 PAP(Password Authentication Protocol)、CHAP(Chanllenge Handshake Authentication Protocol)、EAP(Extensible Authentication Protocol)、MS-CHAP(Microsoft Chanllenge Handshake Authentication Protocol)、RADIUS(Remote Authentication Dial In User Service)。在网络层的认证主要由 IPSec 中的 AH (Authentication Header)提供。在应用层的认证是基于证书的认证机制、Kerberos 机制和 SSL 协议。

VPN 可以从不同角度分类。

根据 TCP/IP 协议层次模型，VPN 可分为

- 链路层：VPDN 技术，包含 PPTP、L2TP。
- 链路层与网际层之间：MPLS VPN。
- 网际层：GRE、IPSec。
- 应用层：SSL VPN。

根据网络模型，VPN 可分为

- L2TP(PPTP)over IPSec。
- Site-to-Site VPN。
- IPSec over GRE。
- GRE over IPSec。

- DMVPN(Dynamic Multipoint VPN)。
- EZVPN(Easy VPN)。
- BGP/MPLS VPN。
- SSL VPN。

根据应用,VPN可分为

- Access VPN(远程接入VPN):客户端到网关,使用公网作为骨干网在设备之间传输VPN数据流量。
- Intranet VPN(内联网VPN):网关到网关,通过公司的网络架构连接来自同公司的异地资源。
- Extranet VPN(外联网VPN):与合作伙伴企业网构成Extranet,将一个公司与另一个公司的资源进行连接。

根据使用的设备类型,VPN可分为

- PC VPN:在PC上安装VPN客户端,在服务器上启动VPN服务,形成远程客户端访问内部网络的方式。
- 路由器式VPN:部署较容易,只要在路由器上添加VPN服务即可。
- 交换机式VPN:主要应用于连接用户较少的VPN。
- 防火墙式VPN:是最常见的一种VPN的实现方式,许多厂商提供这种配置类型。

按照实现原理,VPN可分为

- 重叠VPN:此VPN需要用户自己建立端节点之间的VPN链路,主要包括GRE、L2TP、IPSec等众多技术。
- 对等VPN:由网络运营商在主干网上完成VPN通道的建立,主要包括MPLS VPN技术。

由于任何一种VPN都离不开IPSec(加密和认证),为确保本章中各节配置顺利,首先介绍IPSec。

13.2 IPSec

IPSec(Internet Protocol Security)是通过对IP协议(互联网协议)的分组进行加密和认证来保护IP协议的网络传输协议族(即一些相互关联的协议的集合)。

13.2.1 IPSec简介

IPSec由两大部分组成:

(1) 建立安全分组流的密钥交换协议。

(2) 保护分组流的协议。

前者为互联网密钥交换(Internet Key Exchange,IKE)协议,后者包括加密分组流的封装安全载荷协议(ESP协议)或认证头协议(AH协议),用于保护数据的机密性、可靠性、完整性。也就是说,IKE是针对密钥安全的,是用来保证密钥的安全传输、交换以及存储,主要是对密钥进行操作,并不对用户的实际数据进行操作。AH与ESP是针对数据安全的,用来保证数据的加密,IPSec对用户数据的保护是靠AH与ESP的封装。

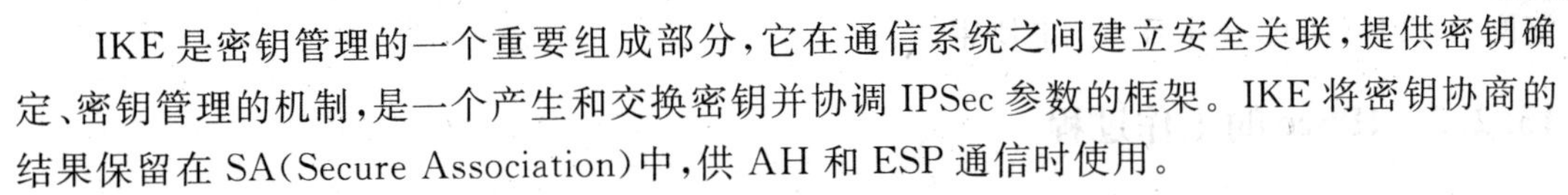

IKE 是密钥管理的一个重要组成部分，它在通信系统之间建立安全关联，提供密钥确定、密钥管理的机制，是一个产生和交换密钥并协调 IPSec 参数的框架。IKE 将密钥协商的结果保留在 SA(Secure Association)中，供 AH 和 ESP 通信时使用。

AH(认证头协议)，为 IP 数据包提供无连接的数据完整性和数据源身份认证。可通过消息认证(如 MD5) 产生的校验值来保证数据完整性。AH 包头中的 IP 协议号是 51，即 IP 协议号为 51 的数据包都当作 AH 数据包来处理。原始的数据包经过 AH 封装后，并没有被加密，这是因为 AH 封装并不使用常规的方法加密数据部分，而是采用隐藏数据的方法，相当于给数据加一个防改写的封条，如果数据机密性要求高，则千万不要单独使用 AH 封装。

ESP(Encapsulation Security Payload，封装安全载荷)为 IP 数据包提供数据的保密性、无连接的数据完整性和数据源身份认证。与 AH 相比，数据保密性是 ESP 的新增功能。ESP 包头中的 IP 协议号为 50，即 IP 协议号为 50 的数据包都被当作 ESP 数据包来处理。

AH 和 ESP 既可以单独使用，也可以配合使用。但在目前的实际应用中，ESP 的使用频率更高。

Transform Set(转换集)是一种算法的集合，通过它来定义使用怎样的算法来封装数据包，如 ESP 封装、AH 封装、一些加密算法以及 HMAC 算法。

13.2.2　IPSec 的工作模式

1. Tunnel mode(隧道模式)

数据包格式如图 13-1 所示，隧道模式是系统默认模式。

新IP头部	IPSec头部	原始IP头部	TCP/UDP头部	数据

图 13-1　隧道模式数据包格式

隧道模式首先为原始 IP 数据包增加 AH 或 ESP 的 IPSec 头部，然后再在外部添加一个新的 IP 头部。IPSec 头部的大小共 32B，而普通的 IP 头部大小为 20B，所以共增加 52B 的头部。

当原始数据包被 IPSec Tunnel 模式封装后，途中所经过的路由器只检查最外面的 IP 头部(新增的 IP 头部)，原始数据包中的所有内容，包括数据部分，以及真正的源 IP 地址和目的 IP 地址都被加密了，所以更安全。

2. Transport mode(传输模式)

数据包格式如图 13-2 所示。

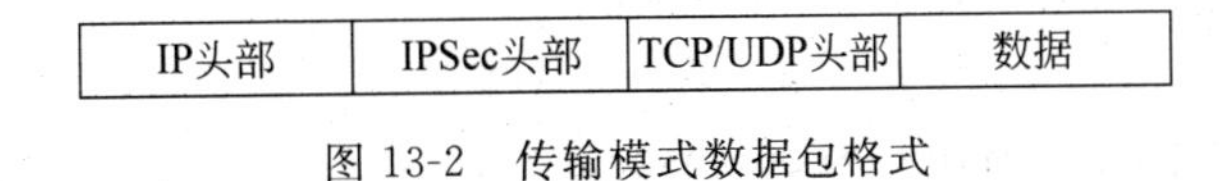

图 13-2　传输模式数据包格式

该模式使用原来的 IP 头部，把 AH 或 ESP 头部插入 IP 头部与 TCP 头部之间，为上层协议提供安全保护。传输模式保护的是 IP 数据包中的数据部分，包括 TCP/UDP 头部及真实的数据部分。

当通过 Internet 连接的远程网络之间需要直接使用对方私有 IP 地址互访时，此封装模式是不可行的，因为它没有实现隧道功能。如果要实现 VPN 功能，传输模式的 IPSec 就应该配合 P2P GRE over IPSec 来使用。

13.2.3 IPSec 的工作过程

IPSec 协商分为两个阶段。第一阶段对对方的身份进行验证,并为第二阶段的协商提供一条安全可靠的通道,交换真正加密数据的密钥;第二阶段主要对 IPSec VPN 的策略进行协商,产生真正可以用来加密数据流的密钥。

IKE 协议规定了主模式、野蛮模式、快速模式和新群模式 4 种模式。

第一阶段只能采用主模式或野蛮模式中的一种。这两种模式的区别是:主模式包括 6 条消息,交换过程提供身份认证;野蛮模式只包括 3 条消息,如果不使用公钥验证方法,交换过程不提供身份认证功能。

第二阶段只能采用快速模式。

新群模式既不属于第一阶段,也不属于第二阶段,它跟在第一阶段之后,利用第一阶段的协商结果来协商新的群参数。

IKE 协议指定第一阶段可以使用下列方式进行验证。

(1) 预共享密钥。通信双方通过某种安全途径获取唯一共享的密钥,通过 Hash 运算比对结果,若相同则完成验证。

(2) 数字签名。通信双方利用自己的私钥对特定的信息进行签名,对方利用获得的公钥进行解密处理,以确定对方的身份,完成认证过程。

(3) 公钥加密。通信双方利用对方的公钥来加密特定的信息,同时根据对方返回的结果确定对方的身份。

下面介绍 IPSec 的工作过程。

(1) 第一阶段(IKE SA 阶段),采用主模式。

发送 cockie 包,用来标识唯一的一个 IPSec 会话。

步骤 1。发送消息 1:initiator→responsor。

定义一组策略(默认策略,可手动修改):

① 加密方法:DES。

② 认证身份方法:预共享密钥。

③ 认证散列:MD5。

④ 存活时间:86 400s。

⑤ Diffie-Hellman group:1。

步骤 2。发送消息 2:initiator←responsor。

同上。

步骤 3。发送消息 3:initiator→responsor。

通过 DH 算法产生共享密钥。

步骤 4。发送消息 4:initiator←responsor。

同上。

步骤 5。发送消息 5:initiator→responsor。

Identity Payload:用于身份标识。

Hash Payload:用于认证。

步骤 6。发送消息 6：initiator←responsor。

同上。

消息 5、6 是用来验证对等体身份的。至此协商第一阶段完成。

(2) 第二阶段(IPSec SA 阶段)，采用快速模式。

步骤 1。发送消息 1：initiator→responsor。

同样定义一组策略，继续用 SKEYID_e 加密：

① Encapsulation：ESP。

② Integrity checking：SHA-HMAC。

③ Diffie-Hellman group：2。

④ Mode：Tunnel。

步骤 2。发送消息 2：initiator←responsor。

同上，主要是对消息 1 策略的确认。

在发送消息 3 前，用 SKEYID_d、Diffie-Hellman 共享密钥、SPI 等产生真正用来加密数据的密钥。

步骤 3。发送消息 3：initiator→responsor。

用来核实 responsor 的 licenses。

至此，IPSec 协商的整个过程已经完成，两端可以进行安全的数据传输。整个过程涵盖 9 个包的来回，前 6 个为主模式，后 3 个为快速模式。

13.2.4　IPSec 配置步骤

首先，配置 IKE 协商。

(1) 建立 IKE 协商策略：

```
R1(config)#crypto isakmp policy 1
```

(2) 设置 Hash 算法(MD5 或 SHA)：

```
R1(config-isakmap)#hash [md5|sha]
```

(3) 设置认证为预共享的密钥(pre-share 为预共享密钥，rsa-encr 为证书加密，rsa-sig 为证书签名)：

```
R1(config-isakmap)#authentication [pre-share|rsa-encr|rsa-sig]
```

(4) 设置密钥交换的 Diffie-Hellman 算法强度，默认为 1,5 最强。

```
R1(config-isakmap)#group {1|2|5}
```

(5) 设置共享密钥和对端地址：

```
R1(config)#crypto isakmp key 123 address 192.168.1.2
```

设置共享密钥为 123，对端地址为 192.168.1.2。

其次，配置 IPSec 相关参数。

(1) 设置转换集，命名为 sms，并配置验证算法和加密算法：

```
R1(config)#crypto ipsec transform-set sms?
ah-md5-hmac        AH-HMAC-MD5 transform
ah-sha-hmac        AH-HMAC-SD5 transform
comp-lzs           IP Compression using the LZS compression algorithm
esp-3des           ESP transform using 3EDS(EDE) cipher (168 bits)
esp-aes            ESP transform using AES cipher
esp-des            ESP transform using DES cipher (56 bits)
esp-md5-hmac       ESP transform using HMAC-MD5 auth
esp-null           ESP trransform w/o cipher
esp-seal           ESP transform using SEAL cipher (160 bits)
esp-sha-hmac       ESP transform using HMAC-SHA auth
R1(config)#crypto ipsec transform-set sms esp-md5-hmac esp-3des
```

(2) 设置模式(默认为隧道模式)：

```
R1(cfg-crypto-trans)#mode [transport|tunnel]
```

(3) 定义 crypto map：

```
R1(config)#crypto map map-a 1 ipsec-isakmp
```

采用 IKE 协商，优先级为 1，map-a 是 crypto map 的名字。

(4) 绑定 VPN 链路对端的 IP 地址为 192.168.1.2：

```
R1(config-crypto-map)#set peer 192.168.1.2
```

(5) 绑定转换集为先前定义的 sms：

```
R1(config-crypto-map)#set transform-set sms
```

(6) 绑定访问控制列表为 101：

```
R1(config-crypto-map)#match address 101
```

(7) 定义访问控制列表为 101：

```
R1(config)#access-list 101 permit ip any any        /*可按拓扑改变*/
```

最后，将 IPSec 的 crypto map 应用配置到端口(假设端口是 s0/0)：

```
R1(config)#int s0/0
R1(config-if)# crypto map map-a
```

13.3 VPDN

VPDN(Virtual Private Dial-up Network，虚拟专用拨号网)是在拨号网中架设 VPN，其采用的主要协议有 PPTP 和 L2TP。

13.3.1 PPTP

PPTP(Point-to-Point Tunneling Protocol，点对点隧道协议)是一个二层的隧道协议，

由微软公司提出，提供 PPTP 客户端和 PPTP 服务器间的加密通信。PPTP 将控制包与数据包分开。控制包采用 TCP 控制，用于状态查询及信令信息；数据包部分先封装在 PPTP 协议中，然后封装到 GRE V2 协议中。PPTP 实际上是对 PPP 的一种扩展，在 PPP 的基础上增强了认证、压缩和加密等功能，以提高 PPP 的安全性。它支持 TCP/IP、IPX/SPX、AppleTalk 和 NetBEUI 等多种网络协议。

1. PPTP 的工作过程

PPTP 的工作过程如下：

(1) 发送建立连接请求。在此之前，需要在 VPDN 服务器端为 PPTP 客户机建立好用户账户(包括登录账号和相应的密码)。PPTP 客户机向 VPDN 服务器发送建立连接请求。其中的认证方法有多种选择，如 PAP、CHAP、MS-CHAP、EAP 等。

(2) 返回连接完成信。当 VPDN 服务器验证了用户的合法性后，返回连接完成信息，表示已经正常建立了 VPN 连接。

(3) 进行数据传输(至 VPDN 服务器端)。在客户机接收到连接完成的信息后，表示 VPN 安全隧道已经建立，这时就可以进行正常的通信了。

(4) 进行数据传输(至目的主机)。当 VPDN 服务器接收到远程客户机发送过来的 PPTP 数据报后开始对其处理。首先进行解封装操作，从 PPTP 数据报中取出本地内部网络中的计算机 IP 地址(即私有 IP 地址)或计算机名称信息，然后根据此信息将其中的 PPP 数据报转发到目的主机。

2. PPTP 的报文格式

PPTP 报文格式如图 13-3 和图 13-4 所示。

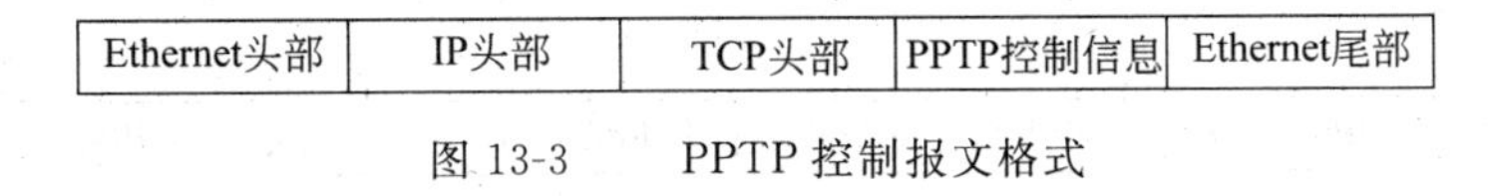

图 13-3 PPTP 控制报文格式

Ethernet头部	IP头部	GRE头部	PPP头部	加密的PPP数据	Ethernet尾部

图 13-4 PPTP 数据报文格式

TCP 头部：标明建立隧道时使用的 TCP 端口等信息，PPTP 服务器端口为 TCP 1723。

PPTP 控制信息：携带了 PPTP 呼叫控制和管理信息，用于建立和维护 PPTP 隧道。

3. PPTP 的应用

由于 PPTP 采用微软公司的点对点加密算法，仅支持普通的用户名和密码认证，安全性低；但设备系统资源消耗小，兼容性高，Windows、Linux、思科等，甚至连一些非主流操作系统的设备都支持 PPTP VPN，所以适合在中小型企业应用。

13.3.2 L2TP

L2TP(Layer 2 Tunneling Protocol，第二层隧道协议)是由思科、微软、3Com 等厂商共同制订的，是国际标准隧道协议。L2TP 是典型的被动式隧道协议，它结合了 PPTP 协议以及第二层转发(L2F)协议的优点，能以隧道方式使 PPP 包通过各种网络协议，包括 ATM、SONET 和帧中继等，可以让用户从客户机或接入服务器端发起 VPN 连接。

1. L2TP 的工作过程

L2TP 的工作过程如下：

(1) 用户通过网络连接到 L2TP 接入集中器(LAC)，LAC 接收呼叫并进行基本的认证。

(2) 当用户被确认为合法用户时，建立一个通向 L2TP 网络服务器(LNS)的拨号 VPN 隧道。

(3) 位于内部网络中的安全认证服务器(如 RADIUS 服务器)对拨号用户的身份进行认证。

(4) LNS 与远程用户交换 PPP 信息，并分配 IP 地址。LNS 分配给远程用户的 IP 地址由管理人员设置，既可以是公网 IP 地址，也可以是私有 IP 地址。在实际应用中一般使用私有 IP 地址，因为 LNS 分配的 IP 地址将通过 ISP 的公共 IP 网络在 PPP 帧内传送，LNS 分配的 IP 地址对网络服务提供商来说是透明的。其中，LAC 和 LNS 需要使用公共 IP 地址。

(5) 端到端的数据从拨号用户传到 LNS。在实际应用中，LAC 将拨号用户的 PPP 帧封装后传送到 LNS。LNS 去掉封装的头部信息得到 PPP 帧，再去掉 PPP 帧的头部信息，得到网络层的用户数据。

2. L2TP 的报文格式

L2TP 的报文格式如图 13-5 和图 13-6 所示。

图 13-5　L2TP 的控制报文格式

Ethernet头部	IP头部	IPSec头部	UDP头部	L2TP头部	PPP头部	加密的PPP数据	IPSec尾部	Ethernet尾部

图 13-6　L2TP 的数据报文格式

控制报文的作用如下：

(1) 建立和清除 L2TP 通道和会话。

(2) 维护 L2TP 通道(Hello 报文)。

(3) 采用错误重传机制。

数据报文的作用如下：

(1) 传输用户数据。

(2) 不采用错误重传机制。

3. L2TP 的应用

L2TP 是安全协议，但并不提供安全的隧道验证，单纯的 L2TP 没有验证措施，需要借助 IPSec 技术提供隧道验证，所以在大多数情况下 L2TP 与 IPSec 结合使用，提供隧道验证，称为 L2TP over IPSec。L2TP 还支持建立多隧道，比 PPTP 更加安全可靠，这种 VPN 适用于任何企业。

4. PPTP VPN 与 L2TP VPN 的对比

PPTP VPN 与 L2TP VPN 的对比如表 13-1 所示。

表 13-1　PPTP VPN 与 L2TP VPN 的对比

功　　能	PPTP	L2TP/IPSec
主机身份认证	不支持，只能进行用户验证	支持，可以使用证书的 PKI 基本结构进行认证
具有 NAT 功能	支持	不支持
非 IP 协议	支持	支持
多隧道功能	单隧道	多隧道
隧道客户端的内部 IP 地址	支持	支持
IP 广播、多播地址	支持	支持
加密方式	提供 40 位或 128 位加密的微软点对点加密算法	40 位 DES、56 位 DES 和使用 128 位加密的 3DES

13.3.3　L2TP over IPSec 的配置

1. 实验目的

（1）掌握 L2TP 服务端的配置方法。

（2）掌握 IPSec 的配置方法。

2. 实验拓扑

实验拓扑如图 13-7 所示。

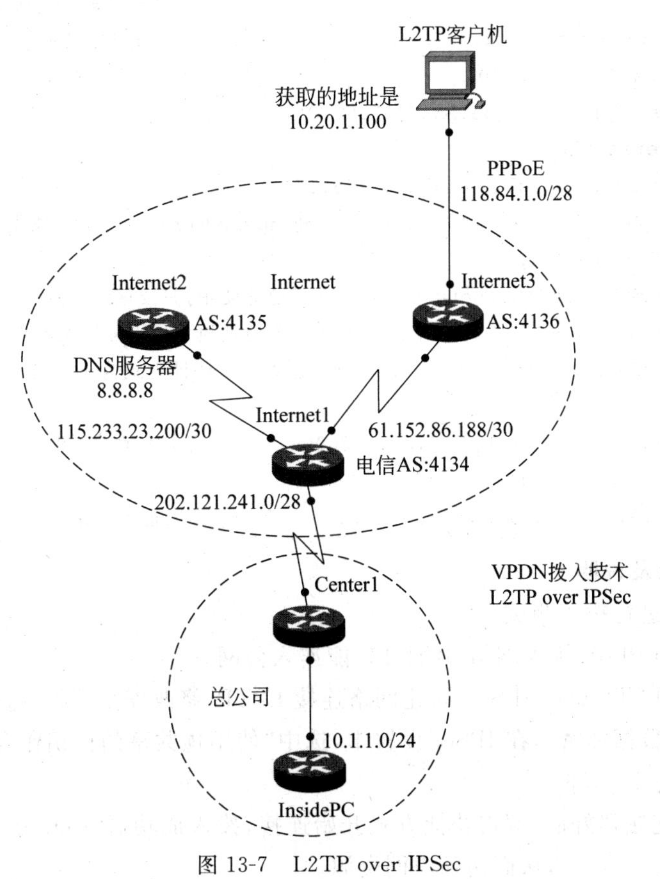

图 13-7　L2TP over IPSec

3. 配置清单

Center1 上的配置：

```
vpdn enable
vpdn-group 1                /*默认 L2TP VPDN 组*/
  accept-dialin             /*允许拨入*/
  protocol l2tp             /*协议为 L2TP*/
  virtual-template 1        /*虚拟拨号口*/
  l2tp security crypto-profile smscrytoprofile     /*调用 L2TP 的 profile*/
  no l2tp tunnel authentication                    /*无认证*/
username stz password 0 abc           /*定义 PPP 拨号用户名为 stz,口令为 abc*/
crypto isakmp policy 10                            /*IPSec 策略 10 号*/
  authentication pre-share                         /*设置认证为预共享的密钥*/
crypto isakmp key 6  123456  address 0.0.0.0 0.0.0.0
/*设置共享密钥为 123456,对端地址为任何地址均可*/
!
crypto ipsec transform-set tsvpn esp-des esp-sha-hmac     /*定义转换集 tsvpn*/
  mode transport                                   /*设置为传输模式*/
!
crypto map mpvpn 10 ipsec-isakmp profile smscrytoprofile
                                                   /*定义 crypto map 名为 mpvpn*/
  set transform-set  tsvpn                         /*绑定转换集 tsvpn*/
interface FastEthernet0/0
  ip address 10.1.1.254 255.255.255.0
interface Serial1/0
  ip address 202.121.241.2 255.255.255.240
crypto map mpvpn                      /*将 mpvpn 的 crypto map 作用在 Serial1/0 上*/
interface Virtual-Template1
  ip unnumbered FastEthernet0/0       /*借地址使用,只要该地址路由在内网可达即可*/
  peer default ip address pool pl     /*配置地址池为后下面定义的本地地址池 pl*/
  ppp authentication ms-chap          /*定义 PPP 认证方式为 MS-CHAP)*/
!
ip local pool pl 10.20.1.100 10.20.1.200       /*定义本地地址池 pl*/
ip forward-protocol nd
ip route 0.0.0.0 0.0.0.0 202.121.241.1         /*定义静态路由*/
```

4. 检测结果及说明

在客户端上进行拨入测试：

(1) 先选择 PPPoE 拨入网络，保证 PC 能连入公网。

(2) 再选择 L2TP over IPSec，新建网络连接 L2TP，修改安全属性，选择“需要安全措施的密码”和“要求数据加密”，在 IPSec 设置中，选中“使用预共享的密钥作身份验证”，并输入密钥，共享密钥为 123456。

(3) L2TP 连接建好后，双击快捷方式开始连接，拨入成功后，Center1 会为此客户端分配 IP 地址(10.20.1.100)，从而访问内网资源。

13.4 Site-to-Site VPN 的配置

Site-to-Site VPN 又名 LAN-to-LAN VPN，适用于固定站点间的 VPN 需求，至少要保证一方的 IP 地址是固定的。

Site-to-Site VPN 是基础 VPN，但这种 VPN 与 NAT 共同使用时会导致 VPN 不通，注意 NAT 中的 ACL。由于 VPN 不能学习到对端路由，不能实现无缝连接，在安全策略上不容易控制，只适合单点对单点之间。

1. 实验目的

(1) 掌握 IPSec 的配置步骤。

(2) 熟悉 Site-to-Site VPN 的配置方法。

2. 实验拓扑

实验拓扑如图 13-8 所示。

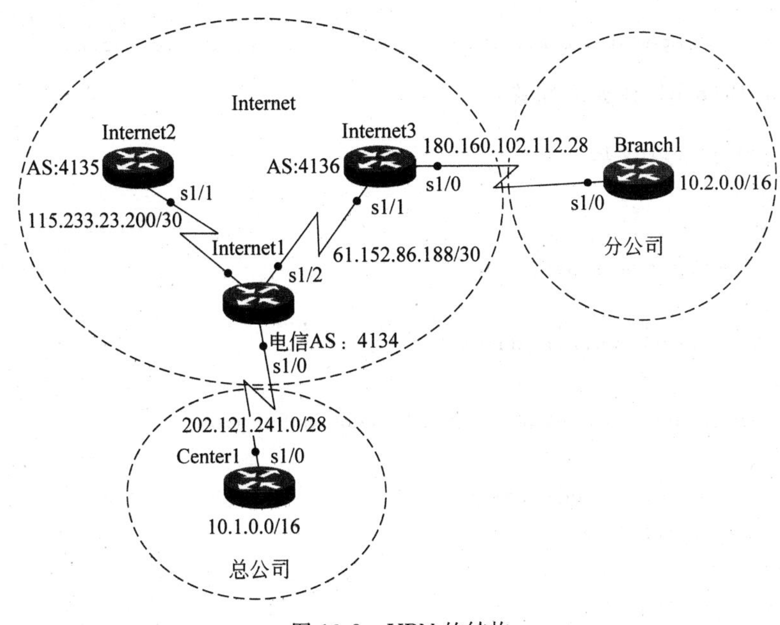

图 13-8 VPN 的结构

3. 配置清单

在总公司(Center1)作如下配置：

```
crypto isakmp policy 10
  encr 3des
  hash md5
  authentication pre-share
  group 2
crypto isakmp key 6 sms1107 address 180.160.102.114
!
crypto ipsec transform-set sms esp-3des esp-md5-hmac
```

```
!
crypto map smsvpn 10 ipsec-isakmp
  set peer 180.160.102.114
  set transform-set sms
  match address 100
interface Loopback0
  ip address 10.1.1.1 255.255.255.0
!
interface Serial1/0
  ip address 202.121.241.2 255.255.255.240
  serial restart-delay 0
  crypto map smsvpn
!
ip route 0.0.0.0 0.0.0.0 Serial1/0
!
access-list 100 permit ip 10.1.0.0 0.0.255.255 10.2.0.0 0.0.255.255
```

在分公司(Branch1)作如下配置:

```
crypto isakmp policy 10
  encr 3des
  hash md5
  authentication pre-share
  group 2
crypto isakmp key 6 sms1107 address 202.121.241.2
!
crypto ipsec transform-set sms esp-3des esp-md5-hmac
!
crypto map smsvpn 10 ipsec-isakmp
  set peer 202.121.241.2
  set transform-set sms
  match address 100
!
interface Loopback0
  ip address 10.2.1.1 255.255.255.0
!
interface Serial1/0
  ip address 180.160.102.114 255.255.255.240
  serial restart-delay 0
  crypto map smsvpn
!
ip route 0.0.0.0 0.0.0.0 Serial1/0
!
access-list 100 permit ip 10.2.0.0 0.0.255.255 10.1.0.0 0.0.255.255
```

4. 检测结果及说明

(1) 在分公司(Branch1)开启 DEBUG：

```
Branch1#debug crypto isakmp
Branch1#debug crypto ipsec
```

(2) 在总公司(Center1)发 ping 包，然后在分公司(Branch1)观察包的内容(略)。

```
Center1#ping 10.2.1.1. source 10.1.1.1
```

13.5　GRE 和 IPSec

GRE(Generic Routing Encapsulation，通用路由封装协议)是在任意一种网络协议上传送任意一种其他网络协议的封装方法。IPSec 是加密和认证协议。两者结合产生多种类型的 VPN。

13.5.1　GRE 与 IPSec 的组合

GRE 提供了一种协议的报文封装在另一种协议报文中的机制，使报文能够在异种网络中传输。GRE 协议的 IP 协议号为 47，异种报文传输的通道称为隧道(Tunnel)，是 VPN 的第三层隧道协议。但 GRE 不提供加密，通常要与 IPSec 共同使用，才能保证 VPN 的安全性。

GRE 报文格式如图 13-9 所示。

新IP头部	GRE头部	(封装后的)IP头部	原始数据包

图 13-9　GRE 报文格式

GRE 的工作机制：

路由器在接收到一个需要封装 GRE 的原始数据报时，先把该报文(包括 IP 头)封装成 GRE 报文，紧接着在 GRE 头部前面再次封装新的 IP 头部，然后根据新的 IP 头部确定新的报文的目的地，转发出去。在 GRE 封装过程中不需要关心原始数据包的格式和内容，它们全都作为数据包被封装起来。

IPSec over GRE：是 IPSec 与 GRE 结合使用的一种形式，先封装 IPSec 再封装 GRE，没有 GRE over IPSec 高效，封装了两次 IP 包头，并且这两个包头的源和目地址相同，浪费了 20 个字节。其报文格式如图 13-10 所示。在实际工程应用中不建议使用。但它对于研究数据包封装结构与路由器对数据包处理的过程具有深远的意义。

新IP头部	GRE头部	新IP头部	IPSec头部	(封装后的)IP头部	原始数据包

图 13-10　IPSec over GRE 报文格式

GRE over IPSec：也是 GRE 与 IPSec 结合使用的一种形式，先封装 GRE 再封装 IPSec，由于 GRE 已经封装了原始数据包，包括了 GRE 隧道对端的地址，也是 IPSec 隧道的对端地址，没有必要再单独为 IPSec 定义匹配 ACL。将 IPSec 配置为传输模式(Transport mode)，就不需要 IPSec 再去封装 GRE 添上的另外的 IP 包头了，这样可以节省 20B 的包头。其报文格式如图13-11所示。

新IP头部	IPSec头部	GRE头部	(封装后的)IP头部	原始数据包

图13-11 IPSec over GRE报文格式

由于IPSec不支持对多播和广播数据包的加密，使用IPSec的隧道中，动态路由协议等依靠多播和广播的协议就不能进行正常通告，但配合GRE隧道，GRE隧道会将多播和广播数据包封装到单播包中，再经过IPSec加密，从而解决了IPSec不支持多播的问题，应用广泛。

GRE over IPSec首先通过GRE建立隧道(需要明确知道隧道两端的IP地址)，并通过静态路由(或动态路由)将到达隧道口的流量转发出去。然后建立IPSec隧道，对IPSec隧道定义匹配的数据流为GRE，只要是GRE流量就使用IPSec加密。

两者在配置上的区别如表13-2所示。

表13-2 IPSec over GRE与GRE over IPSec的区别

处理方式	GRE over IPSec	IPSec over GRE
封装顺序	先封装IPSec后封装GRE	先封装GRE后封装IPSec
定义在IPSec中的访问控制列表	GRE数据流(协议为GRE，隧道两端的公网地址) access-list 100 permit gre host 180.160.102.114 host 202.121.241.2	本地内网IP数据流(协议为IP，内网私有地址) access-list 100 permit ip 10.2.0.0 0.0.255.255 10.1.0.0 0.0.255.255
IKE中指定的对端地址	对方公网地址	对方GRE隧道地址(隧道虚拟地址)
将IPSec的crypto map应用配置到端口	将IPSec的crypto map为smsvpn的应用配置到公网出口 interface Serial1/0 crypto map smsvpn	将IPSec的crypto map为smsvpn的应用配置到GRE隧道端口 interface Tunnel 1 crypto map smsvpn

13.5.2 GRE配置步骤

首先，建立一个隧道口，并配置隧道的虚拟地址：

```
R1(config)#int tunnel 1      /*建立1号隧道口*/
R1(config-if)#ip addr 172.16.1.1 255.255.255.0
```

配置隧道的虚拟IP地址，一定要与对端的虚拟IP地址在同一网络内，如对端设定为172.16.1.2。

其次，绑定本地源端口(本地源地址)和目标地址(公网地址)。隧道的源端地址与目的端地址唯一标识了一个隧道。隧道两端必须配置源端地址与目的端地址，且两端地址相对应。

```
R1(config-if)#tunnel source [s1/0 | 202.121.241.2]
```

绑定本地源端口 s1/0 或地址 202.121.241.2,此地址正是对端的目标地址。

```
R1(config-if)#tunnel destination 180.160.102.114
```

绑定目标地址为 180.160.102.114,此地址正是对端的源地址。

也可设置是否启用 GRE 的 Keepalive 功能,探测隧道口的状态。当启用了发送 Keepalive 报文后,设备会从隧道口定期发送 GRE 的 Keepalive 报文。如果在指定的间隔时间内没有收到隧道对端的回应,则本端重新发送。如果超过指定的最大发送次数后仍然没有收到对端的回应,则把本端隧道口转为 down 状态;若收到对端回复的 Keepalive 确认报文,隧道口的状态又转换为 up,否则一直保持 down 状态。命令格式如下:

```
keepalive [seconds [times]]
```

例如:

```
keepalive 3 5
```

最后,在源端路由器和目的端路由器上都必须存在经过隧道转发报文的路由,这样需要进行 GRE 封装的报文才能正确转发。可以配置静态路由,也可以配置动态路由。命令格式如下:

```
ip route 目标 IP 地址  子网掩码  tunnel 1
```

13.5.3 GRE over IPSec 配置案例

1. 实验目的

(1) 掌握 IPSec 的配置步骤。

(2) 熟悉 GRE over IPSec 的配置方法。

2. 实验拓扑

实验拓扑如图 13-8 所示。

3. 配置清单

在 Center1 上的配置如下:

```
crypto isakmp policy 10
  encr 3des
  hash md5
  authentication pre-share
  group 2
crypto isakmp key 6 sms1107 address 180.160.102.114           /*密钥为 sms1107*/
!
crypto ipsec transform-set sms esp-3des esp-md5-hmac          /*转换集为 sms*/
mode transport                                                /*设定为传输模式*/
!
crypto map smsvpn 10 ipsec-isakmp                 /*crypto map 为 smsvpn*/
  set peer 180.160.102.114                        /*绑定对端地址*/
  set transform-set sms                           /*绑定转换集 sms*/
  match address smsgre                            /*绑定后面定义的访问控制列表 smsgre*/
interface Loopback 100
```

```
  ip address 1.1.1.1 255.255.255.255
 interface Tunnel 1                                /* 定义隧道口 1 */
  ip address 172.16.1.1 255.255.255.0
  tunnel source Serial1/0                          /* 定义隧道的源 */
  tunnel destination 180.160.102.114               /* 定义隧道的目标 */
 interface Serial1/0
  ip address 202.121.241.2 255.255.255.240
  serial restart-delay 0
  crypto map smsvpn
  /* 把 IPSec 的 crypto map 为 smsvpn 的应用在公网口上 */
 router ospf 100                                   /* 使用动态路由协议 OSPF */
  router-id 1.1.1.1
  log-adjacency-changes
  network 1.1.1.1 0.0.0.0 area 0                  /* 通告路由器的 ID 的路由 */
  network 10.1.0.0 0.0.255.255 area 0             /* 通告公司总部内网地址 */
  network 172.16.1.1 0.0.0.0 area 0               /* 通告虚拟配置隧道的地址 */
 ip route 0.0.0.0 0.0.0.0 Serial1/0                /* 定义默认路由 */
 ip access-list extended smsgre                    /* 定义访问控制列表 */
  permit gre host 202.121.241.2 host 180.160.102.114
```

在 Branch1 上的配置如下：

```
crypto isakmp policy 10
 encr 3des
 hash md5
 authentication pre-share
 group 2
crypto isakmp key 6 sms1107 address 202.121.241.2
!
crypto ipsec transform-set sms esp-3des esp-md5-hmac
 mode transport
!
crypto map smsvpn 10 ipsec-isakmp
 set peer 202.121.241.2
 set transform-set sms
 match address smsgre
!
interface Loopback100
 ip address 2.2.2.2 255.255.255.255
!
interface Tunnel0
 ip address 172.16.1.2 255.255.255.0
 tunnel source Serial1/0
 tunnel destination 202.121.241.2
interface Serial1/0
 ip address 180.160.102.114 255.255.255.240
```

```
  serial restart-delay 0
  crypto map smsvpn
router ospf 100
  router-id 2.2.2.2
  log-adjacency-changes
  network 2.2.2.2 0.0.0.0 area 0
  network 10.2.0.0 0.0.255.255 area 0      /* 本地内网地址 */
  network 172.16.1.2 0.0.0.0 area 0        /* 通告虚拟隧道的地址 */
ip route 0.0.0.0 0.0.0.0 Serial1/0
ip access-list extended smsgre
  permit gre  host 180.160.102.114  host 202.121.241.2
```

4. 检测

```
Center1#show crypto engine connections active
Center1#show crypto isakmp sa
Center1#ping 10.2.1.1. source lo0
```

13.6 DMVPN

DMVPN(Dynamic Multipoint VPN，动态多点 VPN)是通过多点 GRE(mGRE)和下一跳解析协议(NHRP)与 IPSec 相结合实现的。在 DMVPN 解决方案中，利用 IPSec 实现加密功能，利用 mGRE 建立隧道，利用 NHRP 解决分支节点的动态地址问题。DMVPN 只要求中心节点必须申请静态的公共 IP 地址。

DMVPN 技术由以下 4 个部分组成，缺一不可：

- mGRE(Multipoint GRE，多点 GRE)：是 GRE 隧道技术中的一种模式。
- NHRP(Next Hop Resolution Protocol，下一跳解析协议)：用于将 mGRE 地址解析成公网地址，是 DMVPN 能够成功实施的核心协议，也是基础协议。
- IPSec：IP 加密认证技术。
- 动态路由协议(OSPF、EIGRP、RIP、BGP 等)。

在前面的章节中，对 GRE、IPSec、动态路由协议都做了介绍。本节将介绍 NHRP。

13.6.1 DMVPN 的发展阶段

DMVPN 经历了以下 3 个发展阶段。

第一阶段：星形结构(Hub-to-Spoke)。除了中心站点(Center 或 Hub)为多点 GRE 隧道外，所有分支站点(Branch 或 Spoke)为普通点对点 GRE 隧道，分支站点间的流量都必须经过中心站点转发。星形结构的优势在于只增加分支站点，但不增加中心站点的配置，分支站点支持 IP 地址的动态获取。

在实际应用中，很多企业数据流量主要分布在分支与中心之间，分支与分支之间的流量较少，这时星形结构经济实用。但星形结构会耗费中心大量的资源并产生延时，对分支与分支之间频繁交互的企业不适合。

第二阶段：虚拟网状结构(Spoke-to-Spoke)。所有站点都采用多点 GRE 配置，功能大大提升,支持分支站点和分支站点间直接建立隧道。实现了虚拟网状拓扑,真正实现了DMVPN的高扩展性。

当企业分支不断扩大,例如需要相互通信的两个分支在同一个城市,而中心在另一个城市时,引入虚拟网状结构更实用。

第三阶段:层次化(树状)结构(Hierarchical或Tree-Based)。是DMVPN的最新发展阶段,应用于DMVPN的超大范围部署,能够实现在不同区域的分支站点间直接建立隧道。如果使用第二阶段DMVPN(即虚拟网状结构)实现层次化部署,两个不同DMVPN区域的分支站点必须经过本区域的中心站点才能建立连接。

DMVPN的3个发展阶段的比较如表13-3所示。

表13-3 DMVPN的3个发展阶段比较

第一阶段(星形结构)	第二阶段(虚拟网状结构)	第三阶段(树状结构)
(1) 简化的中心站点和分支站点配置,中心站点为MGRE隧道,分支站点为点对点GRE隧道 (2) 支持分支站点动态地址 (3) 由于分支站点都是点对点GRE隧道,所以支持分支站点到中心站点的组播 (4) 支持到中心站点的汇总路由	(1) 分支站点配置MGRE隧道 (2) 分支站点间直接建立连接,减轻中心站点负担 (3) 不支持到中心站点的汇总路由 (4) 去往某分支站点内部网络的路由,下一跳必须是那个分支站点虚拟隧道接口地址	(1) 增加了一个中心站点能够承载的分支站点数量 (2) 层次化(树状)结构,不需要区域中心站点间网状连接 (3) 分支站点不需要完整的路由表,支持到中心站点的汇总路由 (4) 不支持在一个DMVPN云中同时出现第二阶段和第三阶段配置

13.6.2 DMVPN高可用性解决方案

目前,DMVPN有3种高可用性拓扑结构:

第一种,单中心单云(无冗余)。

如图13-12所示,总部和分支都只有一个VPN网关,没有冗余,且都连接到电信ISP。该结构适合小型企业,比Site-to-Site VPN好,所有设备都可以学习到同一个云内的路由条目,也不会影响到NAT地址翻译。

第二种,双中心单云(设备冗余)。

如图13-13所示,总部有两个VPN网关,一主一备,实现设备冗余,总部及各分支均接入同一ISP,适合中型企业。

DMVPN双中心单云表示只有一个隧道网络,其中有两个中心站点。每一个分支站点同时和两个中心站点建立两个永久的IPSec隧道,同时建立动态路由协议的邻居关系。分支站点能从两个中心站点学习到中心内部网络的路由。当分支站点访问中心内部网络时,可以利用两个中心站点实现负载均衡。若其中一个中心站点出现故障,另一个中心站点能够接管所有流量,实现DMVPN的高可用性。

在工程中使用双中心单云的解决方案,在路由结构和配置上比较简单。

第三种,双中心双云(链路与设备冗余)。

如图13-14所示,总部有两个VPN网关,可以同时工作,有双链路双ISP(如电信和联

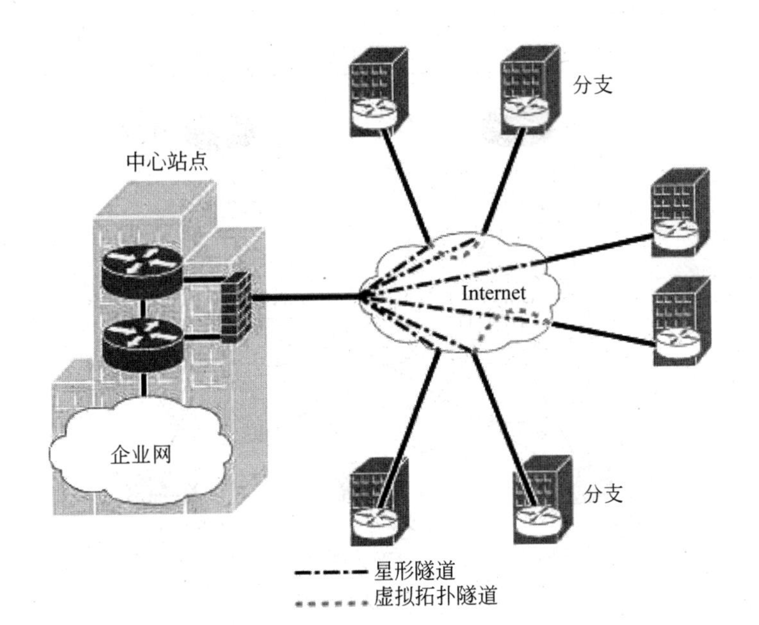

图 13-12　单中心单云

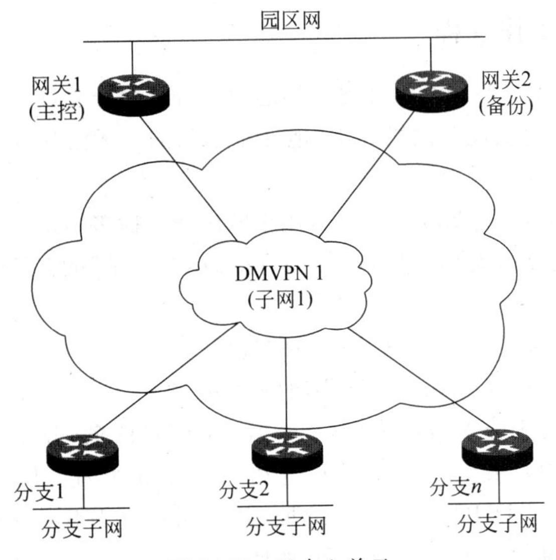

图 13-13　双中心单云

通)冗余。当任何一台 VPN 网关或者一条链路断开,DMVPN 仍继续工作,提供服务。该结构是大型企业较好的 VPN 解决方案。

DMVPN 双中心双云表示有两个隧道网络,每一个隧道网络内有一个中心站点,两个隧道网络加在一起就有两个中心。双中心双云这种 DMVPN,每一个分支站点都需要配置两个 MGRE 隧道接口,每一个隧道接口需要配置一个 NHRP 服务器。分支站点需要同时和两个隧道口的两个中心站点建立 IPSec 隧道和路由协议的邻居关系。和单云双中心一样,分支站点能够通过两个中心站点学习到内部网络的路由,也同样能够利用两个分支站点实现负载均衡。任何一个中心站点出现故障时,另外一个中心站点能够接管所有流量。

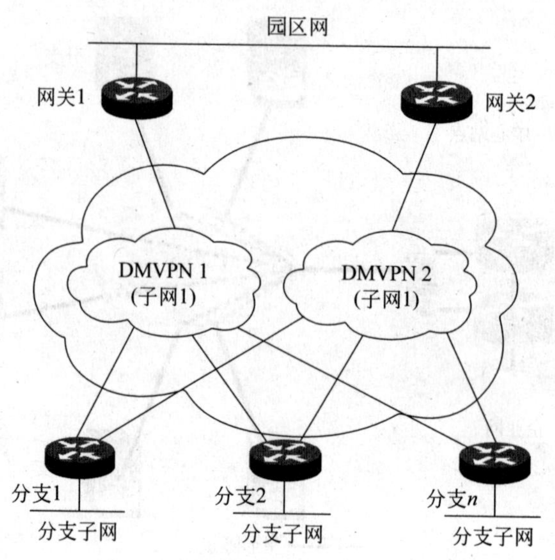

图 13-14　双中心双云

与双中心单云相比，双中心双云的路由结构和配置都比较复杂，不推荐在工程中部署。

13.6.3　NHRP 的工作过程

GRE over IPSec 需要明确知道隧道两端的 IP 地址，而分支站点外网接口的 IP 地址由其本地 ISP 动态分配，每次拨入网络的 IP 地址是不同的。无法建立 GRE 隧道，VPN 就无法工作。

NHRP 由 IETF 在 RFC 2332 中定义，用于解决非广播多路访问(NBMA，如帧中继)网络上的源节点(主机或路由器)获取到达目标节点的"下一跳"的互联网络层地址和 NBMA 子网地址的问题。

下面介绍 mGRE 通过 NHRP 建立隧道的过程。

首先，建立分支到中心(Spoke to Hub)的永久隧道。

中心站点上没有关于分支站点的 GRE 或 IPSec 配置信息(分支无固定公网 IP 地址)，分支站点上必须依据中心站点的公网 IP 地址和 NHRP 来配置 GRE 隧道。当分支站点加电启动时，由 ISP 处通过 DHCP 获取 IP 地址，并自动建立 IPSec 加密的 GRE 隧道，通过 NHRP 向中心站点注册自己的外网端口 IP 地址。

这样做有 3 方面的好处：

(1) 分支站点外网端口的 IP 地址是自动获取的，每次上线时的 IP 地址可能不同，所以中心站点无法根据该地址信息进行配置。

(2) 中心站点不必针对所有分支站点分别配置 GRE 或 IPSec 信息，所有相关信息可通过 NHRP 自动获取(即分支站点向中心站点主动汇报各自的特征)，从而大大简化中心站点的配置。

(3) 当 DMVPN 网络扩展时，不必改变中心站点和已有的分支站点的配置。通过动态路由协议，新加入的分支站点将自动注册到中心站点。这样，所有其他分支站点都可以学到这条新的路由，新加入的分支站点也可以学到到达其他所有路由器的路由信息，直至收敛

(中心站点如同 OSPF 的 DR,将收集到的汇总信息分发到各分支)。

其次,建立分支到分支(Spoke-to-Spoke)的动态隧道。

分支到中心(Spoke-to-Hub)的隧道建立后便持续存在(永久),但是各分支站点之间并不需要直接配置持续的隧道。当一个分支站点需要向另一个分支站点传递数据包时,它利用 NHRP 来动态获取目标分支站点的 IP 地址。该过程中,中心站点充当 NHRP 服务器的角色,响应 NHRP 请求,向源分支站点提供目标分支站点的公网地址。于是,两个分支站点之间通过 mGRE 端口动态建立 IPSec 隧道,进行数据传输。该隧道在预定义的周期之后将自动拆除。

表 13-4 列出了 NHRP 在 DMVPN 第二阶段和第三阶段分支站点间隧道处理方法的比较。

表 13-4 DMVPN 第二阶段和第三阶段分支站点间隧道处理方法比较

动态分支站点到分支站点隧道处理方法的不同	第二阶段	第三阶段
如何设置路由	去往某分支站点内部网络的路由,下一跳必须是那个分支站点虚拟隧道接口地址。不支持路由汇总	中心站点无须对路由进行任何特殊设置,支持发送汇总路由给分支站点
NHRP 解析是如何触发的	初始化分支站点发送 NHRP 请求,解析下一条	中心站点发送 NHRP 重定向,触发分支站点发送解析请求
谁有责任响应 NHRP 解析请求	NHRP 服务器(中心站点)有责任回应解析请求,发送一个响应给初始化分支站点	被解析的目标站点直接回送 NHRP 解析信息给源分支站点
NHRP 正在被解析时,数据流如何被处理	流量被中心站点通过进程交换(Process-switch)转发,效率低	流量被中心站点快速转发,效率高

图 13-15 展示了 DMVPN 第二阶段 NHRP 工作过程。

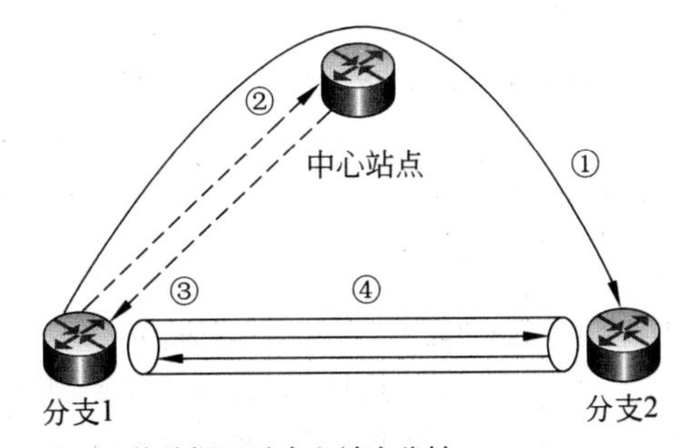

①分支1到分支2的数据通过中心站点代转;
②分支1发送NHRP解析请求给中心站点,请求解析分支2的虚拟IP地址;
③中心站点把分支2的虚拟IP地址回应给分支1;
④分支1获取分支2的NHRP解析后,直接建立分支1和分支2之间的IPSec隧道,后续数据在站点间的IPSec隧道内转发

图 13-15 DMVPN 第二阶段 NHRP 工作过程

图 13-16 展示了 DMVPN 第三阶段 NHRP 工作过程。

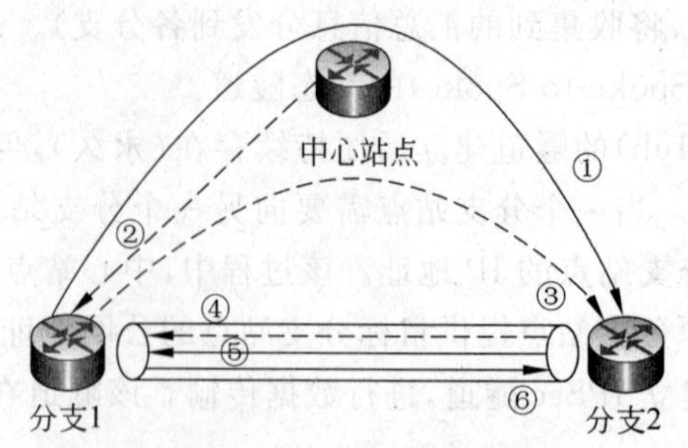

①分支1到分支2的数据通过中心站点代转；
②中心站点收到分支1的请求后，回送NHRP重定向，告知分支1的下一跳是分支2的虚拟IP地址，NHRP重定向能够动态优化路由，支持中心站点的路由汇总；
③当分支1收到NHRP重定向信息后，再次发送NHRP解析请求给中心站点，中心站点不再直接回送NHRP解析，而是发送给分支2；
④分支2收到请求后，主动和分支1建立IPSec隧道；
⑤分支2直接回复NHRP解析给分支1
⑥后续数据在分支1和分支2站点间的IPSec隧道内转发

图 13-16　DMVPN 第三阶段 NHRP 工作过程

13.6.4　NHRP 和 mGRE 的配置步骤

在中心站点上对 NHRP 配置如下。

(1)创建隧道口、虚拟 IP 地址,启动认证:

```
interface tunnel 0
  ip address 10.0.0.1 255.255.255.0                    /* 10.0.0.1 为隧道的虚拟 IP 地址 */
  ip nhrp authentication test
/* 启动认证密钥为 test,以防御路由欺骗,常用于 WAN 边界的安全考虑 */
```

(2) 指定将要接收路由器发起的多播和广播流量的目的地址:

```
ip nhrp map multicast dynamic
```

在中心站点上,映射多播数据包到 dynamic 地址,从而使中心站点复制多播数据包到所有的通过 NHRP 注册过的分支上。

(3) 指定 NHRP 网络域和相关参数:

```
ip nhrp network-id 100000
/* 指定网络域,同一个隧道必须在相同的域中,且在一个子网中 */
ip nhrp holdtime 600                    /* 检测对端失效计时器,默认的时间是 2h,必选 */
ip nhrp cache non-authoritative         /* 这是默认产生的 */
```

(4) GRE 隧道设置:

```
tunnel source ethernet0                 /* 指定隧道的源端口 */
tunnel mode gre multipoint              /* 设置隧道接口的封装模式为 mGRE */
tunnel key 12345                        /* 为隧道设置密钥 12345,隧道的两端必须相同 */
```

在分支站点上时 NHRP 配置如下。

(1) 创建隧道口和虚拟 IP 地址，启动认证：

```
interface tunnel 0
  ip address 10.0.0.2 255.255.255.0
  ip nhrp authentication test
```

(2) 指定将要接收路由器发起的多播和广播流量的目的地址，命令格式如下：

```
ip nhrp map multicast StaticIP
```

例如：

```
ip nhrp map multicast 172.17.0.1          /* 172.17.0.1 为中心站点的物理接口地址 */
```

在 Branch 上必须给出中心站点的物理接口地址，分支站点映射多播地址到中心站点的静态的 NBMA IP 地址(物理接口地址)。

(3) 在分支站点上创建一个目标(中心站点)的逻辑 IP 地址和 NBMA 物理地址的静态映射，命令格式如下：

```
ip nhrp map [Logical IP] [NBMA IP]
```

Logical IP 为目标(中心站点)的隧道内部的逻辑地址，NBMA IP 为目标(中心站点)的物理接口地址。也就是中心站点的 Tunnel 接口的逻辑地址和物理地址映射。例如：

```
ip nhrp map 10.0.0.1 172.17.0.1
/* 172.17.0.1 为中心站点的物理接口地址,10.0.0.1 为中心站点的虚拟地址 */
```

(4) 指定 NHRP 网络域和相关参数：

```
ip nhrp network-id 100000
ip nhrp holdtime 600
ip nhrp cache non-authoritative
```

(5) 指定用于分支站点的 NHRP 解析查询的服务器：

```
ip nhrp nhs 10.0.0.1
/* 在分支站点上将中心站点的隧道地址设置为分支站点到下一跳 NHRP 服务器,用于处理分支站点
 的 NHRP 查询 */
```

(6) GRE 隧道设置：

```
tunnel source ethernet0
tunnel destination 172.17.0.1
/* 设置隧道的目标为中心站点的物理 IP 地址 172.17.0.1 */
tunnel key 12345
```

配置注意事项：

(1) GRE 隧道支持多播或广播 IP 包在隧道内传输，因此，NHRP 必须被配置为动态多播映射，这样，当分支站点在 NHRP 服务器(中心站点)上注册单播映射地址时，NHRP 会同时为这个分支站点建立一个多播/广播映射。

(2) NHRP 必须在中心站点上设置为：在 mGRE 隧道端口上宣告某一分支子网的可

达路由的"下一跳"地址是该分支站点的隧道端口地址,而不是中心站点的地址。

(3) 在RIP或EIGRP等距离向量型路由协议中,通常都实现了水平分割(split horizon)功能,阻止将路由信息发回到其来源端口,以避免相邻路由器上路由环路的产生。如果在DMVPN网络上运行RIP或EIGRP协议,则必须关闭水平分割功能。否则,分支路由器将无法学习到通往其他分支子网的路由。

在RIP中,用no splithorizon命令关闭水平分割。

在EIGRP中,有两条命令:

```
no ip next-hop-self eigrp 100 /* 关闭"下一跳"地址为本身端口的地址的特性 */
no ip split-horizon eigrp 100 /* 关闭水平分割 */
```

(4) 在OSPF中,不存在水平分割问题。应把网络类型配置为广播型而不是点对多点型,并通过指定更高的OSPF优先级把中心站点配置为OSPF的指定路由器(DR)。

13.6.5 DMVPN的配置案例

1. 实验目的

(1) 掌握NHRP的配置方法。

(2) 掌握mGRE的配置方法。

(3) 掌握DMVPN的配置方法。

2. 实验拓扑

实验拓扑如图13-17所示。

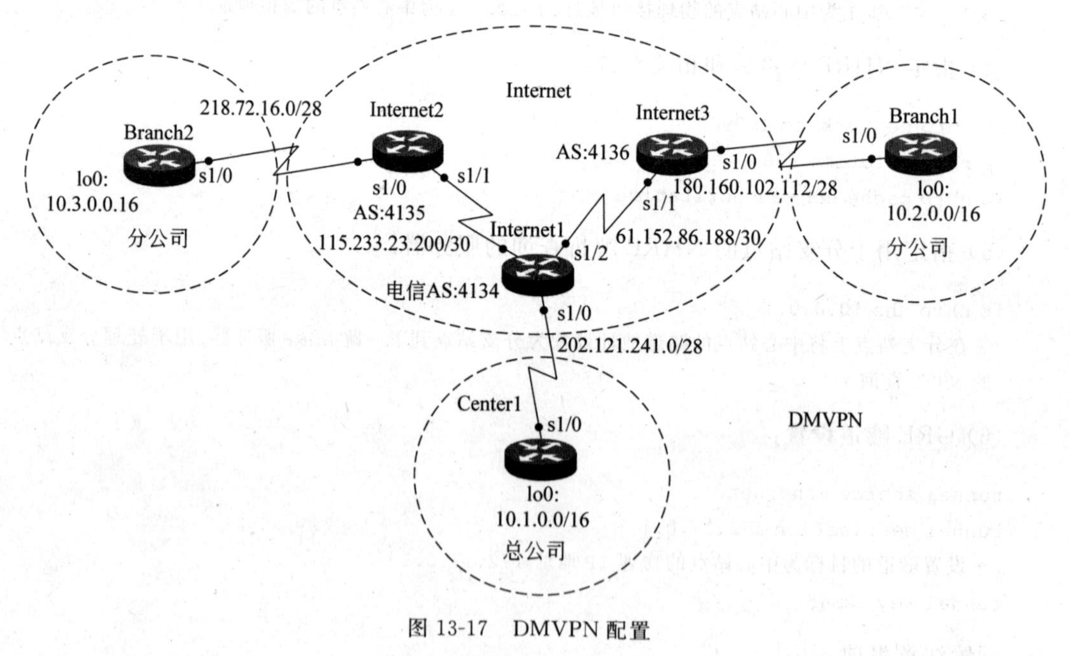

图13-17 DMVPN配置

3. 配置清单

在Center1上的配置如下:

```
crypto isakmp policy 10
 encr 3des
```

```
  hash md5
  authentication pre-share
  group 2
crypto isakmp key 6 sms1107 address 0.0.0.0 0.0.0.0
!
crypto ipsec transform-set smsvpn esp-3des esp-md5-hmac
  mode transport
!
crypto ipsec profile smsvpn
  set transform-set smsvpn
interface Loopback0
  ip address 10.1.1.1 255.255.255.0
!
  interface Tunnel0
  ip address 172.16.1.1 255.255.255.0
  no ip redirects
  ip mtu 1436                        /*修改 MTU*/
  no ip next-hop-self eigrp 100      /*修改分支站点之间的真实下一跳*/
  no ip split-horizon eigrp 100      /*解决 EIGRP 的水平分割问题*/
  ip nhrp map multicast dynamic      /*允许发送组播包,所有多播包*/
  ip nhrp network-id 1               /*各个隧道要保持一致*/
  tunnel source Serial1/0
  tunnel mode gre multipoint
  tunnel key 12345
  tunnel protection ipsec profile smsvpn
interface Serial1/0
  ip address 202.121.241.2 255.255.255.240
router eigrp 100
  network 10.1.0.0 0.0.255.255
  network 172.16.1.0 0.0.0.255
  no auto-summary
ip route 0.0.0.0 0.0.0.0 Serial1/0
```

在 Branch1 上配置如下：

```
crypto isakmp policy 10
  encr 3des
  hash md5
  authentication pre-share
  group 2
crypto isakmp key 6 sms1107 address 0.0.0.0 0.0.0.0
!
crypto ipsec transform-set smsvpn esp-3des esp-md5-hmac
  mode transport
!
crypto ipsec profile smsvpn
```

```
  set transform-set smsvpn
interface Loopback0
  ip address 10.2.1.1 255.255.255.0
!
interface Tunnel0
  ip address 172.16.1.2 255.255.255.0
  no ip redirects
  ip mtu 1436
  ip nhrp map 172.16.1.1 202.121.241.2
  ip nhrp map multicast 202.121.241.2
  ip nhrp network-id 1
  ip nhrp nhs 172.16.1.1
  tunnel source Serial1/0
  tunnel mode gre multipoint
  tunnel key 12345
  tunnel protection ipsec profile smsvpn
interface Serial1/0
  ip address 180.160.102.114 255.255.255.240
!
router eigrp 100
  network 10.2.0.0 0.0.255.255
  network 172.16.1.0 0.0.0.255
  no auto-summary
ip route 0.0.0.0 0.0.0.0 Serial1/0
```

在 Branch2 上配置如下：

```
crypto isakmp policy 10
  encr 3des
  hash md5
  authentication pre-share
  group 2
crypto isakmp key 6 sms1107 address 0.0.0.0 0.0.0.0
!
!
crypto ipsec transform-set smsvpn esp-3des esp-md5-hmac
  mode transport
!
crypto ipsec profile smsvpn
  set transform-set smsvpn
interface Loopback0
  ip address 10.3.1.1 255.255.255.0
!
interface Tunnel0
  ip address 172.16.1.3 255.255.255.0
  no ip redirects
```

```
  ip mtu 1436
  ip nhrp map 172.16.1.1 202.121.241.2
  ip nhrp map multicast 202.121.241.2
  ip nhrp network-id 1
  ip nhrp nhs 172.16.1.1
  tunnel source Serial1/0
  tunnel mode gre multipoint
  tunnel key 12345
  tunnel protection ipsec profile smsvpn
interface Serial1/0
  ip address 218.72.16.2 255.255.255.240
router eigrp 100
  network 10.3.0.0 0.0.255.255
  network 172.16.0.0
  no auto-summary
!
ip route 0.0.0.0 0.0.0.0 Serial1/0
```

4. 检测

在 Center 上：

```
Center#show ip eigrp neighbors
Center#sh ip route eigrp
Center#show ip nhrp
Center#show crypto engine conn active
Center#sh cryptp ipsec sa
```

在 Branch1 上：

```
Branch1#show ip nhrp
Branch1#show ip nhrp nhs
Branch1#show ip eigrp neighbors
Branch1#show ip route eigrp
Branch1#show crypto engine conn active
Branch1#ping 10.3.1.1 source 10.2.1.1
```

13.7 EZVPN 和 SSL VPN

13.7.1 EZVPN

EZVPN(Easy VPN)是远程 VPN，为思科私有技术，属于客户/服务器模型，服务器端要求使用固定的 IP 地址，而客户端对 IP 地址无要求，只要能接入到公网就行。所有的配置均在服务器端。当 PC 作为客户端时，只需要安装一个 VPN 客户端软件拨号即可；当路由器作为客户端时，只需要配置拨号等相关命令即可。

EZVPN 适用于中心站点有固定地址的小型门店或办公室，网络结构简单，只有直连网络,不需要动态路由协议。客户端技术要求低,容易维护。

EZVPN 中心站点配置的内容如下:

(1) 协商的隧道参数,如地址、算法和生存时间。

(2) 使用已配置的参数建立隧道。

(3) 动态地为硬件客户端配置 NAT 或者 PAT 地址转换。

(4) 使用组、用户和密码认证用户。

(5) 管理加解密密钥。

(6) 验证,加解密隧道数据。

EZVPN 在安全方面的处理,除了正常的 IKE 第一阶段和第二阶段,还包含了一个全新的 IKE 第 1.5 阶段,这个阶段主要由如下两个技术组成:

(1) XAUTH(Extended Authentication)扩展认证。

- 在第一阶段组名加密码认证的基础之上,又增加了一次用户名和密钥的认证,弥补了主动模式安全性上的问题。
- 引入 AAA 技术,使用 RADIUS 对用户进行认证。

(2) MODE-CFG(Mode Configuration)模式配置。

为客户推送 VPN 配置策略(IP 地址、DNS 服务器地址、域名等)。

当用路由器作为客户端时,EZVPN 有 3 种模式:客户端模式(Client Mode)、网络模式(Network Mode)、网络+模式(Network-Plus Mode),3 种模式作用效果也不同,如表 13-5 所示 。

表 13-5　3 种模式的比较

模　　式	客户端模式	客户端模式+隧道分割	网络模式	网络模式+隧道分割	网络+模式	网络+模式+隧道分割
获取地址	是	是	否	否	是	是
PAT 数量	1	2		1		1
内网访问公网	否	是	否	是	否	是
中心站点访问内网	否	否	是	是	是	是

13.7.2　SSL VPN

SSL(Secure Socket Layer,安全套接层)是为网络通信提供安全及数据完整性的一种安全协议,是基于 Web 应用的安全协议,它指定了在应用层协议和 TCP/IP 协议之间进行数据交换的安全机制,为 TCP/IP 连接提供数据加密、服务器认证及可选的客户机认证等功能。

SSL VPN 是采用 SSL 协议来实现远程接入的一种新型 VPN 技术。用户利用浏览器内建的 Secure Socket Layer 封包处理功能,用浏览器连接企业内部 SSL VPN 服务器,采用标准安全套接层对传输中的数据包进行加密,从而在应用层保护了数据的安全性。

SSL VPN 的优势是:不需要安装任何单独的客户端软件;支持大多数设备;支持的很多应用服务;使用成本低;部署方便,Windows、Linux 系统均支持。

13.8　BGP MPLS VPN

BGP 是骨干网中网际间三层协议，MPLS 是骨干网中二层链路协议，VPN 是在骨干网基础上建立企业虚拟专用网。

13.8.1　BGP/MPLS VPN 简介

MPLS 基于标签进行数据转发，提高了数据在骨干网中的传输效率，它为 VPN 提供了一种简单、灵活、高效的隧道机制，在 VPN 的不同站点之间建立 LSP，用来传递 VPN 报文。每个站点将到达自己的路由发送给骨干网，这些路由在骨干网中加上标签以及 VPN 的成员信息进行分布。

MP_BGP 是对 BGP-4 的扩展，传统 BGP-4 只支持 IPv4 单播，MP_BGP 是为了支持更多网络层协议在跨自治域系统中传播而提出的。

BGP 的优势如下：

- 可携带大量 VPN 路由条目。
- 可通过 TCP 跨路由器建立邻居，只有 MPLS 边界路由器(PE)知道 VPN 路由信息，而负责高速转发的 MPLS 内部路由器不需要拥有内网路由信息。
- 可通过可选属性来运载任何信息，有利于在 PE 间传播 VPN 路由。

MPLS VPN 是一种使用最为广泛的 MPLS 技术，基于 MPLS 技术的 IP-VPN，使用了两层 MPLS 标签，根据 PE 设备是否参与 VPN 路由处理，分为二层 VPN 和三层 VPN，BGP/MPLS VPN 指的是三层 VPN。

在 BGP/MPLS VPN 模型中，网络由运营商骨干网与用户的各个站点组成，所谓 VPN 就是对站点集合的划分，一个 VPN 就对应一个若干站点组成的集合。

BGP/MPLS VPN 架构中包含以下基本组件：

- PE(Provider Edge Router)，骨干网边缘路由器，是 BGP/MPLS VPN 的主要实现者。
- CE(Custom Edge Router)，用户网边缘路由器(用户网络出口路由器)。
- P(Provider Router)，MPLS 骨干网内部路由器，负责 MPLS 转发。
- VPN 站点：VPN 用户站点。

在 BGP/MPLS VPN 中，属于同一 VPN 的两个站点之间转发报文使用两层标签，在入口 PE 上为报文打上两层标签，外层标签在骨干网内部进行交换，代表了从 PE 到对端 PE 的一条隧道，VPN 报文打上这层标签，就可以沿着 LSP 到达对端 PE，然后再使用内层标签决定报文应该转发到哪个站点上。

VRF(Virtual Routing Forwarding，虚拟路由转发)是一种 VPN 路由和转发的实例，每一个独立的 VRF 都有一张独立的路由表。

RD(Route Distinguish，路由区分)用于解决地址冲突问题，用 RD 标识该地址是属于哪一个独立的站点网络。RD 具有全局唯一性，通过将 8 个字节的 RD 作为 IPv4 地址前缀的扩展，使不唯一的 IPv4 地址转化为唯一的 VPN-IPv4 地址。VPN-IPv4 地址对客户端设备来说是不可见的，它只用于骨干网上路由信息的分发。

RT(Route Target,路由目的)的作用类似于BGP中的扩展团体属性,用于路由信息的分发。它分成Import RT和Export RT,分别用于路由信息的导入、导出策略。当从VRF表中导出VPN路由时,要用Export RT对VPN路由进行标记;在往VRF表中导入VPN路由时,只有所带RT标记与VRF表中任意一个Import RT相符的路由才会被导入到VRF表中。RT使得PE路由器只包含和其直接相连的VPN的路由,而不是全网所有VPN的路由,从而节省了PE路由器的资源,提高了网络拓展性。

Route Target Export:可以借助MP-BGP中的扩展团体属性标识,表示输出的VPNv4路由收到了额外的BGP扩展团体属性。

Route Target Import:从MP-BGP那里收到的VPNv4路由可以匹配扩展团体属性。

13.8.2 BGP/MPLS VPN的工作过程

在骨干网上很多企业想建立自己的VPN通道,企图使不同地域的企业内部用私网地址进行通信,但不同企业的私网地址空间可能相同。BGP/MPLS VPN中必须解决不同企业相同路由的冲突。

1. 源端PE(发送端)如何区分相同的私网路由

源端PE可以连接多个CE(多个企事业),每个CE连接的内网都是相互独立的,可以独立规划内网IP,习惯用三大私有地址(10.0.0.0/8,172.16.1.0/24~172.16.31.0/24,192.168.0.0/16),这样多个企业LAN可能会存在相同的路由,即不同CE可能连接着相同的路由,此时同一PE该如何区分来自不同CE的相同路由?

源端PE从不同的接口(不同的物理线路)接收到不同CE的相同路由,将接口和从该接口学到的路由进行绑定,就能区分不同CE的相同路由,从而解决本地路由冲突问题。

VRF是PE虚拟出来的路由器,通过在一台物理PE上创建多张路由表,并为不同路由表分配接口等资源,从而实现将一台物理PE虚拟成多台专用PE,每个VRF只保留自己的VPN的路由。每个PE可以维护多个VRF,各个VRF之间相互独立,PE同时维护多个VRF路由表和一张全局路由表。

VRF虚拟路由器包含以下元素:

- 一张路由表,与其他VRF路由表、全局路由表相互独立。
- 一组属于这个VRF的接口。
- 一组作用于该VRF的路由协议。

2. 骨干网传播中如何区分相同的私网路由

为了使同一企业不同站点之间可以直接使用各自的内网地址进行通信,就必须在站点间进行内网路由信息交换,使站点的路由表中有要通信站点的内网路由条目,这样才能直接使用私有地址通信。这就产生了不同LAN的相同路由在骨干网上传播,引发传播中的路由冲突。

为了区分传播中相同的路由,在PE将相同路由传播出去时在路由信息前面再加上一个标识,叫路由区分符(RD),即相同路由的不同VRF有不同的RD。

PE从CE接收到的是IPv4路由,当需要将接收到的IPv4路由发布给远端的PE时,需要为IPv4路由附加RD,使IPv4路由成为VPN-IPv4地址族,当远端PE收到携带RD的路由后根据路由的目的RT将其放在不同的VRF路由表中。VPN-IPv4地址族只在运营商

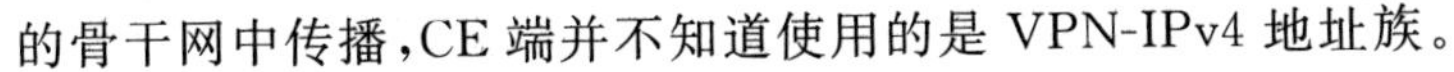

的骨干网中传播，CE 端并不知道使用的是 VPN-IPv4 地址族。

3. 目的端 PE(接收端)如何区分相同的私网路由

当目的端 PE 收到一个数据包时，路由器是根据目的 IP 地址来进行转发的，当目的端 PE 连接多个 CE，不同 CE 可能连接相同的内网路由时，通过在 IP 头外附加的 Label 信息进行数据包转发。

BGP/MPLS VPN 的工作过程如下：

(1) 在 PE 路由器上有两种互相隔离的路由表。一种是包含所有 P 和 PE 路由器路由的普通路由表；另一种是与它相连的 VPN 路由表，即 VRF，每一个 VPN 对应一个 VRF。

(2) PE 路由器将 VPN 用户地址(多为私有地址)转换成 VPN-IPv4 的地址，其中包含 RD、RT 等新增属性，存储在相应的 VRF 中。

(3) 所有 MPLS 域内路由器(PE 和 P)通过 LDP 协议分发标签，并用 MP-BGP 交换此 VPN 路由。

(4) 当 PE 接到本地 VPN 用户的数据包时，此 PE 在相应的 VRF 中查找相应的 VPN 路由，找到下一跳，此下一跳是将目的 VPN 用户地址通过 MP-BGP 广播给它的那台 PE。

(5) 本地 PE 路由器通过先前建立的 LSP 将此数据包转发到远端 PE 路由器。

(6) 远端 PE 路由器在相应的 VRF 中找到该数据包的目的地，再转发出去。

BGP/MPLS VPN 利用 BGP 的优势在运营商骨干网上传播 VPN 的私网路由信息，使运营商网络可以同时支撑很多不同客户的 IP VPN，使大型企业总部及各分支机构间在骨干网强大的技术支持下建立企业内部高效的虚拟专用网。

不同于 DMVPN，BGP/MPLS VPN 不仅在分支机构与总部间建立 VPN，而且在分支机构间建立 VPN 也同样方便，应用更广，是大型企业最佳的选择。

13.8.3　BGP/MPLS VPN 配置案例

1. 实验目的

(1) 熟悉 BGP/MPLS VPN 的综合配置方法。

(2) 掌握 VRF 配置方法。

2. 实验拓扑

实验拓扑如图 3-18 所示。

3. 配置清单

主要配置步骤如下：

(1) 规划并配置 IP 地址。

(2) MPLS 区域运行 OSPF 协议。

(3) 配置 MPLS 协议。

(4) 配置 BGP。

(5) 配置 MP_BGP。

(6) 在 PE 上创建 VRF 并划分接口资源，指定 VRF 的 RD、RT。

(7) 为 MP_BGP 创建 VRF。

(8) PE 和 CE 间运行 EGBP 协议。

对 Internet1 进行配置时，必须开启 CEF，CEF 是底层，所有复杂配置全在 ISP 上进行。

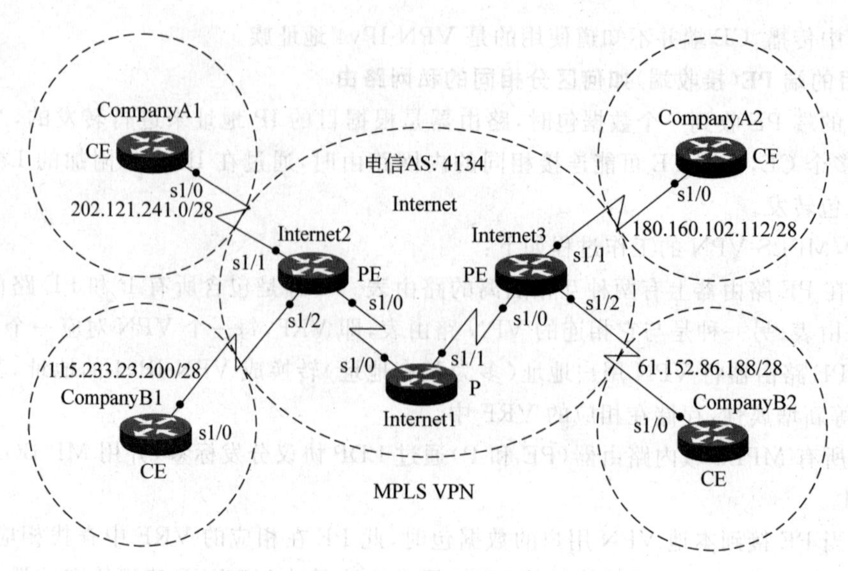

图13-18 BGP/MPLS VPN的综合配置

```
interface Loopback0
  ip address 11.11.11.11 255.255.255.255
interface Serial1/0
  ip address 12.1.1.1 255.255.255.0
  mpls ip
mpls mtu 1508

interface Serial1/1
  ip address 13.1.1.1 255.255.255.0
  mpls ip
  mpls mtu 1508
router ospf 1
  router-id 11.11.11.11
  log-adjacency-changes
  network 11.11.11.11 0.0.0.0 area 0
  network 12.1.1.0 0.0.0.255 area 0
  network 13.1.1.0 0.0.0.255 area 0
```

Internet2 配置：

```
ip vrf CompanyA
  rd 1:1
  route-target export 1:1
  route-target import 1:1
!
ip vrf CompanyB
  rd 2:2
  route-target export 2:2
  route-target import 2:2
!
```

```
interface Loopback0
  ip address 22.22.22.22 255.255.255.255
!
interface Serial1/0
  ip address 12.1.1.2 255.255.255.0
  mpls ip
mpls mtu 1508
  serial restart-delay 0
!
interface Serial1/1
  ip vrf forwarding CompanyA
  ip address 202.121.241.1 255.255.255.240
  serial restart-delay 0
!
interface Serial1/2
  ip vrf forwarding CompanyB
  ip address 115.233.23.201 255.255.255.240
  serial restart-delay 0
!
router ospf 100 vrf CompanyA
  log-adjacency-changes
  redistribute bgp 4134 subnets
  network 202.121.241.0 0.0.0.15 area 0
!
router ospf 101 vrf CompanyB
  log-adjacency-changes
  redistribute bgp 4134 subnets
  network 115.233.23.192 0.0.0.15 area 0
!
router ospf 1
  router-id 22.22.22.22
  log-adjacency-changes
  network 12.1.1.0 0.0.0.255 area 0
  network 22.22.22.22 0.0.0.0 area 0
!
router bgp 4134
  no synchronization
  bgp router-id 22.22.22.22
  bgp log-neighbor-changes
  neighbor 33.33.33.33 remote-as 4134
  neighbor 33.33.33.33 update-source Loopback0
  neighbor 33.33.33.33 send-community extended
  no auto-summary
  !
  address-family vpnv4
    neighbor 33.33.33.33 activate
  neighbor 33.33.33.33 send-community both
```

```
  exit-address-family
  !
  address-family ipv4 vrf CompanyB
    redistribute ospf 101 vrf CompanyB
    no synchronization
  exit-address-family
  !
  address-family ipv4 vrf CompanyA
    redistribute ospf 100 vrf CompanyA
    no synchronization
  exit-address-family
!
```

Internet3 配置：

```
ip vrf CompanyA
  rd 1:1
  route-target export 1:1
  route-target import 1:1
!
ip vrf CompanyB
  rd 2:2
  route-target export 2:2
  route-target import 2:2
!
interface Loopback0
  ip address 33.33.33.33 255.255.255.255
!
interface Serial1/0
  ip address 13.1.1.3 255.255.255.0
  mpls ip
mpls mtu 1508
  serial restart-delay 0
!
interface Serial1/1
  ip vrf forwarding CompanyA
  ip address 180.160.102.113 255.255.255.240
  serial restart-delay 0
!
interface Serial1/2
  ip vrf forwarding CompanyB
  ip address 61.152.86.189 255.255.255.240
  serial restart-delay 0
!
router ospf 100 vrf CompanyA
  log-adjacency-changes
  redistribute bgp 4134 subnets
  network 180.160.102.112 0.0.0.15 area 0
```

```
!
router ospf 101 vrf CompanyB
 log-adjacency-changes
 redistribute bgp 4134 subnets
 network 61.152.86.176 0.0.0.15 area 0
!
router ospf 1
 router-id 33.33.33.33
 log-adjacency-changes
 network 13.1.1.0 0.0.0.255 area 0
 network 33.33.33.33 0.0.0.0 area 0
!
router bgp 4134
 no synchronization
 bgp router-id 33.33.33.33
 bgp log-neighbor-changes
 neighbor 22.22.22.22 remote-as 4134
 neighbor 22.22.22.22 update-source Loopback0
 neighbor 22.22.22.22 send-community both
 no auto-summary
 !
 address-family vpnv4
  neighbor 22.22.22.22 activate
  neighbor 22.22.22.22 send-community both
 exit-address-family
 !
 address-family ipv4 vrf CompanyB
  redistribute ospf 101 vrf CompanyB
  no synchronization
 exit-address-family
 !
 address-family ipv4 vrf CompanyA
  redistribute ospf 100 vrf CompanyA
  no synchronization
 exit-address-family
```

4. 检测

(1) 查看 PE 上的 VRF 路由表：

```
show ip route vrf CompanyA
```

(2) 查看 PE 上的全局路由表：

```
show ip route
```

(3) 查看 PE 上 MP_BGP 的 VRF 路由：

```
show ip bgp Company A all
```

(4) 检测PE与CE之间的通信 在Internet2和Internet2上ping CompanyA或CompanyB。
(5) 检测CE访问Internet,在CompanyA1上ping骨干网中的P路由器。
(6) 检测同一企业CompanyA1和CompanyA2之间的访问。

13.9 本章命令汇总

表13-6列出了本章涉及的主要命令。

表13-6 本章命令汇总

命　令	作　用
crypto isakmp policy 1	建立IKE协商策略
hash [md5|sha]	设置Hash算法为MD5或SHA
authentication [pre-share|rsa-encr|rsa-sig]	设置认证为预共享的密钥,pre-share为预共享密钥,rsa-encr为证书加密,rsa-sig为证书签名
group {1|2|5}	设置密钥交换的DH算法强度
crypto isakmp key 123 address 192.168.1.2	设置共享密钥为123,对端地址为192.168.1.2
crypto ipsec transform-set sms esp-md5-hmac esp-3des	设置转换集,命名为sms
mode [transport|tunnel]	设置模式(传输模式或隧道模式)
crypto map *map-name priority* ipsec-isakmp	定义crypto map
set peer 192.168.1.2	绑定VPN链路对端的IP地址
set transform-set sms	绑定转换集
match address 101	绑定访问控制列表
int s0/0 crypto map map-a	将map应用到端口
int Tunnel 1	创建1号隧道口
tunnel source [s1/0 | 202.121.241.2]	指定隧道本地源端口(本地源地址)或目标地址(公网地址)
tunnel destination 180.160.102.114	指定隧道目标地址
ip nhrp authentication test	启动NHRP认证
ip nhrp map multicast dynamic	在中心站点上指定多播
ip nhrp network-id 100000	指定NHRP网络域
ip nhrp holdtime 600	指定NHRP中holdtime参数
tunnel mode gre multipoint	在中心站点上设置隧道接口的封装模式为mGRE
ip vrf forwarding vpn1	创建VRF路由vpn1
rd 1:1	定义RD
route-target export 2:2 route-target import 2:2	定义RT

习题与实验

1. 选择题

(1) Protocol(　　)is an open standard protocol framework that is commonly used in VPNs,to provid secure end-to-end communication.

A. L2TP　　B. IPSec　　C. PPTP　　D. RSA

(2) (　　)are three reasons that an organization with multiple branch offices and roaming users might implement a Cisco VPN solution instead of point-to-point WAN links (choose three).

A. reduced cost　　B. better throughput

C. increased security　　D. scalability

E. reduced latency　　F. broadband incompatibility

(3) 以下关于 VPN 的说法中正确的是(　　)。

A. VPN 指用户自己租用的和公共网络物理上完全隔离的、安全的线路

B. VPN 指用户通过公用网络建立的临时的、安全的连接

C. VPN 不能进行信息验证和身份认证

D. VPN 只进行身份认证,不提供加密数据的功能

(4) 如果 VPN 网络需要运行动态路由协议并提供私网数据加密,通常采用(　　)实现。

A. GRE　　B. L2TP　　C. GRE+IPSec　　D. L2TP+IPSec

(5) VPN 组网中常用的站点到站点接入方式是(　　)。

A. L2TP　　B. IPSec　　C. GRE+IPSec　　D. L2TP+IPSec

(6) 移动用户常用的 VPN 接入方式是(　　)。

A. L2TP　　B. IPSec+IKE 野蛮模式

C. GRE+IPSec　　D. L2TP+IPSec

(7) 部署全网状或部分网状 IPSec VPN 时,为减小配置工作量,可以使用(　　)。

A. L2TP+IPSec　　B. 动态路由协议

C. IPSec over GRE　　D. DVPN

(8) 下面关于 GRE 协议的描述中正确的是(　　)。

A. GRE 协议是二层 VPN 协议

B. GRE 是对某些网络层协议(如 IP、IPX 等)的数据报文进行封装,使这些被封装的数据报文能够在另一个网络层协议(如 IP)中传输

C. GRE 协议实际上是一种承载协议

D. GRE 提供了将一种协议的报文封装在另一种协议的报文中的机制,使报文能够在异种网络中传输,异种报文传输的通道称为隧道

(9) GRE 协议的配置任务包括(　　)。

A. 创建虚拟隧道接口　　B. 指定隧道接口的源端

C. 指定隧道接口的目的端　　D. 设置隧道接口的网络地址

(10) 移动办公用户自身的性质使其比固定用户更容易遭受病毒或黑客的攻击,因此部

署移动用户 IPSec VPN 接入网络的时候需要注意(　　)。

A. 移动用户个人电脑必须完善自身的防护能力,需要安装防病毒软件、防火墙软件等

B. 总部的 VPN 节点需要部署防火墙,确保内部网络的安全

C. 适当情况下可以使用集成防火墙功能的 VPN 网关设备

D. 使用数字证书

2. 问答题

(1) 设计 VPN 时,对于 VPN 的安全性应当考虑的问题包括哪些?

(2) VPN 按照组网应用分类,主要有哪几种类型?

(3) VPN 给服务提供商(ISP)以及 VPN 用户带来的益处包括哪些?

(4) 什么是 VPN? 其特点有哪些?

3. 操作题

某机构有总部 A(R2 为其出口路由器)和 3 个分支机构 A1(R8 为其出口路由器)、A2(R3 为其出口路由器)、A3(R6 为其出口路由器),R1 模拟公网。总部 A 采用静态公网 IP,分支机构采用动态公网 IP,配置 P2P GRE over IPSec(称为 Dynamic P2P GRE over IPSec),其拓扑结构如图 13-19 所示。要求:

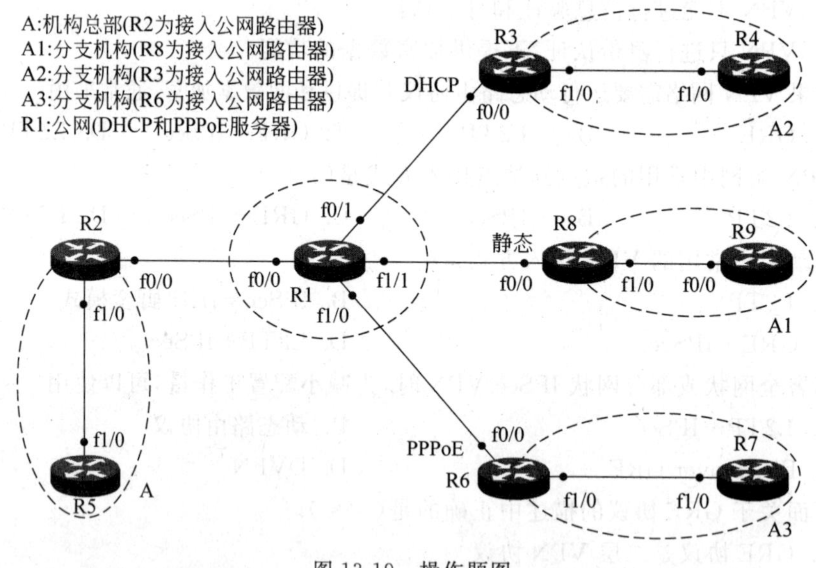

图 13-19　操作题图

(1) 测试内网能否访问外网。

(2) 测试内网与总部之间的通信。

(3) 通过路由跟踪验证:本地内网访问对方内网要先通过总部路由器。

参考文献

[1] 思科官网. https://www.cisco.com/.

[2] 百度百科. https://baike.baidu.com/.

[3] 豆丁网. http://www.docin.com/.

[4] 梁广民,王隆杰. 思科网络实验室路由、交换实验指南. 北京:电子工业出版社,2009.

[5] 斯桃枝. 路由与交换. 北京:中国铁道出版社,2018.

[6] Cisco Systems 公司 Cisco Networking Academy Program. 思科网络技术学院教程(第一、二学期). 3版. 清华大学、北京大学、北京邮电大学、华南理工大学思科网络学院,译. 北京:人民邮电出版社,2006.

[7] Cisco Systems 公司 Cisco Networking Academy Program. 思科网络技术学院教程(第三、四学期). 3版. 清华大学、北京大学、北京邮电大学、华南理工大学思科网络学院,译. 北京:人民邮电出版社,2006.

[8] Cisco Systems 公司 Cisco Networking Academy Program. CCNP 思科网络技术学院教程(第五学期):高级路由. 清华大学、北京大学、北京邮电大学、华南理工大学思科网络学院,译. 北京:人民邮电出版社,2001.

[9] Lewis C. Cisco TCP/IP 路由技术专业参考. 陈谊,翁贻方,杨怡,等译. 北京:机械工业出版社,2001.

[10] Ammann P T. Cisco TCP/IP 路由器连网技术. 王臻,何鸿飞,丁凌峰,等译. 北京:机械工业出版社,2000.